스스로 하는 공부도 더 쉽고 똑똑하게,

개념원리 ai

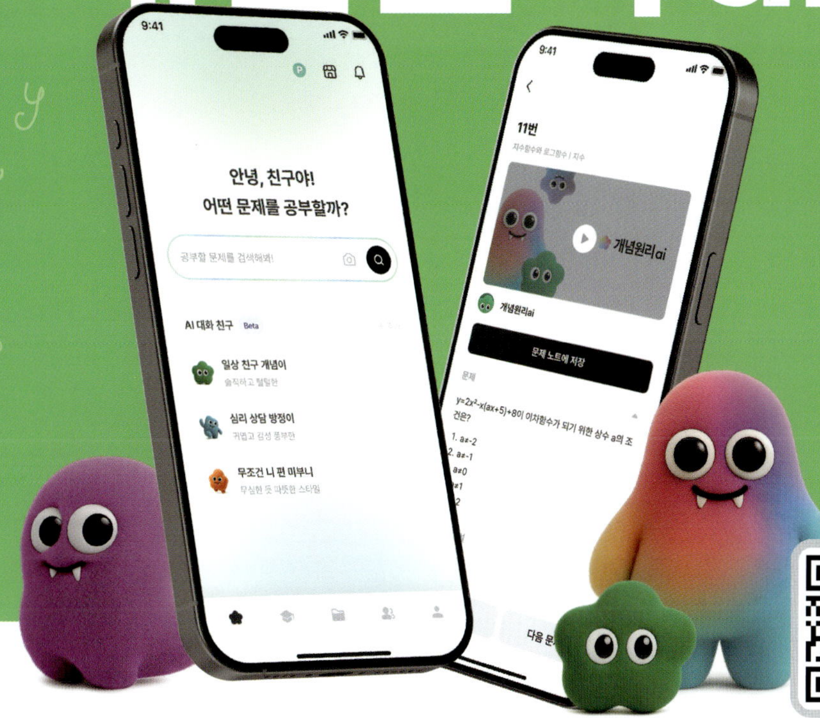

개념원리 ai 와 함께, 공부가 달라집니다

나만의 AI와 공부하기

일상 대화부터 심리·진로 상담까지 챗봇과 함께 해
대화 스타일과 캐릭터를 직접 선택해 나만의 AI를 만들자!

문제 노트

AI 분석으로 문제를 빠르게 검색하고 무제한 저장해 봐!
영상 강의는 물론, 유사 유형·고난도 문제까지

무제한 단원 평가

매일 무제한 제공되는 단원 평가로 취약 부분 반복 복습!
선생님과 공유하고 질문하면서 실력도 쑥쑥

친구들과 함께하는 그룹 학습

친구들과 그룹을 만들고 학습 기록을 공유할 수 있어
다양한 미션과 랭킹으로 동기부여받고, 시간표와 급식 정보도!

교재 만족도 조사

이 교재는 학생 4,805명과 선생님 360명의
의견을 반영하여 만든 교재입니다.

여러분의 소중한 의견을 전해 주세요.
단 5분이면 충분해요!
매월 초 10명을 추첨하여 1만 원 상당의
선물을 드립니다.

개념원리 확률과 통계

발행일	2026년 1월 15일 (1판 2쇄)
기획 및 집필	개념원리 수학연구소
콘텐츠 개발 총괄	한소영
콘텐츠 개발 책임	모규리, 김현진, 오서희, 이유림, 박영신, 조은진
사업 책임	김태우
마케팅 책임	권가민, 이미혜
제작/유통 책임	이건호
영업 책임	정현호
디자인	(주)이츠북스
펴낸이	고사무열
펴낸곳	(주)개념원리
등록번호	제 22–2381호
주소	서울시 강남구 테헤란로 8길 37, 7층(한동빌딩) 06239
고객센터	1644–1248

개념원리 인강

수학의 시작 개념원리

확률과 통계

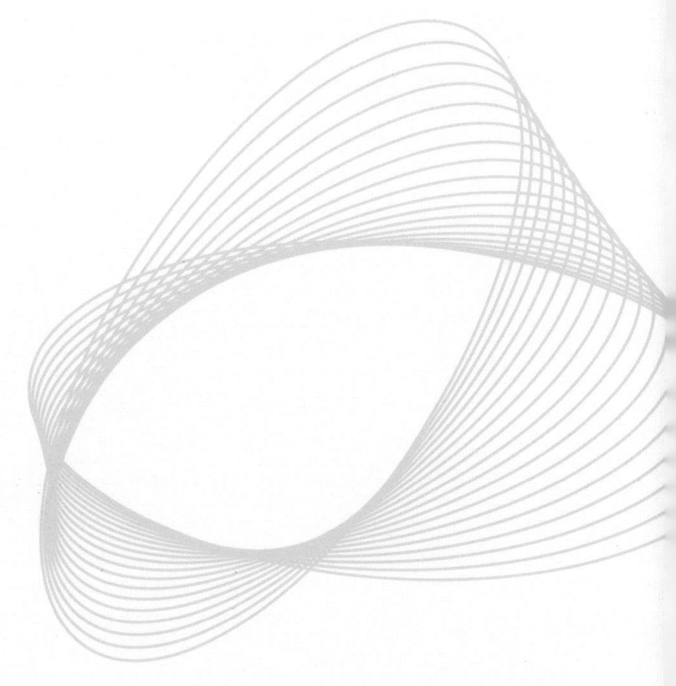

개념원리 수학연구소

수학 점수 올리는 방법

하나! 개념 ↔ 유형 적용 연결 링크 제공

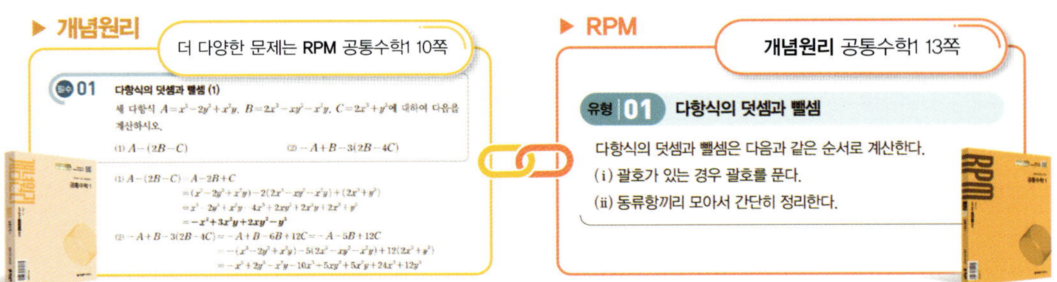

개념학습(개념원리)과 문제 풀이(RPM)간 연결 링크로 학습 효율 최대화

둘! 교재 연계 서비스 '개념원리 ai' 활용

• 유형서 최초! RPM 전 문항 무료 강의 제공 •

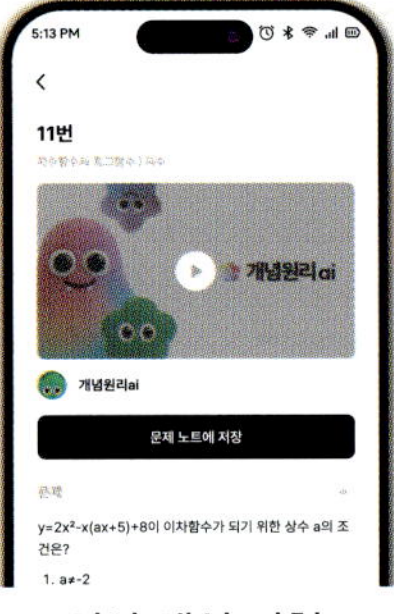

개념원리 ai에서 문항번호 검색

영상 해설 시청

모르는 문제가 있다면 책 선택 후 문항 번호 검색만 하세요!

※에그릿이 개념원리 ai로 새로 태어났어요!

※RPM 전 문항 무료 강의는 2022 개정부터 적용됩니다.

• 실시간 질의 응답 지원 •

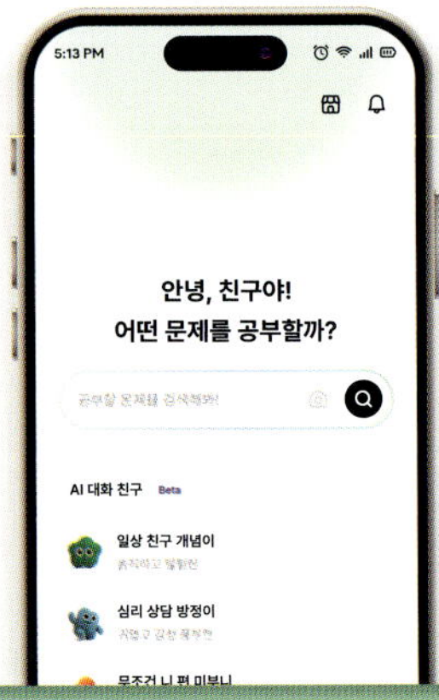

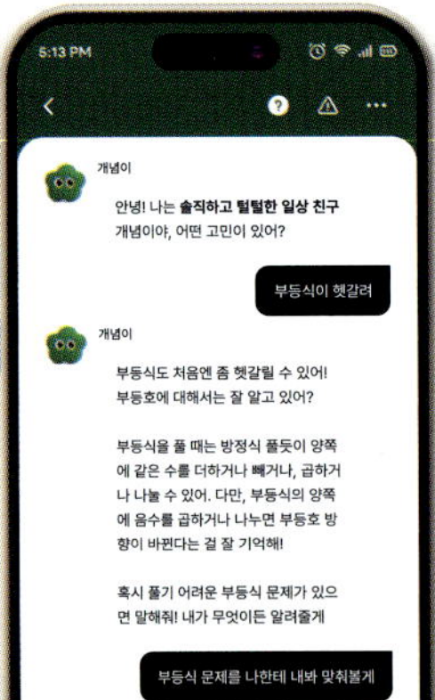

문제 풀이에
심리 · 진로 상담까지 가능한
나만의 ai와
함께 공부해요!

확률과 통계

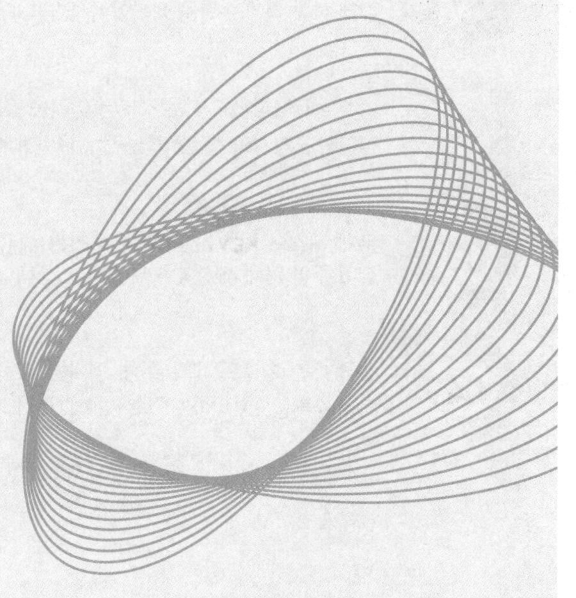

많은 학생들은
왜 개념원리로 공부할까요?

정확한 개념과 원리의 이해, 확실한 개념 학습 노하우가
개념원리에 있기 때문입니다.

개념원리 수학의 특징

01 하나를 알면 10개, 20개를 풀 수 있고 어려운 수학에 흥미를
갖게 하여 쉽게 수학을 정복할 수 있습니다.

02 나선식 교육법으로 쉬운 것부터 어려운 것까지 체계적으로 구
성하여 혼자서도 충분히 학습할 수 있습니다.

03 문제 해결의 **KEY** Point 부터 틀리기 쉬운 부분까지 꼼꼼히
짚어 주어 문제 해결력을 키울 수 있습니다.

04 전국 내신 기출 문제와 수능, 평가원, 교육청 기출 문제를 엄선
하여 수록함으로써 어떤 시험도 철저히 대비할 수 있습니다.

수학을 어떻게 하면 잘할 수 있을까요?

문제를 많이 풀어 보면 될까요?

개념과 공식을 단순히 암기하면 될까요?

두 방법 모두 수학 성적을 올리는 데 도움이 되겠지만,

근본적인 해결책은 아닙니다.

수학은 개념과 원리를 이해하고, 이를 적용하여 문제를 해결하면서

사고력을 키우는 과목입니다.

어렵고 복잡해 보이는 문제도, 새로운 유형의 문제도

핵심 개념을 파악하고, 하나하나 연결 지어 생각해 보면

결국, 답을 찾을 수 있기 때문입니다.

개념원리 수학은 단순 암기식 풀이가 아니라 학생들의 눈높이에 맞춰 **개념과 원리를 이해하기 쉽게 설명**하고, **개념을 문제에 적용하면서 쉬운 문제부터 차근차근 단계별로 학습해 스스로 사고하는 능력을 기를 수 있도록 구성**하였습니다.

이러한 개념원리만의 특별한 학습법으로 문제를 하나하나 풀어나가다 보면, 수학적 사고에 기반한 창의적인 문제 해결력뿐만 아니라 수학에 대한 자신감 또한 키울 수 있습니다.

스스로 생각하는 방법을 알려주는 개념원리 수학으로

개념을 차근차근 다져가면서

제대로 된 수학 개념 학습을 시작하세요!

구성과 특징

> 개념원리 수학은 개념원리만의 교수법과 짜임새 있는 구성으로
> 단순 암기식 문제 풀이가 아닌 사고력, 응용력, 추리력을 기르고,
> 생각하는 방법까지 깨우칠 수 있습니다.

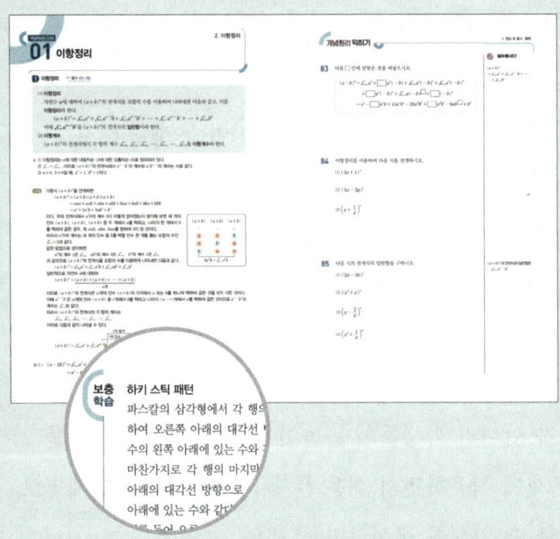

01 개념원리 이해

각 단원의 주요 개념을 일목요연하게 정리하고, 그 원리를 이해하기 쉽게 설명하였으므로 충분한 개념 학습을 할 수 있습니다.

보충 학습 심화 개념, 혼동하기 쉬운 개념, 문제에 자주 활용되는 개념을 학습할 수 있습니다.

개념원리 익히기

개념과 공식을 바로 확인할 수 있는 기본 문제로 구성하여 개념을 정확히 이해했는지 확인할 수 있습니다.

알아둡시다! 문제에 이용되는 개념, 공식을 다시 한번 확인하며 개념을 탄탄히 다질 수 있습니다.

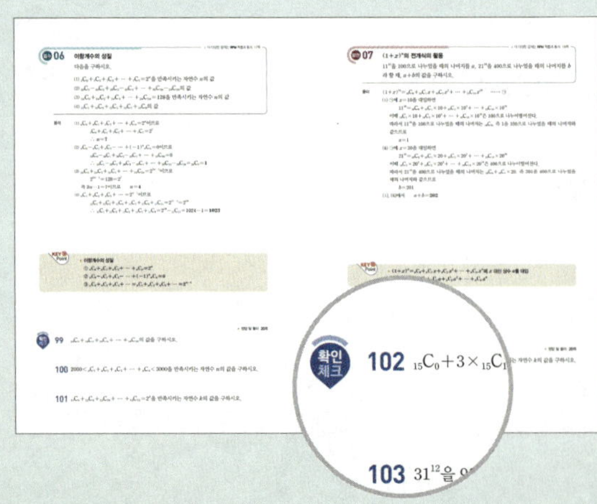

02 필수 / 발전

반드시 알아야 하는 중요 문제는 '필수' 문제로, 그중 어려운 문제는 '발전' 문제로 구성하였습니다.

KEY Point 문제를 해결하기 위한 핵심 개념이나 해결 전략을 확인하고 정리할 수 있습니다.

확인체크

필수, 발전 문제와 유사한 문제를 풀어 봄으로써 해당 문제를 확실하게 이해할 수 있습니다.

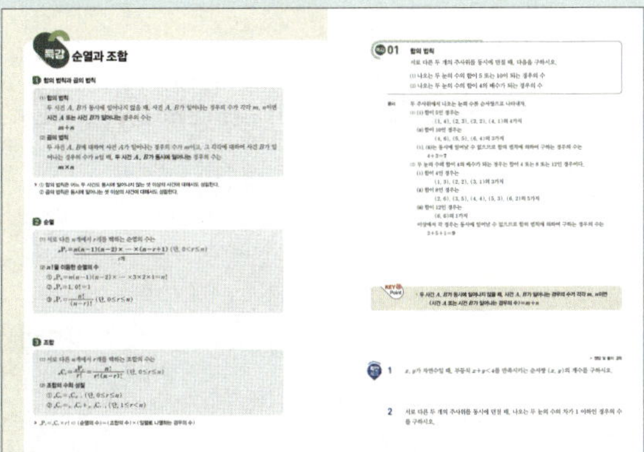

03 특강

내신 심화 개념 또는 교육과정 외의 개념이라도 실전에 도움이 되는 개념을 선별 제시하였습니다.
또 이전에 학습한 개념 중 해당 단원과 연계된 개념을 총정리함으로써 앞으로 학습할 개념에 대한 이해도를 높일 수 있습니다.

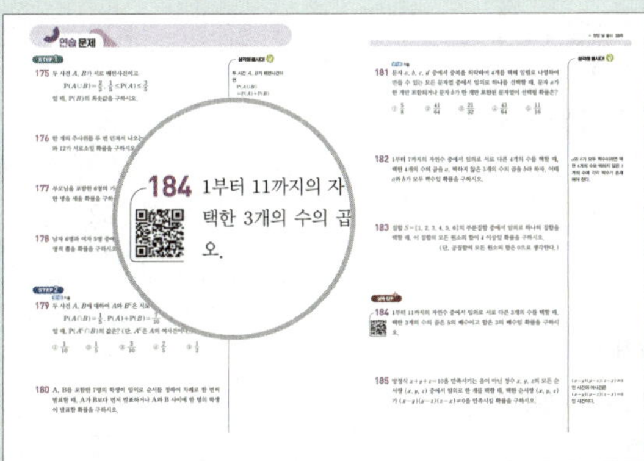

04 연습문제

단원에서 꼭 알아야 하는 중요 문제와 학교 시험에 자주 출제되는 문제를 **STEP 1**, **STEP 2**, **실력 UP⁺** 의 수준별 3단계로 구성하여 단계적으로 실력을 키울 수 있습니다. 또 최신 경향의 수능, 평가원·교육청 모의고사 기출 문제를 엄선, 수록하여 문제 해결력도 기를 수 있습니다.

QR 동영상 ▶ 무료 해설 강의를 이용하면 고난도 문제를 이해하는 데 도움이 됩니다.

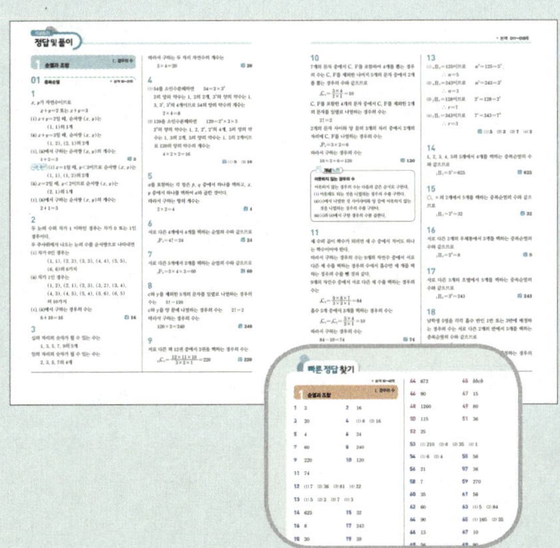

05 정답 및 풀이

누구나 이해할 수 있도록 풀이 과정을 쉽게 풀어 설명하였고, 사고력을 기를 수 있도록 다른 풀이를 충분히 제시하였습니다. 또 연습문제의 '전략'을 활용하면 문제 해결의 실마리를 찾을 수 있습니다.

개념 노트 문제 해결의 핵심 개념을 확인하여 문제 속에 내포된 개념을 이해할 수 있습니다.

해설 Focus 실전에 도움이 되는 활용 방법을 구체적으로 설명하였습니다.

빠른 정답 찾기

본책 뒤에 제시된 '빠른 정답 찾기'를 이용하면 정답을 빠르게 확인하고 채점할 수 있습니다.

차례

II 확률

차례

III 통계

I 경우의 수

이 단원에서는

공통수학1에서 학습한 순열과 조합을 바탕으로 중복순열의 수, 같은 것이 있는 순열의 수, 중복조합의 수를 구하는 방법을 이해하고, 이를 이용하여 다양한 경우의 수를 구해 봅니다.

특강 순열과 조합

1 합의 법칙과 곱의 법칙

(1) **합의 법칙**

두 사건 A, B가 동시에 일어나지 않을 때, 사건 A, B가 일어나는 경우의 수가 각각 m, n이면 **사건 A 또는 사건 B가 일어나는** 경우의 수는

$$m+n$$

(2) **곱의 법칙**

두 사건 A, B에 대하여 사건 A가 일어나는 경우의 수가 m이고, 그 각각에 대하여 사건 B가 일어나는 경우의 수가 n일 때, **두 사건 A, B가 동시에 일어나는** 경우의 수는

$$m \times n$$

> ① 합의 법칙은 어느 두 사건도 동시에 일어나지 않는 셋 이상의 사건에 대해서도 성립한다.
> ② 곱의 법칙은 동시에 일어나는 셋 이상의 사건에 대해서도 성립한다.

2 순열

(1) 서로 다른 n개에서 r개를 택하는 순열의 수는

$$_n\mathrm{P}_r = \underbrace{n(n-1)(n-2) \times \cdots \times (n-r+1)}_{r개} \ (단, 0 < r \leq n)$$

(2) **$n!$을 이용한 순열의 수**

① $_n\mathrm{P}_n = n(n-1)(n-2) \times \cdots \times 3 \times 2 \times 1 = n!$

② $_n\mathrm{P}_0 = 1$, $0! = 1$

③ $_n\mathrm{P}_r = \dfrac{n!}{(n-r)!} \ (단, 0 \leq r \leq n)$

3 조합

(1) 서로 다른 n개에서 r개를 택하는 조합의 수는

$$_n\mathrm{C}_r = \frac{_n\mathrm{P}_r}{r!} = \frac{n!}{r!(n-r)!} \ (단, 0 \leq r \leq n)$$

(2) **조합의 수의 성질**

① $_n\mathrm{C}_r = {}_n\mathrm{C}_{n-r} \ (단, 0 \leq r \leq n)$

② $_n\mathrm{C}_r = {}_{n-1}\mathrm{C}_r + {}_{n-1}\mathrm{C}_{r-1} \ (단, 1 \leq r < n)$

> $_n\mathrm{P}_r = {}_n\mathrm{C}_r \times r!$ ⇨ (순열의 수) = (조합의 수) × (일렬로 나열하는 경우의 수)

특강 01 합의 법칙

서로 다른 두 개의 주사위를 동시에 던질 때, 다음을 구하시오.

(1) 나오는 두 눈의 수의 합이 5 또는 10이 되는 경우의 수

(2) 나오는 두 눈의 수의 합이 4의 배수가 되는 경우의 수

풀이 두 주사위에서 나오는 눈의 수를 순서쌍으로 나타내자.

(1) (i) 합이 5인 경우는

$$(1, 4), (2, 3), (3, 2), (4, 1)$$ 의 4가지

(ii) 합이 10인 경우는

$$(4, 6), (5, 5), (6, 4)$$ 의 3가지

(i), (ii)는 동시에 일어날 수 없으므로 합의 법칙에 의하여 구하는 경우의 수는

$$4+3=\mathbf{7}$$

(2) 두 눈의 수의 합이 4의 배수가 되는 경우는 합이 4 또는 8 또는 12인 경우이다.

(i) 합이 4인 경우는

$$(1, 3), (2, 2), (3, 1)$$ 의 3가지

(ii) 합이 8인 경우는

$$(2, 6), (3, 5), (4, 4), (5, 3), (6, 2)$$ 의 5가지

(iii) 합이 12인 경우는

$$(6, 6)$$ 의 1가지

이상에서 각 경우는 동시에 일어날 수 없으므로 합의 법칙에 의하여 구하는 경우의 수는

$$3+5+1=\mathbf{9}$$

- 두 사건 A, B가 동시에 일어나지 않을 때, 사건 A, B가 일어나는 경우의 수가 각각 m, n이면

  (사건 A 또는 사건 B가 일어나는 경우의 수)$=m+n$

● 정답 및 풀이 2쪽

1 x, y가 자연수일 때, 부등식 $x+y<4$를 만족시키는 순서쌍 (x, y)의 개수를 구하시오.

2 서로 다른 두 개의 주사위를 동시에 던질 때, 나오는 두 눈의 수의 차가 1 이하인 경우의 수를 구하시오.

11

곱의 법칙

다음을 구하시오.

(1) 144의 양의 약수의 개수

(2) $(a+b)(l+m+n)(x+y+z)$의 전개식에서 항의 개수

풀이

(1) 144를 소인수분해하면 $144=2^4 \times 3^2$

이때 144의 양의 약수는 2^4의 양의 약수와 3^2의 양의 약수에서 각각 하나씩 택하여 곱한 것이다.

2^4의 양의 약수는 1, 2, 2^2, 2^3, 2^4의 5개, 3^2의 양의 약수는 1, 3, 3^2의 3개이므로 곱의 법칙에 의하여 144의 양의 약수의 개수는

$$5 \times 3 = \mathbf{15}$$

(2) $(a+b)(l+m+n)(x+y+z)$의 전개식에서 각 항은 a, b 중에서 하나를 택하고, l, m, n 중에서 하나를 택하고, x, y, z 중에서 하나를 택하여 곱한 것이다.

따라서 곱의 법칙에 의하여 구하는 항의 개수는

$$2 \times 3 \times 3 = \mathbf{18}$$

• 사건 A가 일어나는 경우의 수가 m이고, 그 각각에 대하여 사건 B가 일어나는 경우의 수가 n이면

(두 사건 A, B가 동시에 일어나는 경우의 수)$= m \times n$

● 정답 및 풀이 **2쪽**

3 십의 자리의 숫자는 홀수이고, 일의 자리의 숫자는 소수인 두 자리 자연수의 개수를 구하시오.

4 다음 수의 양의 약수의 개수를 구하시오.

(1) 54   (2) 120

5 $(a+b+c)(p+q)(x+y)$의 전개식에서 a를 포함하는 항의 개수를 구하시오.

 특강 03 순열

다음을 구하시오.

(1) 축구 승부차기에서 선수 5명의 순서를 정하는 경우의 수

(2) 회원이 10명인 어느 동아리에서 대표 1명과 총무 1명을 뽑는 경우의 수

(3) 4개의 문자 a, b, c, d를 일렬로 나열할 때, a와 c를 이웃하게 나열하는 경우의 수

풀이

(1) 서로 다른 5개에서 5개를 택하는 순열의 수와 같으므로

$$_5\mathrm{P}_5=5!=\mathbf{120}$$

(2) 서로 다른 10개에서 2개를 택하는 순열의 수와 같으므로

$$_{10}\mathrm{P}_2=10\times9=\mathbf{90}$$

(3) a와 c를 한 문자로 생각하여 3개의 문자를 일렬로 나열하는 경우의 수는

$$3!=6$$

a와 c의 자리를 바꾸는 경우의 수는

$$2!=2$$

따라서 구하는 경우의 수는

$$6\times2=\mathbf{12}$$

KEY Point

• 서로 다른 n개에서 r개를 택하는 순열의 수는

$$_n\mathrm{P}_r=n(n-1)(n-2)\times\cdots\times(n-r+1)=\frac{n!}{(n-r)!}\ \text{(단, } 0<r\leq n)$$

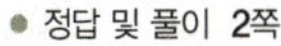

● 정답 및 풀이 **2**쪽

6 제주도의 관광지인 만장굴, 섭지코지, 성산일출봉, 우도 네 곳을 한 번씩 관광하는 순서를 정하는 경우의 수를 구하시오.

7 5개의 숫자 1, 2, 3, 4, 5 중에서 서로 다른 3개의 숫자를 택하여 만들 수 있는 세 자리 자연수의 개수를 구하시오.

8 olympic에 있는 7개의 문자를 일렬로 나열할 때, c와 y를 양 끝에 나열하는 경우의 수를 구하시오.

다음을 구하시오.

(1) 남학생 5명과 여학생 4명 중에서 남학생 2명과 여학생 2명을 뽑는 경우의 수

(2) A, B를 포함한 8명 중에서 A, B를 포함하여 5명을 뽑아 일렬로 세울 때, A, B가 이웃하도록 세우는 경우의 수

풀이

(1) 남학생 5명 중에서 2명을 뽑는 경우의 수는　　　$_5C_2 = \dfrac{5 \times 4}{2 \times 1} = 10$

여학생 4명 중에서 2명을 뽑는 경우의 수는　　　$_4C_2 = \dfrac{4 \times 3}{2 \times 1} = 6$

따라서 구하는 경우의 수는

$$10 \times 6 = \mathbf{60}$$

(2) 8명 중에서 A, B를 포함하여 5명을 뽑는 경우의 수는 A, B를 제외한 나머지 6명 중에서 3명을 뽑는 경우의 수와 같으므로

$$_6C_3 = \frac{6 \times 5 \times 4}{3 \times 2 \times 1} = 20$$

A, B를 포함한 5명 중에서 A, B를 한 사람으로 생각하여 4명을 일렬로 세우는 경우의 수는

$$4! = 24$$

A, B가 자리를 바꾸는 경우의 수는　　　$2! = 2$

따라서 구하는 경우의 수는

$$20 \times 24 \times 2 = \mathbf{960}$$

KEY Point

• 서로 다른 n개에서 r개를 택하는 조합의 수는

$$_nC_r = \frac{_nP_r}{r!} = \frac{n!}{r!\,(n-r)!} \quad (\text{단, } 0 \le r \le n)$$

● 정답 및 풀이 **2쪽**

9 서로 다른 책 12권 중에서 3권을 택하는 경우의 수를 구하시오.

10 7개의 문자 A, B, C, D, E, F, G 중에서 C, F를 포함하여 4개의 문자를 뽑아 일렬로 나열할 때, C와 F가 이웃하지 않도록 나열하는 경우의 수를 구하시오.

11 1부터 9까지의 자연수 중에서 서로 다른 세 수를 택할 때, 세 수의 곱이 짝수가 되는 경우의 수를 구하시오.

01 중복순열

1 중복순열   필수 01~04

(1) **중복순열**

서로 다른 n개에서 중복을 허용하여 r개를 택하는 순열을

중복순열이라 하고, 이 중복순열의 수를 기호로

$$_n\Pi_r$$

와 같이 나타낸다.

$$_n\Pi_r$$

서로 다른 → ← 택하는
것의 개수   것의 개수

(2) **중복순열의 수**

서로 다른 n개에서 r개를 택하는 중복순열의 수는

$$_n\Pi_r = \underbrace{n \times n \times n \times \cdots \times n}_{r\text{개}} = n^r$$

▶ ① $_n\Pi_r$에서 Π는 곱을 뜻하는 Product의 첫 글자 P에 해당하는 그리스 문자로 '파이'라 읽는다.

② 택하는 것이 서로 다르면 순열을 이용하고, 중복을 허용하면 중복순열을 이용한다.

③ $_n\mathrm{P}_r$에서는 $0 \le r \le n$이어야 하지만 $_n\Pi_r$에서는 중복하여 택할 수 있기 때문에 $r > n$일 수도 있다.

설명 (1) 중복 허용이란 같은 것이 반복될 수 있다는 의미이다.

예를 들어 3개의 숫자 1, 2, 3을 사용하여 두 자리 자연수를 만들 때, 각 자리의 숫자가 다른 경우는

12, 13, 21, 23, 31, 32의 6가지

이고 중복을 허용하는 경우에는 여기에 같은 숫자를 반복하여 사용한 두 자리 자연수 11, 22, 33을 포함하여 9가지

가 된다.

(2) 서로 다른 n개에서 중복을 허용하여 r개를 택해 일렬로 나열할 때, 첫 번째, 두 번째, 세 번째, $\cdots$, r 번째에 올 수 있는 경우는 각각 n가지씩이다.

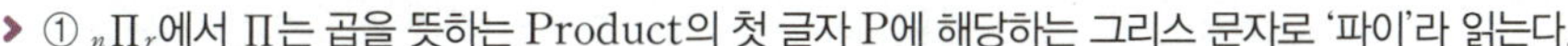
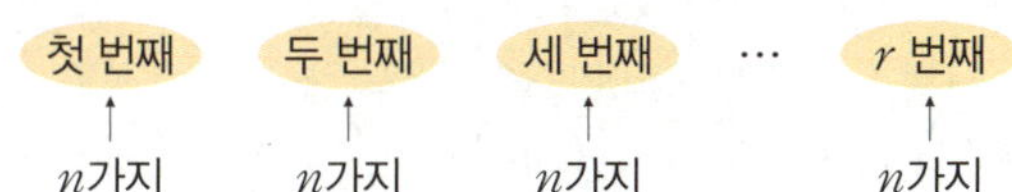

따라서 곱의 법칙에 의하여

$$_n\Pi_r = \underbrace{n \times n \times n \times \cdots \times n}_{r\text{개}} = n^r$$

이 성립한다.

2 함수의 개수   필수 05

두 집합 X, Y에 대하여 $n(X) = m$, $n(Y) = n$일 때, X에서 Y로의 함수의 개수는

$$_n\Pi_m = n^m$$

▶ X에서 Y로의 일대일함수의 개수는 $_n\mathrm{P}_m$ (단, $n \ge m$)

설명 두 집합 $X=\{a_1, a_2, \cdots, a_m\}$, $Y=\{b_1, b_2, \cdots, b_n\}$에 대하여 X에서 Y로의 함수 f를 정의할 때

$f(a_1)$의 값이 될 수 있는 것은 $b_1, b_2, \cdots, b_n$

$f(a_2)$의 값이 될 수 있는 것은 $b_1, b_2, \cdots, b_n$

$\qquad\qquad\vdots$

$f(a_m)$의 값이 될 수 있는 것은 $b_1, b_2, \cdots, b_n$

이다. 즉 집합 Y의 n개의 원소 중에서 중복을 허용하여 m개를 택한 다음 차례대로 $f(a_1), f(a_2), \cdots, f(a_m)$의 값으로 정하면 된다.

따라서 집합 X에서 집합 Y로의 함수 f의 개수는 서로 다른 n개에서 중복을 허용하여 m개를 택하는 중복순열의 수와 같으므로

$$_n\Pi_m=n^m$$

이다.

보충학습 문자의 배열을 통하여 함수의 개수와 중복순열의 수 사이의 관계를 알아 보자.

예를 들어 3개의 문자 a, b, c에서 2개를 택하는 중복순열은

$$aa,\ ab,\ ac,\ ba,\ bb,\ bc,\ ca,\ cb,\ cc$$

의 9가지이다.

이때 두 집합 $X=\{1, 2\}$, $Y=\{a, b, c\}$에 대하여 함수 $f : X \longrightarrow Y$의 대응 관계와 문자의 배열을 비교하여 살펴보면 다음과 같다.

① 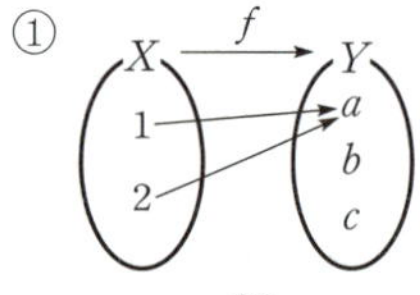

aa

② 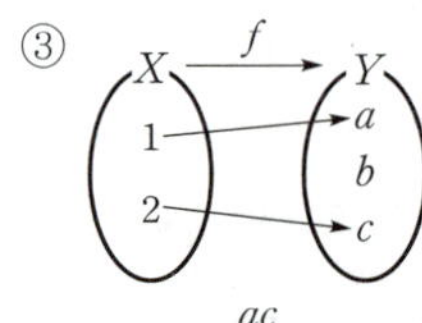

ab

③ 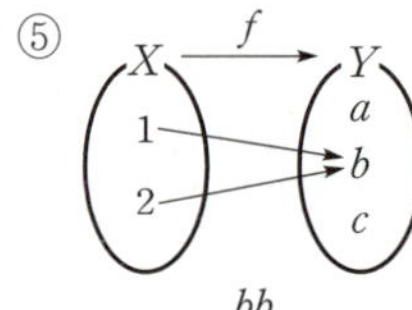

ac

④ 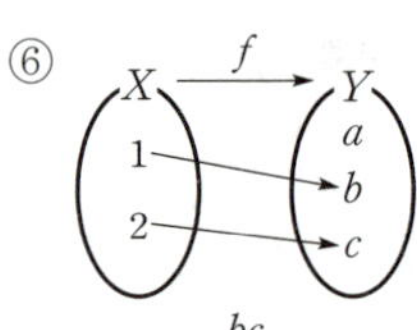

ba

⑤ 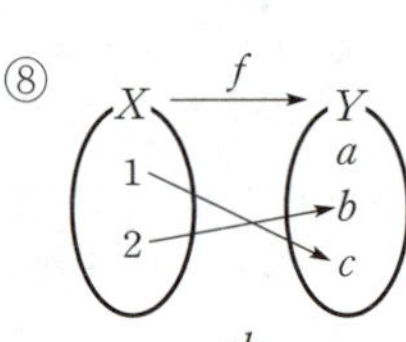

bb

⑥ 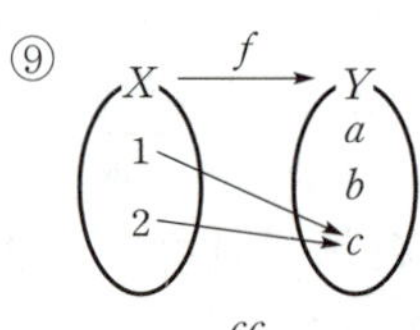

bc

⑦

ca

⑧

cb

⑨

cc

즉 각 함수는 하나의 중복순열과 일대일로 대응된다.

개념원리 **익히기**

알아둡시다!

$_n\Pi_r = n^r$

12 다음 값을 구하시오.

(1) $_7\Pi_1$

(2) $_6\Pi_2$

(3) $_3\Pi_4$

(4) $_2\Pi_5$

13 다음 등식을 만족시키는 n 또는 r의 값을 구하시오.

(1) $_n\Pi_3 = 125$

(2) $_n\Pi_5 = 243$

(3) $_2\Pi_r = 128$

(4) $_7\Pi_r = 343$

14 5개의 숫자 1, 2, 3, 4, 5 중에서 중복을 허용하여 4개를 택해 만들 수 있는 네 자리 자연수의 개수를 구하시오.

서로 다른 n개에서 r개를 택하는 중복순열의 수
$\Rightarrow {}_n\Pi_r$

15 ○, ×로만 답할 수 있는 5개의 문제에 임의로 답하는 경우의 수를 구하시오.

필수 01 중복순열의 수

2명의 후보가 출마한 선거에서 6명의 유권자가 한 명의 후보에게 각각 기명으로 투표하는 경우의 수를 구하시오. (단, 기권이나 무효표는 없다.)

풀이 6명의 각 유권자는 2명의 후보 중 1명을 택해야 하므로 구하는 경우의 수는 서로 다른 2개에서 6개를 택하는 중복순열의 수와 같다.

$$\therefore {}_2\Pi_6 = 2^6 = \mathbf{64}$$

KEY Point

- 서로 다른 n개에서 r개를 택하는 중복순열의 수는

$$_n\Pi_r$$

서로 다른 ← ↑ ↑ → 택하는
것의 개수　　　 것의 개수

● 정답 및 풀이 **3**쪽

16 서로 다른 편지 3통을 서로 다른 2개의 우체통에 넣는 경우의 수를 구하시오.
(단, 편지를 넣지 않는 우체통이 있을 수도 있다.)

17 5명의 여행자가 서로 다른 3개의 호텔에 투숙하는 경우의 수를 구하시오.
(단, 각 호텔에 빈 방은 충분히 있다.)

18 남학생 5명과 여학생 4명을 1반, 2반, 3반에 배정할 때, 남학생은 홀수 반, 여학생은 짝수 반에 배정하는 경우의 수를 구하시오. (단, 각 반에 적어도 1명의 학생이 배정된다.)

● 더 다양한 문제는 **RPM** 확률과 통계 10쪽

필수 **02** 신호 만들기

두 기호 **·**, **―**를 일렬로 나열하여 신호를 만들 때, 이 기호를 1개 이상 4개 이하로 사용하여 만들 수 있는 서로 다른 신호의 개수를 구하시오.

풀이 기호를 1개 사용하여 만들 수 있는 신호의 개수는
$$_2\Pi_1 = 2^1 = 2$$
기호를 2개 사용하여 만들 수 있는 신호의 개수는
$$_2\Pi_2 = 2^2 = 4$$
기호를 3개 사용하여 만들 수 있는 신호의 개수는
$$_2\Pi_3 = 2^3 = 8$$
기호를 4개 사용하여 만들 수 있는 신호의 개수는
$$_2\Pi_4 = 2^4 = 16$$
따라서 구하는 신호의 개수는
$$2+4+8+16 = \mathbf{30}$$

● 정답 및 풀이 **4쪽**

19 청색, 녹색, 적색의 3가지 깃발이 있다. 이 깃발들을 1번 이상 3번 이하로 들어 올려서 만들 수 있는 서로 다른 신호의 개수를 구하시오.

(단, 두 개 이상의 깃발을 동시에 들어 올리지 않는다.)

20 서로 같은 n개의 깃발을 일렬로 나열한 후 각 깃발을 동시에 올리거나 내려서 100개 이상의 서로 다른 신호를 만들려고 한다. 이때 자연수 n의 최솟값을 구하시오.

필수 03 자연수의 개수 (1)

다음을 구하시오.

(1) 4개의 숫자 1, 2, 3, 4 중에서 중복을 허용하여 3개를 택해 만들 수 있는 세 자리 자연수 중 홀수의 개수

(2) 6개의 숫자 0, 1, 2, 3, 4, 5 중에서 중복을 허용하여 3개를 택해 만들 수 있는 세 자리 자연수의 개수

풀이

(1) 일의 자리에 올 수 있는 숫자는 1, 3의 2개

백의 자리, 십의 자리의 숫자를 택하는 경우의 수는 1, 2, 3, 4의 4개에서 2개를 택하는 중복순열의 수와 같으므로 $_4\Pi_2 = 4^2 = 16$

따라서 구하는 홀수의 개수는 $2 \times 16 = \mathbf{32}$

(2) 백의 자리에는 0이 올 수 없으므로 백의 자리에 올 수 있는 숫자는 1, 2, 3, 4, 5의 5개

십의 자리, 일의 자리의 숫자를 택하는 경우의 수는 0, 1, 2, 3, 4, 5의 6개에서 2개를 택하는 중복순열의 수와 같으므로 $_6\Pi_2 = 6^2 = 36$

따라서 구하는 자연수의 개수는 $5 \times 36 = \mathbf{180}$

필수 04 자연수의 개수 (2)

4개의 숫자 1, 2, 3, 4 중에서 중복을 허용하여 4개를 택해 만들 수 있는 네 자리 자연수 중 2300보다 큰 자연수의 개수를 구하시오.

풀이

2300보다 큰 수는 23□□ 또는 24□□ 또는 3□□□ 또는 4□□□ 꼴이다.

(i) 23□□, 24□□ 꼴의 자연수의 개수는 각각 4개의 숫자에서 2개를 택하는 중복순열의 수와 같으므로 $_4\Pi_2 = 4^2 = 16$

(ii) 3□□□, 4□□□ 꼴의 자연수의 개수는 각각 4개의 숫자에서 3개를 택하는 중복순열의 수와 같으므로 $_4\Pi_3 = 4^3 = 64$

(i), (ii)에서 구하는 자연수의 개수는 $16 \times 2 + 64 \times 2 = \mathbf{160}$

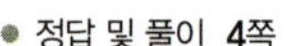

● 정답 및 풀이 **4**쪽

21 다음을 구하시오.

(1) 6개의 숫자 0, 1, 2, 3, 4, 5 중에서 중복을 허용하여 4개를 택해 만들 수 있는 네 자리 자연수 중 짝수의 개수

(2) 5개의 숫자 0, 1, 2, 3, 4 중에서 중복을 허용하여 만들 수 있는 세 자리 이하의 자연수의 개수

22 4개의 숫자 0, 1, 2, 3 중에서 중복을 허용하여 4개를 택해 만들 수 있는 네 자리 자연수 중 2000보다 큰 자연수의 개수를 구하시오.

 **필수 05** **함수의 개수**

두 집합 $X=\{1, 2, 3\}$, $Y=\{a, b, c, d, e\}$에 대하여 X에서 Y로의 함수의 개수를 m, 일대일함수의 개수를 n이라 할 때, $m+n$의 값을 구하시오.

풀이 X에서 Y로의 함수의 개수는 Y의 원소 a, b, c, d, e의 5개에서 중복을 허용하여 3개를 택하는 중복순열의 수와 같으므로

$$m={}_5\Pi_3=5^3=125$$

X에서 Y로의 일대일함수의 개수는 Y의 원소 a, b, c, d, e의 5개에서 서로 다른 3개를 택하는 순열의 수와 같으므로

$$n={}_5P_3=60$$
$$\therefore\ m+n=\mathbf{185}$$

 **KEY Point**

• 두 집합 X, Y에 대하여 $n(X)=m$, $n(Y)=n$일 때, X에서 Y로의 함수의 개수
$\Rightarrow {}_n\Pi_m=n^m$

 ● 정답 및 풀이 **4쪽**

 **23** 두 집합 $X=\{a, b\}$, $Y=\{1, 2, 3, \cdots, n\}$에 대하여 X에서 Y로의 함수의 개수가 64일 때, 자연수 n의 값을 구하시오.

24 두 집합 $X=\{1, 2, 3, 4\}$, $Y=\{5, 6, 7, 8, 9\}$에 대하여 함수 $f : X \longrightarrow Y$ 중에서 $f(1)$, $f(3)$의 값은 짝수, $f(2)$, $f(4)$의 값은 홀수인 함수 f의 개수를 구하시오.

02 같은 것이 있는 순열

1 같은 것이 있는 순열　　⌒ 필수 06~08

> (1) **같은 것이 있는 순열의 수**
>
> n개 중에서 서로 같은 것이 각각 p개, q개, $\cdots$, r개씩 있을 때, n개를 일렬로 나열하는 순열의 수는
>
> $$\frac{n!}{p!\,q! \times \cdots \times r!} \ (\text{단}, \ p+q+\cdots+r=n)$$
>
> (2) **순서가 정해진 순열의 수**
>
> 서로 다른 n개 중에서 특정한 $r\,(0<r\leq n)$개의 순서가 정해졌을 때, n개를 일렬로 나열하는 순열의 수는
>
> $$\frac{n!}{r!}$$

설명 (1) 5개의 문자 a, a, a, b, c를 일렬로 나열하는 순열의 수를 x라 하고, x가지의 순열 중 하나인 $aaabc$에 대하여 생각해 보자.

　　a에 번호를 붙여 a_1, a_2, a_3으로 구별하면 하나의 순열 $aaabc$에 대하여 오른쪽 그림과 같이 $3!$가지의 서로 다른 순열을 얻을 수 있다.

　　마찬가지로 x가지의 순열 각각에 대해서도 $3!$가지의 서로 다른 순열을 얻을 수 있으므로 a_1, a_2, a_3, b, c의 5개의 문자를 일렬로 나열하는 경우의 수는 $x \times 3!$이다.

　　이것은 서로 다른 5개의 문자를 일렬로 나열하는 경우의 수 $5!$과 같으므로

$$x \times 3! = 5! \qquad \therefore \ x = \frac{5!}{3!} = 20$$

a_1	a_2	a_3	b	c
a_1	a_3	a_2	b	c
a_2	a_1	a_3	b	c
a_2	a_3	a_1	b	c
a_3	a_1	a_2	b	c
a_3	a_2	a_1	b	c

　　일반적으로 n개 중에서 서로 같은 것이 각각 p개, q개, $\cdots$, r개씩 있을 때, n개를 일렬로 나열하는 순열의 수는 다음과 같다.

$$\frac{n!}{p!\,q! \times \cdots \times r!} \ (\text{단}, \ p+q+\cdots+r=n)$$

(2) 순서가 정해진 것끼리는 서로 자리가 바뀌는 경우를 생각하지 않아도 된다. 따라서 서로 다른 n개 중에서 특정한 r개의 순서가 정해졌을 때, n개를 일렬로 나열하는 순열의 수는 순서가 정해진 r개를 모두 같은 것으로 생각하여 같은 것이 r개 포함된 n개를 일렬로 나열하는 순열의 수로 구할 수 있다.

예제 ▶ 다음을 구하시오.

(1) 6개의 문자 a, a, a, b, b, c를 일렬로 나열하는 경우의 수

(2) 6개의 숫자 1, 2, 3, 4, 5, 6을 일렬로 나열할 때, 2, 4, 6은 이 순서대로 나열하는 경우의 수

풀이 (1) 6개의 문자 중 a가 3개, b가 2개이므로 구하는 경우의 수는

$$\frac{6!}{3! \times 2!} = 60$$

(2) 2, 4, 6의 순서가 정해져 있으므로 2, 4, 6을 모두 x로 생각하여 6개의 문자 1, x, 3, x, 5, x를 일렬로 나열한 후 첫 번째 x는 2, 두 번째 x는 4, 세 번째 x는 6으로 바꾸면 된다.

　　따라서 구하는 경우의 수는

$$\frac{6!}{3!} = 120$$

2 최단 거리로 가는 경우의 수 ⟳ 필수 09, 발전 10

오른쪽 그림과 같은 도로망에서 A 지점에서 출발하여 B 지점까지 최단 거리로 가는 경우의 수는

$$\frac{(p+q)!}{p!\,q!}$$

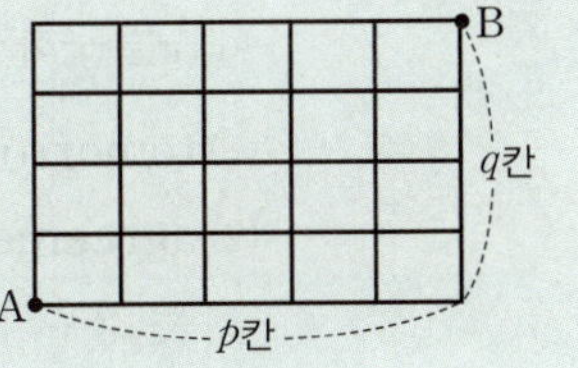

설명   도로망이 주어져 있을 때, 최단 거리로 가는 경우의 수는 같은 것이 있는 순열을 이용하여 구할 수 있다.

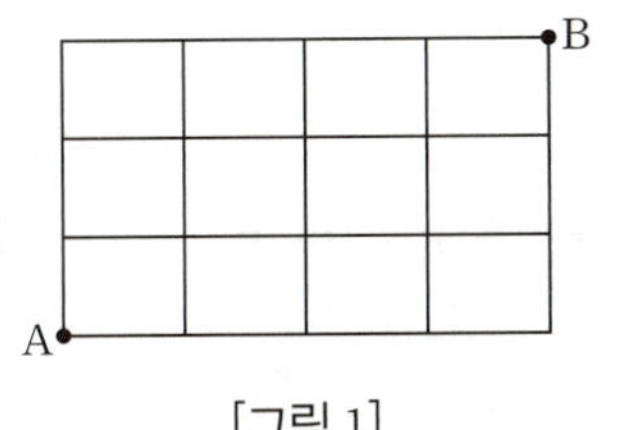

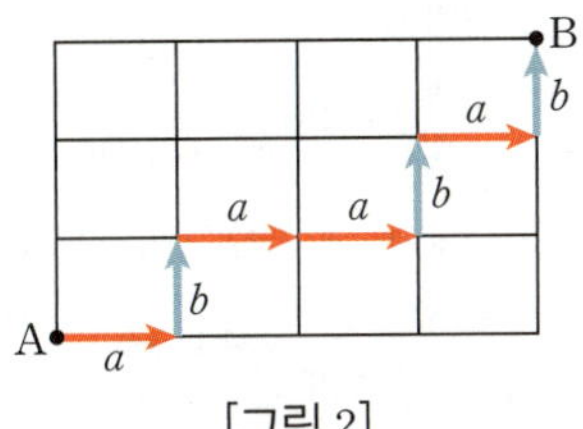

[그림 1]   [그림 2]

[그림 1]과 같은 도로망이 있을 때, A 지점에서 B 지점까지 최단 거리로 가는 경우의 수를 생각해 보자.

오른쪽으로 한 칸 가는 것을 a, 위쪽으로 한 칸 가는 것을 b로 나타내면 [그림 2]와 같이 이동하는 경로는

     $abaabab$

로 나타낼 수 있다.

같은 방법으로 생각하면 A 지점에서 B 지점까지 최단 거리로 가는 각 경로는 4개의 a와 3개의 b를 일렬로 나열하는 하나의 순열로 생각할 수 있다.

따라서 A 지점에서 B 지점까지 최단 거리로 가는 경우의 수는

$$\frac{(4+3)!}{4!\times 3!}=35$$

이다.

참고   도로망이 주어져 있을 때, 최단 거리로 가는 경우의 수는 합의 법칙을 이용하여 구할 수도 있다.

오른쪽 그림과 같은 도로망에서 A 지점에서 E 지점까지 최단 거리로 이동하려면 C 지점 또는 D 지점을 반드시 지나야 하고 두 지점을 모두 지날 수는 없다.

따라서 A 지점에서 C 지점과 D 지점까지 최단 거리로 가는 경우의 수를 각각 m, n이라 하면 합의 법칙에 의하여 A 지점에서 E 지점까지 최단 거리로 가는 경우의 수는

     $m+n$

이다.

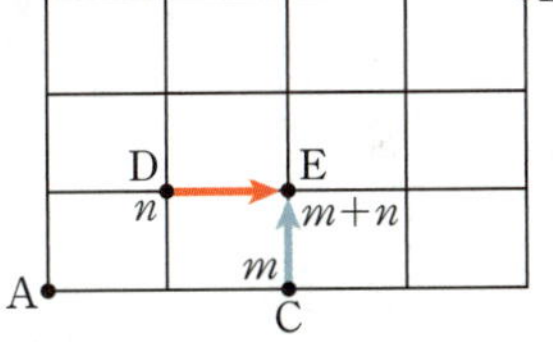

이와 같은 방법으로 구해 보면 A 지점에서 B 지점까지 최단 거리로 가는 경우의 수는 오른쪽 그림과 같이 35임을 알 수 있다.

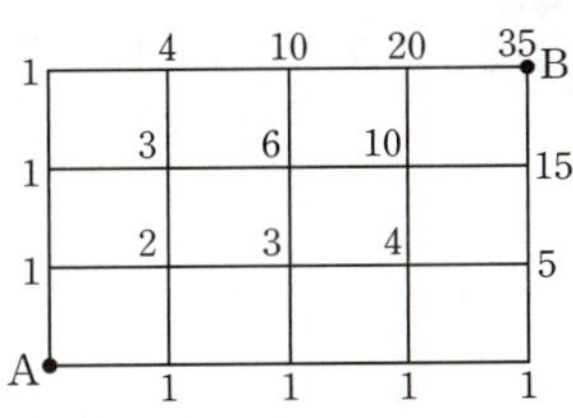

필수 06 문자를 나열하는 경우의 수

다음을 구하시오.

(1) tomorrow에 있는 8개의 문자를 일렬로 나열할 때, 양 끝에 o를 나열하는 경우의 수

(2) agreement에 있는 9개의 문자를 일렬로 나열할 때, 모음끼리 이웃하도록 나열하는 경우의 수

풀이

(1) 양 끝에 o를 나열하고 중간에 나머지 문자 t, m, r, r, o, w를 일렬로 나열하면 되므로 구하는 경우의 수는

$$\dfrac{6!}{2!}=360 \quad \text{┌ r가 2개}$$

(2) 모음 a, e, e, e를 한 문자 A로 생각하여 A, g, r, m, n, t의 6개의 문자를 일렬로 나열하는 경우의 수는

$$6!=720$$

이때 모음끼리 자리를 바꾸는 경우의 수는

$$\dfrac{4!}{3!}=4 \quad \text{┌ e가 3개}$$

따라서 구하는 경우의 수는

$$720 \times 4 = 2880$$

KEY Point

• n개 중에서 서로 같은 것이 각각 p개, q개, $\cdots$, r개씩 있을 때, n개를 일렬로 나열하는 순열의 수

$$\Rightarrow \dfrac{n!}{p!q! \times \cdots \times r!} \quad (\text{단, } p+q+ \cdots +r=n)$$

● 정답 및 풀이 5쪽

확인체크

25 condition에 있는 9개의 문자를 일렬로 나열할 때, 양 끝에 n을 나열하는 경우의 수를 구하시오.

26 calendar에 있는 8개의 문자를 일렬로 나열할 때, 자음끼리 이웃하도록 나열하는 경우의 수를 구하시오.

27 숫자 1, 2, 3, 3, 4가 각각 하나씩 적힌 5장의 카드를 일렬로 나열할 때, 1과 2가 적힌 카드 사이에 한 장의 카드를 나열하는 경우의 수를 구하시오.

(단, 같은 숫자가 적힌 카드는 구분하지 않는다.)

필수 **07** 자연수의 개수 ⑶

다음을 구하시오.

⑴ 5개의 숫자 1, 1, 1, 2, 3을 모두 사용하여 만들 수 있는 다섯 자리 자연수의 개수

⑵ 6개의 숫자 0, 1, 1, 2, 2, 2를 모두 사용하여 만들 수 있는 여섯 자리 자연수의 개수

⑶ 5개의 숫자 1, 1, 1, 2, 2 중에서 4개를 택하여 만들 수 있는 네 자리 자연수의 개수

풀이 ⑴ 5개의 숫자 중 1이 3개 있으므로 $\dfrac{5!}{3!}=\mathbf{20}$

⑵ 0, 1, 1, 2, 2, 2를 일렬로 나열하는 경우의 수는 $\dfrac{6!}{2!\times 3!}=60$

이때 맨 앞자리에 0이 오는 경우의 수는 1, 1, 2, 2, 2를 일렬로 나열하는 경우의 수와 같으므로

$$\dfrac{5!}{2!\times 3!}=10$$

따라서 구하는 자연수의 개수는 $60-10=\mathbf{50}$

⑶ 1, 1, 1, 2, 2 중에서 4개의 숫자를 택하는 경우는 1, 1, 1, 2 또는 1, 1, 2, 2

ⅰ) 1, 1, 1, 2를 일렬로 나열하는 경우의 수는 $\dfrac{4!}{3!}=4$

ⅱ) 1, 1, 2, 2를 일렬로 나열하는 경우의 수는 $\dfrac{4!}{2!\times 2!}=6$

ⅰ), ⅱ)에서 구하는 자연수의 개수는 $4+6=\mathbf{10}$

다른 풀이 ⑵ ⅰ) 맨 앞자리가 1인 자연수의 개수는 $\dfrac{5!}{3!}=20$ ── 0, 1, 2, 2, 2를 일렬로 나열하는 경우의 수

ⅱ) 맨 앞자리가 2인 자연수의 개수는 $\dfrac{5!}{2!\times 2!}=30$ ── 0, 1, 1, 2, 2를 일렬로 나열하는 경우의 수

ⅰ), ⅱ)에서 구하는 자연수의 개수는 $20+30=50$

● 정답 및 풀이 **5쪽**

28 5개의 숫자 1, 1, 1, 2, 2를 모두 사용하여 만들 수 있는 다섯 자리 자연수 중 홀수의 개수를 구하시오.

29 7개의 숫자 0, 1, 1, 1, 2, 2, 3을 모두 사용하여 만들 수 있는 일곱 자리 자연수 중 짝수의 개수를 구하시오.

30 7개의 숫자 1, 1, 2, 2, 2, 3, 3 중에서 4개를 택하여 만들 수 있는 네 자리 자연수 중 3의 배수의 개수를 구하시오.

 **필수 08** **순서가 정해진 경우의 수**

climate에 있는 7개의 문자를 일렬로 나열할 때, m, a, t, e는 이 순서대로 나열하는 경우의 수를 구하시오.

풀이 m, a, t, e의 순서가 정해져 있으므로 m, a, t, e를 모두 A로 생각하여 7개의 문자

A, A, A, A, c, l, i

를 일렬로 나열한 후 첫 번째, 두 번째, 세 번째, 네 번째 A를 각각 m, a, t, e로 바꾸면 된다.
따라서 구하는 경우의 수는

$$\frac{7!}{4!} = 210$$

 **KEY Point**

- 서로 다른 n개 중에서 특정한 r개의 순서가 정해졌을 때, n개를 일렬로 나열하는 경우의 수

$$\Rightarrow \frac{n!}{r!}$$

● 정답 및 풀이 6쪽

 **확인 체크**

31 study에 있는 5개의 문자를 일렬로 나열할 때, d가 y보다 앞에 오도록 나열하는 경우의 수를 구하시오.

32 technique에 있는 9개의 문자를 일렬로 나열할 때, t, n, i는 이 순서대로 나열하는 경우의 수를 구하시오.

33 happiness에 있는 9개의 문자를 일렬로 나열할 때, 모음이 자음보다 앞에 오도록 나열하는 경우의 수를 구하시오.

필수 **09** 최단 거리로 가는 경우의 수 (1)

오른쪽 그림과 같은 도로망이 있다. A 지점에서 C 지점을 거쳐
B 지점까지 최단 거리로 가는 경우의 수를 구하시오.

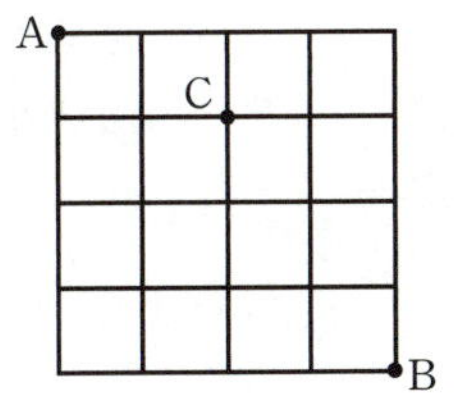

설명 (A 지점에서 C 지점을 거쳐 B 지점까지 최단 거리로 가는 경우의 수)

= (A 지점에서 C 지점까지 최단 거리로 가는 경우의 수)

　× (C 지점에서 B 지점까지 최단 거리로 가는 경우의 수)

풀이 오른쪽으로 한 칸 가는 것을 a, 아래쪽으로 한 칸 가는 것을 b라 하자.

A 지점에서 C 지점까지 최단 거리로 가려면 오른쪽으로 2칸, 아래쪽으로 1칸 이동해야 하므로 이 경우의 수는 a, a, b를 일렬로 나열하는 경우의 수와 같다.

$$\therefore \frac{3!}{2!}=3$$

또 C 지점에서 B 지점까지 최단 거리로 가려면 오른쪽으로 2칸, 아래쪽으로 3칸 이동해야 하므로 이 경우의 수는 a, a, b, b, b를 일렬로 나열하는 경우의 수와 같다.

$$\therefore \frac{5!}{2!\times 3!}=10$$

따라서 A 지점에서 C 지점을 거쳐 B 지점까지 최단 거리로 가는 경우의 수는

$$3\times 10=\mathbf{30}$$

다른 풀이 오른쪽 그림과 같이 합의 법칙을 이용하면 A 지점에서 C 지점을 거쳐 B 지점까지 최단 거리로 가는 경우의 수는 30이다.

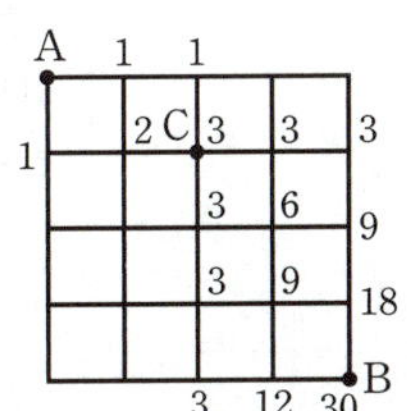

● 정답 및 풀이 **6**쪽

확인 체크 34 오른쪽 그림과 같은 도로망이 있다. A 지점에서 C 지점을 거치지 않고 B 지점까지 최단 거리로 가는 경우의 수를 구하시오.

27

 **10** 최단 거리로 가는 경우의 수 (2)

오른쪽 그림과 같은 도로망이 있다. A 지점에서 B 지점까지 최단 거리로 가는 경우의 수를 구하시오.

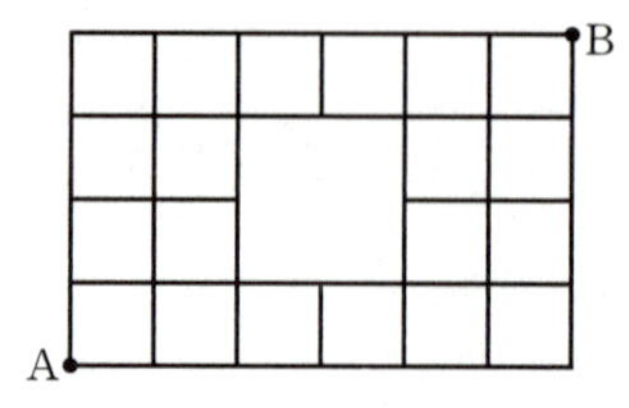

풀이   오른쪽 그림과 같이 네 지점 P, Q, R, S를 잡으면 A 지점에서 B 지점까지 최단 거리로 가는 경우는

$$A \longrightarrow P \longrightarrow B, \quad A \longrightarrow Q \longrightarrow B,$$
$$A \longrightarrow R \longrightarrow B, \quad A \longrightarrow S \longrightarrow B$$

의 4가지이다.

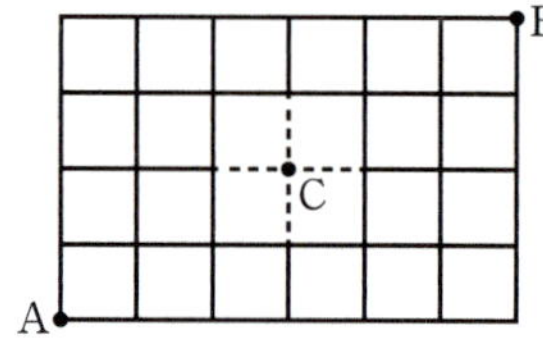

(i) $A \longrightarrow P \longrightarrow B$로 가는 경우의 수는 $\dfrac{5!}{4!} \times 1 = 5$

(ii) $A \longrightarrow Q \longrightarrow B$로 가는 경우의 수는 $\dfrac{5!}{2! \times 3!} \times \dfrac{5!}{4!} = 10 \times 5 = 50$

(iii) $A \longrightarrow R \longrightarrow B$로 가는 경우의 수는 $\dfrac{5!}{4!} \times \dfrac{5!}{2! \times 3!} = 5 \times 10 = 50$

(iv) $A \longrightarrow S \longrightarrow B$로 가는 경우의 수는 $1 \times \dfrac{5!}{4!} = 5$

이상에서 구하는 경우의 수는 $5 + 50 + 50 + 5 = \mathbf{110}$

다른 풀이   오른쪽 그림과 같이 지나갈 수 없는 길을 점선으로 연결하고 지점 C를 잡으면 구하는 경우의 수는 A 지점에서 B 지점까지 최단 거리로 가는 경우의 수에서 C 지점을 거쳐 최단 거리로 가는 경우의 수를 뺀 것과 같으므로

$$\frac{10!}{6! \times 4!} - \frac{5!}{3! \times 2!} \times \frac{5!}{3! \times 2!} = 210 - 10 \times 10 = 110$$

 **35** 오른쪽 그림과 같은 도로망이 있다. A 지점에서 B 지점까지 최단 거리로 가는 경우의 수를 구하시오.

● 정답 및 풀이 6쪽

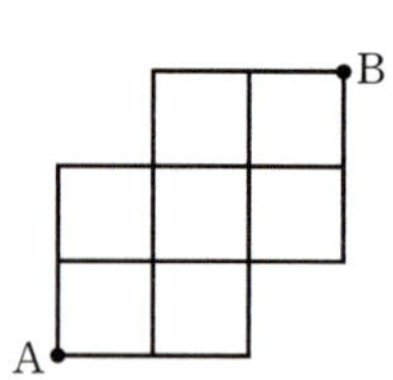

36 오른쪽 그림과 같은 도로망이 있다. A 지점에서 B 지점까지 최단 거리로 가는 경우의 수를 구하시오.

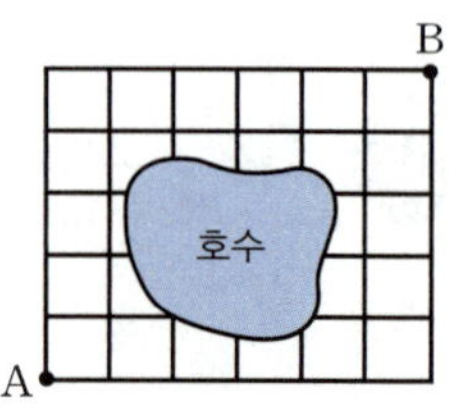

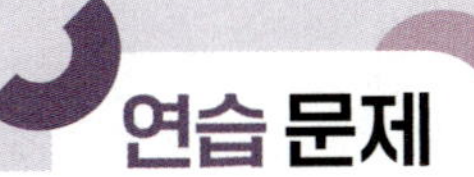

연습 문제

STEP 1

37 서로 다른 6개의 과일을 두 바구니 A, B에 나누어 담으려고 한다. 이 때 빈 바구니가 없도록 나누어 담는 경우의 수를 구하시오.

모든 과일을 A 바구니에 담 거나 B 바구니에 담으면 빈 바구니가 생긴다.

38 5개의 숫자 0, 1, 2, 3, 4 중에서 중복을 허용하여 4개를 택해 네 자리 자연수를 만들 때, 3000보다 작은 자연수의 개수를 구하시오.

39 집합 $X=\{1, 2, 3, \cdots, n\}$에 대하여 X에서 X로의 일대일대응의 개 수가 120일 때, X에서 X로의 함수의 개수를 구하시오.

（단, n은 자연수이다.）

X에서 X로의 일대일대응의 개수 $\Rightarrow {}_nP_n=n!$

40 두 집합 $X=\{1, 2, 3\}$, $Y=\{1, 2, 3, 4\}$에 대하여 함수 $f : X \longrightarrow Y$ 중에서 $f(1)\neq1$인 함수의 개수를 구하시오.

41 6개의 문자 a, a, b, b, c, d를 일렬로 나열할 때, c와 d가 이웃하지 않도록 나열하는 경우의 수를 구하시오.

이웃해도 되는 것을 먼저 나 열한다.

교육청 기출

42 그림과 같이 직사각형 모양으로 연결된 도로 망이 있다. 이 도로망을 따라 A 지점에서 출 발하여 P 지점을 지나 B 지점까지 최단 거 리로 가는 경우의 수는?

（단, 한 번 지난 도로를 다시 지날 수 있다.）

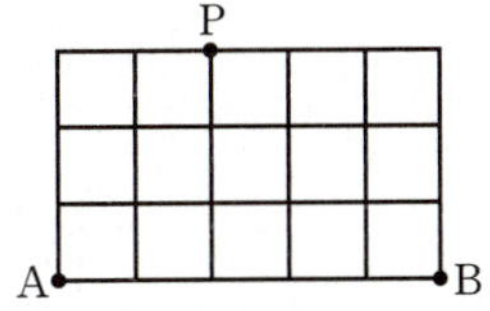

① 200　　　② 210　　　③ 220　　　④ 230　　　⑤ 240

교육청 기출

43 세 명의 학생 A, B, C에게 서로 다른 종류의 사탕 5개를 다음 규칙에 따라 남김없이 나누어 주는 경우의 수는?

(단, 사탕을 받지 못하는 학생이 있을 수 있다.)

> (가) 학생 A는 적어도 하나의 사탕을 받는다.
> (나) 학생 B가 받는 사탕의 개수는 2 이하이다.

① 167 ② 170 ③ 173 ④ 176 ⑤ 179

44 전체집합 $U=\{1, 2, 3, \cdots, 7\}$의 두 부분집합 A, B에 대하여
$$A \cup B = U, \ n(A \cap B) = 2$$
일 때, 두 집합 A, B의 순서쌍 (A, B)의 개수를 구하시오.

45 4개의 문자 a, b, c, d에서 중복을 허용하여 문자가 4개인 문자열을 만들어

$$aaaa, \ aaab, \ aaac, \ aaad, \ aaba, \ \cdots$$

와 같이 사전식으로 배열할 때, 90번째에 오는 문자열을 구하시오.

46 7개의 숫자 0, 0, 0, 1, 1, 2, 3을 모두 사용하여 만들 수 있는 일곱 자리 자연수 중 홀수의 개수를 구하시오.

47 두 집합 $X=\{1, 2, 3\}$, $Y=\{1, 2, 3, 4, 5\}$에 대하여 X에서 Y로의 함수 f 중에서 $f(1)+f(2)+f(3)=11$을 만족시키는 함수의 개수를 구하시오.

48 7개의 문자 a, b, c, d, e, f, g를 일렬로 나열할 때, a는 c보다 앞에 오고, b는 e보다 앞에 오도록 나열하는 경우의 수를 구하시오.

49 오른쪽 그림과 같은 도로망이 있다. A 지점에서 B 지점까지 최단 거리로 가는 경우의 수를 구하시오.

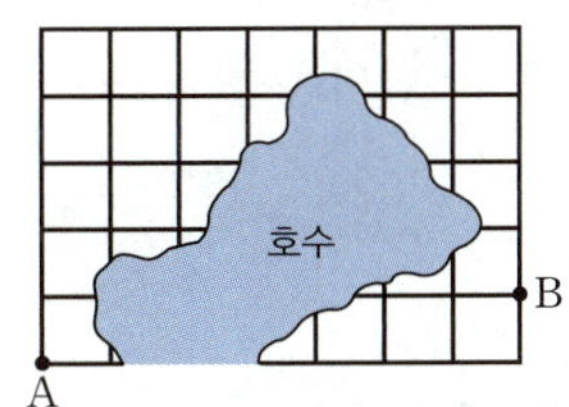

실력 UP⁺

교육청 기출

50 숫자 0, 1, 2 중에서 중복을 허락하여 5개를 선택한 후 일렬로 나열하여 다섯 자리의 자연수를 만들려고 한다. 숫자 0과 1을 각각 1개 이상씩 선택하여 만들 수 있는 모든 자연수의 개수를 구하시오.

0 또는 1을 선택하지 않고 만들 수 있는 다섯 자리의 자연수의 개수를 구한다.

51 오른쪽 그림과 같이 간격이 일정한 도로망이 있다. 승희는 A 지점에서 C 지점까지 굵은 선을 따라 걷고, 윤아는 C 지점에서 A 지점까지 굵은 선을 따라 걷는다. 또 재호는 B 지점에서 D 지점까지 도로를 따라 최단 거리로 걷는다. 승희, 윤아, 재호 세 사람이 모두 만나도록 재호가 B 지점에서 D 지점까지 가는 경우의 수를 구하시오.

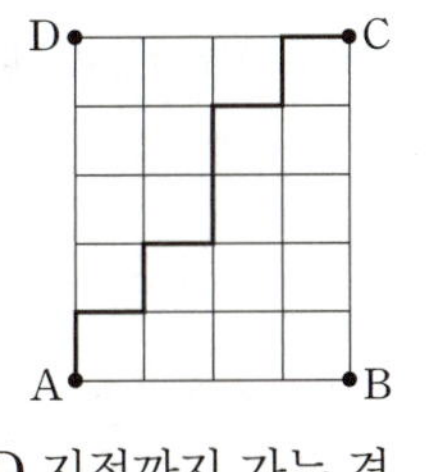

먼저 승희와 윤아가 만나는 지점을 파악한다.

(단, 세 사람은 동시에 출발하고 같은 속력으로 걷는다.)

52 오른쪽 그림은 크기가 같은 정육면체 3개를 붙여 놓은 것이다. 정육면체의 모서리를 따라 꼭짓점 A에서 꼭짓점 B까지 최단 거리로 가는 경우의 수를 구하시오.

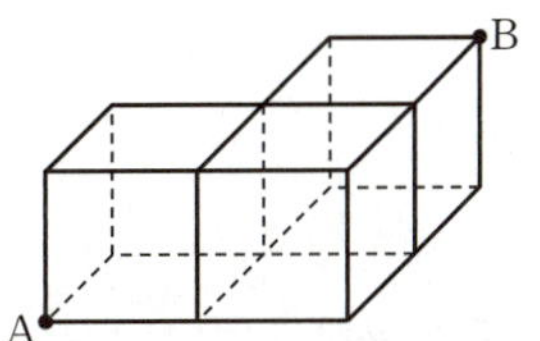

지나갈 수 없는 모서리를 점선으로 연결하여 생각한다.

03 중복조합

1 중복조합　🔗 필수 11~13

> (1) **중복조합**
>
> 　서로 다른 n개에서 중복을 허용하여 r개를 택하는 조합을
> **중복조합**이라 하고, 이 중복조합의 수를 기호로
>
> $$_n\mathrm{H}_r$$
>
> 　와 같이 나타낸다.
>
> (2) **중복조합의 수**
>
> 　서로 다른 n개에서 r개를 택하는 중복조합의 수는
>
> $$_n\mathrm{H}_r={}_{n+r-1}\mathrm{C}_r$$

> ① $_n\mathrm{H}_r$에서 H는 같은 종류를 뜻하는 Homogeneous의 첫 글자이다.
> ② $_n\mathrm{C}_r$에서는 $0\le r\le n$이어야 하지만 $_n\mathrm{H}_r$에서는 중복하여 택할 수 있기 때문에 $r>n$일 수도 있다.

설명　3개의 문자 a, b, c에서 중복을 허용하여 4개를 택하는 경우는

$$aaaa,\ aaab,\ aaac,\ aabb,\ aabc,$$
$$aacc,\ abbb,\ abbc,\ abcc,\ accc,$$
$$bbbb,\ bbbc,\ bbcc,\ bccc,\ cccc$$

의 15가지이다.

이때 세 문자는 ●로 나타내고 서로 다른 문자 사이의 경계는 ∥로 나타낸다고 하면 $abbc$는 ● ∥ ● ● ∥ ●로 나타낼 수 있다.

같은 방법으로 위의 15가지의 경우를 나타내면 다음과 같다.

이것은 4개의 ●와 2개의 ∥를 일렬로 나열하는 모든 경우이다.

따라서 3개의 문자 a, b, c에서 중복을 허용하여 4개를 택하는 조합의 수 $_3\mathrm{H}_4$는 4개의 ●와 2개의 ∥를 일렬로 나열하는 경우의 수와 같으므로 　→ 3−1

$$_3\mathrm{H}_4=\frac{6!}{4!\times 2!}=15$$

일반적으로 중복조합의 수 $_n\mathrm{H}_r$는 r개의 ●와 $(n-1)$개의 ∥를 일렬로 나열하는 경우의 수와 같으므로

$$_n\mathrm{H}_r=\frac{\{r+(n-1)\}!}{r!\times(n-1)!}={}_{r+(n-1)}\mathrm{C}_r={}_{n+r-1}\mathrm{C}_r$$

가 성립한다.

보기 ▶　서로 다른 5개에서 중복을 허용하여 2개를 택하는 경우의 수는

$$_5\mathrm{H}_2={}_{5+2-1}\mathrm{C}_2={}_6\mathrm{C}_2=15$$

2 **방정식의 해의 개수**   필수 14, 15

방정식 $x_1+x_2+x_3+\cdots+x_n=r$ (n, r는 자연수)의 음이 아닌 정수인 해의 개수는 서로 다른 n개에서 r개를 택하는 중복조합의 수와 같으므로

$${}_n\mathrm{H}_r$$

설명 방정식 $x+y+z=5$의 하나의 해인 $x=2$, $y=1$, $z=2$를 x, y, z 중에서 x를 2개, y를 1개, z를 2개 택한 것으로 생각하면 이 방정식을 만족시키는 음이 아닌 정수인 해의 개수는 3개의 문자 x, y, z 중에서 5개를 택하는 중복조합의 수와 같으므로

$${}_3\mathrm{H}_5={}_7\mathrm{C}_5={}_7\mathrm{C}_2=21$$

이다.

일반적으로 방정식 $x_1+x_2+x_3+\cdots+x_n=r$의 음이 아닌 정수인 해는 x_1, x_2, x_3, $\cdots$, x_n에서 r개를 택하는 중복조합의 수와 같으므로

$${}_n\mathrm{H}_r$$

이다.

참고 방정식 $x_1+x_2+x_3+\cdots+x_n=r$ (n, r는 자연수)의 자연수인 해의 개수를 구해 보자.

$x_1-1=x_1{}'$, $x_2-1=x_2{}'$, $x_3-1=x_3{}'$, $\cdots$, $x_n-1=x_n{}'$이라 하면 $x_1{}'$, $x_2{}'$, $x_3{}'$, $\cdots$, $x_n{}'$은 음이 아닌 정수이고

$$(x_1{}'+1)+(x_2{}'+1)+(x_3{}'+1)+\cdots+(x_n{}'+1)=r$$

$$\therefore\ x_1{}'+x_2{}'+x_3{}'+\cdots+x_n{}'=r-n\quad\cdots\cdots\ \text{㉠}$$

따라서 방정식 $x_1+x_2+x_3+\cdots+x_n=r$의 자연수인 해의 개수는 ㉠의 음이 아닌 정수인 해의 개수와 같으므로

$${}_n\mathrm{H}_{r-n}$$

이다.

보충학습 **순열, 중복순열, 조합, 중복조합의 비교**

서로 다른 n개에서 r개를 택할 때

순서	중복	
○	×	순열 $\Rightarrow {}_n\mathrm{P}_r$
	○	중복순열 $\Rightarrow {}_n\Pi_r$
×	×	조합 $\Rightarrow {}_n\mathrm{C}_r$
	○	중복조합 $\Rightarrow {}_n\mathrm{H}_r$

서로 다른 3개의 문자 a, b, c 중에서 2개를 택하는 경우의 수를 비교해 보자.

(1) 순서를 생각하고 서로 다른 2개를 택하는 경우

    $\Rightarrow$ 순열 $\Rightarrow {}_3\mathrm{P}_2=6$ $\rightarrow$ ab, ba, ac, ca, bc, cb

(2) 순서를 생각하고 중복을 허용하여 2개를 택하는 경우

    $\Rightarrow$ 중복순열 $\Rightarrow {}_3\Pi_2=9$ $\rightarrow$ ab, ba, ac, ca, bc, cb, aa, bb, cc

(3) 순서를 생각하지 않고 서로 다른 2개를 택하는 경우

    $\Rightarrow$ 조합 $\Rightarrow {}_3\mathrm{C}_2=3$ $\rightarrow$ ab, ac, bc

(4) 순서를 생각하지 않고 중복을 허용하여 2개를 택하는 경우

    $\Rightarrow$ 중복조합 $\Rightarrow {}_3\mathrm{H}_2=6$ $\rightarrow$ ab, ac, bc, aa, bb, cc

$_n\mathrm{H}_r=\,_{n+r-1}\mathrm{C}_r$

53 다음 값을 구하시오.

(1) $_7\mathrm{H}_4$

(2) $_2\mathrm{H}_5$

(3) $_4\mathrm{H}_4$

(4) $_3\mathrm{H}_0$

54 다음 등식을 만족시키는 n의 값을 구하시오.

(1) $_5\mathrm{H}_2={}_n\mathrm{C}_2$

(2) $_2\mathrm{H}_3={}_n\mathrm{C}_1$

55 4개의 문자 a, b, c, d 중에서 중복을 허용하여 5개를 택하는 경우의 수를 구하시오.

서로 다른 n개에서 r개를 택하는 중복조합의 수
$\Rightarrow\ _n\mathrm{H}_r$

56 감, 사과, 배의 세 종류의 과일을 판매하는 가게에서 5개의 과일을 사는 경우의 수를 구하시오. (단, 각 과일은 충분히 많다.)

필수 11   중복조합의 수

똑같은 공 9개를 네 바구니 A, B, C, D에 나누어 담는 경우의 수를 구하시오.

(단, 빈 바구니가 있을 수도 있다.)

풀이   서로 다른 4개의 바구니 중에서 9개의 공을 담을 바구니를 택하는 것으로 생각하면 구하는 경우의 수는 서로 다른 4개에서 9개를 택하는 중복조합의 수와 같으므로

$$_4H_9 = {}_{12}C_9 = {}_{12}C_3 = \mathbf{220}$$

• 서로 다른 n개에서 r개를 택하는 중복조합의 수는

$$_n\mathrm{H}_r = {}_{n+r-1}\mathrm{C}_r$$

서로 다른 ┘ └ 택하는
것의 개수   것의 개수

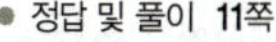

• 정답 및 풀이 **11**쪽

57   동일한 7통의 편지를 서로 다른 3개의 우체통 A, B, C에 넣는 경우의 수를 구하시오.

(단, 편지를 넣지 않는 우체통이 있을 수도 있다.)

58   2명의 후보가 출마한 선거에서 6명의 유권자가 한 명의 후보에게 각각 무기명으로 투표할 때, 투표 결과의 수를 구하시오. (단, 기권이나 무효표는 없다.)

59   3명의 학생에게 같은 종류의 빵 2개, 같은 종류의 떡 4개, 쿠키 1개를 나누어 주는 경우의 수를 구하시오. (단, 1개도 받지 못하는 학생이 있을 수도 있다.)

 필수 12 조건이 있는 중복조합의 수

같은 종류의 연필 4자루와 같은 종류의 볼펜 8자루를 서로 다른 두 필통 A, B에 나누어 담으려고 한다. 각 필통에 볼펜을 적어도 한 자루씩 담는 경우의 수를 구하시오.

(단, 연필을 담지 않은 필통이 있을 수도 있다.)

풀이 연필 4자루를 필통 A, B에 나누어 담는 경우의 수는 서로 다른 2개에서 4개를 택하는 중복조합의 수와 같으므로

$$_2H_4 = {}_5C_4 = {}_5C_1 = 5$$

먼저 필통 A, B에 볼펜을 한 자루씩 담고 남은 볼펜 6자루를 필통 A, B에 나누어 담는 경우의 수는 서로 다른 2개에서 6개를 택하는 중복조합의 수와 같으므로

$$_2H_6 = {}_7C_6 = {}_7C_1 = 7$$

따라서 구하는 경우의 수는

$$5 \times 7 = \mathbf{35}$$

● 정답 및 풀이 **11**쪽

 **60** 4명의 학생에게 같은 영화표 8장을 나누어 줄 때, 각 학생이 적어도 한 장의 영화표를 받도록 나누어 주는 경우의 수를 구하시오.

61 오렌지 주스, 사과 주스, 포도 주스, 딸기 주스 중에서 11병을 구입할 때, 오렌지 주스는 2병 이상, 사과 주스는 4병 이상 구입하는 경우의 수를 구하시오.

(단, 각 종류의 주스는 11병 이상씩 있다.)

62 같은 종류의 초콜릿 5개를 4명의 학생에게 각각 1개 이상씩 나누어 주고 1개의 초콜릿을 받은 학생에게만 같은 종류의 사탕 7개를 1개 이상씩 나누어 주는 경우의 수를 구하시오.

 **13** 항의 개수

$(x+y+z)^5$을 전개할 때 생기는 서로 다른 항의 개수를 구하시오.

풀이 $(x+y+z)^5=(x+y+z)(x+y+z)(x+y+z)(x+y+z)(x+y+z)$

이므로 $(x+y+z)^5$을 전개할 때 생기는 각 항은 3개의 문자 x, y, z 중에서 중복을 허용하여 5개를 택해 곱한 것이다.

따라서 $(x+y+z)^5$을 전개할 때 생기는 서로 다른 항의 개수는 서로 다른 3개에서 5개를 택하는 중복조합의 수와 같으므로

$$_3H_5={_7C_5}={_7C_2}=\mathbf{21}$$

- $(x+y+z)^n$의 전개식의 서로 다른 항의 개수

  ⇨ x, y, z 중에서 중복을 허용하여 n개를 택하는 경우의 수

  ⇨ $_3H_n$

● 정답 및 풀이 **12**쪽

 **63** 다음 식을 전개할 때 생기는 서로 다른 항의 개수를 구하시오.

(1) $(a+b)^4$ (2) $(a+b-c+d)^6$

64 $(a+b)^5(x+y+z)^4$의 전개식에서 서로 다른 항의 개수를 구하시오.

 **필수 14** **방정식의 해의 개수**

방정식 $x+y+z=10$에 대하여 다음을 구하시오.

(1) x, y, z가 모두 음이 아닌 정수인 해의 개수

(2) x, y, z가 모두 자연수인 해의 개수

풀이

(1) x, y, z가 모두 음이 아닌 정수인 해의 개수는 3개의 문자 x, y, z에서 10개를 택하는 중복조합의 수와 같으므로
$$_3H_{10}={}_{12}C_{10}={}_{12}C_2=\mathbf{66}$$

(2) $x=x'+1$, $y=y'+1$, $z=z'+1$이라 하면 $x+y+z=10$에서
$$(x'+1)+(y'+1)+(z'+1)=10$$
$$\therefore\ x'+y'+z'=7\ (\text{단},\ x',\ y',\ z'\text{은 음이 아닌 정수})$$
따라서 구하는 해의 개수는 방정식 $x'+y'+z'=7$의 음이 아닌 정수인 해의 개수와 같으므로
$$_3H_7={}_9C_7={}_9C_2=\mathbf{36}$$

 **KEY Point**

• 방정식 $x_1+x_2+\cdots+x_n=r$에서

① 음이 아닌 정수인 해의 개수 $\Rightarrow {}_nH_r$ ← 서로 다른 n개에서 r개를 택하는 중복조합의 수

② 자연수인 해의 개수 $\Rightarrow {}_nH_{r-n}$ ← 서로 다른 n개에서 $(r-n)$개를 택하는 중복조합의 수

● 정답 및 풀이 **12**쪽

 **65** 방정식 $x+y+z+w=8$에 대하여 다음을 구하시오.

(1) x, y, z, w가 모두 음이 아닌 정수인 해의 개수

(2) x, y, z, w가 모두 자연수인 해의 개수

66 방정식 $x+y+z=n$의 음이 아닌 정수인 해의 개수가 105일 때, 자연수 n의 값을 구하시오.

67 부등식 $x+y+z\leq2$의 음이 아닌 정수인 해의 개수를 구하시오.

 **15** **조건을 만족시키는 순서쌍의 개수**

다음 조건을 만족시키는 음이 아닌 정수 a, b, c, d의 순서쌍 (a, b, c, d)의 개수를 구하시오.

> (개) a, b, c, d 중에서 2개가 0이다.
> (내) $a+b+c+d=10$

 **설명**　　a, b, c, d 중에서 2개가 0이면 나머지 2개는 자연수임을 이용한다.

풀이　　a, b, c, d 중에서 0인 것 2개를 정하는 경우의 수는

$$_4C_2=6 \qquad\qquad \cdots\cdots ㉠$$

$a=b=0$이라 하면 조건 (내)에서　　$c+d=10$　　$\cdots\cdots ㉡$

이때 c, d는 자연수이므로 $c=c'+1$, $d=d'+1$이라 하면

$$(c'+1)+(d'+1)=10$$
$$\therefore c'+d'=8 \ (단, c', d'은 음이 아닌 정수)$$

따라서 ㉡을 만족시키는 자연수 c, d의 순서쌍 (c, d)의 개수는 방정식 $c'+d'=8$의 음이 아닌 정수인 해의 개수와 같으므로

$$_2H_8={}_9C_8={}_9C_1=9 \qquad\qquad \cdots\cdots ㉢$$

㉠, ㉢에서 구하는 순서쌍 (a, b, c, d)의 개수는

$$6\times9=\mathbf{54}$$

● 정답 및 풀이 **13**쪽

 **68** 다음 조건을 만족시키는 자연수 a, b, c의 순서쌍 (a, b, c)의 개수를 구하시오.

> (개) $a\times b\times c$의 값은 홀수이다.
> (내) $a\leq b\leq c\leq12$

69 $1<a<b\leq5<c\leq d\leq10$을 만족시키는 자연수 a, b, c, d의 순서쌍 (a, b, c, d)의 개수를 구하시오.

 함수의 개수

두 집합 $X=\{1, 2, 3\}$, $Y=\{4, 5, 6, 7\}$에 대하여 다음 조건을 만족시키는 함수
$f : X \longrightarrow Y$의 개수를 구하시오. (단, $x_1 \in X$, $x_2 \in X$)

(1) $x_1 \neq x_2$이면 $f(x_1) \neq f(x_2)$

(2) $x_1 < x_2$이면 $f(x_1) < f(x_2)$

(3) $x_1 < x_2$이면 $f(x_1) \leq f(x_2)$

풀이

(1) 주어진 조건을 만족시키는 함수 f는 일대일함수이다.

따라서 구하는 함수 f의 개수는 Y의 원소 4, 5, 6, 7의 4개에서 서로 다른 3개를 택해 X의 원소 1, 2, 3에 대응시키는 순열의 수와 같으므로

$${}_4\mathrm{P}_3 = \mathbf{24}$$

(2) 주어진 조건을 만족시키려면 Y의 원소 4, 5, 6, 7의 4개에서 서로 다른 3개를 택해 작은 수부터 순서대로 X의 원소 1, 2, 3에 대응시키면 된다.

따라서 구하는 함수 f의 개수는 서로 다른 4개에서 3개를 택하는 조합의 수와 같으므로

$${}_4\mathrm{C}_3 = \mathbf{4}$$

(3) 주어진 조건을 만족시키려면 Y의 원소 4, 5, 6, 7의 4개에서 중복을 허용하여 3개를 택해 작거나 같은 수부터 순서대로 X의 원소 1, 2, 3에 대응시키면 된다.

따라서 구하는 함수 f의 개수는 서로 다른 4개에서 3개를 택하는 중복조합의 수와 같으므로

$${}_4\mathrm{H}_3 = {}_6\mathrm{C}_3 = \mathbf{20}$$

• 두 집합 X, Y에 대하여 $n(X)=m$, $n(Y)=n$일 때, 함수 $f : X \longrightarrow Y$ 중에서

① X에서 Y로의 함수의 개수 $\Rightarrow {}_n\Pi_m$

② $a \neq b$이면 $f(a) \neq f(b)$인 함수의 개수 $\Rightarrow {}_n\mathrm{P}_m$

③ $a < b$이면 $f(a) < f(b)$인 함수의 개수 $\Rightarrow {}_n\mathrm{C}_m$

④ $a < b$이면 $f(a) \leq f(b)$인 함수의 개수 $\Rightarrow {}_n\mathrm{H}_m$

● 정답 및 풀이 **13쪽**

 **70** 두 집합 $X=\{1, 2, 3\}$, $Y=\{1, 2, 3, 4, 5, 6\}$에 대하여 함수 $f : X \longrightarrow Y$ 중에서
$x_1 < x_2$이면 $f(x_1) \geq f(x_2)$를 만족시키는 함수 f의 개수를 구하시오.

(단, $x_1 \in X$, $x_2 \in X$)

71 집합 $X=\{1, 2, 3, 4, 5\}$에 대하여 X에서 X로의 함수 f 중에서 $f(1) \leq f(3) \leq f(5)$를 만족시키는 함수 f의 개수를 구하시오.

연습 문제

STEP 1

생각해 봅시다!

$_n\mathrm{H}_r = {}_{n+r-1}\mathrm{C}_r$

72 $_4\mathrm{H}_0 + {}_4\mathrm{H}_1 + {}_4\mathrm{H}_2 + {}_4\mathrm{H}_3 + {}_4\mathrm{H}_4$의 값을 구하시오.

73 숫자 1, 2, 3, 4, 5에서 중복을 허용하여 6개를 택할 때, 숫자 1은 1개 이하로 택하는 경우의 수를 구하시오.

74 부등식 $x+y+z+w<7$의 자연수인 해의 개수를 구하시오.

75 두 집합 $X=\{1, 2, 3, 4\}$, $Y=\{1, 3, 5, 7, 9\}$에 대하여 다음 조건을 만족시키는 X에서 Y로의 함수 f의 개수를 구하시오.

> (가) $x_1 \in X$, $x_2 \in X$일 때, $x_1 < x_2$이면 $f(x_1) \leq f(x_2)$
> (나) 치역의 원소의 최솟값은 5이다.

STEP 2

평가원 기출

76 빨간색 카드 4장, 파란색 카드 2장, 노란색 카드 1장이 있다. 이 7장의 카드를 세 명의 학생에게 남김없이 나누어 줄 때, 3가지 색의 카드를 각각 한 장 이상 받는 학생이 있도록 나누어 주는 경우의 수는? (단, 같은 색 카드끼리는 서로 구별하지 않고, 카드를 받지 못하는 학생이 있을 수 있다.)

① 78   ② 84   ③ 90   ④ 96   ⑤ 102

한 명에게 3가지 색의 카드를 한 장씩 주면 빨간색 카드 3장, 파란색 카드 1장이 남는다.

77 $(p+q+r+s)^6$의 전개식에서 p는 포함하지 않고 r는 포함하는 서로 다른 항의 개수를 구하시오.

연습 문제

---

78 방정식 $x+y+z+2w=6$의 음이 아닌 정수인 해의 개수를 구하시오.

---

79 다음 조건을 만족시키는 자연수 x, y, z, w의 순서쌍 (x, y, z, w)의 개수를 구하시오.

> (가) $x+y+z+w=12$
> (나) x, y, z, w 중에서 2개는 3으로 나누었을 때의 나머지가 1이고, 2개는 3으로 나누었을 때의 나머지가 2이다.

---

80 집합 $X=\{1, 2, 3, 4, 5, 6\}$에 대하여 다음 조건을 만족시키는 함수 $f : X \longrightarrow X$의 개수를 구하시오. (단, $a \in X$, $b \in X$)

> (가) $1 \leq a < b \leq 3$이면 $2 \leq f(a) \leq f(b)$
> (나) $4 \leq a < b \leq 6$이면 $f(a) \leq f(b) \leq 4$

81 흰 공 3개와 검은 공 6개를 세 상자 A, B, C에 나누어 넣을 때, 각 상자에 공이 2개 이상씩 들어가도록 나누어 넣는 경우의 수를 구하시오.
(단, 같은 색의 공끼리는 서로 구별하지 않는다.)

평가원 기출

82 다음 조건을 만족시키는 음이 아닌 정수 a, b, c, d의 모든 순서쌍 (a, b, c, d)의 개수를 구하시오.

> (가) $a+b+c+d=12$
> (나) $a \neq 2$이고 $a+b+c \neq 10$이다.

I 경우의 수

이 단원에서는

공통수학1에서 학습한 조합을 바탕으로 $(a+b)^n$의 전개식을 구하는 이항정리와
각 항의 계수의 성질을 학습하고, 이를 활용하여 다양한 문제를 해결해 봅니다.

01 이항정리

1 이항정리   필수 01~03

(1) 이항정리

자연수 n에 대하여 $(a+b)^n$의 전개식을 조합의 수를 이용하여 나타내면 다음과 같고, 이를 **이항정리**라 한다.

$$(a+b)^n = {}_n\mathrm{C}_0 a^n + {}_n\mathrm{C}_1 a^{n-1}b + {}_n\mathrm{C}_2 a^{n-2}b^2 + \cdots + {}_n\mathrm{C}_r a^{n-r}b^r + \cdots + {}_n\mathrm{C}_n b^n$$

이때 ${}_n\mathbf{C}_r \boldsymbol{a^{n-r}b^r}$을 $(a+b)^n$의 전개식의 **일반항**이라 한다.

(2) 이항계수

$(a+b)^n$의 전개식에서 각 항의 계수 ${}_n\mathrm{C}_0,\ {}_n\mathrm{C}_1,\ {}_n\mathrm{C}_2,\ \cdots,\ {}_n\mathrm{C}_r,\ \cdots,\ {}_n\mathrm{C}_n$을 **이항계수**라 한다.

▶ ① 이항정리는 a에 대한 내림차순 (b에 대한 오름차순)으로 정리되어 있다.
  ② ${}_n\mathrm{C}_r = {}_n\mathrm{C}_{n-r}$이므로 $(a+b)^n$의 전개식에서 $a^{n-r}b^r$의 계수와 $a^r b^{n-r}$의 계수는 서로 같다.
  ③ $a \neq 0,\ b \neq 0$일 때, $a^0 = 1,\ b^0 = 1$이다.

설명 다항식 $(a+b)^3$을 전개하면

$$\begin{aligned}(a+b)^3 &= (a+b)(a+b)(a+b)\\ &= aaa + aab + aba + abb + baa + bab + bba + bbb\\ &= a^3 + 3a^2 b + 3ab^2 + b^3\end{aligned}$$

이다. 위의 전개식에서 $a^2 b$의 계수 3이 어떻게 얻어졌는지 생각해 보면 세 개의 인수 $(a+b)$, $(a+b)$, $(a+b)$ 중 두 개에서 a를 택하고, 나머지 한 개에서 b를 택하여 곱한 경우, 즉 aab, aba, baa를 합하여 3이 된 것이다.
따라서 $a^2 b$의 계수는 세 개의 인수 중 b를 택할 인수 한 개를 뽑는 조합의 수인 ${}_3\mathrm{C}_1 = 3$과 같다.
같은 방법으로 생각하면

$$a^3 \text{의 계수 1은 } {}_3\mathrm{C}_0, \quad ab^2 \text{의 계수 3은 } {}_3\mathrm{C}_2, \quad b^3 \text{의 계수 1은 } {}_3\mathrm{C}_3$$

과 같으므로 $(a+b)^3$의 전개식을 조합의 수를 이용하여 나타내면 다음과 같다.

$$(a+b)^3 = {}_3\mathrm{C}_0 a^3 + {}_3\mathrm{C}_1 a^2 b + {}_3\mathrm{C}_2 ab^2 + {}_3\mathrm{C}_3 b^3$$

일반적으로 자연수 n에 대하여

$$(a+b)^n = \underbrace{(a+b) \times (a+b) \times \cdots \times (a+b)}_{n\text{개}}$$

이므로 $(a+b)^n$의 전개식은 n개의 인수 $(a+b)$의 각각에서 a 또는 b를 하나씩 택하여 곱한 것을 모두 더한 것이다.
이때 $a^{n-r}b^r$은 n개의 인수 $(a+b)$ 중 r개에서 b를 택하고 나머지 $(n-r)$개에서 a를 택하여 곱한 것이므로 $a^{n-r}b^r$의 계수는 ${}_n\mathrm{C}_r$와 같다.
따라서 $(a+b)^n$의 전개식의 각 항의 계수는

$${}_n\mathrm{C}_0,\ {}_n\mathrm{C}_1,\ {}_n\mathrm{C}_2,\ \cdots,\ {}_n\mathrm{C}_r,\ \cdots,\ {}_n\mathrm{C}_n$$

이므로 다음과 같이 나타낼 수 있다.

$$(a+b)^n = {}_n\mathrm{C}_0 a^n + {}_n\mathrm{C}_1 a^{n-1}b^1 + {}_n\mathrm{C}_2 a^{n-2}b^2 + \cdots + {}_n\mathrm{C}_r a^{n-r}b^r + \cdots + {}_n\mathrm{C}_n b^n$$

보기 ▶

$$\begin{aligned}(a-2b)^3 &= {}_3\mathrm{C}_0 a^3 + {}_3\mathrm{C}_1 a^2(-2b) + {}_3\mathrm{C}_2 a(-2b)^2 + {}_3\mathrm{C}_3(-2b)^3\\ &= a^3 - 6a^2 b + 12ab^2 - 8b^3\end{aligned}$$

알아둡시다!

$(a+b)^n$
$={}_nC_0\,a^n+{}_nC_1\,a^{n-1}b+\cdots$
$\quad+{}_nC_n\,b^n$

83 다음 □ 안에 알맞은 것을 써넣으시오.

$$(a-b)^6={}_6C_0\,a^6+\boxed{}\,a^5(-b)+{}_6C_2\,a^4(-b)^2+{}_6C_3\,a^3(-b)^3$$
$$+\boxed{}\,a^2(-b)^4+{}_6C_5\,a(-b)^{\boxed{}}+\boxed{}\,(-b)^6$$
$$=a^6-\boxed{}\,a^5b+15a^4b^2-20a^3b^3+\boxed{}\,a^2b^4-6ab^{\boxed{}}+b^6$$

84 이항정리를 이용하여 다음 식을 전개하시오.

(1) $(2a+1)^4$

(2) $(3x-2y)^5$

(3) $\left(x+\dfrac{1}{x}\right)^6$

85 다음 식의 전개식의 일반항을 구하시오.

(1) $(2a-3b)^5$

(2) $(x^2+x)^4$

(3) $\left(x-\dfrac{2}{y}\right)^6$

(4) $\left(x^2+\dfrac{1}{x}\right)^8$

$(a+b)^n$의 전개식의 일반항은
$\quad{}_nC_r\,a^{n-r}\,b^r$

 01 $(a+b)^n$의 전개식

다음을 구하시오.

(1) $(2x+5y)^5$의 전개식에서 x^2y^3의 계수

(2) $\left(x^2-\dfrac{1}{2x}\right)^8$의 전개식에서 x^7의 계수

풀이

(1) $(2x+5y)^5$의 전개식의 일반항은
$$_5\mathrm{C}_r(2x)^{5-r}(5y)^r={}_5\mathrm{C}_r\times 2^{5-r}5^r x^{5-r}y^r$$
x^2y^3항은 $r=3$일 때이므로 x^2y^3의 계수는
$$_5\mathrm{C}_3\times 2^2\times 5^3=\mathbf{5000}$$

(2) $\left(x^2-\dfrac{1}{2x}\right)^8$의 전개식의 일반항은
$$_8\mathrm{C}_r(x^2)^{8-r}\left(-\frac{1}{2x}\right)^r={}_8\mathrm{C}_r\left(-\frac{1}{2}\right)^r\frac{x^{16-2r}}{x^r}$$
x^7항은 $16-2r-r=7$일 때이므로 $\quad r=3$

따라서 x^7의 계수는 $\quad _8\mathrm{C}_3\left(-\dfrac{1}{2}\right)^3=\mathbf{-7}$

KEY Point
- 이항정리에서 계수를 구할 때에는 일반항을 이용한다.
$\Rightarrow$ $(a+b)^n$의 전개식의 일반항은 $_n\mathrm{C}_r a^{n-r}b^r$이므로 $a^{n-r}b^r$의 계수는 $\quad _n\mathrm{C}_r$

● 정답 및 풀이 **17쪽**

 **86** 다음을 구하시오.

(1) $(2x-y)^7$의 전개식에서 x^4y^3의 계수

(2) $\left(x-\dfrac{1}{y}\right)^6$의 전개식에서 $\dfrac{x^3}{y^3}$의 계수

(3) $\left(2x^3+\dfrac{1}{x}\right)^8$의 전개식에서 상수항

(4) $\left(x^3-\dfrac{1}{x}\right)^{10}$의 전개식에서 $\dfrac{1}{x^2}$의 계수

87 $\left(x-\dfrac{a}{x^2}\right)^6$의 전개식에서 상수항이 60일 때, 양수 a의 값을 구하시오.

● 더 다양한 문제는 **RPM** 확률과 통계 15쪽

필수 02 $(a+b)(c+d)^n$의 전개식

$(x^2+2)\left(x-\dfrac{1}{x}\right)^{10}$의 전개식에서 상수항을 구하시오.

풀이 $\left(x-\dfrac{1}{x}\right)^{10}$의 전개식의 일반항은

$$_{10}\mathrm{C}_r\, x^{10-r}\left(-\dfrac{1}{x}\right)^r = {_{10}\mathrm{C}_r}(-1)^r\,\dfrac{x^{10-r}}{x^r} \quad \cdots\cdots \ \text{㉠}$$

이때 $(x^2+2)\left(x-\dfrac{1}{x}\right)^{10}=x^2\left(x-\dfrac{1}{x}\right)^{10}+2\left(x-\dfrac{1}{x}\right)^{10}$이므로 상수항은

$$x^2\times\left(\text{㉠의 }\dfrac{1}{x^2}\text{항}\right),\ 2\times(\text{㉠의 상수항})$$

일 때 나타난다.

(i) ㉠에서 $\dfrac{1}{x^2}$항은 $r-(10-r)=2$, 즉 $r=6$일 때이므로

$$_{10}\mathrm{C}_6(-1)^6\,\dfrac{1}{x^2}=\dfrac{210}{x^2}$$

(ii) ㉠에서 상수항은 $10-r=r$, 즉 $r=5$일 때이므로

$$_{10}\mathrm{C}_5(-1)^5=-252$$

(i), (ii)에서 구하는 상수항은

$$x^2\times\dfrac{210}{x^2}+2\times(-252)=\boldsymbol{-294}$$

KEY Point

- $(a+b)(c+d)^n$의 전개식의 계수
  $\Rightarrow a(c+d)^n+b(c+d)^n$으로 바꾸어 생각한다.

● 정답 및 풀이 17쪽

 **88** $(2x+3)\left(x-\dfrac{2}{x}\right)^5$의 전개식에서 x의 계수를 구하시오.

89 $x(x+a)(x+2)^4$의 전개식에서 x^4의 계수가 32일 때, 상수 a의 값을 구하시오.

 필수 **03** $(a+b)^m(c+d)^n$의 전개식

$(1+2x)^4(1-x)^5$의 전개식에서 x^2의 계수를 구하시오.

풀이 $(1+2x)^4$의 전개식의 일반항은

$$_4\mathrm{C}_r \times 1^{4-r}(2x)^r = {}_4\mathrm{C}_r \times 2^r x^r \ (\text{단, } 0 \leq r \leq 4)$$

$(1-x)^5$의 전개식의 일반항은

$$_5\mathrm{C}_p \times 1^{5-p}(-x)^p = {}_5\mathrm{C}_p(-1)^p x^p \ (\text{단, } 0 \leq p \leq 5)$$

따라서 $(1+2x)^4(1-x)^5$의 전개식의 일반항은

$$_4\mathrm{C}_r \times {}_5\mathrm{C}_p \times 2^r(-1)^p x^{r+p}$$

이때 x^2항은 $r+p=2$일 때이므로

$$r=0, \ p=2 \ \text{또는} \ r=1, \ p=1 \ \text{또는} \ r=2, \ p=0$$

(i) $r=0, \ p=2$일 때, $_4\mathrm{C}_0 \times {}_5\mathrm{C}_2 \times 2^0 \times (-1)^2 = 10$

(ii) $r=1, \ p=1$일 때, $_4\mathrm{C}_1 \times {}_5\mathrm{C}_1 \times 2^1 \times (-1)^1 = -40$

(iii) $r=2, \ p=0$일 때, $_4\mathrm{C}_2 \times {}_5\mathrm{C}_0 \times 2^2 \times (-1)^0 = 24$

이상에서 x^2의 계수는

$$10 + (-40) + 24 = \boldsymbol{-6}$$

KEY Point

- $(a+b)^m(c+d)^n$의 전개식의 일반항
  ⇨ $(a+b)^m$과 $(c+d)^n$의 전개식의 일반항의 곱
  ⇨ $_m\mathrm{C}_r \times {}_n\mathrm{C}_p a^{m-r}b^r c^{n-p}d^p$

● 정답 및 풀이 **18**쪽

 확인체크 **90** $(x+3)^4(3x^2+1)^3$의 전개식에서 x^4의 계수를 구하시오.

91 $(1+x)^m(1+x^2)^5$의 전개식에서 x^2의 계수가 11일 때, 자연수 m의 값을 구하시오.

02 이항정리의 활용

1 파스칼의 삼각형 ☞ 필수 04, 05

$n=1,\ 2,\ 3,\ 4,\ 5,\ \cdots$일 때, $(a+b)^n$의 전개식에서 각 항의 이항계수를 다음 그림과 같이 삼각형 모양으로 배열한 것을 **파스칼의 삼각형**이라 한다.

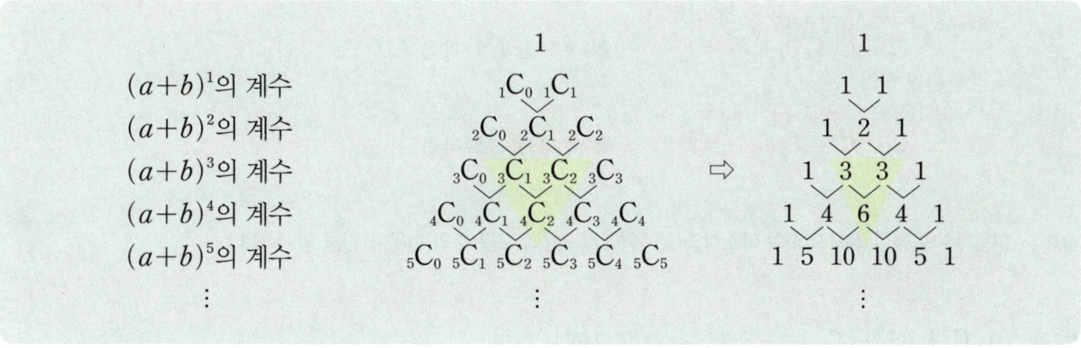

▶ ① 각 행의 양 끝에 있는 수는 모두 1이다.
　② 1을 제외한 각 수는 그 수의 왼쪽 위와 오른쪽 위에 있는 두 수의 합과 같다.
　③ 각 행의 수의 배열은 좌우 대칭이다.

설명　오른쪽 그림에서 표시된 부분을 살펴보면
　　　　$1+1=2$, 즉 $_1C_0+_1C_1=_2C_1$
　　　　$1+3=4$, 즉 $_3C_0+_3C_1=_4C_1$
임을 알 수 있다.
즉 이웃하는 두 이항계수의 합은 그 두 수의 아래쪽 중앙에 있는 이항계수와 같다.
이 성질을 이용하면 이항계수를 일일이 계산하지 않아도 $(a+b)^n$을 쉽게 전개할 수 있으며
파스칼의 삼각형에서의 이러한 성질에 의하여 조합의 성질
　　　　$_{n-1}C_{r-1}+_{n-1}C_r=_nC_r\ (1\le r<n)$
가 성립함을 확인할 수 있다.
또 파스칼의 삼각형에서 각 행의 이항계수의 배열이 좌우 대칭이므로
　　　　$_nC_r=_nC_{n-r}$
가 성립함을 확인할 수 있다.

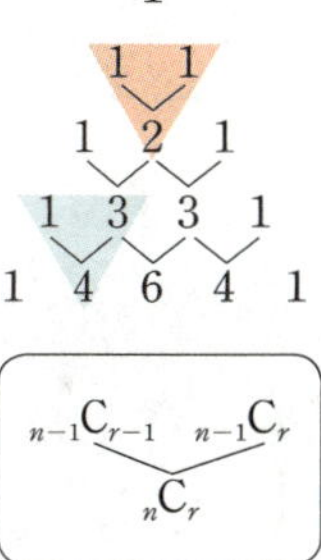

2 이항계수의 성질 ☞ 필수 06

이항정리를 이용하여 $(1+x)^n$을 전개하면
$$(1+x)^n=_nC_0+_nC_1x+_nC_2x^2+\cdots+_nC_nx^n$$
이다. 이를 이용하면 다음과 같은 이항계수의 성질을 알 수 있다. (단, n은 자연수이다.)

(1) $_nC_0+_nC_1+_nC_2+\cdots+_nC_n=2^n$

(2) $_nC_0-_nC_1+_nC_2-\cdots+(-1)^n\,_nC_n=0$

(3) $_nC_0+_nC_2+_nC_4+\cdots=_nC_1+_nC_3+_nC_5+\cdots=2^{n-1}$

증명 $(1+x)^n={}_nC_0+{}_nC_1x+{}_nC_2x^2+\cdots+{}_nC_nx^n$ ⋯⋯ ㉠

(1) $x=1$을 ㉠의 양변에 대입하면
$$(1+1)^n={}_nC_0+{}_nC_1+{}_nC_2+\cdots+{}_nC_n$$
$$\therefore {}_nC_0+{}_nC_1+{}_nC_2+\cdots+{}_nC_n=2^n \quad ⋯⋯ ㉡$$

(2) $x=-1$을 ㉠의 양변에 대입하면
$$(1-1)^n={}_nC_0-{}_nC_1+{}_nC_2-\cdots+(-1)^n{}_nC_n$$
$$\therefore {}_nC_0-{}_nC_1+{}_nC_2-\cdots+(-1)^n{}_nC_n=0 \quad ⋯⋯ ㉢$$

(3) ㉡$+$㉢을 하면
$$2({}_nC_0+{}_nC_2+{}_nC_4+\cdots)=2^n$$
$$\therefore {}_nC_0+{}_nC_2+{}_nC_4+\cdots=2^{n-1} \quad \leftarrow \text{홀수 번째 항의 계수의 합}$$
㉡$-$㉢을 하면
$$2({}_nC_1+{}_nC_3+{}_nC_5+\cdots)=2^n$$
$$\therefore {}_nC_1+{}_nC_3+{}_nC_5+\cdots=2^{n-1} \quad \leftarrow \text{짝수 번째 항의 계수의 합}$$

참고 이항계수의 성질 (1)에 의하여 파스칼의 삼각형에서 n행의 모든 수의 합은 2^n임을 알 수 있다.

보기▶ (1) ${}_{10}C_0+{}_{10}C_1+{}_{10}C_2+\cdots+{}_{10}C_{10}=2^{10}=1024$

(2) ${}_{10}C_0-{}_{10}C_1+{}_{10}C_2-\cdots+{}_{10}C_{10}=0$

(3) ${}_{10}C_0+{}_{10}C_2+{}_{10}C_4+{}_{10}C_6+{}_{10}C_8+{}_{10}C_{10}={}_{10}C_1+{}_{10}C_3+{}_{10}C_5+{}_{10}C_7+{}_{10}C_9$
$$=2^{10-1}=2^9=512$$

보충학습 **하키 스틱 패턴**

파스칼의 삼각형에서 각 행의 첫 번째 수인 1에서 시작하여 오른쪽 아래의 대각선 방향으로 더한 값은 마지막 수의 왼쪽 아래에 있는 수와 같다.

마찬가지로 각 행의 마지막 수인 1에서 시작하여 왼쪽 아래의 대각선 방향으로 더한 값은 마지막 수의 오른쪽 아래에 있는 수와 같다.

예를 들어 오른쪽 그림에서 표시된 부분을 살펴보면
$$1+4+10+20=35,$$
$$1+3+6=10$$
임을 알 수 있다.

이와 같은 패턴의 모양이 하키 스틱처럼 보인다고 하여 이 성질을 하키 스틱 패턴이라 한다.

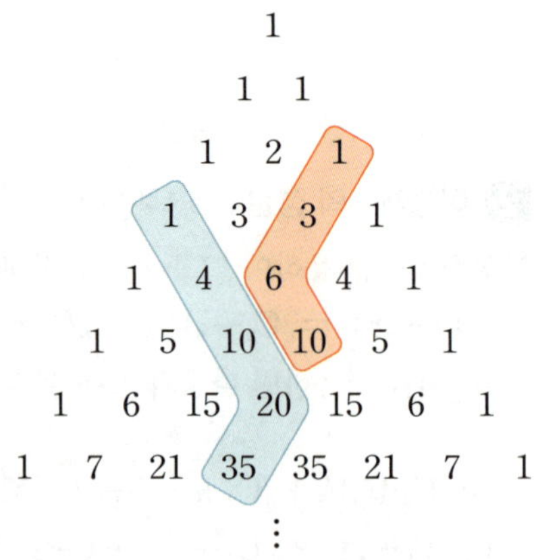

50

92 오른쪽 그림의 파스칼의 삼각형에 서 □ 안에 알맞은 수를 써넣고, 이를 이용하여 다음 식을 전개하 시오.

(1) $(2x+1)^5$

(2) $(a-2b)^4$

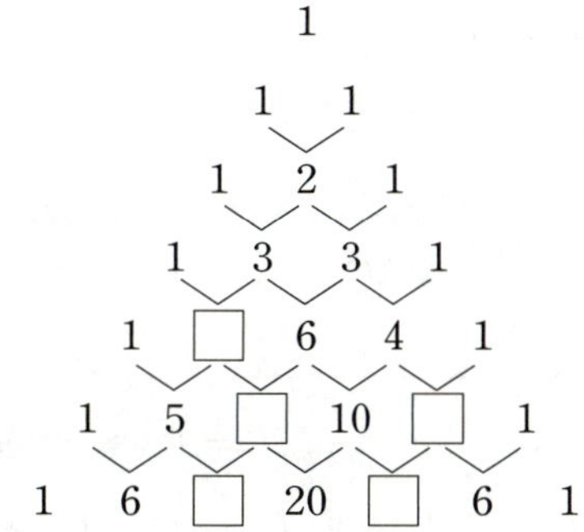

93 다음을 만족시키는 n 또는 r의 값을 구하시오.

(1) $_3C_0 = {}_4C_r$

(2) $_{10}C_{10} = {}_nC_{11}$

(3) $_8C_2 = {}_8C_r$ (단, $r \neq 2$)

(4) $_4C_3 + {}_4C_4 = {}_nC_4$

(5) $_5C_5 + {}_6C_5 = {}_nC_6$

① $_nC_0 = {}_nC_n = 1$
② $_nC_r = {}_nC_{n-r}$
③ $_{n-1}C_{r-1} + {}_{n-1}C_r = {}_nC_r$

94 다음 식의 값을 구하시오.

(1) $_3C_0 + {}_3C_1 + {}_3C_2 + {}_3C_3$

(2) $_{12}C_0 - {}_{12}C_1 + {}_{12}C_2 - {}_{12}C_3 + \cdots + {}_{12}C_{12}$

(3) $_{51}C_0 + {}_{51}C_2 + {}_{51}C_4 + \cdots + {}_{51}C_{50}$

(4) $_{100}C_1 + {}_{100}C_3 + {}_{100}C_5 + \cdots + {}_{100}C_{99}$

① $_nC_0 + {}_nC_1 + \cdots + {}_nC_n$
$\quad = 2^n$
② $_nC_0 - {}_nC_1 + {}_nC_2 - \cdots$
$\quad + (-1)^n {}_nC_n$
$\quad = 0$
③ $_nC_0 + {}_nC_2 + {}_nC_4 + \cdots$
$\quad = {}_nC_1 + {}_nC_3 + {}_nC_5 + \cdots$
$\quad = 2^{n-1}$

필수 **04** 파스칼의 삼각형 (1)

오른쪽 그림의 파스칼의 삼각형을 이용하여 다음 중

$$_2C_2+{_3}C_2+{_4}C_2+{_5}C_2+\cdots+{_{10}}C_2$$

의 값과 같은 것을 고르면?

① $_{10}C_3$ ② $_{10}C_5$ ③ $_{10}C_9$

④ $_{11}C_5$ ⑤ $_{11}C_8$

설명 $_nC_n=1$, $_nC_r={_n}C_{n-r}$, $_{n-1}C_{r-1}+{_{n-1}}C_r={_n}C_r$임을 이용한다.

풀이

$$\begin{aligned}
_2C_2+{_3}C_2+{_4}C_2+{_5}C_2+\cdots+{_{10}}C_2 &= ({_3}C_3+{_3}C_2)+{_4}C_2+{_5}C_2+\cdots+{_{10}}C_2 \quad \leftarrow {_2}C_2={_3}C_3\\
&= ({_4}C_3+{_4}C_2)+{_5}C_2+\cdots+{_{10}}C_2 \quad \leftarrow {_3}C_3+{_3}C_2={_4}C_3\\
&= ({_5}C_3+{_5}C_2)+\cdots+{_{10}}C_2 \quad \leftarrow {_4}C_3+{_4}C_2={_5}C_3\\
&\ \ \vdots\\
&= {_{10}}C_3+{_{10}}C_2\\
&= {_{11}}C_3={_{11}}C_8 \quad \leftarrow {_n}C_r={_n}C_{n-r}
\end{aligned}$$

따라서 주어진 식의 값과 같은 것은 ⑤이다.

다른 풀이 주어진 식의 값은 파스칼의 삼각형에서 $_2C_2$, 즉 1에서 시작하여 왼쪽 아래의 대각선 방향으로 더한 값이므로 마지막 수인 $_{10}C_2$의 오른쪽 아래에 있는 $_{11}C_3$과 같다.

KEY Point

• $_{n-1}C_{r-1}+{_{n-1}}C_r={_n}C_r$

● 정답 및 풀이 **19**쪽

확인체크 95 다음 식의 값을 구하시오.

(1) $_2C_0+{_3}C_1+{_4}C_2+{_5}C_3+\cdots+{_{11}}C_9$

(2) $_3C_3+{_4}C_3+{_5}C_3+{_6}C_3+\cdots+{_{10}}C_3$

96 다음 중 $_{15}C_6+{_{16}}C_7+{_{17}}C_8+{_{18}}C_9+{_{19}}C_{10}+{_{20}}C_{11}$의 값과 같은 것은?

① $_{21}C_{11}+{_{15}}C_5$ ② $_{21}C_{11}$ ③ $_{21}C_{11}-{_{15}}C_5$
④ $_{21}C_{10}+{_{15}}C_7$ ⑤ $_{21}C_{10}-{_{15}}C_7$

필수 05 파스칼의 삼각형 (2)

$(1+x)+(1+x)^2+(1+x)^3+\cdots+(1+x)^7$의 전개식에서 x^3의 계수를 구하시오.

설명 $(1+x)^n$의 전개식의 일반항을 이용하여 x^3의 계수를 구한 후 $_{n-1}C_{r-1}+_{n-1}C_r=_nC_r$임을 이용한다.

풀이 $(1+x)^n$의 전개식의 일반항은 $_nC_r x^r$

x^3항은 $3\le n\le 7$인 경우에만 나오므로 주어진 식의 전개식에서 x^3의 계수는

$(1+x)^3,\ (1+x)^4,\ \cdots,\ (1+x)^7$의 각각의 전개식의 x^3의 계수를 더하면 된다.

$(1+x)^3$의 전개식에서 x^3의 계수는 $_3C_3$

$(1+x)^4$의 전개식에서 x^3의 계수는 $_4C_3$

$\vdots$

$(1+x)^7$의 전개식에서 x^3의 계수는 $_7C_3$

따라서 구하는 x^3의 계수는

$$
\begin{aligned}
_3C_3+_4C_3+_5C_3+_6C_3+_7C_3 &= (_4C_4+_4C_3)+_5C_3+_6C_3+_7C_3 &&\leftarrow _3C_3=_4C_4\\
&= (_5C_4+_5C_3)+_6C_3+_7C_3 &&\leftarrow _4C_4+_4C_3=_5C_4\\
&= (_6C_4+_6C_3)+_7C_3 &&\leftarrow _5C_4+_5C_3=_6C_4\\
&= _7C_4+_7C_3 &&\leftarrow _6C_4+_6C_3=_7C_4\\
&= _8C_4=\mathbf{70}
\end{aligned}
$$

KEY Point

• $(1+x^p)^n$의 전개식의 일반항 $\Rightarrow\ _nC_r\, x^{pr}$

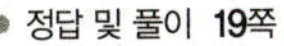
● 정답 및 풀이 **19쪽**

97 $(1+x^3)+(1+x^3)^2+(1+x^3)^3+\cdots+(1+x^3)^{15}$의 전개식에서 x^6의 계수를 구하시오.

98 $x^2(1+x^2)+x^2(1+x^2)^2+x^2(1+x^2)^3+\cdots+x^2(1+x^2)^{10}$의 전개식에서 x^{10}의 계수를 구하시오.

필수 **06** 이항계수의 성질

다음을 구하시오.

(1) $_7C_0+_7C_1+_7C_2+\cdots+_7C_7=2^n$을 만족시키는 자연수 n의 값

(2) $_{20}C_1-_{20}C_2+_{20}C_3-_{20}C_4+\cdots+_{20}C_{19}-_{20}C_{20}$의 값

(3) $_{2n}C_0+_{2n}C_2+_{2n}C_4+\cdots+_{2n}C_{2n}=128$을 만족시키는 자연수 n의 값

(4) $_{11}C_1+_{11}C_3+_{11}C_5+_{11}C_7+_{11}C_9$의 값

풀이

(1) $_nC_0+_nC_1+_nC_2+\cdots+_nC_n=2^n$이므로

$$_7C_0+_7C_1+_7C_2+\cdots+_7C_7=2^7$$

$$\therefore n=\mathbf{7}$$

(2) $_nC_0-_nC_1+_nC_2-\cdots+(-1)^n{}_nC_n=0$이므로

$$_{20}C_0-_{20}C_1+_{20}C_2-_{20}C_3+\cdots+_{20}C_{20}=0$$

$$\therefore\ _{20}C_1-_{20}C_2+_{20}C_3-_{20}C_4+\cdots+_{20}C_{19}-_{20}C_{20}=_{20}C_0=\mathbf{1}$$

(3) $_{2n}C_0+_{2n}C_2+_{2n}C_4+\cdots+_{2n}C_{2n}=2^{2n-1}$이므로

$$2^{2n-1}=128=2^7$$

즉 $2n-1=7$이므로　$n=\mathbf{4}$

(4) $_nC_1+_nC_3+_nC_5+\cdots=2^{n-1}$이므로

$$_{11}C_1+_{11}C_3+_{11}C_5+_{11}C_7+_{11}C_9+_{11}C_{11}=2^{11-1}=2^{10}$$

$$\therefore\ _{11}C_1+_{11}C_3+_{11}C_5+_{11}C_7+_{11}C_9=2^{10}-_{11}C_{11}=1024-1=\mathbf{1023}$$

KEY Point

● 이항계수의 성질

① $_nC_0+_nC_1+_nC_2+\cdots+_nC_n=2^n$

② $_nC_0-_nC_1+_nC_2-\cdots+(-1)^n{}_nC_n=\mathbf{0}$

③ $_nC_0+_nC_2+_nC_4+\cdots=_nC_1+_nC_3+_nC_5+\cdots=2^{n-1}$

● 정답 및 풀이 **20**쪽

확인체크

99 $_{19}C_2+_{19}C_4+_{19}C_6+\cdots+_{19}C_{18}$의 값을 구하시오.

100 $2000<{}_nC_1+_nC_2+_nC_3+\cdots+_nC_n<3000$을 만족시키는 자연수 n의 값을 구하시오.

101 $_{15}C_8+_{15}C_9+_{15}C_{10}+\cdots+_{15}C_{15}=2^k$을 만족시키는 자연수 k의 값을 구하시오.

발전 07 $(1+x)^n$의 전개식의 활용

11^{10}을 100으로 나누었을 때의 나머지를 a, 21^{10}을 400으로 나누었을 때의 나머지를 b 라 할 때, $a+b$의 값을 구하시오.

풀이

$(1+x)^{10}={}_{10}C_0+{}_{10}C_1x+{}_{10}C_2x^2+\cdots+{}_{10}C_{10}x^{10}$ $\qquad$ …… ㉠

(ⅰ) ㉠에 $x=10$을 대입하면

$$11^{10}={}_{10}C_0+{}_{10}C_1\times10+{}_{10}C_2\times10^2+\cdots+{}_{10}C_{10}\times10^{10}$$

이때 ${}_{10}C_1\times10+{}_{10}C_2\times10^2+\cdots+{}_{10}C_{10}\times10^{10}$은 100으로 나누어떨어진다.

따라서 11^{10}을 100으로 나누었을 때의 나머지는 ${}_{10}C_0$, 즉 1을 100으로 나누었을 때의 나머지와 같으므로

$$a=1$$

(ⅱ) ㉠에 $x=20$을 대입하면

$$21^{10}={}_{10}C_0+{}_{10}C_1\times20+{}_{10}C_2\times20^2+\cdots+{}_{10}C_{10}\times20^{10}$$

이때 ${}_{10}C_2\times20^2+{}_{10}C_3\times20^3+\cdots+{}_{10}C_{10}\times20^{10}$은 400으로 나누어떨어진다.

따라서 21^{10}을 400으로 나누었을 때의 나머지는 ${}_{10}C_0+{}_{10}C_1\times20$, 즉 201을 400으로 나누었을 때의 나머지와 같으므로

$$b=201$$

(ⅰ), (ⅱ)에서 $\qquad a+b=\mathbf{202}$

KEY Point

• $(1+x)^n={}_nC_0+{}_nC_1x+{}_nC_2x^2+\cdots+{}_nC_nx^n$에 x 대신 상수 a를 대입

$\Rightarrow(1+a)^n={}_nC_0+{}_nC_1a+{}_nC_2a^2+\cdots+{}_nC_na^n$

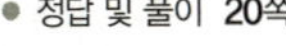

● 정답 및 풀이 **20**쪽

102 ${}_{15}C_0+3\times{}_{15}C_1+3^2\times{}_{15}C_2+\cdots+3^{15}\times{}_{15}C_{15}=2^k$을 만족시키는 자연수 k의 값을 구하시오.

103 31^{12}을 900으로 나누었을 때의 나머지를 구하시오.

STEP 1

104 $(1-2x)^7$의 전개식에서 x^4의 계수를 a, x^5의 계수를 b라 할 때, $a+b$의 값을 구하시오.

$(p+q)^n$의 전개식의 일반항
$\Rightarrow {}_n\mathrm{C}_r\,p^{n-r}q^r$

평가원 기출

105 $\left(x^2+\dfrac{a}{x}\right)^5$의 전개식에서 $\dfrac{1}{x^2}$의 계수와 x의 계수가 같을 때, 양수 a의 값은?

① 1 　　② 2 　　③ 3 　　④ 4 　　⑤ 5

106 $\left(x^2+\dfrac{1}{x}\right)^6(x+1)^4$의 전개식에서 x^3의 계수를 구하시오.

$(a+b)^m(c+d)^n$의 전개식의 일반항
$\Rightarrow {}_m\mathrm{C}_r\,a^{m-r}b^r \times {}_n\mathrm{C}_p\,c^{n-p}d^p$

107 다음 중 오른쪽 그림의 파스칼의 삼각형에서 색칠한 부분에 있는 모든 수의 합과 같은 것은?

① ${}_{12}\mathrm{C}_6$　　　② ${}_{12}\mathrm{C}_7$
③ ${}_{12}\mathrm{C}_8$　　　④ ${}_{12}\mathrm{C}_9$
⑤ ${}_{12}\mathrm{C}_{10}$

$$1$$
$${}_1\mathrm{C}_0 \quad {}_1\mathrm{C}_1$$
$${}_2\mathrm{C}_0 \quad {}_2\mathrm{C}_1 \quad {}_2\mathrm{C}_2$$
$${}_3\mathrm{C}_0 \quad {}_3\mathrm{C}_1 \quad {}_3\mathrm{C}_2 \quad {}_3\mathrm{C}_3$$
$${}_4\mathrm{C}_0 \quad {}_4\mathrm{C}_1 \quad {}_4\mathrm{C}_2 \quad {}_4\mathrm{C}_3 \quad {}_4\mathrm{C}_4$$
$$\vdots$$
$${}_{11}\mathrm{C}_0 \quad {}_{11}\mathrm{C}_1 \quad {}_{11}\mathrm{C}_2 \quad {}_{11}\mathrm{C}_3 \quad \cdots \quad {}_{11}\mathrm{C}_{11}$$

108 $(1+2x)+(1+2x)^2+(1+2x)^3+\cdots+(1+2x)^8$의 전개식에서 x^3의 계수를 구하시오.

109 ${}_{20}\mathrm{C}_2+{}_{20}\mathrm{C}_4+{}_{20}\mathrm{C}_6+\cdots+{}_{20}\mathrm{C}_{18}$의 값을 구하시오.

110 $_{19}C_{10}+_{19}C_{11}+_{19}C_{12}+\cdots+_{19}C_{19}=4^k$을 만족시키는 자연수 k의 값을 구하시오.

STEP 2

111  $\left(x^n+\dfrac{1}{x^2}\right)^6$의 전개식에서 0이 아닌 상수항이 존재하도록 하는 모든 자연수 n의 값의 합을 구하시오.

[평가원] 기출

112 다항식 $(x^2+1)^4(x^3+1)^n$의 전개식에서 x^5의 계수가 12일 때, x^6의 계수는? (단, n은 자연수이다.)

① 6　　　　② 7　　　　③ 8　　　　④ 9　　　　⑤ 10

113 옳은 것만을 보기에서 있는 대로 고르시오.

> **보기**
>
> ㄱ. $_{10}C_1+_{10}C_2+_{10}C_3+\cdots+_{10}C_{10}=1024$
> ㄴ. $_{11}C_1-_{11}C_2+_{11}C_3-\cdots+_{11}C_{11}=1$
> ㄷ. $_5C_0+_6C_1+_7C_2+_8C_3+_9C_4=_{10}C_5$
> ㄹ. $_4C_4+_5C_4+_6C_4+_7C_4+_8C_4=_9C_4$

114 집합 $A=\{1,\ 2,\ 3,\ \cdots,\ 19,\ 20\}$의 부분집합 중 원소의 개수가 홀수인 집합의 개수를 구하시오.

115 $_nC_0+_nC_1\times7+_nC_2\times7^2+\cdots+_nC_n\times7^n=2^{60}$을 만족시키는 자연수 n의 값을 구하시오.

 **연습 문제**

116 19^{19}을 400으로 나누었을 때의 나머지를 구하시오.

실력 UP⁺

117 10 이상의 자연수 n에 대하여 $(1+x)^n$의 전개식에서 x^8, x^9, x^{10}의 계수를 각각 a_8, a_9, a_{10}이라 하자. $a_9-a_8=a_{10}-a_9$를 만족시키는 모든 n의 값의 합을 구하시오.

118 오늘이 수요일일 때, 오늘부터 8^{10}일 후는 무슨 요일인지 구하시오.

8^{10}을 7로 나누었을 때의 나머지를 이용한다.

119 11^{11}의 일의 자리, 십의 자리, 백의 자리의 숫자를 각각 a, b, c라 할 때, $a+b+c$의 값을 구하시오.

$(1+10)^{11}$을 전개하여 백의 자리 이하의 숫자를 생각한다.

120 $({}_{10}C_0)^2+({}_{10}C_1)^2+({}_{10}C_2)^2+\cdots+({}_{10}C_{10})^2={}_nC_{10}$일 때, 자연수 n의 값을 구하시오.

$({}_{10}C_r)^2={}_{10}C_r\times{}_{10}C_{10-r}$

Ⅱ / 확률

1 확률의 뜻과 활용

↓

2 조건부확률

이 단원에서는

수학적 확률과 통계적 확률의 개념을 이해하고, 순열과 조합의 수를 이용하여 확률을 구해 봅니다. 또 확률의 덧셈정리와 여사건의 확률을 이해하고 이를 활용하여 다양한 문제를 풀어 봅니다.

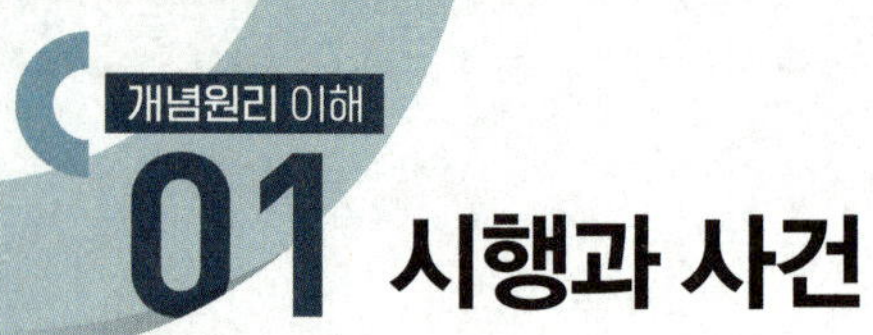

01 시행과 사건

1 시행과 사건

(1) **시행:** 같은 조건에서 여러 번 반복할 수 있고, 그 결과가 우연에 의하여 결정되는 실험이나 관찰
(2) **표본공간:** 어떤 시행에서 일어날 수 있는 모든 결과의 집합
(3) **사건:** 표본공간의 부분집합
(4) **근원사건:** 한 개의 원소로 이루어진 사건
(5) **전사건:** 반드시 일어나는 사건을 전사건이라 하며 이것은 표본공간과 같다.
(6) **공사건:** 절대로 일어나지 않는 사건을 공사건이라 하고, 이것을 기호로 $\varnothing$과 같이 나타낸다.

▶ 표본공간 (sample space)은 보통 S로 나타내고 공집합이 아닌 경우만 생각한다.

보기 ▶ 한 개의 주사위를 던지는 시행에서
① 표본공간 S는　　$S=\{1,\ 2,\ 3,\ 4,\ 5,\ 6\}$
② 홀수의 눈이 나오는 사건을 A라 하면　　$A=\{1,\ 3,\ 5\}$
③ 근원사건은　　$\{1\},\ \{2\},\ \{3\},\ \{4\},\ \{5\},\ \{6\}$
④ 자연수의 눈이 나오는 사건은 전사건이다.
⑤ 7의 눈이 나오는 사건은 공사건이다.

2 배반사건과 여사건　🔗 필수 01

표본공간 S의 두 사건 A, B에 대하여
(1) **합사건:** A 또는 B가 일어나는 사건을 A와 B의 합사건이라 하고, $A \cup B$와 같이 나타낸다.
(2) **곱사건:** A와 B가 동시에 일어나는 사건을 A와 B의 곱사건이라 하고, $A \cap B$와 같이 나타낸다.
(3) **배반사건:** A와 B가 동시에 일어나지 않을 때, 즉 $A \cap B = \varnothing$일 때, A와 B는 서로 배반이라 하고, 이 두 사건은 서로 배반사건이라 한다.
(4) **여사건:** A가 일어나지 않는 사건을 A의 여사건이라 하고, A^{c}와 같이 나타낸다.
　이때 $A \cap A^{c} = \varnothing$이므로 A와 A^{c}는 서로 배반사건이다.

▶
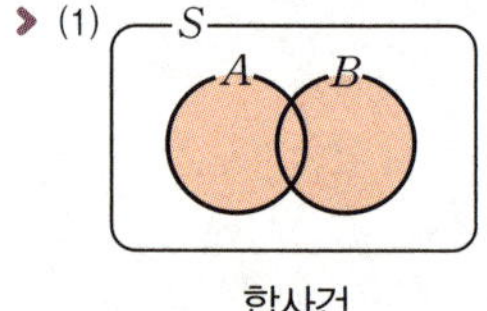

합사건

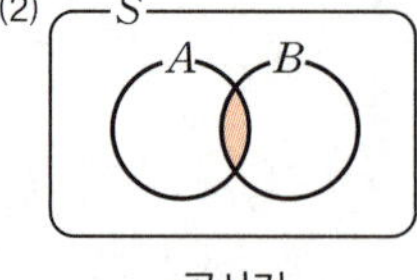

곱사건

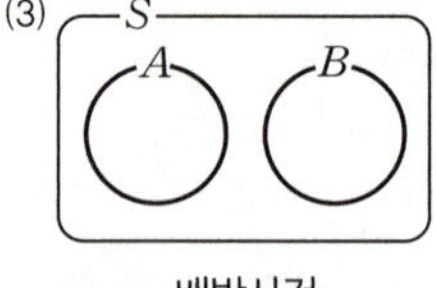

배반사건

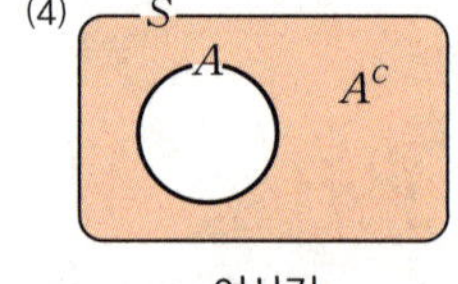

여사건

보기 ▶ 한 개의 주사위를 던지는 시행에서 4의 약수의 눈이 나오는 사건을 A, 3의 배수의 눈이 나오는 사건을 B라 하면　　$A=\{1,\ 2,\ 4\}$, $B=\{3,\ 6\}$
① $A \cap B = \varnothing$이므로 A와 B는 서로 배반사건이다.
② A, B의 여사건은 각각 $A^{c}=\{3,\ 5,\ 6\}$, $B^{c}=\{1,\ 2,\ 4,\ 5\}$이다.

 **01** 배반사건

다음 물음에 답하시오.

(1) 한 개의 주사위를 던지는 시행에서 짝수의 눈이 나오는 사건을 A, 홀수의 눈이 나오는 사건을 B, 4의 약수의 눈이 나오는 사건을 C라 할 때, 세 사건 A, B, C 중에서 서로 배반인 두 사건을 구하시오.

(2) 1부터 8까지의 자연수가 각각 하나씩 적힌 8장의 카드 중에서 임의로 한 장의 카드를 뽑을 때, 6의 약수가 적힌 카드를 뽑는 사건을 A라 하자. 이때 A와 서로 배반인 사건의 개수를 구하시오.

풀이

(1) $A=\{2, 4, 6\}$, $B=\{1, 3, 5\}$, $C=\{1, 2, 4\}$이므로
$$A \cap B=\varnothing,\ B \cap C=\{1\},\ A \cap C=\{2, 4\}$$
따라서 서로 배반인 두 사건은 **A와 B**이다.

(2) 표본공간을 S라 하면 $S=\{1, 2, 3, 4, 5, 6, 7, 8\}$, $A=\{1, 2, 3, 6\}$
사건 A와 서로 배반인 사건은 $A^c=\{4, 5, 7, 8\}$의 부분집합이므로 구하는 사건의 개수는
$$2^4=\textbf{16}$$

 **KEY Point**

- $A \cap B=\varnothing$ ⇨ 두 사건 A와 B는 서로 배반사건이다.
- 사건 A와 서로 배반인 사건 ⇨ A^c의 부분집합

● 정답 및 풀이 **24쪽**

 **121** 1부터 7까지의 자연수가 각각 하나씩 적힌 7개의 공이 들어 있는 주머니에서 한 개의 공을 꺼낼 때, 5의 약수가 적힌 공이 나오는 사건을 A, 3의 배수가 적힌 공이 나오는 사건을 B, 소수가 적힌 공이 나오는 사건을 C라 하자. 이때 서로 배반사건인 것만을 보기에서 있는 대로 고르시오.

> **보기**
>
> ㄱ. A와 B ㄴ. B와 C ㄷ. A와 C

122 표본공간 $S=\{1, 2, 3, 4, 5, 6\}$에 대하여 두 사건 A, B가 $A=\{1, 2, 3\}$, $B=\{2, 3, 4\}$일 때, 두 사건 A, B와 모두 배반인 사건의 개수를 구하시오.

02 확률의 뜻

1 확률

어떤 시행에서 사건 A가 일어날 가능성을 수로 나타낸 것을 사건 A가 일어날 **확률**이라 하고, 기호로 $\mathrm{P}(A)$ 와 같이 나타낸다.

> $\mathrm{P}(A)$의 P는 확률을 뜻하는 Probability의 첫 글자이다.

2 수학적 확률 ⊙ 필수 02~06

어떤 시행에서 표본공간 S의 각 근원사건이 일어날 가능성이 모두 같은 정도로 기대될 때, 사건 A 가 일어날 확률 $\mathrm{P}(A)$를

$$\mathrm{P}(A) = \frac{n(A)}{n(S)}$$

로 정의하고, 이것을 사건 A가 일어날 **수학적 확률**이라 한다.

> 수학적 확률은 표본공간이 공집합이 아닌 유한집합인 경우에서만 생각한다.

예제 ▶ 한 개의 주사위를 두 번 던질 때, 나오는 두 눈의 수의 합이 7일 확률을 구하시오.

풀이 표본공간을 S라 하면 $n(S) = 6 \times 6 = 36$

이때 나오는 두 눈의 수의 합이 7인 사건을 A라 하고 나오는 두 눈의 수를 순서쌍으로 나타내면

$$A = \{(1, 6), (2, 5), (3, 4), (4, 3), (5, 2), (6, 1)\}$$

이므로 $n(A) = 6$

따라서 구하는 확률은 $\mathrm{P}(A) = \dfrac{n(A)}{n(S)} = \dfrac{6}{36} = \dfrac{1}{6}$

3 통계적 확률 ⊙ 필수 07

같은 시행을 n번 반복할 때, 사건 A가 일어난 횟수를 r_n이라 하면 n이 충분히 커짐에 따라 상대도수 $\dfrac{r_n}{n}$이 일정한 값 p에 가까워진다고 알려져 있다. 이때 p를 사건 A가 일어날 **통계적 확률**이라 한다.

> 실제로 통계적 확률을 구할 때 시행 횟수 n을 한없이 크게 할 수 없으므로 n이 충분히 클 때의 상대도수 $\dfrac{r_n}{n}$을 통계적 확률 로 생각한다.

설명 수학적 확률은 어떤 시행에서 각 근원사건이 일어날 가능성이 모두 같은 정도로 기대된다는 가정에서 정의하였다.
그러나 비가 오는 것, 공장에서 불량품이 생산되는 것 등과 같이 우리 주변의 여러 가지 자연 현상이나 사회 현상 중에는 일어날 가능성이 같은 정도로 기대되지 않는 경우도 있다. 이와 같은 경우에는 많은 자료를 수집하여 조사하거나 같은 시행을 여러 번 반복하여 구한 상대도수를 통하여 그 사건이 일어날 확률을 추측할 수 있다.

보기 ▶ 어느 마트에서 판매된 500개의 물건 중 25개의 물건이 반품되었다면 판매된 물건 중 하나가 반품될 확률은

$$\frac{(\text{반품된 물건의 개수})}{(\text{판매된 물건의 개수})} = \frac{25}{500} = \frac{1}{20}$$

참고 일반적으로 어떤 사건 A가 일어날 수학적 확률이 p일 때, 시행 횟수 n을 충분히 크게 하면 통계적 확률은 수학적 확률 p에 가까워진다는 것이 알려져 있다.

4 확률의 기본 성질

표본공간이 S인 어떤 시행에서 다음 성질이 성립한다.

(1) 임의의 사건 A에 대하여 $\quad 0 \leq \mathrm{P}(A) \leq 1$

(2) 반드시 일어나는 사건 S에 대하여 $\quad \mathrm{P}(S) = 1$

(3) 절대로 일어나지 않는 사건 $\varnothing$에 대하여 $\quad \mathrm{P}(\varnothing) = 0$

설명 (1) 표본공간 S의 임의의 사건 A에 대하여 $\varnothing \subset A \subset S$이므로

$$0 \leq n(A) \leq n(S)$$

각 변을 $n(S)$로 나누면

$$0 \leq \frac{n(A)}{n(S)} \leq 1 \qquad \therefore \ 0 \leq \mathrm{P}(A) \leq 1$$

(2) 반드시 일어나는 사건, 즉 전사건 S에 대하여

$$\mathrm{P}(S) = \frac{n(S)}{n(S)} = 1$$

(3) 절대로 일어나지 않는 사건, 즉 공사건 $\varnothing$에 대하여

$$\mathrm{P}(\varnothing) = \frac{n(\varnothing)}{n(S)} = 0$$

예제 ▶ 흰 공 7개와 검은 공 4개가 들어 있는 주머니에서 임의로 한 개의 공을 꺼낼 때, 다음을 구하시오.

(1) 흰 공이 나올 확률

(2) 흰 공 또는 검은 공이 나올 확률

(3) 빨간 공이 나올 확률

풀이 (1) 흰 공이 나올 확률은 $\quad \dfrac{7}{11}$

(2) 흰 공 또는 검은 공이 나오는 사건은 반드시 일어나는 사건이므로 그 확률은 1이다.

(3) 빨간 공이 나오는 사건은 절대로 일어나지 않는 사건이므로 그 확률은 0이다.

필수 02   수학적 확률

서로 다른 두 개의 주사위를 동시에 던질 때, 다음을 구하시오.

(1) 나오는 두 눈의 수가 같을 확률

(2) 나오는 두 눈의 수의 차가 4 이상일 확률

(3) 나오는 두 눈의 수의 곱이 어떤 자연수의 제곱일 확률

풀이   두 개의 주사위를 동시에 던질 때 나오는 모든 경우의 수는

$$6 \times 6 = 36$$

나오는 두 눈의 수를 순서쌍으로 나타내면

(1) 두 눈의 수가 같은 경우는

$(1, 1), (2, 2), (3, 3), (4, 4), (5, 5), (6, 6)$의 6가지

따라서 구하는 확률은 $\dfrac{6}{36} = \dfrac{1}{6}$

(2) 두 눈의 수의 차가 4 이상인 경우는

$(1, 5), (1, 6), (2, 6), (5, 1), (6, 1), (6, 2)$의 6가지

따라서 구하는 확률은 $\dfrac{6}{36} = \dfrac{1}{6}$

(3) 두 눈의 수의 곱이 어떤 자연수의 제곱인 경우는

$(1, 1), (1, 4), (2, 2), (3, 3), (4, 1), (4, 4), (5, 5), (6, 6)$의 8가지

따라서 구하는 확률은 $\dfrac{8}{36} = \dfrac{2}{9}$

KEY Point

• 표본공간 S의 임의의 사건 A에 대하여 $P(A) = \dfrac{n(A)}{n(S)}$

● 정답 및 풀이 **24**쪽

확인 체크

123 집합 $A = \{a, b, c, d, e, f\}$의 부분집합 중에서 임의로 하나를 택할 때, 이 부분집합이 원소 b는 포함하고 원소 f는 포함하지 않을 확률을 구하시오.

124 서로 다른 두 개의 주사위를 동시에 던져서 나오는 두 눈의 수를 각각 a, b라 할 때, 이차방정식 $x^2 + 2ax + b = 0$이 중근을 가질 확률을 구하시오.

필수 03 순열을 이용하는 확률

다음을 구하시오.

(1) A, B, C, D, E, F의 6명이 일렬로 앉을 때, A, B, C가 서로 이웃하여 앉게 될 확률

(2) 2명의 남학생과 3명의 여학생을 일렬로 세울 때, 양 끝에 남학생을 세울 확률

설명 서로 다른 것을 일렬로 나열하는 경우의 확률은 순열을 이용한다.

풀이

(1) 6명이 일렬로 앉는 경우의 수는 $6! = 720$

A, B, C를 한 사람으로 생각하여 4명이 일렬로 앉는 경우의 수는 $4! = 24$

A, B, C의 3명이 서로 자리를 바꾸는 경우의 수는 $3! = 6$

따라서 A, B, C가 서로 이웃하여 앉는 경우의 수는

$$24 \times 6 = 144$$

이므로 구하는 확률은 $\dfrac{144}{720} = \dfrac{1}{5}$

(2) 5명의 학생을 일렬로 세우는 경우의 수는 $5! = 120$

2명의 남학생을 양 끝에 세우는 경우의 수는 $2! = 2$

3명의 여학생을 그 사이에 일렬로 세우는 경우의 수는 $3! = 6$

따라서 양 끝에 남학생을 세우는 경우의 수는

$$2 \times 6 = 12$$

이므로 구하는 확률은 $\dfrac{12}{120} = \dfrac{1}{10}$

KEY Point

- 이웃하는 경우 ⇨ 이웃하는 것을 하나로 묶어서 생각
- 이웃하지 않는 경우 ⇨ 이웃해도 되는 것을 먼저 나열
- 위치가 고정되어 있는 경우 ⇨ 고정시켜야 하는 것을 먼저 나열

● 정답 및 풀이 **24**쪽

확인체크

125 세 쌍의 부부가 한 줄로 설 때, 부부끼리 서로 이웃하여 설 확률을 구하시오.

126 computer에 있는 8개의 문자를 일렬로 나열할 때, c와 t 사이에 2개의 문자가 있을 확률을 구하시오.

127 promise에 있는 7개의 문자를 일렬로 나열할 때, 모음끼리 이웃하지 않을 확률을 구하시오.

필수 **04** 중복순열을 이용하는 확률

1, 2, 3, 4, 5의 다섯 개의 숫자 중에서 중복을 허용하여 4개를 뽑아 만들 수 있는 네 자리 자연수 중에서 하나를 택할 때, 이 자연수가 짝수일 확률을 구하시오.

설명 중복을 허용하여 일렬로 나열하는 경우의 확률은 중복순열을 이용한다.

풀이 만들 수 있는 네 자리 자연수의 개수는
$$_5\Pi_4 = 5^4 = 625$$
이때 짝수이려면 일의 자리의 숫자가 2, 4 중 하나이어야 하므로 짝수의 개수는
$$_5\Pi_3 \times 2 = 5^3 \times 2 = 250$$
따라서 구하는 확률은 $\dfrac{250}{625} = \dfrac{2}{5}$

KEY Point

• 서로 다른 n개에서 r개를 택하는 중복순열의 수 $\Rightarrow {}_n\Pi_r = n^r$

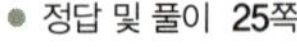

● 정답 및 풀이 **25**쪽

128 세 사람이 다섯 종류의 과자 중에서 임의로 하나씩 택할 때, 세 사람이 서로 다른 종류의 과자를 택할 확률을 구하시오. (단, 각 과자는 충분히 많다.)

129 두 집합 $X=\{1,\ 2,\ 3\}$, $Y=\{a,\ b,\ c\}$에 대하여 X에서 Y로의 함수 f를 만들 때, f가 일대일대응일 확률을 구하시오.

130 0, 1, 2, 3의 네 개의 숫자 중에서 중복을 허용하여 3개를 뽑아 만들 수 있는 세 자리 자연수 중에서 하나를 택할 때, 십의 자리의 숫자가 0일 확률을 구하시오.

 **05** **같은 것이 있는 순열을 이용하는 확률**

7개의 문자 A, V, O, C, A, D, O를 일렬로 나열할 때, 모음끼리 이웃할 확률을 구하시오.

풀이 7개의 문자 A, V, O, C, A, D, O를 일렬로 나열하는 경우의 수는

$$\frac{7!}{2! \times 2!} = 1260$$

모음 A, A, O, O를 한 문자로 생각하여 4개의 문자를 일렬로 나열하는 경우의 수는

$$4! = 24$$

A, A, O, O를 일렬로 나열하는 경우의 수는

$$\frac{4!}{2! \times 2!} = 6$$

따라서 모음끼리 이웃하도록 일렬로 나열하는 경우의 수는

$$24 \times 6 = 144$$

이므로 구하는 확률은 $\dfrac{144}{1260} = \dfrac{4}{35}$

- n개 중에서 서로 같은 것이 각각 p개, q개, $\cdots$, r개씩 있을 때, n개를 일렬로 나열하는 경우의 수

$$\Rightarrow \frac{n!}{p!q! \times \cdots \times r!} \ (\text{단, } p+q+\cdots+r=n)$$

● 정답 및 풀이 **25**쪽

131 6개의 문자 P, E, P, P, E, R를 일렬로 나열할 때, 맨 앞에 E가 올 확률을 구하시오.

132 8개의 숫자 1, 1, 2, 3, 4, 4, 4, 5를 일렬로 나열할 때, 짝수는 짝수끼리, 홀수는 홀수끼리 이웃할 확률을 구하시오.

133 집합 $X = \{1, 2, 3\}$에 대하여 X에서 X로의 함수 f를 만들 때, 이 함수가 $f(1) + f(2) + f(3) = 8$을 만족시킬 확률을 구하시오.

필수 06 조합을 이용하는 확률

흰 공 3개, 검은 공 2개, 빨간 공 5개가 들어 있는 주머니에서 임의로 4개의 공을 동시에 꺼낼 때, 다음을 구하시오.

(1) 4개 모두 빨간 공이 나올 확률

(2) 흰 공 2개, 검은 공 2개가 나올 확률

(3) 흰 공이 2개 나올 확률

설명 순서를 생각하지 않고 택하는 경우의 확률은 조합을 이용한다.

풀이 10개의 공 중에서 4개의 공을 꺼내는 경우의 수는
$$_{10}C_4 = 210$$

(1) 5개의 빨간 공 중에서 4개를 꺼내는 경우의 수는
$$_5C_4 = 5$$

따라서 구하는 확률은 $\dfrac{5}{210} = \dfrac{1}{42}$

(2) 3개의 흰 공 중에서 2개, 2개의 검은 공 중에서 2개를 꺼내는 경우의 수는
$$_3C_2 \times {}_2C_2 = 3 \times 1 = 3$$

따라서 구하는 확률은 $\dfrac{3}{210} = \dfrac{1}{70}$

(3) 3개의 흰 공 중에서 2개, 나머지 7개의 공 중에서 2개를 꺼내는 경우의 수는
$$_3C_2 \times {}_7C_2 = 3 \times 21 = 63$$

따라서 구하는 확률은 $\dfrac{63}{210} = \dfrac{3}{10}$

정답 및 풀이 **26**쪽

확인체크

134 당첨 제비 7개가 포함된 16개의 제비 중에서 임의로 3개의 제비를 동시에 뽑을 때, 당첨 제비가 1개 나올 확률을 구하시오.

135 A, B, C, D, E, F의 6명 중에서 임의로 3명의 대표를 뽑을 때, A는 포함되고 C는 포함되지 않을 확률을 구하시오.

136 흰 공과 검은 공을 합하여 6개의 공이 들어 있는 주머니에서 임의로 2개의 공을 동시에 꺼낼 때, 2개 모두 흰 공이 나올 확률이 $\dfrac{2}{5}$이다. 이때 주머니에 들어 있는 흰 공의 개수를 구하시오.

 **필수 07** 통계적 확률

흰 공과 검은 공을 합하여 10개의 공이 들어 있는 주머니에서 임의로 2개의 공을 동시에 꺼내어 색을 확인하고 다시 넣는 시행을 여러 번 반복하였더니 3번에 1번 꼴로 2개가 모두 흰 공이었다. 이때 주머니 속에는 몇 개의 흰 공이 들어 있다고 볼 수 있는지 구하시오.

설명 시행 횟수가 충분히 클 때, 통계적 확률은 수학적 확률에 가까워진다.

풀이 주머니 속에 들어 있는 흰 공의 개수를 n이라 하면 임의로 2개의 공을 동시에 꺼낼 때, 2개 모두 흰 공일 확률은

$$\frac{{}_n\mathrm{C}_2}{{}_{10}\mathrm{C}_2} = \frac{n(n-1)}{90}$$

이때 여러 번의 시행에서 3번에 1번 꼴로 2개 모두 흰 공을 꺼냈으므로 통계적 확률은 $\frac{1}{3}$이다.

즉 $\frac{n(n-1)}{90} = \frac{1}{3}$이므로 $\quad n^2 - n - 30 = 0$

$(n+5)(n-6) = 0 \quad \therefore n = 6 \ (\because n > 0)$

따라서 주머니 속에는 **6개**의 흰 공이 들어 있다고 볼 수 있다.

• 사건 A가 n번 중에서 r번의 꼴로 일어날 때, 사건 A가 일어날 통계적 확률 $\Rightarrow \dfrac{r}{n}$

● 정답 및 풀이 26쪽

 **137** 상자 속에 n개의 당첨 제비를 포함하여 15개의 제비가 들어 있다. 이 상자에서 임의로 한 개의 제비를 꺼내어 당첨 여부를 확인하고 다시 넣는 시행을 여러 번 반복하였더니 5번에 1번 꼴로 당첨 제비가 나왔다. 이때 n의 값을 구하시오.

138 오른쪽 표는 어느 고등학교 학생들이 하루 동안 스마트폰을 사용하는 시간을 조사하여 나타낸 것이다. 이 학교의 학생 중에서 임의로 한 명을 택할 때, 스마트폰 사용 시간이 3시간 미만일 확률을 구하시오.

사용 시간(시간)	학생 수(명)
$0^{이상} \sim 1^{미만}$	72
$1 \quad \sim 2$	104
$2 \quad \sim 3$	160
$3 \quad \sim 4$	56
$4 \quad \sim 5$	8

특강 기하적 확률

1 기하적 확률

연속적인 변량을 크기로 갖는 표본공간의 영역 S 안에서 각각의 점을 택할 가능성이 같은 정도로 기대될 때, 영역 S에 포함되어 있는 영역 A에 대하여 영역 S에서 임의로 택한 점이 영역 A에 포함될 확률 $\mathrm{P}(A)$는

$$\mathrm{P}(A) = \frac{(\text{영역 } A\text{의 크기})}{(\text{영역 } S\text{의 크기})}$$

로 정의하고, 이것을 **기하적 확률**이라 한다.

❯ 길이, 넓이 등 경우의 수가 무수히 많아서 그 수를 셀 수 없는 경우에는 기하적 확률을 이용한다.

예제 ▶ 오른쪽 그림과 같이 한 변의 길이가 2인 정사각형 ABCD의 내부에 임의의 점 P를 잡을 때, 삼각형 PAB가 둔각삼각형이 될 확률을 구하시오.

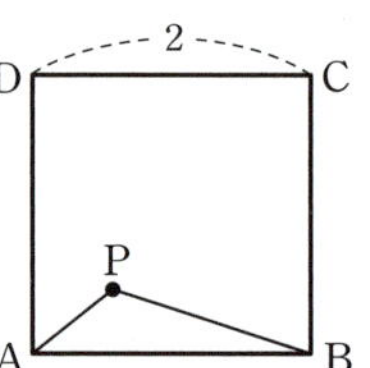

풀이 오른쪽 그림과 같이 점 P가 $\overline{\mathrm{AB}}$를 지름으로 하는 반원 위에 있을 때, $\triangle\mathrm{PAB}$는 직각삼각형이 된다.

따라서 이 반원의 내부에 점 P를 잡으면 $\triangle\mathrm{PAB}$는 둔각삼각형이 되므로 구하는 확률은

$$\frac{(\text{색칠한 도형의 넓이})}{(\square\mathrm{ABCD}\text{의 넓이})} = \frac{\dfrac{1}{2} \times \pi \times 1^2}{4} = \frac{\pi}{8}$$

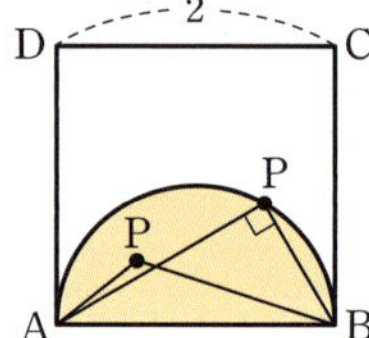

확인 체크 **139** $-3 \leq a \leq 2$인 실수 a에 대하여 이차방정식 $x^2 - 4ax + 5a = 0$이 실근을 가질 확률을 구하시오.

● 정답 및 풀이 27쪽

STEP 1

140 서로 다른 세 개의 주사위를 동시에 던져서 나오는 눈의 수를 각각 a, b, c라 할 때, $a>b$이고 $a>c$일 확률을 구하시오.

141 7개의 숫자 1, 2, 3, 4, 5, 6, 7 중에서 서로 다른 4개의 숫자를 택하여 네 자리 자연수를 만들 때, 이 자연수가 4600보다 클 확률을 구하시오.

4600보다 큰 자연수는
46□□, 47□□,
5□□□, 6□□□,
7□□□
꼴이다.

142 오른쪽 그림과 같은 도로망에서 A 지점에서 출발하여 C 지점까지 최단 거리로 갈 때, B 지점을 지날 확률을 구하시오.
(단, 각 경로를 택할 확률은 같다.)

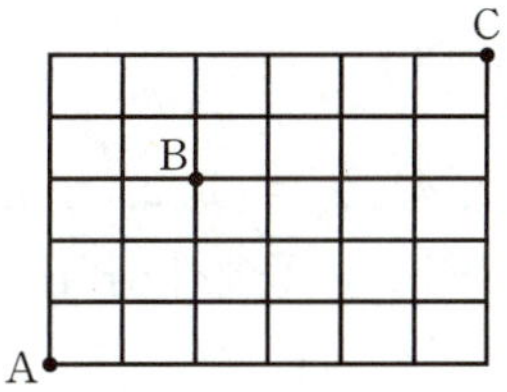

최단 거리로 가는 경우의 수
⇨ 같은 것이 있는 순열의 수를 이용한다.

143 오른쪽 그림과 같이 평행한 두 직선 l, m 위에 각각 3개, 5개의 점이 있다. 8개의 점 중에서 임의로 3개의 점을 택할 때, 이 점들을 꼭짓점으로 하는 삼각형이 만들어질 확률을 구하시오.

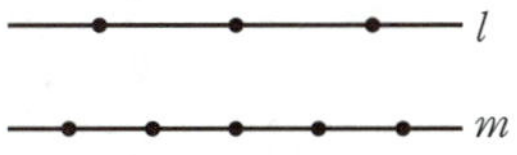

144 방정식 $x+y+z=7$의 음이 아닌 정수인 해 중에서 임의로 하나를 택할 때, x의 값이 3일 확률을 구하시오.

145 표본공간을 S, 절대로 일어나지 않는 사건을 $\varnothing$이라 할 때, 임의의 두 사건 A, B에 대하여 옳은 것만을 보기에서 있는 대로 고르시오.

> **보기**
>
> ㄱ. $0 \leq P(A) \leq 1$ ㄴ. $P(S) - P(\varnothing) = 1$
>
> ㄷ. $P(A \cup A^c) = 1$ ㄹ. $0 \leq P(A) + P(B) \leq 1$

STEP 2

생각해 봅시다! 

146 108의 모든 양의 약수가 각각 하나씩 적힌 카드가 들어 있는 주머니에서 임의로 한 장의 카드를 꺼낼 때, 그 카드에 적힌 수가 60의 양의 약수일 확률을 구하시오.

108의 양의 약수이면서 60의 양의 약수
⇨ 108과 60의 양의 공약수

147 나이가 서로 다른 네 사람을 일렬로 세울 때, 앞에서 두 번째에 서 있는 사람이 자신과 이웃한 두 사람보다 나이가 적을 확률을 구하시오.

평가원 기출

148 두 집합 $X=\{1,\ 2,\ 3,\ 4\}$, $Y=\{1,\ 2,\ 3,\ 4,\ 5,\ 6,\ 7\}$에 대하여 X에서 Y로의 모든 일대일함수 f 중에서 임의로 하나를 선택할 때, 이 함수가 다음 조건을 만족시킬 확률은?

> (가) $f(2)=2$
> (나) $f(1) \times f(2) \times f(3) \times f(4)$는 4의 배수이다.

① $\dfrac{1}{14}$ ② $\dfrac{3}{35}$ ③ $\dfrac{1}{10}$ ④ $\dfrac{4}{35}$ ⑤ $\dfrac{9}{70}$

149 1, 2, 3의 세 개의 숫자 중에서 중복을 허용하여 3개를 뽑아 만들 수 있는 세 자리 자연수 중에서 하나를 택할 때, 3의 배수일 확률을 구하시오.

3의 배수는 각 자리의 숫자의 합이 3의 배수이다.

150 두 집합 $A=\{1,\ 2,\ 3\}$, $B=\{1,\ 2,\ 3,\ 4,\ 5\}$에 대하여 함수 $f : A \longrightarrow B$를 만들 때, 이 함수가 다음 조건을 만족시킬 확률을 구하시오.

> $x_1 \in A$, $x_2 \in A$일 때, $x_1 < x_2$이면 $f(x_1) \leq f(x_2)$이다.

수능 기출

151 탁자 위에 5개의 동전이 일렬로 놓여 있다. 이 5개의 동전 중 1번째 자리와 2번째 자리의 동전은 앞면이 보이도록 놓여 있고, 나머지 자리의 3개의 동전은 뒷면이 보이도록 놓여 있다. 이 5개의 동전과 한 개의 주사위를 사용하여 다음 시행을 한다.

> 주사위를 한 번 던져 나온 눈의 수가 k일 때,
> $k \leq 5$이면 k번째 자리의 동전을 한 번 뒤집어 제자리에 놓고,
> $k = 6$이면 모든 동전을 한 번씩 뒤집어 제자리에 놓는다.

위의 시행을 3번 반복한 후 이 5개의 동전이 모두 앞면이 보이도록 놓여 있을 확률은 $\dfrac{q}{p}$이다. $p+q$의 값을 구하시오.

(단, p와 q는 서로소인 자연수이다.)

152  6개의 숫자 2, 2, 4, 4, 6, 6이 각각 하나씩 적혀 있는 6개의 공이 들어 있는 주머니가 있다. 이 주머니에서 한 개의 공을 임의로 꺼내어 공에 적힌 수를 확인한 후 다시 넣지 않는 시행을 6번 반복할 때, n ($1 \leq n \leq 6$)번째 꺼낸 공에 적힌 수를 a_n이라 하자. 두 자연수 p, q를
$$p = a_1 \times 100 + a_2 \times 10 + a_3, \quad q = a_4 \times 100 + a_5 \times 10 + a_6$$
이라 할 때, $p > q$일 확률을 구하시오.

153 오른쪽 그림과 같이 원 위에 8개의 점이 같은 간격으로 놓여 있다. 8개의 점 중에서 3개의 점을 꼭짓점으로 하는 삼각형을 임의로 만들 때, 직각삼각형이 될 확률을 구하시오.

먼저 5개의 동전이 모두 같은 면이 보이도록 놓이는 경우를 생각해 본다.

반원에 대한 원주각의 크기는 $90°$이다.

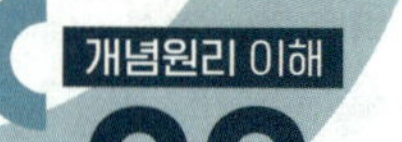

03 확률의 덧셈정리

1 확률의 덧셈정리   🔖 필수 08~10

> 표본공간 S의 두 사건 A, B에 대하여
> (1) $\mathrm{P}(A \cup B) = \mathrm{P}(A) + \mathrm{P}(B) - \mathrm{P}(A \cap B)$
> (2) A, B가 서로 배반사건, 즉 $A \cap B = \varnothing$이면
> $$\mathrm{P}(A \cup B) = \mathrm{P}(A) + \mathrm{P}(B)$$

설명 표본공간 S의 두 사건 A, B에 대하여
$$n(A \cup B) = n(A) + n(B) - n(A \cap B)$$
양변을 $n(S)$로 나누면
$$\frac{n(A \cup B)}{n(S)} = \frac{n(A)}{n(S)} + \frac{n(B)}{n(S)} - \frac{n(A \cap B)}{n(S)}$$
$$\therefore \mathrm{P}(A \cup B) = \mathrm{P}(A) + \mathrm{P}(B) - \mathrm{P}(A \cap B)$$
특히 A, B가 서로 배반사건, 즉 $A \cap B = \varnothing$이면 $\mathrm{P}(A \cap B) = 0$이므로
$$\mathrm{P}(A \cup B) = \mathrm{P}(A) + \mathrm{P}(B)$$

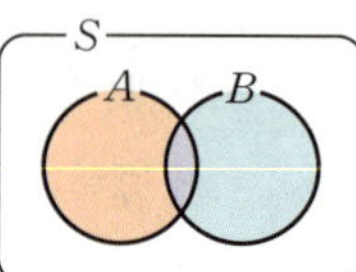

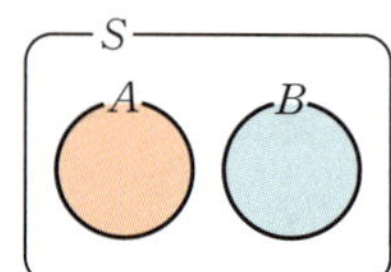

보기▶ 두 사건 A, B에 대하여 $\mathrm{P}(A) = \dfrac{1}{2}$, $\mathrm{P}(B) = \dfrac{1}{3}$, $\mathrm{P}(A \cap B) = \dfrac{1}{6}$이면
$$\mathrm{P}(A \cup B) = \mathrm{P}(A) + \mathrm{P}(B) - \mathrm{P}(A \cap B) = \frac{1}{2} + \frac{1}{3} - \frac{1}{6} = \frac{2}{3}$$

2 여사건의 확률   🔖 필수 08, 11~13

> 표본공간 S의 사건 A와 그 여사건 A^C에 대하여
> $$\mathrm{P}(A^C) = 1 - \mathrm{P}(A)$$

▶ ① '적어도 ~인 사건', '~ 이상(이하)인 사건', '~가 아닌 사건' 등의 확률을 구할 때에는 여사건의 확률을 이용하면 편리하다.
② $\mathrm{P}(A^C \cap B^C) = \mathrm{P}((A \cup B)^C) = 1 - \mathrm{P}(A \cup B)$, $\mathrm{P}(A^C \cup B^C) = \mathrm{P}((A \cap B)^C) = 1 - \mathrm{P}(A \cap B)$

설명 표본공간 S의 사건 A와 그 여사건 A^C는 서로 배반사건이므로 확률의 덧셈정리에 의하여
$$\mathrm{P}(A \cup A^C) = \mathrm{P}(A) + \mathrm{P}(A^C)$$
이때 $\mathrm{P}(A \cup A^C) = \mathrm{P}(S) = 1$이므로
$$\mathrm{P}(A) + \mathrm{P}(A^C) = 1 \quad \therefore \mathrm{P}(A^C) = 1 - \mathrm{P}(A) \rightarrow \mathrm{P}(A) = 1 - \mathrm{P}(A^C)$$

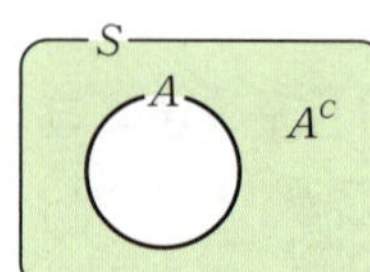

보기▶ 사건 A에 대하여 $\mathrm{P}(A) = \dfrac{2}{3}$이면
$$\mathrm{P}(A^C) = 1 - \mathrm{P}(A) = 1 - \frac{2}{3} = \frac{1}{3}$$

154 두 사건 A, B에 대하여 다음을 구하시오.

(1) $P(A) = \dfrac{2}{3}$, $P(B) = \dfrac{1}{4}$, $P(A \cap B) = \dfrac{1}{12}$일 때, $P(A \cup B)$

(2) $P(A) = 0.2$, $P(B) = 0.5$, $P(A \cup B) = 0.6$일 때, $P(A \cap B)$

155 한 개의 주사위를 던질 때, 짝수의 눈이 나오는 사건을 A, 4의 약수의 눈이 나오는 사건을 B라 하자. 다음을 구하시오.

(1) $P(A)$ (2) $P(B)$

(3) $P(A \cap B)$ (4) $P(A \cup B)$

156 두 사건 A, B에 대하여 다음을 구하시오.

(1) $P(A) = \dfrac{3}{8}$일 때, $P(A^c)$

(2) $P(A \cap B) = \dfrac{2}{5}$일 때, $P(A^c \cup B^c)$

157 1부터 30까지의 자연수가 각각 하나씩 적힌 30개의 공이 들어 있는 상자에서 임의로 한 개의 공을 꺼낼 때, 다음을 구하시오.

(1) 꺼낸 공에 적힌 수가 6의 배수일 확률

(2) 꺼낸 공에 적힌 수가 6의 배수가 아닐 확률

필수 08 확률의 계산

두 사건 A, B에 대하여 다음을 구하시오.

(1) $P(A)=\dfrac{1}{2}$, $P(B)=\dfrac{5}{12}$, $P(A^c \cap B^c)=\dfrac{1}{3}$일 때, $P(A \cap B)$

(2) A와 B는 서로 배반사건이고 $P(A^c)=\dfrac{3}{4}$, $P(A \cup B)=\dfrac{7}{12}$일 때, $P(B^c)$

설명 (2) A, B가 서로 배반사건이면 $P(A \cap B)=0$이다.

풀이 (1) $P(A^c \cap B^c)=P((A \cup B)^c)=1-P(A \cup B)=\dfrac{1}{3}$이므로

$$P(A \cup B)=\dfrac{2}{3}$$

$P(A \cup B)=P(A)+P(B)-P(A \cap B)$에서

$$\dfrac{2}{3}=\dfrac{1}{2}+\dfrac{5}{12}-P(A \cap B) \qquad \therefore P(A \cap B)=\dfrac{1}{4}$$

(2) $P(A)=1-P(A^c)=1-\dfrac{3}{4}=\dfrac{1}{4}$

$P(A \cup B)=P(A)+P(B)$이므로 $\qquad \dfrac{7}{12}=\dfrac{1}{4}+P(B) \qquad \therefore P(B)=\dfrac{1}{3}$

$$\therefore P(B^c)=1-P(B)=1-\dfrac{1}{3}=\dfrac{2}{3}$$

KEY Point

• 두 사건 A, B에 대하여
① $P(A \cup B)=P(A)+P(B)-P(A \cap B)$
② $P(A^c)=1-P(A)$

● 정답 및 풀이 **31**쪽

158 두 사건 A, B에 대하여 $P(A)=\dfrac{1}{4}$, $P(B^c)=\dfrac{2}{3}$, $P(A \cup B)=\dfrac{1}{2}$일 때, $P(A \cap B)$를 구하시오.

159 두 사건 A, B에 대하여 $P(A^c \cup B^c)=\dfrac{5}{6}$, $P(A \cap B^c)=\dfrac{1}{2}$일 때, $P(A^c)$를 구하시오.

필수 09 **확률의 덧셈정리; 배반사건이 아닌 경우**

1부터 50까지의 자연수가 각각 하나씩 적힌 50장의 카드 중에서 임의로 한 장의 카드를 뽑을 때, 카드에 적힌 수가 3의 배수이거나 4의 배수일 확률을 구하시오.

풀이 카드에 적힌 수가 3의 배수인 사건을 A, 4의 배수인 사건을 B라 하면 $A \cap B$는 12의 배수인 사건이므로

$$P(A) = \frac{16}{50} = \frac{8}{25}, \ P(B) = \frac{12}{50} = \frac{6}{25}, \ P(A \cap B) = \frac{4}{50} = \frac{2}{25}$$

따라서 구하는 확률은

$$P(A \cup B) = P(A) + P(B) - P(A \cap B)$$
$$= \frac{8}{25} + \frac{6}{25} - \frac{2}{25} = \frac{12}{25}$$

- 두 사건 A, B에 대하여

  $$P(A \cup B) = P(A) + P(B) - P(A \cap B)$$

● 정답 및 풀이 **31**쪽

160 어느 대학교 학생들의 통학 방법을 조사하였더니 버스를 이용하는 학생이 전체의 40 %, 지하철을 이용하는 학생이 전체의 25 %, 버스와 지하철을 모두 이용하는 학생이 전체의 15 %이었다. 이 대학교 학생 중에서 임의로 한 명을 택할 때, 그 학생이 버스 또는 지하철을 이용하는 학생일 확률을 구하시오.

161 문자 A, B, C, D, E, F, G가 각각 하나씩 적힌 7장의 카드가 들어 있는 상자에서 임의로 3장의 카드를 동시에 뽑을 때, A 또는 G가 적힌 카드를 뽑을 확률을 구하시오.

162 두 집합 $X = \{0, 1, 2\}$, $Y = \{1, 2, 3, 4\}$에 대하여 X에서 Y로의 함수 f를 만들 때, $f(1) = 1$이거나 $f(2) = 4$일 확률을 구하시오.

 **10** **확률의 덧셈정리; 배반사건인 경우**

흰 공 4개와 빨간 공 3개가 들어 있는 주머니에서 임의로 2개의 공을 동시에 꺼낼 때, 2개의 공이 같은 색일 확률을 구하시오.

설명 꺼낸 2개의 공이 모두 흰 공인 사건을 A, 모두 빨간 공인 사건을 B라 하면 두 사건 A, B는 동시에 일어나지 않으므로 서로 배반사건이다.

풀이 꺼낸 2개의 공이 모두 흰 공인 사건을 A, 모두 빨간 공인 사건을 B라 하면

$$P(A)=\frac{{}_4C_2}{{}_7C_2}=\frac{2}{7}, \ P(B)=\frac{{}_3C_2}{{}_7C_2}=\frac{1}{7}$$

이때 두 사건 A, B는 서로 배반사건이므로 구하는 확률은

$$P(A\cup B)=P(A)+P(B)=\frac{2}{7}+\frac{1}{7}=\frac{3}{7}$$

- **두 사건 A, B가 동시에 일어나지 않을 때, 즉 배반사건일 때**
$$P(A\cup B)=P(A)+P(B)$$

● 정답 및 풀이 **32쪽**

 **163** 서로 다른 두 개의 주사위를 동시에 던질 때, 나오는 두 눈의 수의 합이 5이거나 차가 5일 확률을 구하시오.

164 6개의 문자 A, B, C, D, E, F를 일렬로 나열할 때, A가 맨 앞에 오거나 맨 뒤에 올 확률을 구하시오.

165 딸기 맛 사탕 4개와 포도 맛 사탕 5개가 들어 있는 상자에서 임의로 5개의 사탕을 동시에 꺼낼 때, 딸기 맛 사탕이 포도 맛 사탕보다 많을 확률을 구하시오.

필수 11 **여사건의 확률; '~가 아닌'의 조건이 있는 경우**

1부터 100까지의 자연수가 각각 하나씩 적힌 100장의 카드 중에서 임의로 한 장의 카드를 뽑을 때, 카드에 적힌 수가 4의 배수도 아니고 5의 배수도 아닐 확률을 구하시오.

풀이 카드에 적힌 수가 4의 배수인 사건을 A, 5의 배수인 사건을 B라 하면 카드에 적힌 수가 4의 배수도 아니고 5의 배수도 아닌 사건은 $A^c \cap B^c = (A \cup B)^c$이다.

이때 $P(A) = \dfrac{25}{100} = \dfrac{1}{4}$, $P(B) = \dfrac{20}{100} = \dfrac{1}{5}$, $P(\underline{A \cap B}) = \dfrac{5}{100} = \dfrac{1}{20}$ 이므로

$\qquad\qquad\qquad\qquad\qquad\qquad\qquad\quad$└── 카드에 적힌 수가 20의 배수인 사건

$\qquad P(A \cup B) = P(A) + P(B) - P(A \cap B)$

$\qquad\qquad\qquad\quad = \dfrac{1}{4} + \dfrac{1}{5} - \dfrac{1}{20} = \dfrac{2}{5}$

따라서 구하는 확률은

$\qquad P((A \cup B)^c) = 1 - P(A \cup B) = 1 - \dfrac{2}{5} = \dfrac{3}{5}$

KEY Point

- ● 가 아닌 사건의 여사건은 ● 인 사건이므로

    (● 가 아닐 확률) = 1 - (● 일 확률)

● 정답 및 풀이 **32**쪽

166 A, B를 포함한 5명이 일렬로 설 때, A와 B가 이웃하지 않을 확률을 구하시오.

167 집합 $X = \{3, 4, 5\}$에 대하여 X에서 X로의 함수 중에서 임의로 하나를 택할 때, 이 함수의 치역의 모든 원소의 곱이 짝수일 확률을 구하시오.

168 1부터 50까지의 자연수 중에서 임의로 한 개의 수를 택할 때, 택한 수가 10과 서로소일 확률을 구하시오.

 **12** **여사건의 확률; '적어도'의 조건이 있는 경우**

주머니 속에 5개의 흰 공과 3개의 검은 공이 들어 있다. 이 주머니에서 임의로 2개의 공을 동시에 꺼낼 때, 적어도 1개가 흰 공일 확률을 구하시오.

풀이 적어도 1개가 흰 공인 사건을 A라 하면 A^c는 2개 모두 검은 공인 사건이므로

$$P(A^c)=\frac{_3C_2}{_8C_2}=\frac{3}{28}$$

따라서 구하는 확률은

$$P(A)=1-P(A^c)=1-\frac{3}{28}=\frac{25}{28}$$

● 적어도 한 개가 ● 인 사건의 여사건은 모두 ● 가 아닌 사건이므로

(적어도 한 개가 ● 일 확률)＝1−(모두 ● 가 아닐 확률)

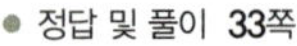● 정답 및 풀이 **33**쪽

 **169** 남자 4명과 여자 6명으로 이루어진 동호회에서 대표 3명을 뽑을 때, 적어도 한 명은 남자일 확률을 구하시오.

170 여학생 3명과 남학생 4명을 일렬로 세울 때, 적어도 한쪽 끝에 여학생을 세울 확률을 구하시오.

171 n개의 당첨 제비가 포함된 20개의 제비 중에서 임의로 2개의 제비를 동시에 뽑을 때, 적어도 1개가 당첨 제비일 확률은 $\frac{7}{19}$이다. 이때 n의 값을 구하시오.

 필수 **13**   여사건의 확률; '~ 이상'의 조건이 있는 경우

서로 다른 두 개의 주사위를 동시에 던질 때, 나오는 두 눈의 수의 합이 5 이상일 확률을 구하시오.

풀이   서로 다른 두 개의 주사위를 동시에 던질 때 나오는 모든 경우의 수는

$$6 \times 6 = 36$$

이때 두 눈의 수의 합이 5 이상인 사건을 A라 하면 A^c는 두 눈의 수의 합이 2 또는 3 또는 4인 사건이므로

$$A^c = \{(1, 1), (1, 2), (2, 1), (1, 3), (2, 2), (3, 1)\}$$

$$\therefore \mathrm{P}(A^c) = \frac{6}{36} = \frac{1}{6}$$

따라서 구하는 확률은

$$\mathrm{P}(A) = 1 - \mathrm{P}(A^c) = 1 - \frac{1}{6} = \frac{5}{6}$$

 **KEY Point**

- ● 이상인 사건의 여사건은 ● 미만인 사건이므로

  (● 이상일 확률) = 1 − (● 미만일 확률)

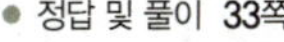 ● 정답 및 풀이 **33**쪽

 확인 체크

172 초코 우유 8개와 딸기 우유 4개가 진열된 매대에서 임의로 3개의 우유를 동시에 택할 때, 딸기 우유가 2개 이하일 확률을 구하시오.

173 빨간 공 6개와 파란 공 4개가 들어 있는 주머니에서 임의로 4개의 공을 동시에 꺼낼 때, 빨간 공이 2개 이상일 확률을 구하시오.

174 5개의 숫자 1, 2, 3, 4, 5 중에서 서로 다른 4개의 숫자를 이용하여 네 자리 자연수를 만들 때, 이 자연수가 4500 이하일 확률을 구하시오.

STEP 1

175 두 사건 A, B가 서로 배반사건이고
$$\mathrm{P}(A\cup B)=\frac{2}{3},\ \frac{1}{5}\leq\mathrm{P}(A)\leq\frac{3}{5}$$
일 때, $\mathrm{P}(B)$의 최솟값을 구하시오.

176 한 개의 주사위를 두 번 던져서 나오는 두 눈의 수의 합을 a라 할 때, a와 12가 서로소일 확률을 구하시오.

177 부모님을 포함한 6명의 가족을 일렬로 세울 때, 부모님 사이에 적어도 한 명을 세울 확률을 구하시오.

178 남자 6명과 여자 5명 중에서 임의로 4명을 뽑을 때, 남녀를 적어도 한 명씩 뽑을 확률을 구하시오.

STEP 2

평가원 기출

179 두 사건 A, B에 대하여 A와 B^C은 서로 배반사건이고
$$\mathrm{P}(A\cap B)=\frac{1}{5},\ \mathrm{P}(A)+\mathrm{P}(B)=\frac{7}{10}$$
일 때, $\mathrm{P}(A^C\cap B)$의 값은? (단, A^C은 A의 여사건이다.)

① $\dfrac{1}{10}$ ② $\dfrac{1}{5}$ ③ $\dfrac{3}{10}$ ④ $\dfrac{2}{5}$ ⑤ $\dfrac{1}{2}$

180 A, B를 포함한 7명의 학생이 임의로 순서를 정하여 차례로 한 번씩 발표할 때, A가 B보다 먼저 발표하거나 A와 B 사이에 한 명의 학생이 발표할 확률을 구하시오.

두 사건 A, B가 배반사건이면
$$\mathrm{P}(A\cup B)=\mathrm{P}(A)+\mathrm{P}(B)$$

서로소
⇨ 1 이외의 공약수를 갖지 않는 두 자연수

$A\cap B^C=\varnothing$
$\Longleftrightarrow A\subset B$

181 문자 a, b, c, d 중에서 중복을 허락하여 4개를 택해 일렬로 나열하여 만들 수 있는 모든 문자열 중에서 임의로 하나를 선택할 때, 문자 a가 한 개만 포함되거나 문자 b가 한 개만 포함된 문자열이 선택될 확률은?

① $\dfrac{5}{8}$ ② $\dfrac{41}{64}$ ③ $\dfrac{21}{32}$ ④ $\dfrac{43}{64}$ ⑤ $\dfrac{11}{16}$

182 1부터 7까지의 자연수 중에서 임의로 서로 다른 4개의 수를 택할 때, 택한 4개의 수의 곱을 a, 택하지 않은 3개의 수의 곱을 b라 하자. 이때 a와 b가 모두 짝수일 확률을 구하시오.

생각해 봅시다!

a와 b가 모두 짝수이려면 택한 4개의 수와 택하지 않은 3개의 수에 각각 짝수가 존재해야 한다.

183 집합 $S=\{1, 2, 3, 4, 5, 6\}$의 부분집합 중에서 임의로 하나의 집합을 택할 때, 이 집합의 모든 원소의 합이 4 이상일 확률을 구하시오.
(단, 공집합의 모든 원소의 합은 0으로 생각한다.)

실력 UP⁺

184 1부터 11까지의 자연수 중에서 임의로 서로 다른 3개의 수를 택할 때, 택한 3개의 수의 곱은 5의 배수이고 합은 3의 배수일 확률을 구하시오.

185 방정식 $x+y+z=10$을 만족시키는 음이 아닌 정수 x, y, z의 모든 순서쌍 (x, y, z) 중에서 임의로 한 개를 택할 때, 택한 순서쌍 (x, y, z)가 $(x-y)(y-z)(z-x) \neq 0$을 만족시킬 확률을 구하시오.

$(x-y)(y-z)(z-x) \neq 0$ 인 사건의 여사건은 $(x-y)(y-z)(z-x) = 0$ 인 사건이다.

좋은 성과를 얻으려면

한 걸음 한 걸음이

힘차고 충실하지 않으면 안 된다.

– 단테 –

Ⅱ 확률

1 확률의 뜻과 활용

2 조건부확률

이 단원에서는

조건부확률을 이해하고 이를 이용하여 확률의 곱셈정리를 학습합니다. 또 두 사건의 독립과 종속의 개념을 이해하고 독립인 시행을 반복할 때, 특정 사건이 n번 일어날 확률을 구해 봅니다.

01 조건부확률

1 조건부확률 🔗 필수 01, 02, 05

> (1) 표본공간 S의 두 사건 A, B에 대하여 확률이 0이 아닌 **사건 A가 일어났다고 가정할 때 사건 B가 일어날 확률**을 사건 A가 일어났을 때의 사건 B의 **조건부확률**이라 하고, 기호로
>
> $$P(B|A)$$
>
> 와 같이 나타낸다.
>
> (2) 사건 A가 일어났을 때의 사건 B의 조건부확률은
>
> $$P(B|A) = \frac{P(A \cap B)}{P(A)} \ \ (\text{단, } P(A) > 0)$$

▶ 사건 B가 일어났을 때의 사건 A의 조건부확률은 $P(A|B) = \dfrac{P(A \cap B)}{P(B)}$ ($P(B) > 0$)이고, 일반적으로 $P(B|A) \neq P(A|B)$이다.

설명 각 근원사건이 일어날 가능성이 모두 같은 정도로 기대되는 표본공간 S의 두 사건 A, B에 대하여 사건 A가 일어났을 때의 사건 B의 조건부확률은

$$P(B|A) = \frac{n(A \cap B)}{n(A)}$$

이다. 이때 우변의 분자와 분모를 각각 $n(S)$로 나누면

$$P(B|A) = \frac{\dfrac{n(A \cap B)}{n(S)}}{\dfrac{n(A)}{n(S)}} = \frac{P(A \cap B)}{P(A)}$$

가 성립한다.

오른쪽 표는 어느 비행기의 탑승객 100명의 국적을 조사하여 나타낸 것이다. 이 비행기의 탑승객 중에서 임의로 뽑은 한 명이 한국인일 때, 이 탑승객이 남자일 확률을 구해 보자.

탑승객 100명 중 임의로 한 명을 뽑는 사건을 S, 한국인을 뽑는 사건을 A, 남자를 뽑는 사건을 B라 하면

$$n(S) = 100, \ n(A) = 65, \ n(A \cap B) = 40$$

(단위: 명)

	남자(B)	여자(B^c)	합계
한국인(A)	40	25	65
외국인(A^c)	15	20	35
합계	55	45	100

이때 뽑힌 한 명의 탑승객이 한국인일 때, 이 탑승객이 남자일 확률은 $P(B|A)$이고, 이것은 한국인 중 남자의 비율과 같으므로

$$P(B|A) = \frac{n(A \cap B)}{n(A)} = \frac{40}{65} = \frac{8}{13} \quad \cdots\cdots \ \text{㉠}$$

또 $P(A) = \dfrac{n(A)}{n(S)} = \dfrac{65}{100} = \dfrac{13}{20}$, $P(A \cap B) = \dfrac{n(A \cap B)}{n(S)} = \dfrac{40}{100} = \dfrac{2}{5}$ 이므로

$$\frac{P(A \cap B)}{P(A)} = \frac{\dfrac{2}{5}}{\dfrac{13}{20}} = \frac{8}{13} \quad \cdots\cdots \ \text{㉡}$$

따라서 ㉠, ㉡에서 $P(B|A) = \dfrac{P(A \cap B)}{P(A)}$임을 알 수 있다.

보기 ▶ 두 사건 A, B에 대하여 $\mathrm{P}(A)=0.4$, $\mathrm{P}(B)=0.5$, $\mathrm{P}(A\cap B)=0.2$일 때

$$\mathrm{P}(B|A)=\frac{\mathrm{P}(A\cap B)}{\mathrm{P}(A)}=\frac{0.2}{0.4}=0.5,$$

$$\mathrm{P}(A|B)=\frac{\mathrm{P}(A\cap B)}{\mathrm{P}(B)}=\frac{0.2}{0.5}=0.4$$

참고 $\mathbf{P}(A\cap B)$**와** $\mathbf{P}(B|A)$**의 비교**

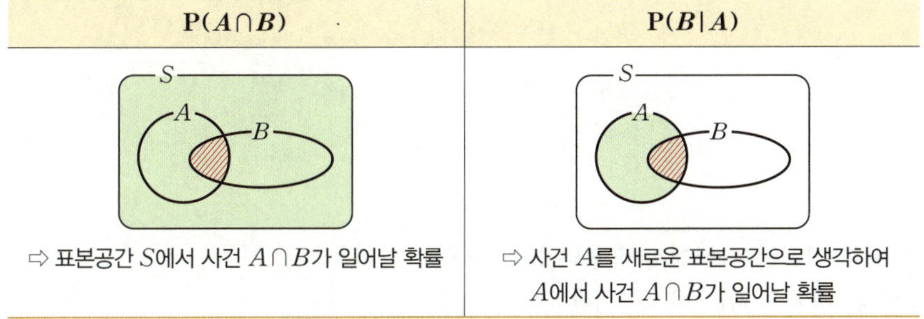

$\mathbf{P}(A\cap B)$	$\mathbf{P}(B|A)$
⇨ 표본공간 S에서 사건 $A\cap B$가 일어날 확률	⇨ 사건 A를 새로운 표본공간으로 생각하여 A에서 사건 $A\cap B$가 일어날 확률

2 확률의 곱셈정리   ☜ 필수 03~05

> 두 사건 A, B에 대하여 $\mathrm{P}(A)>0$, $\mathrm{P}(B)>0$일 때, A, B가 동시에 일어날 확률은
>
> $$\mathbf{P}(A\cap B)=\mathbf{P}(A)\mathbf{P}(B|A)=\mathbf{P}(B)\mathbf{P}(A|B)$$

증명   두 사건 A, B에 대하여 $\mathrm{P}(A)>0$일 때,

$$\mathrm{P}(B|A)=\frac{\mathrm{P}(A\cap B)}{\mathrm{P}(A)}$$

이므로 양변에 $\mathrm{P}(A)$를 곱하면

$$\mathrm{P}(A\cap B)=\mathrm{P}(A)\mathrm{P}(B|A)$$

가 성립한다. 마찬가지로 $\mathrm{P}(B)>0$일 때,

$$\mathrm{P}(A|B)=\frac{\mathrm{P}(A\cap B)}{\mathrm{P}(B)}$$

이므로 양변에 $\mathrm{P}(B)$를 곱하면

$$\mathrm{P}(A\cap B)=\mathrm{P}(B)\mathrm{P}(A|B)$$

가 성립한다. 이를 **확률의 곱셈정리**라 한다.

보기 ▶ 두 사건 A, B에 대하여 $\mathrm{P}(A)=0.7$, $\mathrm{P}(B|A)=0.4$일 때

$$\mathrm{P}(A\cap B)=\mathrm{P}(A)\mathrm{P}(B|A)=0.7\times0.4=0.28$$

 **알아둡시다!**

$$P(B|A)=\frac{P(A\cap B)}{P(A)}$$
$$P(A|B)=\frac{P(A\cap B)}{P(B)}$$

186 두 사건 A, B에 대하여 $P(A)=\dfrac{1}{2}$, $P(B)=\dfrac{2}{5}$, $P(A\cap B)=\dfrac{1}{10}$
일 때, 다음을 구하시오.

(1) $P(B|A)$ (2) $P(A|B)$

187 한 개의 주사위를 던지는 시행에서 짝수의 눈이 나오는 사건을 A, 소
수의 눈이 나오는 사건을 B라 할 때, 다음을 구하시오.

(1) $P(A)$ (2) $P(A\cap B)$ (3) $P(B|A)$

188 두 사건 A, B에 대하여 $P(A)=0.2$, $P(B)=0.6$, $P(B|A)=0.3$
일 때, 다음을 구하시오.

(1) $P(A\cap B)$ (2) $P(A|B)$

$P(A\cap B)$
$=P(A)P(B|A)$
$=P(B)P(A|B)$

189 3개의 당첨 제비를 포함하여 10개의 제비가 들어 있는 상자에서 제비
를 임의로 한 개씩 2번 뽑을 때, 첫 번째에 당첨 제비를 뽑는 사건을
A, 두 번째에 당첨 제비를 뽑는 사건을 B라 하자. 다음을 구하시오.
(단, 뽑은 제비는 다시 넣지 않는다.)

(1) $P(A)$ (2) $P(B|A)$ (3) $P(A\cap B)$

필수 **01**　조건부확률의 계산

두 사건 A, B에 대하여 다음을 구하시오.

(1) $P(A)=0.2$, $P(B)=0.4$, $P(A^c \cap B^c)=0.5$일 때, $P(A|B)$

(2) $P(A)=\dfrac{2}{5}$, $P(B)=\dfrac{1}{2}$, $P(B|A)=\dfrac{3}{4}$일 때, $P(A^c \cap B^c)$

풀이

(1) $P(A^c \cap B^c)=P((A \cup B)^c)=1-P(A \cup B)=0.5$이므로

$$P(A \cup B)=0.5$$

이때 $P(A \cup B)=P(A)+P(B)-P(A \cap B)$이므로

$$0.5=0.2+0.4-P(A \cap B) \qquad \therefore P(A \cap B)=0.1$$

$$\therefore P(A|B)=\frac{P(A \cap B)}{P(B)}=\frac{0.1}{0.4}=\mathbf{0.25}$$

(2) $P(B|A)=\dfrac{P(A \cap B)}{P(A)}$에서 $\qquad \dfrac{3}{4}=\dfrac{P(A \cap B)}{\dfrac{2}{5}} \qquad \therefore P(A \cap B)=\dfrac{3}{10}$

따라서 $P(A \cup B)=P(A)+P(B)-P(A \cap B)=\dfrac{2}{5}+\dfrac{1}{2}-\dfrac{3}{10}=\dfrac{3}{5}$이므로

$$P(A^c \cap B^c)=P((A \cup B)^c)=1-P(A \cup B)=1-\frac{3}{5}=\mathbf{\frac{2}{5}}$$

KEY Point

● 조건부확률 $P(B|A)$는 다음과 같은 순서로 구한다.

(ⅰ) 확률의 덧셈정리와 여사건의 확률을 이용하여 $P(A)$, $P(A \cap B)$를 구한다.

(ⅱ) $P(B|A)=\dfrac{P(A \cap B)}{P(A)}$에 대입한다.

● 정답 및 풀이 **37**쪽

190 두 사건 A, B에 대하여 $P(A)=\dfrac{3}{8}$, $P(B)=\dfrac{1}{2}$, $P(A \cap B)=\dfrac{1}{4}$일 때, $P(B^c|A^c)$를 구하시오.

191 두 사건 A, B에 대하여 $P(A)=\dfrac{2}{3}$, $P(A \cap B^c)=\dfrac{1}{4}$일 때, $P(B|A)$를 구하시오.

192 두 사건 A, B에 대하여 $P(A)=\dfrac{1}{3}$, $P(A|B)=\dfrac{1}{4}$, $P(A^c \cap B^c)=\dfrac{1}{6}$일 때, $P(B)$를 구하시오.

 조건부확률

오른쪽 표는 어느 고등학교의 A 반과 B 반의 학생 50명을 대상으로 안경의 착용 여부를 조사하여 나타낸 것이다. 이 학생들 중에서 임의로 뽑은 한 명이 안경을 쓴 학생이었을 때, 그 학생이 A 반의 학생일 확률을 구하시오.

(단위: 명)

	A 반	B 반	합계
안경 씀	16	4	20
안경 안 씀	9	21	30
합계	25	25	50

풀이   안경을 쓴 학생을 뽑는 사건을 A, A 반의 학생을 뽑는 사건을 B라 하면

$$P(A) = \frac{20}{50} = \frac{2}{5}, \quad P(A \cap B) = \frac{16}{50} = \frac{8}{25}$$

따라서 구하는 확률은 $P(B|A) = \dfrac{P(A \cap B)}{P(A)} = \dfrac{\frac{8}{25}}{\frac{2}{5}} = \dfrac{4}{5}$

다른 풀이   구하는 확률은 안경을 쓴 전체 학생 중에서 한 명을 뽑을 때, A 반 학생일 확률과 같으므로

$$P(B|A) = \frac{n(A \cap B)}{n(A)} = \frac{16}{20} = \frac{4}{5}$$

● 정답 및 풀이 **38**쪽

 **193** 어느 고등학교 학생들의 혈액형을 조사하였더니 A형인 학생이 전체의 30 %이었고, A형인 남학생은 전체의 18 %이었다. 이 고등학교의 학생 중에서 임의로 뽑은 한 명이 A형이었을 때, 그 학생이 남학생일 확률을 구하시오.

194 A, B를 포함한 6명 중에서 임의로 3명의 대표를 뽑는다고 하자. A가 대표로 뽑혔을 때, B도 대표로 뽑혔을 확률을 구하시오.

195 오른쪽 표는 어느 소극장에서 관객들을 대상으로 A 공연과 B 공연의 선호도를 조사하여 나타낸 것이다. 조사에 참여한 관객 중에서 임의로 뽑은 한 명이 여자였을 때, 이 관객이 A 공연을 선호할 확률은 $\dfrac{1}{6}$이다. 이때 x의 값을 구하시오.

(단위: 명)

	남자	여자
A 공연	5	x
B 공연	20	10

(단, 조사에 참여한 관객은 두 공연 중 하나를 선택하였다.)

필수 **03** 확률의 곱셈정리 ; $\mathrm{P}(A \cap B) = \mathrm{P}(A)\mathrm{P}(B|A)$

흰 공 6개와 검은 공 4개가 들어 있는 주머니에서 임의로 공을 한 개씩 두 번 꺼낼 때, 두 번 모두 흰 공을 꺼낼 확률을 구하시오. (단, 꺼낸 공은 다시 넣지 않는다.)

풀이 첫 번째에 흰 공을 꺼내는 사건을 A, 두 번째에 흰 공을 꺼내는 사건을 B라 하면

$$\mathrm{P}(A) = \frac{6}{10} = \frac{3}{5}, \ \mathrm{P}(B|A) = \frac{5}{9}$$

첫 번째에 흰 공을 꺼냈을 때, 두 번째에도 흰 공을 꺼낼 확률

따라서 구하는 확률은

$$\mathrm{P}(A \cap B) = \mathrm{P}(A)\mathrm{P}(B|A) = \frac{3}{5} \times \frac{5}{9} = \frac{1}{3}$$

KEY Point

- 두 사건 A, B에 대하여

  (A, B가 모두 일어날 확률) = (A가 일어날 확률) × (A가 일어났을 때, B가 일어날 확률)

● 정답 및 풀이 **38**쪽

196 상자 A에는 사과 3개와 귤 2개가 들어 있고, 상자 B에는 사과 2개와 귤 4개가 들어 있다. 두 상자 중에서 임의로 하나를 택하여 과일 1개를 꺼낼 때, 그 과일이 상자 B에 들어 있는 사과일 확률을 구하시오.

197 뒷면에 ○ 표시가 되어 있는 카드 6장과 뒷면에 × 표시가 되어 있는 카드 3장을 앞면이 보이도록 놓았다. 두 사람 A, B가 차례대로 서로 다른 카드를 임의로 한 장씩 뒤집을 때, A는 ○ 표시가 되어 있는 카드를 뒤집고, B는 × 표시가 되어 있는 카드를 뒤집을 확률을 구하시오.

필수 04　확률의 곱셈정리; $P(E) = P(A \cap E) + P(A^c \cap E)$

어느 극장에서 공연을 하는데 비가 오는 날 공연이 매진될 확률은 $\dfrac{1}{2}$ 이고, 비가 오지 않은 날 공연이 매진될 확률은 $\dfrac{2}{3}$ 라 한다. 내일 비가 올 확률이 40 %일 때, 내일 공연이 매진될 확률을 구하시오.

풀이　내일 비가 오는 사건을 A, 내일 공연이 매진되는 사건을 E라 하면 내일 비가 오지 않는 사건은 A^c 이다.

(ⅰ) $P(A) = \dfrac{40}{100} = \dfrac{2}{5}$, $P(E|A) = \dfrac{1}{2}$ 이므로 내일 비가 오고 공연이 매진될 확률은

$$P(A \cap E) = P(A)P(E|A) = \dfrac{2}{5} \times \dfrac{1}{2} = \dfrac{1}{5}$$

(ⅱ) $P(A^c) = 1 - \dfrac{2}{5} = \dfrac{3}{5}$, $P(E|A^c) = \dfrac{2}{3}$ 이므로 내일 비가 오지 않고 공연이 매진될 확률은

$$P(A^c \cap E) = P(A^c)P(E|A^c) = \dfrac{3}{5} \times \dfrac{2}{3} = \dfrac{2}{5}$$

(ⅰ), (ⅱ)에서 구하는 확률은

$$P(E) = P(A \cap E) + P(A^c \cap E) = \dfrac{1}{5} + \dfrac{2}{5} = \dfrac{3}{5}$$

참고　$E = (A \cap E) \cup (A^c \cap E)$ 이고 $A \cap E$와 $A^c \cap E$는 서로 배반사건이므로 확률의 덧셈정리에 의하여
$$P(E) = P(A \cap E) + P(A^c \cap E)$$

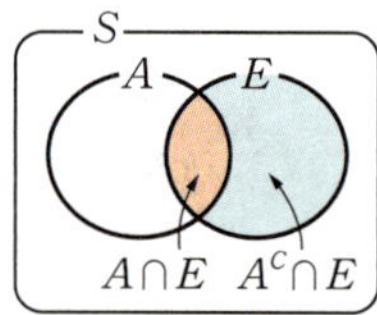

KEY Point

• 두 사건 A, E에 대하여
$$P(E) = P(A \cap E) + P(A^c \cap E) = P(A)P(E|A) + P(A^c)P(E|A^c)$$

● 정답 및 풀이 **38쪽**

198　흰 공 5개와 검은 공 10개가 들어 있는 주머니에서 두 사람 A, B가 차례대로 공을 임의로 한 개씩 꺼낼 때, B가 흰 공을 꺼낼 확률을 구하시오. (단, 꺼낸 공은 다시 넣지 않는다.)

199　어느 고등학교의 A 반과 B 반의 학생 수의 비가 6 : 5이고 A 반 학생의 10 %와 B 반 학생의 20 %가 축구 대회에 참가하였다. 두 반의 학생 중 임의로 한 명을 뽑을 때, 그 학생이 축구 대회에 참가했을 확률을 구하시오.

필수 **05** 확률의 곱셈정리와 조건부확률

상자 A에는 흰 공 2개와 검은 공 4개가 들어 있고, 상자 B에는 흰 공 3개와 검은 공 2개가 들어 있다. 한 상자를 임의로 택하여 2개의 공을 동시에 꺼냈더니 흰 공 1개와 검은 공 1개가 나왔을 때, 택한 상자가 상자 A일 확률을 구하시오.

풀이 상자 A를 택하는 사건을 A, 상자 B를 택하는 사건을 B, 흰 공 1개와 검은 공 1개를 꺼내는 사건을 E라 하자.

(i) 상자 A에서 흰 공 1개와 검은 공 1개를 꺼낼 확률은

$$P(A\cap E)=P(A)P(E|A)=\frac{1}{2}\times\frac{{}_2C_1\times{}_4C_1}{{}_6C_2}=\frac{4}{15}$$

(ii) 상자 B에서 흰 공 1개와 검은 공 1개를 꺼낼 확률은

$$P(B\cap E)=P(B)P(E|B)=\frac{1}{2}\times\frac{{}_3C_1\times{}_2C_1}{{}_5C_2}=\frac{3}{10}$$

(i), (ii)에서 $P(E)=P(A\cap E)+P(B\cap E)=\dfrac{4}{15}+\dfrac{3}{10}=\dfrac{17}{30}$

따라서 구하는 확률은

$$P(A|E)=\frac{P(A\cap E)}{P(E)}=\frac{\dfrac{4}{15}}{\dfrac{17}{30}}=\frac{8}{17}$$

KEY Point

• 사건 E가 일어났을 때의 사건 A의 조건부확률

$$\Rightarrow P(A|E)=\frac{P(A\cap E)}{P(E)}=\frac{P(A\cap E)}{P(A\cap E)+P(A^c\cap E)}$$

● 정답 및 풀이 **39**쪽

200 어느 공장에서 생산되는 전체 제품 중 40 %는 A 기계, 60 %는 B 기계에서 생산되는데 두 기계 A, B에서 불량품이 나올 확률은 각각 5 %, 3 %라 한다. 이 공장에서 생산된 제품 중 임의로 한 개의 제품을 택하였더니 불량품이었을 때, 그 제품이 B 기계에서 생산되었을 확률을 구하시오.

201 주머니 A에는 빨간 구슬 2개와 파란 구슬 3개가 들어 있고, 주머니 B에는 빨간 구슬 3개와 파란 구슬 3개가 들어 있다. 한 개의 주사위를 던져서 나온 눈의 수가 4 이하이면 주머니 A에서 임의로 한 개의 구슬을 꺼내고 5 이상이면 주머니 B에서 임의로 한 개의 구슬을 꺼내는 시행을 하여 빨간 구슬을 꺼냈을 때, 이 구슬이 주머니 A에서 나왔을 확률을 구하시오.

202 두 사건 A, B에 대하여 $P(A)=0.3$, $P(B)=0.2$, $P(A\cup B)=0.4$ 일 때, $P(A|B^C)$를 구하시오.

$$P(A)=P(A\cap B)+P(A\cap B^C)$$

203 두 사건 A, B가 서로 배반사건이고 $P(A)=\dfrac{1}{4}$, $P(B)=\dfrac{1}{3}$일 때, $P(B|A^C)$를 구하시오.

$A\cap B=\varnothing$이면 $B\subset A^C$

평가원 기출

204 어느 동아리의 학생 20명을 대상으로 진로활동 A와 진로활동 B에 대한 선호도를 조사하였다. 이 조사에 참여한 학생은 진로활동 A와 진로활동 B 중 하나를 선택하였고, 각각의 진로활동을 선택한 학생 수는 다음과 같다.

(단위: 명)

구분	진로활동 A	진로활동 B	합계
1학년	7	5	12
2학년	4	4	8
합계	11	9	20

이 조사에 참여한 학생 20명 중에서 임의로 선택한 한 명이 진로활동 B를 선택한 학생일 때, 이 학생이 1학년일 확률은?

① $\dfrac{1}{2}$　　② $\dfrac{5}{9}$　　③ $\dfrac{3}{5}$　　④ $\dfrac{7}{11}$　　⑤ $\dfrac{2}{3}$

평가원 기출

205 한 개의 주사위를 두 번 던질 때 나오는 눈의 수를 차례로 a, b라 하자. $a\times b$가 4의 배수일 때, $a+b\leq 7$일 확률은?

① $\dfrac{2}{5}$　　② $\dfrac{7}{15}$　　③ $\dfrac{8}{15}$　　④ $\dfrac{3}{5}$　　⑤ $\dfrac{2}{3}$

$a\times b$가 4의 배수이려면 a, b가 모두 짝수이거나 a 또는 b가 4이어야 한다.

206 뒷면에 1부터 12까지의 자연수가 각각 하나씩 적힌 12장의 카드를 앞면이 보이도록 놓았다. 이 카드 중에서 임의로 한 장씩 두 번 카드를 뒤집을 때, 두 번 모두 3의 배수가 적힌 카드를 뒤집을 확률을 구하시오. (단, 뒤집은 카드는 그대로 둔다.)

207 어느 대학교 신입생의 40 %는 기숙사를 신청하였고 60 %는 기숙사를 신청하지 않았다. 기숙사를 신청한 신입생의 45 %가 남학생이고 기숙사를 신청하지 않은 신입생의 55 %가 남학생이다. 이 대학교의 신입생 중에서 임의로 한 명을 택할 때, 그 학생이 남학생일 확률을 구하시오.

208 ♥가 그려져 있는 카드 4장과 ◆가 그려져 있는 카드 2장이 들어 있는 주머니에서 유리가 임의로 한 장의 카드를 꺼낸 후 수지가 남아 있는 카드 중에서 임의로 한 장을 꺼냈다. 수지가 꺼낸 카드에 ♥가 그려져 있을 때, 유리가 꺼낸 카드에도 ♥가 그려져 있을 확률을 구하시오.

유리가 꺼낸 카드에 따라 경우를 나누어 수지가 ♥가 그려져 있는 카드를 꺼낼 확률을 구해 본다.

STEP 2

209 어느 학급은 남학생 18명, 여학생 16명으로 이루어져 있고, 각 학생은 중국어와 일본어 중 한 과목만 수업을 받는다고 한다. 남학생 중에서 중국어 수업을 받는 학생은 12명이고 여학생 중에서 일본어 수업을 받는 학생은 7명이다. 이 학급에서 임의로 뽑은 한 학생이 중국어 수업을 받는 학생일 때, 그 학생이 여학생일 확률을 구하시오.

210 1등 당첨 제비 1개, 2등 당첨 제비 3개를 포함하여 10개의 제비가 들어 있는 상자에서 임의로 제비 2개를 동시에 뽑았더니 당첨 제비가 나왔을 때, 이 당첨 제비에 2등 당첨 제비가 포함되어 있을 확률을 구하시오.

당첨 제비가 나오는 사건은 당첨 제비를 1개 뽑는 사건과 2개 뽑는 사건의 합사건이다.

211 빨간 구슬 n개와 파란 구슬 4개가 들어 있는 상자에서 임의로 한 개씩 두 번 구슬을 꺼낼 때, 첫 번째에는 빨간 구슬이 나오고 두 번째에는 파란 구슬이 나올 확률이 $\dfrac{1}{5}$이다. 이때 모든 n의 값의 합을 구하시오.
(단, 꺼낸 구슬은 다시 넣지 않는다.)

 연습 문제

212 주머니 A에는 흰 공 3개와 검은 공 5개가 들어 있고, 주머니 B에는 흰 공 4개와 검은 공 4개가 들어 있다. 한 주머니를 임의로 택하여 2개의 공을 동시에 꺼낼 때, 꺼낸 공이 서로 다른 색일 확률을 구하시오.

213 주머니 안에 양면이 모두 빨간색인 카드, 양면이 모두 파란색인 카드, 한 면은 빨간색이고 다른 면은 파란색인 카드가 각각 한 장씩 들어 있다. 이 주머니에서 임의로 한 장의 카드를 꺼내 탁자에 놓았더니 보이는 면이 빨간색이었을 때, 다른 면도 빨간색일 확률을 구하시오.

양면이 다른 색인 카드를 뽑았을 때, 보이는 면이 빨간색일 확률은 $\frac{1}{2}$이다.

실력 UP⁺

214 1부터 10까지의 자연수가 각각 하나씩 적혀 있는 10개의 공이 들어 있는 주머니에서 임의로 3개의 공을 동시에 꺼내어 공에 적혀 있는 수를 작은 것부터 순서대로 a, b, c라 하자. $b-a \geq 5$일 때, $c-a \geq 8$일 확률을 구하시오.

교육청 기출

215 주머니 A에 흰 공 3개, 검은 공 1개가 들어 있고, 주머니 B에도 흰 공 3개, 검은 공 1개가 들어 있다. 한 개의 동전을 사용하여 [실행 1]과 [실행 2]를 순서대로 하려고 한다.

> [실행 1] 한 개의 동전을 던져
> 앞면이 나오면 주머니 A에서 임의로 2개의 공을 꺼내어 주머니 B에 넣고,
> 뒷면이 나오면 주머니 A에서 임의로 3개의 공을 꺼내어 주머니 B에 넣는다.
> [실행 2] 주머니 B에서 임의로 5개의 공을 꺼내어 주머니 A에 넣는다.

[실행 2]가 끝난 후 주머니 B에 흰 공이 남아 있지 않을 때, [실행 1]에서 주머니 B에 넣은 공 중 흰 공이 2개이었을 확률은 $\frac{q}{p}$이다. $p+q$의 값을 구하시오. (단, p와 q는 서로소인 자연수이다.)

[실행 2]가 끝난 후 주머니 B에 흰 공이 남아 있지 않으려면 [실행 1]이 끝난 후 주머니 B에 흰 공이 5개 이하로 들어 있어야 한다.

02 사건의 독립과 종속

❶ 사건의 독립과 종속

(1) 독립

두 사건 A, B에 대하여 사건 A가 일어나는 것이 사건 B가 일어날 확률에 영향을 주지 않을 때, 즉

$$\mathrm{P}(B|A)=\mathrm{P}(B|A^c)=\mathrm{P}(B)$$

일 때, 두 사건 A와 B는 서로 **독립**이라 한다.

(2) 종속

두 사건 A, B가 서로 독립이 아닐 때, 즉

$$\mathrm{P}(B|A)\neq\mathrm{P}(B) \text{ 또는 } \mathrm{P}(B|A)\neq\mathrm{P}(B|A^c)$$

일 때, 두 사건 A와 B는 서로 **종속**이라 한다.

▶ ① $\mathrm{P}(A|B)=\mathrm{P}(A|B^c)=\mathrm{P}(A)$일 때에도 두 사건 A와 B는 서로 독립이다.
② 서로 독립인 두 사건을 독립사건, 서로 종속인 두 사건을 종속사건이라 한다.

설명 흰 공 3개와 검은 공 2개가 들어 있는 주머니에서 임의로 공을 한 개씩 두 번 꺼낼 때, 첫 번째에 꺼낸 공이 흰 공인 사건을 A, 두 번째에 꺼낸 공이 흰 공인 사건을 B라 하자.
이때 첫 번째에 꺼낸 공을 다시 넣는 경우와 다시 넣지 않는 경우를 비교하면 다음과 같다.

(1) 꺼낸 공을 다시 넣는 경우

첫 번째에 꺼낸 공을 다시 넣으므로 두 번째에 흰 공을 꺼낼 확률은 첫 번째에 꺼낸 공의 색깔에 영향을 받지 않는다.
즉 $\mathrm{P}(B|A)=\dfrac{3}{5}$, $\mathrm{P}(B|A^c)=\dfrac{3}{5}$이므로

$$\mathrm{P}(B|A)=\mathrm{P}(B|A^c)=\mathrm{P}(B)$$

따라서 두 사건 A와 B는 서로 독립이다.

(2) 꺼낸 공을 다시 넣지 않는 경우

  또는 

첫 번째에 꺼낸 공을 다시 넣지 않으므로 두 번째에 흰 공을 꺼낼 확률은 첫 번째에 꺼낸 공의 색깔에 영향을 받는다.
즉 $\mathrm{P}(B|A)=\dfrac{2}{4}=\dfrac{1}{2}$, $\mathrm{P}(B|A^c)=\dfrac{3}{4}$이므로

$$\mathrm{P}(B|A)\neq\mathrm{P}(B|A^c)$$

따라서 두 사건 A와 B는 서로 종속이다.

2 **두 사건이 서로 독립일 조건**   필수 06~08

두 사건 A와 B가 서로 독립이기 위한 필요충분조건은
$$\mathbf{P}(A \cap B) = \mathbf{P}(A)\mathbf{P}(B) \ (\text{단, } \mathbf{P}(A) > 0, \ \mathbf{P}(B) > 0)$$

▶ ① 두 사건 A와 B가 서로 종속이기 위한 필요충분조건은 $\mathrm{P}(A \cap B) \neq \mathrm{P}(A)\mathrm{P}(B)$
② 두 사건 A와 B가 서로 독립인지 종속인지 판별할 때에는 독립과 종속의 정의보다 독립이기 위한 필요충분조건을 이용하는 것이 편리하다.

증명 두 사건 A와 B가 서로 독립이면 $\mathrm{P}(B|A) = \mathrm{P}(B)$이므로 확률의 곱셈정리에 의하여
$$\mathrm{P}(A \cap B) = \mathrm{P}(A)\mathrm{P}(B|A) = \mathrm{P}(A)\mathrm{P}(B)$$
가 성립한다.
역으로 $\mathrm{P}(A \cap B) = \mathrm{P}(A)\mathrm{P}(B)$이고, $\mathrm{P}(A) > 0$이면
$$\mathrm{P}(B|A) = \frac{\mathrm{P}(A \cap B)}{\mathrm{P}(A)} = \frac{\mathrm{P}(A)\mathrm{P}(B)}{\mathrm{P}(A)} = \mathrm{P}(B)$$
이므로 두 사건 A와 B는 서로 독립이다.
따라서 두 사건 A와 B가 서로 독립이기 위한 필요충분조건은
$$\mathrm{P}(A \cap B) = \mathrm{P}(A)\mathrm{P}(B)$$
이다.

보기 ▶ (1) 두 사건 A, B에 대하여 $\mathrm{P}(A) = 0.4$, $\mathrm{P}(B) = 0.5$, $\mathrm{P}(A \cap B) = 0.2$일 때
$$\mathrm{P}(A)\mathrm{P}(B) = 0.4 \times 0.5 = 0.2$$
이므로 $\mathrm{P}(A \cap B) = \mathrm{P}(A)\mathrm{P}(B)$
따라서 두 사건 A와 B는 서로 독립이다.

(2) 두 사건 A, B에 대하여 $\mathrm{P}(A) = 0.6$, $\mathrm{P}(B) = 0.4$, $\mathrm{P}(A \cap B) = 0.2$일 때
$$\mathrm{P}(A)\mathrm{P}(B) = 0.6 \times 0.4 = 0.24$$
이므로 $\mathrm{P}(A \cap B) \neq \mathrm{P}(A)\mathrm{P}(B)$
따라서 두 사건 A와 B는 서로 종속이다.

보충 학습 **배반사건과 독립사건의 관계**

$\mathrm{P}(A) > 0$, $\mathrm{P}(B) > 0$인 두 사건 A, B에 대하여

(1) A, B가 서로 배반사건이면 A, B는 서로 종속이다.

(2) A, B가 서로 독립이면 A, B는 서로 배반사건이 아니다.

증명 (1) A, B가 서로 배반사건이면 $\mathrm{P}(A \cap B) = 0$
그런데 $\mathrm{P}(A) > 0$, $\mathrm{P}(B) > 0$이므로 $\mathrm{P}(A)\mathrm{P}(B) > 0$
따라서 $\mathrm{P}(A \cap B) \neq \mathrm{P}(A)\mathrm{P}(B)$이므로 A, B는 서로 종속이다.
(2) 명제 'A, B가 서로 배반사건이면 A, B는 서로 종속이다.'가 참이므로 이 명제의 대우인
'A, B가 서로 독립이면 A, B는 서로 배반사건이 아니다.'
도 참이다.

특강 A와 B^C, A^C와 B, A^C와 B^C의 독립과 종속

1 A와 B가 서로 독립일 때, A와 B^C, A^C와 B, A^C와 B^C의 관계

> 두 사건 A와 B가 서로 독립이면
> $\quad A$와 B^C, A^C와 B, A^C와 B^C
> 도 각각 서로 독립이다. (단, $0<P(A)<1$, $0<P(B)<1$)

증명 두 사건 A와 B가 서로 독립이면
$$P(A\cap B)=P(A)P(B) \text{ (단, } 0<P(A)<1,\ 0<P(B)<1) \quad \cdots\cdots ㉠$$
(1) 두 사건 A, B^C에 대하여
$$\begin{aligned}
P(A\cap B^C)&=P(A-B)\\
&=P(A)-P(A\cap B)\\
&=P(A)-P(A)P(B)\ (\because ㉠)\\
&=P(A)\{1-P(B)\}\\
&=P(A)P(B^C)
\end{aligned}$$
즉 $P(A\cap B^C)=P(A)P(B^C)$이므로 두 사건 A와 B^C는 서로 독립이다.

(2) 두 사건 A^C, B에 대하여
$$\begin{aligned}
P(A^C\cap B)&=P(B-A)\\
&=P(B)-P(A\cap B)\\
&=P(B)-P(A)P(B)\ (\because ㉠)\\
&=P(B)\{1-P(A)\}\\
&=P(A^C)P(B)
\end{aligned}$$
즉 $P(A^C\cap B)=P(A^C)P(B)$이므로 두 사건 A^C와 B는 서로 독립이다.

● 정답 및 풀이 **44**쪽

216 다음은 $0<P(A)<1$, $0<P(B)<1$인 두 사건 A, B가 서로 독립이면 A^C와 B^C도 서로 독립임을 증명하는 과정이다. ㈎, ㈏, ㈐에 알맞은 것을 구하시오.

증명

두 사건 A, B가 서로 독립이므로
$$P(A\cap B)=\boxed{㈎}$$
$$\begin{aligned}
\therefore P(A^C\cap B^C)&=1-\boxed{㈏}\\
&=1-\{P(A)+P(B)-P(A\cap B)\}\\
&=\{1-P(A)\}\{1-\boxed{㈐}\}\\
&=P(A^C)P(B^C)
\end{aligned}$$
따라서 두 사건 A^C와 B^C도 서로 독립이다.

217 두 사건 A, B가 서로 독립이고 $P(A)=\dfrac{1}{3}$, $P(B)=\dfrac{1}{4}$일 때, 다음을 구하시오.

(1) $P(B|A)$ (2) $P(A|B)$

두 사건 A, B가 서로 독립이면
$$P(B|A)=P(B),$$
$$P(A|B)=P(A)$$

218 다음을 만족시키는 두 사건 A, B가 서로 독립인지 종속인지 말하시오.

(1) $P(A)=0.15$, $P(B)=0.4$, $P(A\cap B)=0.06$

(2) $P(A)=0.7$, $P(B)=0.3$, $P(A\cap B)=0.2$

두 사건 A, B가 서로 독립이다.
$$\Longleftrightarrow P(A\cap B)$$
$$=P(A)P(B)$$

219 두 사건 A, B가 서로 독립이고 $P(A)=\dfrac{3}{5}$, $P(B)=\dfrac{1}{6}$일 때, 다음을 구하시오.

(1) $P(B^c|A)$ (2) $P(A^c|B^c)$

(3) $P(A\cap B)$ (4) $P(A\cap B^c)$

두 사건 A와 B가 서로 독립이면
A와 B^c, A^c와 B,
A^c와 B^c
도 각각 서로 독립이다.

220 10점 과녁을 맞힐 확률이 각각 0.6, 0.8인 두 양궁 선수 A, B가 각각 화살을 한 발씩 쏠 때, A, B 모두 10점 과녁을 맞힐 확률을 구하시오.

필수 06   사건의 독립과 종속의 판정

한 개의 주사위를 던질 때, 홀수의 눈이 나오는 사건을 A, 4 이상의 눈이 나오는 사건을 B, 3의 배수의 눈이 나오는 사건을 C라 하자. 서로 독립인 사건만을 보기에서 있는 대로 고르시오.

> **보기**
>
> ㄱ. A와 B ㄴ. A와 C ㄷ. B와 C

풀이 $A=\{1,\ 3,\ 5\},\ B=\{4,\ 5,\ 6\},\ C=\{3,\ 6\}$이므로

$$A\cap B=\{5\},\ A\cap C=\{3\},\ B\cap C=\{6\}$$

ㄱ. $\mathrm{P}(A)=\dfrac{1}{2},\ \mathrm{P}(B)=\dfrac{1}{2},\ \mathrm{P}(A\cap B)=\dfrac{1}{6}$이므로

$$\mathrm{P}(A\cap B)\neq\mathrm{P}(A)\mathrm{P}(B)$$

따라서 두 사건 A와 B는 서로 종속이다.

ㄴ. $\mathrm{P}(A)=\dfrac{1}{2},\ \mathrm{P}(C)=\dfrac{1}{3},\ \mathrm{P}(A\cap C)=\dfrac{1}{6}$이므로

$$\mathrm{P}(A\cap C)=\mathrm{P}(A)\mathrm{P}(C)$$

따라서 두 사건 A와 C는 서로 독립이다.

ㄷ. $\mathrm{P}(B)=\dfrac{1}{2},\ \mathrm{P}(C)=\dfrac{1}{3},\ \mathrm{P}(B\cap C)=\dfrac{1}{6}$이므로

$$\mathrm{P}(B\cap C)=\mathrm{P}(B)\mathrm{P}(C)$$

따라서 두 사건 B와 C는 서로 독립이다.

이상에서 두 사건이 서로 독립인 것은 ㄴ, ㄷ이다.

KEY Point

- 두 사건 A, B에 대하여
  ① $\mathrm{P}(A\cap B)=\mathrm{P}(A)\mathrm{P}(B)$ ⇨ 독립
  ② $\mathrm{P}(A\cap B)\neq\mathrm{P}(A)\mathrm{P}(B)$ ⇨ 종속

● 정답 및 풀이 **44**쪽

221 한 개의 동전을 세 번 던질 때, 첫 번째에 앞면이 나오는 사건을 A, 두 번째에 앞면이 나오는 사건을 B, 앞면이 연속하여 두 번만 나오는 사건을 C라 하자. 서로 독립인 사건만을 보기에서 있는 대로 고르시오.

> **보기**
>
> ㄱ. A와 B ㄴ. A와 C ㄷ. B와 C

 필수 **07** 독립사건의 확률의 계산

두 사건 A, B가 서로 독립이고 $P(A)=\dfrac{1}{3}$, $P(A\cup B)=\dfrac{5}{6}$일 때, $P(B)$를 구하시오.

풀이 두 사건 A, B가 서로 독립이므로

$$P(A\cap B)=P(A)P(B)=\frac{1}{3}P(B)$$

이때 $P(A\cup B)=P(A)+P(B)-P(A\cap B)$이므로

$$\frac{5}{6}=\frac{1}{3}+P(B)-\frac{1}{3}P(B)$$

$$\frac{2}{3}P(B)=\frac{1}{2} \qquad \therefore P(B)=\frac{3}{4}$$

 **KEY Point**

- 두 사건 A, B가 서로 독립이면
$$P(A\cap B)=P(A)P(B)$$

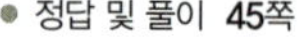
● 정답 및 풀이 **45쪽**

 **확인 체크**

222 두 사건 A, B가 서로 독립이고 $P(A\cap B)=\dfrac{2}{15}$, $P(B^c)=3P(B)$일 때, $P(A)$를 구하시오.

223 두 사건 A, B가 서로 독립이고 $P(A)=\dfrac{3}{10}$, $P(A^c\cap B^c)=\dfrac{2}{5}$일 때, $P(B)$를 구하시오.

224 세 사건 A, B, C에 대하여 A와 B는 서로 배반사건이고 A와 C는 서로 독립이다. $P(A\cup B)=\dfrac{2}{3}$, $P(A\cap C)=\dfrac{1}{4}$, $P(C)=\dfrac{1}{2}$일 때, $P(B)$를 구하시오.

필수 08 독립사건의 확률

어떤 시험에 지우와 서준이가 합격할 확률이 각각 $\dfrac{3}{4}$, $\dfrac{1}{3}$일 때, 다음을 구하시오.

(단, 지우와 서준이가 합격하는 사건은 서로 독립이다.)

(1) 지우와 서준이가 모두 합격할 확률

(2) 지우는 합격하고 서준이는 불합격할 확률

(3) 지우와 서준이 중 적어도 한 명이 합격할 확률

풀이 지우와 서준이가 합격하는 사건을 각각 A, B라 하면 A, B는 서로 독립이다.

(1) 지우와 서준이가 모두 합격할 확률은
$$\mathrm{P}(A\cap B)=\mathrm{P}(A)\mathrm{P}(B)=\dfrac{3}{4}\times\dfrac{1}{3}=\dfrac{1}{4}$$

(2) 지우는 합격하고 서준이는 불합격할 확률은
$$\mathrm{P}(A\cap B^c)=\mathrm{P}(A)\mathrm{P}(B^c)=\dfrac{3}{4}\times\left(1-\dfrac{1}{3}\right)=\dfrac{1}{2}$$

(3) 지우와 서준이 중 적어도 한 명이 합격할 확률은
$$\begin{aligned}\mathrm{P}(A\cup B)&=\mathrm{P}(A)+\mathrm{P}(B)-\mathrm{P}(A\cap B)\\&=\mathrm{P}(A)+\mathrm{P}(B)-\mathrm{P}(A)\mathrm{P}(B)\\&=\dfrac{3}{4}+\dfrac{1}{3}-\dfrac{3}{4}\times\dfrac{1}{3}=\dfrac{5}{6}\end{aligned}$$

다른 풀이 (3) $\begin{aligned}\mathrm{P}(A\cup B)&=1-\mathrm{P}(A^c\cap B^c)\\&=1-\mathrm{P}(A^c)\mathrm{P}(B^c)\\&=1-\left(1-\dfrac{3}{4}\right)\left(1-\dfrac{1}{3}\right)=\dfrac{5}{6}\end{aligned}$

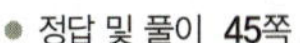

● 정답 및 풀이 **45쪽**

225 어느 마라톤 대회에서 두 참가자 A, B가 완주할 확률이 각각 $\dfrac{1}{5}$, $\dfrac{1}{4}$일 때, 다음을 구하시오.

(1) 두 참가자 중 한 명만 완주할 확률

(2) 두 참가자 중 적어도 한 명이 완주할 확률

226 승부차기를 성공할 확률이 각각 $\dfrac{2}{3}$, p인 두 축구 선수 A, B가 한 번씩 승부차기를 할 때, 두 선수 중 A만 성공할 확률은 $\dfrac{4}{15}$이다. 이때 p의 값을 구하시오.

STEP 1

227 1부터 10까지의 자연수가 각각 하나씩 적힌 10장의 카드 중에서 임의로 한 장을 뽑을 때, 짝수가 적힌 카드가 나오는 사건을 A, 소수가 적힌 카드가 나오는 사건을 B, 10의 약수가 적힌 카드가 나오는 사건을 C라 하자. 옳은 것만을 보기에서 있는 대로 고르시오.

> **보기**
>
> ㄱ. A와 B는 서로 배반사건이다.
> ㄴ. A와 C는 서로 독립이다.
> ㄷ. B와 C는 서로 종속이다.

두 사건 E, F에 대하여 $E \cap F = \varnothing$이면 E, F는 서로 배반사건이다.

228 두 사건 A, B에 대하여 $P(A) = P(A|B)$일 때, 다음 중 옳지 <u>않은</u> 것은? (단, $0 < P(A) < 1$, $0 < P(B) < 1$)

① $P(A|B) = P(A|B^c)$ ② $P(B) = P(B|A^c)$
③ $P(A \cup B) = P(A) + P(B)$ ④ $P(A \cap B) = P(A)P(B)$
⑤ $P(A^c)P(B^c) = 1 - P(A \cup B)$

수능 기출

229 두 사건 A, B에 대하여 $P(A|B) = P(A) = \dfrac{1}{2}$, $P(A \cap B) = \dfrac{1}{5}$일 때, $P(A \cup B)$의 값은?

① $\dfrac{1}{2}$ ② $\dfrac{3}{5}$ ③ $\dfrac{7}{10}$ ④ $\dfrac{4}{5}$ ⑤ $\dfrac{9}{10}$

230 두 사건 A, B가 서로 독립이고 $P(A) = \dfrac{3}{4}$, $P(B) = \dfrac{5}{6}$일 때, $P((A-B) \cup (B-A))$를 구하시오.

231 두 사격 선수 A, B가 총을 한 발씩 쏠 때, A가 표적을 맞힐 확률은 $\dfrac{2}{3}$이고 A와 B 중 적어도 한 명이 표적을 맞힐 확률은 $\dfrac{3}{4}$이다. 이때 A와 B가 모두 표적을 맞힐 확률을 구하시오.

A, B가 표적을 맞히는 사건은 서로 독립이다.

STEP 2

생각해 봅시다! 💡

A, B가 서로 독립이면
$$P(A)=P(A|B)$$
$$=P(A|B^c)$$

232 두 사건 A, B에 대하여 옳은 것만을 보기에서 있는 대로 고르시오.
(단, $0<P(A)<1$, $0<P(B)<1$)

> **보기**
>
> ㄱ. A, B가 서로 배반사건이면 A, B는 서로 독립이다.
> ㄴ. A, B가 서로 배반사건이면 $P(A)+P(B)\leq1$이다.
> ㄷ. A, B가 서로 독립이면 $P(A^c)+P(A|B^c)=1$이다.

233 지호가 참가한 어느 사생 대회의 점수는 관람객 투표 점수와 심사 위원 점수를 합한 것이고, 관람객 투표와 심사 위원에게 A, B, C 등급을 받았을

(단위: 점)

항목＼등급	A	B	C
관람객 투표	40	30	20
심사 위원	50	40	30

때의 점수는 오른쪽 표와 같다. 지호가 두 항목에서 A, B, C 등급을 받을 확률이 각각 $\dfrac{1}{2}$, $\dfrac{1}{3}$, $\dfrac{1}{6}$로 같을 때, 지호가 받는 두 점수의 합이 70점일 확률을 구하시오. (단, 관람객 투표 점수와 심사 위원 점수를 받는 사건은 서로 독립이다.)

234 오른쪽 그림과 같이 a, b, c, d의 4개의 스위치를 가진 회로가 있다. 각 스위치가 열려 있을 확률과 닫혀 있을 확률은 같고 각 스위치는 독립적으로 작동할 때, P에서 Q로 전류가 흐를 확률을 구하시오.

각 스위치가 닫혀 있을 확률은 $\dfrac{1}{2}$이다.

실력 UP⁺

235 두 사건 A, B가 서로 독립이고 $P(A\cap B)=\dfrac{1}{16}$일 때, $P(A^c\cap B^c)$의 최댓값을 구하시오.

03 독립시행의 확률

1 독립시행의 확률   필수 09, 10, 발전 11

> **(1) 독립시행**
>
> 주사위나 동전을 여러 번 던지는 경우와 같이 동일한 시행을 반복할 때, 각 시행의 결과가 다른 시행의 결과에 아무런 영향을 주지 않는 경우, 즉 각 시행에서 일어나는 사건이 서로 독립인 경우에 이 시행을 **독립시행**이라 한다.
>
> **(2) 독립시행의 확률**
>
> 어떤 시행에서 사건 A가 일어날 확률이 p $(0<p<1)$일 때, 이 시행을 n번 반복하는 독립시행에서 사건 A가 r번 일어날 확률은
>
> $$_n\mathrm{C}_r\, p^r (1-p)^{n-r} \quad (\text{단, } r=0,\,1,\,2,\,\cdots,\,n)$$

설명 한 개의 주사위를 4번 던질 때, 1의 눈이 3번 나올 확률을 구해 보자.

주사위를 던져서 1의 눈이 나오면 ◯, 1의 눈이 나오지 않으면 ×로 나타내면 주사위를 4번 던질 때 1의 눈이 3번 나오는 경우는 다음 표와 같다.

	1회	2회	3회	4회	확률
$_4\mathrm{C}_3$	◯	◯	◯	×	$\dfrac{1}{6}\times\dfrac{1}{6}\times\dfrac{1}{6}\times\dfrac{5}{6}=\left(\dfrac{1}{6}\right)^3\left(\dfrac{5}{6}\right)^1$
	◯	◯	×	◯	$\dfrac{1}{6}\times\dfrac{1}{6}\times\dfrac{5}{6}\times\dfrac{1}{6}=\left(\dfrac{1}{6}\right)^3\left(\dfrac{5}{6}\right)^1$
	◯	×	◯	◯	$\dfrac{1}{6}\times\dfrac{5}{6}\times\dfrac{1}{6}\times\dfrac{1}{6}=\left(\dfrac{1}{6}\right)^3\left(\dfrac{5}{6}\right)^1$
	×	◯	◯	◯	$\dfrac{5}{6}\times\dfrac{1}{6}\times\dfrac{1}{6}\times\dfrac{1}{6}=\left(\dfrac{1}{6}\right)^3\left(\dfrac{5}{6}\right)^1$

이때 한 개의 주사위를 던져서 1의 눈이 나올 확률은 $\dfrac{1}{6}$, 1의 눈이 나오지 않을 확률은 $\dfrac{5}{6}$이고, 각각의 시행은 서로 독립이므로 각 경우의 확률은 $\left(\dfrac{1}{6}\right)^3\left(\dfrac{5}{6}\right)^1$이다.

그런데 각 경우는 서로 배반사건이므로 한 개의 주사위를 4번 던질 때, 1의 눈이 3번 나올 확률은 확률의 덧셈정리에 의하여 다음과 같다.

$$\left(\dfrac{1}{6}\right)^3\left(\dfrac{5}{6}\right)^1+\left(\dfrac{1}{6}\right)^3\left(\dfrac{5}{6}\right)^1+\left(\dfrac{1}{6}\right)^3\left(\dfrac{5}{6}\right)^1+\left(\dfrac{1}{6}\right)^3\left(\dfrac{5}{6}\right)^1={}_4\mathrm{C}_3\left(\dfrac{1}{6}\right)^3\left(\dfrac{5}{6}\right)^1$$

일반적으로 한 개의 주사위를 n번 던질 때, 1의 눈이 r번 나올 확률은

$$_n\mathrm{C}_r\left(\dfrac{1}{6}\right)^r\left(\dfrac{5}{6}\right)^{n-r} \quad (r=0,\,1,\,2,\,\cdots,\,n)$$

이다.

필수 **09** 독립시행의 확률 (1)

한 개의 주사위를 6번 던질 때, 다음을 구하시오.

(1) 짝수의 눈이 4번 나올 확률

(2) 짝수의 눈이 2번 이상 나올 확률

설명 한 개의 주사위를 던지는 시행을 6번 할 때, 각 시행은 서로 독립이므로 독립시행의 확률을 이용한다.

풀이 한 개의 주사위를 던질 때, 짝수의 눈이 나올 확률은 $\dfrac{1}{2}$ 이다.
$\quad\quad\quad\quad\quad\quad\quad\quad\quad\quad\quad$ └─ 2, 4, 6

(1) ${}_6\mathrm{C}_4\left(\dfrac{1}{2}\right)^4\left(\dfrac{1}{2}\right)^2=\dfrac{15}{64}$

(2) 짝수의 눈이 2번 이상 나오는 사건의 여사건은 짝수의 눈이 1번 이하로 나오는 사건이다.

(ⅰ) 짝수의 눈이 0번 나올 확률은 ${}_6\mathrm{C}_0\left(\dfrac{1}{2}\right)^0\left(\dfrac{1}{2}\right)^6=\dfrac{1}{64}$

(ⅱ) 짝수의 눈이 1번 나올 확률은 ${}_6\mathrm{C}_1\left(\dfrac{1}{2}\right)^1\left(\dfrac{1}{2}\right)^5=\dfrac{3}{32}$

(ⅰ), (ⅱ)에서 구하는 확률은

$$1-\left(\dfrac{1}{64}+\dfrac{3}{32}\right)=\dfrac{57}{64}$$

KEY Point

• 어떤 시행에서 사건 A가 일어날 확률이 p일 때, 이 시행을 n번 반복하는 독립시행에서 사건 A가 r번 일어날 확률은
$${}_n\mathrm{C}_r\,p^r(1-p)^{n-r}$$

● 정답 및 풀이 **48쪽**

236 승률이 $\dfrac{3}{4}$ 인 바둑 기사가 바둑을 5번 둘 때, 다음을 구하시오.

(1) 3번 이길 확률

(2) 적어도 한 번 이길 확률

237 A, B 두 팀이 배구 경기를 하는데 각 경기에서 A 팀이 이길 확률이 $\dfrac{2}{3}$ 이다. 두 경기를 먼저 이기는 팀이 우승한다고 할 때, A 팀이 우승할 확률을 구하시오.

(단, 비기는 경우는 없다.)

필수 10 독립시행의 확률 (2)

한 개의 주사위를 던져서 3의 배수의 눈이 나오면 한 개의 동전을 3번 던지고 4의 배수의 눈이 나오면 한 개의 동전을 4번 던질 때, 동전의 앞면이 2번 나올 확률을 구하시오.

(단, 주사위의 눈이 3의 배수도 아니고 4의 배수도 아니면 동전을 던지지 않는다.)

풀이 한 개의 동전을 던질 때, 앞면이 나올 확률은 $\dfrac{1}{2}$이다.

(i) 주사위를 던져서 3의 배수의 눈이 나오고 동전을 3번 던져서 앞면이 2번 나올 확률은

$$\frac{2}{6} \times {}_3C_2 \left(\frac{1}{2}\right)^2 \left(\frac{1}{2}\right)^1 = \frac{1}{8} \quad\text{3, 6}$$

(ii) 주사위를 던져서 4의 배수의 눈이 나오고 동전을 4번 던져서 앞면이 2번 나올 확률은

$$\frac{1}{6} \times {}_4C_2 \left(\frac{1}{2}\right)^2 \left(\frac{1}{2}\right)^2 = \frac{1}{16} \quad\text{4}$$

(i), (ii)에서 구하는 확률은

$$\frac{1}{8} + \frac{1}{16} = \frac{3}{16}$$

KEY Point

• 사건에 따라 시행 횟수가 달라지는 경우
⇨ 경우를 나누어 독립시행의 확률을 구하고 확률의 덧셈정리를 이용한다.

● 정답 및 풀이 **48**쪽

238 흰 공 2개와 검은 공 3개가 들어 있는 상자에서 임의로 1개의 공을 꺼낼 때, 흰 공이 나오면 한 개의 동전을 5번 던지고 검은 공이 나오면 한 개의 동전을 3번 던진다. 이때 동전의 앞면이 3번 나올 확률을 구하시오.

239 1부터 10까지의 자연수가 각각 하나씩 적힌 10개의 공이 들어 있는 주머니에서 임의로 한 개의 공을 꺼낼 때, 짝수가 적힌 공이 나오면 한 개의 주사위를 4번 던지고 9의 약수가 적힌 공이 나오면 한 개의 주사위를 3번 던진다. 이때 주사위의 3의 배수의 눈이 1번 나올 확률을 구하시오.

(단, 꺼낸 공에 적힌 수가 짝수도 아니고 9의 약수도 아니면 주사위를 던지지 않는다.)

발전 11 독립시행의 확률 (3)

한 개의 동전을 던져서 앞면이 나오면 20점, 뒷면이 나오면 10점을 얻을 때, 동전을 8번 던져서 얻은 점수의 합이 100점일 확률을 구하시오.

풀이 동전을 8번 던져서 앞면이 나오는 횟수를 x라 하면 뒷면이 나오는 횟수는 $8-x$이다.

이때 얻은 점수의 합이 100점이므로

$$20x+10(8-x)=100, \qquad 10x=20$$

$$\therefore x=2$$

따라서 동전을 8번 던져서 앞면이 2번 나와야 하므로 구하는 확률은

$$_8C_2\left(\frac{1}{2}\right)^2\left(\frac{1}{2}\right)^6=\frac{7}{64}$$

KEY Point

• 점수 또는 위치에 대한 조건이 주어진 경우
⇨ 방정식을 이용하여 주어진 사건이 일어나는 횟수를 구하고 독립시행의 확률을 이용한다.

● 정답 및 풀이 **49쪽**

240 수직선 위의 원점에 점 P가 있다. 한 개의 주사위를 던져서 6의 약수의 눈이 나오면 점 P를 양의 방향으로 1만큼, 그 외의 눈이 나오면 점 P를 음의 방향으로 1만큼 움직인다. 주사위를 4번 던질 때, 점 P가 2의 위치에 있을 확률을 구하시오.

241 오른쪽 그림과 같이 한 변의 길이가 1인 정사각형 ABCD의 꼭짓점 A에서 출발하여 변을 따라 시계 방향으로 움직이는 점 P가 있다. 한 개의 동전을 던져서 앞면이 나오면 1만큼, 뒷면이 나오면 2만큼 점 P가 움직일 때, 동전을 3번 던져서 점 P가 다시 꼭짓점 A로 돌아올 확률을 구하시오.

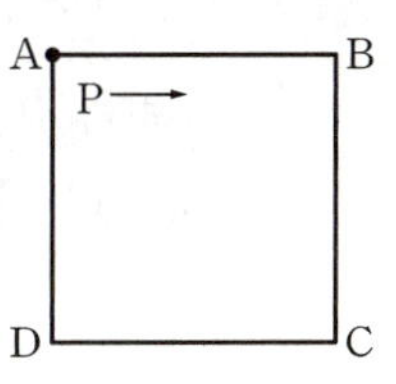

연습 문제

242 한 개의 동전을 5번 던질 때, 앞면이 나오는 횟수와 뒷면이 나오는 횟수의 차가 1일 확률을 구하시오.

243 오른쪽 그림과 같은 도로망의 점 O에서 출발하여 규칙에 따라 한 칸씩 움직이는 게임이 있다. 한 개의 주사위를 던져서 1 또는 6의 눈이 나오면 오른쪽으로 한 칸 움직이고 그 외의 눈이 나오면 위쪽으로 한 칸 움직일 때, 주사위를 4번 던져서 점 P에 도착할 확률을 구하시오.

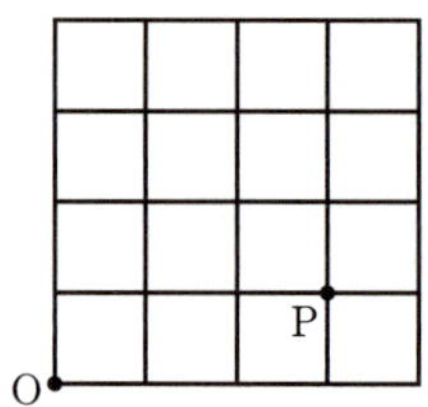

생각해 봅시다!

점 O에서 출발하여 점 P에 도착하려면 오른쪽으로 3칸, 위쪽으로 1칸 움직여야 한다.

244 흰 공 4개와 검은 공 3개가 들어 있는 주머니에서 임의로 2개의 공을 동시에 꺼낼 때, 공의 색이 서로 다르면 한 개의 동전을 3번 던지고 공의 색이 서로 같으면 한 개의 동전을 2번 던진다. 이때 동전의 앞면이 2번 나올 확률을 구하시오.

245 어느 경연 대회의 본선에 진출하려면 1차 예선을 통과한 후 2차 예선까지 통과해야 한다. 1차 예선을 통과하는 것과 2차 예선을 통과하는 것은 서로 독립이고, 각 참가자가 1차 예선과 2차 예선을 통과할 확률은 각각 $\dfrac{2}{3}$, $\dfrac{1}{2}$이다. 이때 5명의 참가자 중에서 2명만 본선에 진출할 확률을 구하시오.

두 사건 A, B가 서로 독립이면
$$P(A \cap B) = P(A)P(B)$$

246 다은이와 건우가 5번의 게임을 하여 3번을 먼저 이기는 사람이 우승하기로 하였다. 각 게임에서 다은이가 이길 확률이 $\dfrac{2}{3}$일 때, 다섯 번째 게임에서 다은이가 우승할 확률을 구하시오. (단, 비기는 경우는 없다.)

247 동전 6개와 주사위 1개를 동시에 던지는 시행에서 앞면이 나온 동전의 개수가 주사위의 눈의 수보다 클 확률을 구하시오.

248 오른쪽 그림과 같이 한 변의 길이가 1인 정팔각형의 한 꼭짓점을 출발하여 변을 따라 시계 반대 방향으로 움직이는 점 P가 있다. 한 개의 주사위를 던져서 홀수의 눈이 나오면 3만큼, 짝수의 눈이 나오면 1만큼 점 P를 움직일 때, 주사위를 6번 던져서 점 P가 처음 출발 위치로 돌아올 확률을 구하시오.

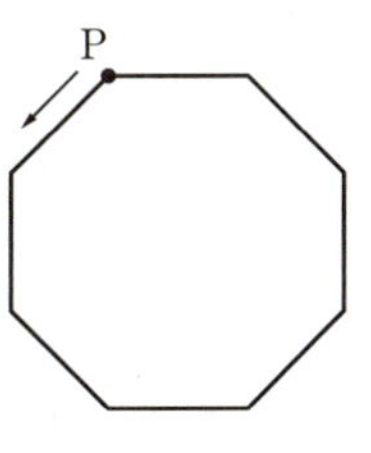

실력 UP⁺

평가원 기출

249 앞면에는 문자 A, 뒷면에는 문자 B가 적힌 한 장의 카드가 있다. 이 카드와 한 개의 동전을 사용하여 다음 시행을 한다.

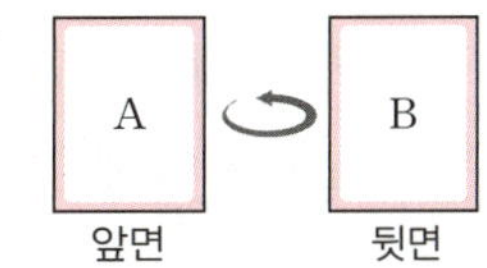

> 동전을 두 번 던져
> 앞면이 나온 횟수가 2이면 카드를 한 번 뒤집고,
> 앞면이 나온 횟수가 0 또는 1이면 카드를 그대로 둔다.

처음에 문자 A가 보이도록 카드가 놓여 있을 때, 이 시행을 5번 반복한 후 문자 B가 보이도록 카드가 놓일 확률은 p이다. $128 \times p$의 값을 구하시오.

250 서로 다른 2개의 주사위를 동시에 던져서 나온 두 눈의 수가 서로 같으면 한 개의 동전을 2번 던지고, 두 눈의 수가 서로 다르면 한 개의 동전을 4번 던진다. 동전의 앞면이 나온 횟수와 뒷면이 나온 횟수가 같을 때, 동전을 2번 던졌을 확률을 구하시오.

끝나지 않는 장마는 없어.
내 마음속 비도 언젠간 그치고
예쁜 무지개가 뜰 거야.

Ⅲ 통계

1 확률분포

↓

2 통계적 추정

이 단원에서는

확률변수와 확률분포의 뜻을 알고, 확률변수의 평균과 표준편차를 구하는 방법을 배웁니다. 또 확률분포 중에서 이항분포와 정규분포의 성질을 학습하고, 이항분포와 정규분포 사이의 관계를 이해합니다.

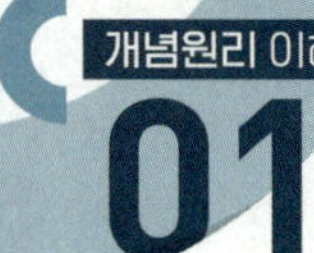

개념원리 이해

01 확률변수와 확률분포

1 확률변수와 확률분포

어떤 시행에서 표본공간의 각 원소에 단 하나의 실수를 대응시킨 함수를 **확률변수**라 하고, 확률변수 X가 어떤 값 x를 가질 확률을 기호로

$$\mathrm{P}(X=x)$$

와 같이 나타낸다.

이때 확률변수 X가 가질 수 있는 값과 X가 이 값을 가질 확률의 대응 관계를 X의 **확률분포**라 한다.

▶ ① 확률변수는 표본공간을 정의역으로 하고, 실수 전체의 집합을 공역으로 하는 함수이지만 변수의 역할도 하므로 확률변수라 부른다.

② 확률변수는 일반적으로 X, Y, Z, $\cdots$로 나타내고, 확률변수가 가질 수 있는 값은 x, y, z, $\cdots$로 나타낸다.

설명 한 개의 동전을 두 번 던지는 시행에서 앞면을 H, 뒷면을 T라 하면 표본공간 S는

$$S=\{(\mathrm{H, H}),\ (\mathrm{H, T}),\ (\mathrm{T, H}),\ (\mathrm{T, T})\}$$

이다. 이때 동전의 앞면이 나오는 횟수를 X라 하면 표본공간 S의 원소

$$(\mathrm{H, H}),\ (\mathrm{H, T}),\ (\mathrm{T, H}),\ (\mathrm{T, T})$$

에 대응하는 X의 값은 각각

$$2,\ 1,\ 1,\ 0$$

이다. 즉 X는 0, 1, 2 중 하나의 값을 가질 수 있는 변수이고 X가 0, 1, 2의 값을 가질 확률은 각각 $\dfrac{1}{4}$, $\dfrac{1}{2}$, $\dfrac{1}{4}$이므로 이것을 기호로

$$\mathrm{P}(X=0)=\frac{1}{4},\ \mathrm{P}(X=1)=\frac{1}{2},\ \mathrm{P}(X=2)=\frac{1}{4}$$

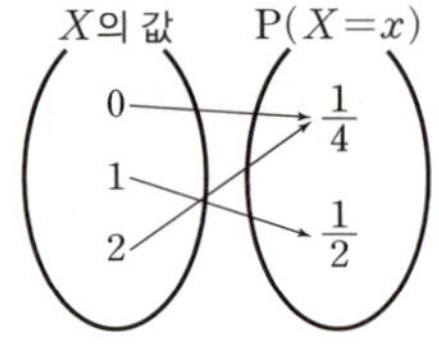

과 같이 나타낸다.

이와 같이 어떤 시행에서 변수 X가 가질 수 있는 값과 그 값을 가질 확률이 각각 정해질 때, X를 확률변수라 하고 그 대응 관계를 확률변수 X의 확률분포라 한다.

2 이산확률변수와 연속확률변수

(1) 이산확률변수

확률변수 X가 가질 수 있는 값이 유한개이거나 무한히 많더라도 자연수와 같이 셀 수 있을 때, X를 **이산확률변수**라 한다.

(2) 연속확률변수

확률변수 X가 어떤 범위에 속하는 모든 실수의 값을 가질 때, X를 **연속확률변수**라 한다.

▶ 여기에서는 이산확률변수 X가 가질 수 있는 값이 유한개인 경우만 다룬다.

보기 ▶ (1) 한 개의 동전을 두 번 던지는 시행에서 앞면이 나오는 횟수를 X라 하면 X가 가질 수 있는 값은 0, 1, 2이므로 확률변수 X는 이산확률변수이다.

(2) 배차 간격이 10분인 마을버스를 기다리는 시간을 X분이라 하면 X는 0 이상 10 이하의 모든 실수의 값을 가지므로 확률변수 X는 연속확률변수이다.

③ 이산확률변수의 확률분포

이산확률변수 X가 가질 수 있는 값이 x_1, x_2, x_3, $\cdots$, x_n이고 X가 이 값을 가질 확률이 각각 p_1, p_2, p_3, $\cdots$, p_n일 때, 이산확률변수 X의 확률분포를 다음과 같이 표와 그래프로 각각 나타낼 수 있다.

X	x_1	x_2	x_3	$\cdots$	x_n	합계
$P(X=x_i)$	p_1	p_2	p_3	$\cdots$	p_n	1

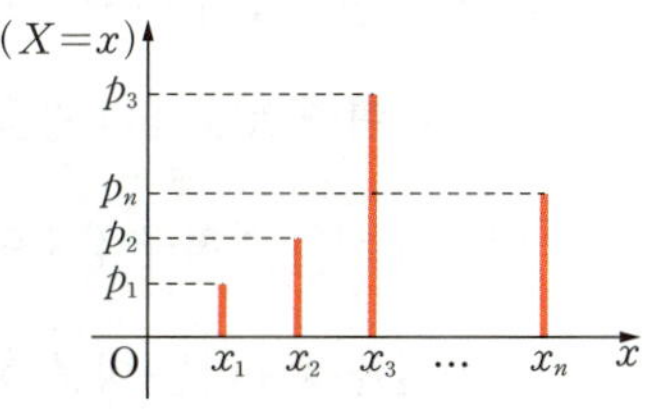

④ 확률질량함수　∽ 필수 01~03

(1) 확률질량함수

이산확률변수 X가 가질 수 있는 모든 값이 x_1, x_2, x_3, $\cdots$, x_n이고 이 값을 가질 확률이 각각 p_1, p_2, p_3, $\cdots$, p_n일 때, X의 확률분포를 나타내는 함수

$$P(X=x_i)=p_i \ (i=1,\ 2,\ 3,\ \cdots,\ n)$$

를 이산확률변수 X의 **확률질량함수**라 한다.

(2) 확률질량함수의 성질

이산확률변수 X의 확률질량함수가 $P(X=x_i)=p_i \ (i=1,\ 2,\ 3,\ \cdots,\ n)$일 때, 확률의 기본 성질에 의하여 다음이 성립한다.

> ① $0 \leq p_i \leq 1$　← 확률은 0 이상 1 이하이다.
>
> ② $p_1+p_2+p_3+\cdots+p_n=1$　← 확률의 총합은 1이다.

▶ ① $P(X=x_i \ \text{또는} \ X=x_j)=P(X=x_i)+P(X=x_j)=p_i+p_j$ (단, $i \neq j$)
　② $P(a \leq X \leq b)$는 X가 a 이상 b 이하의 값을 가질 확률을 의미한다.

설명　한 개의 동전을 두 번 던지는 시행에서 앞면이 나오는 횟수를 X라 할 때, X가 가질 수 있는 값은 0, 1, 2이고

$$P(X=0)=\frac{1}{4},\ P(X=1)=\frac{1}{2},\ P(X=2)=\frac{1}{4}$$

이므로 확률변수 X의 확률분포를 표와 그래프로 나타내면 각각 다음과 같다.

X	0	1	2	합계
$P(X=x)$	$\dfrac{1}{4}$	$\dfrac{1}{2}$	$\dfrac{1}{4}$	1

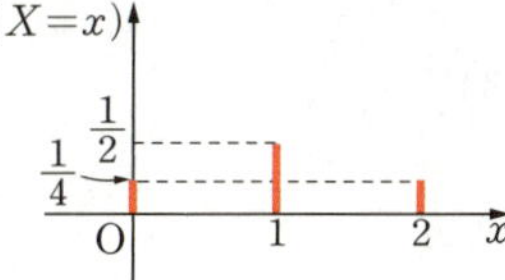

이때 X의 확률질량함수에 대하여 다음이 성립함을 확인할 수 있다.
① $0 \leq P(X=x) \leq 1$ (단, $x=0$, 1, 2)
② $P(X=0)+P(X=1)+P(X=2)=\dfrac{1}{4}+\dfrac{1}{2}+\dfrac{1}{4}=1$

① 확률변수 X가 가질 수 있는 값이 유한개이다.
  ⇨ 이산확률변수
② 확률변수 X가 어떤 범위에 속하는 모든 실수의 값을 갖는다.
  ⇨ 연속확률변수

251 다음 확률변수 X가 이산확률변수인지 연속확률변수인지 말하시오.

(1) ○, × 퀴즈 20문제의 답을 각각 임의로 적을 때, 맞힌 문항 수 X

(2) 어느 도시의 연평균 강수량 X

(3) 수목원을 방문하는 방문객 수 X

(4) 어느 공장에서 생산된 전구의 수명 X

252 한 개의 주사위를 2번 던질 때, 홀수의 눈이 나오는 횟수를 확률변수 X라 하자. 다음 물음에 답하시오.

(1) X가 가질 수 있는 값을 모두 구하시오.

(2) X의 확률분포를 표로 나타내시오.

253 확률변수 X의 확률분포가 아래 표와 같을 때, 다음을 구하시오.

X	1	2	3	4	합계
$P(X=x)$	$\dfrac{1}{5}$	a	$\dfrac{3}{10}$	$\dfrac{1}{10}$	1

$P(X=a$ 또는 $X=b)$
$=P(X=a)+P(X=b)$
(단, $a \neq b$)

(1) 상수 a의 값

(2) $P(X=2$ 또는 $X=4)$

(3) $P(X \leq 3)$

 **01** **확률질량함수의 성질; $p_1+p_2+p_3+\cdots+p_n=1$**

확률변수 X의 확률질량함수가

$$P(X=x)=\frac{x}{k} \ (x=1, 2, 3, 4, 5)$$

일 때, 상수 k의 값을 구하시오.

설명 확률질량함수의 식에 미정계수가 있으면 확률의 총합이 1임을 이용하여 미정계수의 값을 구한다.

풀이 확률변수 X의 확률분포를 표로 나타내면 다음과 같다.

X	1	2	3	4	5	합계
$P(X=x)$	$\frac{1}{k}$	$\frac{2}{k}$	$\frac{3}{k}$	$\frac{4}{k}$	$\frac{5}{k}$	1

확률의 총합은 1이므로

$$\frac{1}{k}+\frac{2}{k}+\frac{3}{k}+\frac{4}{k}+\frac{5}{k}=1$$

$$\frac{15}{k}=1 \qquad \therefore k=15$$

KEY Point

• 확률변수 X의 확률질량함수 $P(X=x_i)=p_i \ (i=1, 2, 3, \cdots, n)$에 대하여

$$p_1+p_2+p_3+\cdots+p_n=1$$

● 정답 및 풀이 **52쪽**

 **254** 확률변수 X의 확률분포가 오른쪽 표와 같을 때, 상수 a의 값을 구하시오.

X	0	1	2	합계
$P(X=x)$	a^2	$\frac{1}{3}$	$\frac{a}{3}$	1

255 확률변수 X의 확률질량함수가

$$P(X=x)=\frac{k}{x(x+1)} \ (x=1, 2, 3, \cdots, 7)$$

일 때, 상수 k의 값을 구하시오.

 필수 **02** 확률질량함수의 성질; $P(a \le X \le b)$

확률변수 X의 확률분포가 다음 표와 같을 때, $P(X \ge a)$를 구하시오.

(단, a는 상수이다.)

X	0	1	2	3	합계
$P(X=x)$	a	$3a$	$3a$	a	1

풀이   확률의 총합은 1이므로

$$a+3a+3a+a=1, \qquad 8a=1 \qquad \therefore a=\frac{1}{8}$$

$$\therefore P(X \ge a)=P\left(X \ge \frac{1}{8}\right)$$
$$=P(X=1)+P(X=2)+P(X=3)$$
$$=\frac{3}{8}+\frac{3}{8}+\frac{1}{8}=\frac{7}{8}$$

- 확률변수 X의 확률질량함수 $P(X=x_i)=p_i \ (i=1, 2, 3, \cdots, n)$에 대하여
① $P(X=x_i \text{ 또는 } X=x_j)=p_i+p_j$ (단, $i \ne j$)
② $P(a \le X \le b) \Rightarrow X$가 a 이상 b 이하의 값을 가질 확률

● 정답 및 풀이 **52쪽**

 **256** 확률변수 X의 확률분포가 오른쪽 표와 같고
$P(-1 \le X \le 0)=\dfrac{3}{4}$일 때, $a-b$의 값을 구하시오.

(단, a, b는 상수이다.)

X	-1	0	1	합계
$P(X=x)$	a	$\dfrac{1}{4}$	b	1

257 확률변수 X의 확률질량함수가

$$P(X=x)=\begin{cases} k-\dfrac{x}{3} & (x=0, 1) \\[2mm] \dfrac{k}{6}x & (x=2, 3, 4) \end{cases}$$

일 때, $P(X \le 2)$를 구하시오. (단, k는 상수이다.)

• 더 다양한 문제는 **RPM** 확률과 통계 59쪽

필수 **03** 이산확률변수의 확률

흰 공 4개와 검은 공 3개가 들어 있는 주머니에서 임의로 3개의 공을 동시에 꺼낼 때, 나오는 흰 공의 개수를 확률변수 X라 하자. 다음 물음에 답하시오.

(1) X의 확률질량함수를 구하고, X의 확률분포를 표로 나타내시오.

(2) 흰 공이 2개 이상 나올 확률을 구하시오.

설명 확률변수 X가 가질 수 있는 값을 찾고 각 값을 가질 확률을 구한다.

풀이 (1) 확률변수 X가 가질 수 있는 값은 0, 1, 2, 3이다.

이때 흰 공 4개와 검은 공 3개가 들어 있는 주머니에서 3개의 공을 동시에 꺼내는 경우의 수는 ${}_7C_3$이고, 꺼낸 공 중에서 흰 공이 x개인 경우의 수는 ${}_4C_x \times {}_3C_{3-x}$이므로 X의 확률질량함수는

$$P(X=x) = \frac{{}_4C_x \times {}_3C_{3-x}}{{}_7C_3} \ (x=0, 1, 2, 3)$$

$$\therefore P(X=0) = \frac{{}_4C_0 \times {}_3C_3}{{}_7C_3} = \frac{1}{35}, \ P(X=1) = \frac{{}_4C_1 \times {}_3C_2}{{}_7C_3} = \frac{12}{35},$$

$$P(X=2) = \frac{{}_4C_2 \times {}_3C_1}{{}_7C_3} = \frac{18}{35}, \ P(X=3) = \frac{{}_4C_3 \times {}_3C_0}{{}_7C_3} = \frac{4}{35}$$

따라서 X의 확률분포를 표로 나타내면 다음과 같다.

X	0	1	2	3	합계
$P(X=x)$	$\frac{1}{35}$	$\frac{12}{35}$	$\frac{18}{35}$	$\frac{4}{35}$	1

(2) 흰 공이 2개 이상 나올 확률은

$$P(X \geq 2) = P(X=2) + P(X=3) = \frac{18}{35} + \frac{4}{35} = \frac{22}{35}$$

• 정답 및 풀이 **52쪽**

258 남학생 4명, 여학생 3명으로 구성된 어느 동아리에서 임의로 청소 당번 2명을 뽑을 때, 뽑힌 여학생 수를 확률변수 X라 하자. 다음 물음에 답하시오.

(1) X의 확률질량함수를 구하고, X의 확률분포를 표로 나타내시오.

(2) 여학생이 1명 이하로 뽑힐 확률을 구하시오.

259 1, 2, 3, 4, 5의 숫자가 각각 하나씩 적혀 있는 5장의 카드 중에서 임의로 2장을 동시에 뽑을 때, 카드에 적힌 두 수의 차를 확률변수 X라 하자. 이때 $P(X=1$ 또는 $X=3)$을 구하시오.

연습 문제

생각해 봅시다! 

STEP 1

260 확률변수 X가 가질 수 있는 값이 -1, 0, 1이고 그 확률이 각각
$$P(X=-1)=3k^2,\ P(X=0)=k,\ P(X=1)=k^2+2k$$
일 때, 상수 k의 값을 구하시오.

261 각 면에 1, 2, 3, 4의 숫자가 하나씩 적힌 정사면체를 두 번 던져서 바닥에 놓인 면에 적힌 수를 각각 확인하여 두 수의 합을 확률변수 X라 할 때, $P(3 \leq X \leq 5)$를 구하시오.

$P(3 \leq X \leq 5)$
$=P(X=3)+P(X=4)$
$\quad +P(X=5)$

STEP 2

262 확률변수 X의 확률질량함수가
$$P(X=x)=\frac{k}{\sqrt{x+1}+\sqrt{x}}\ (x=1,\ 2,\ 3,\ \cdots,\ 8)$$
일 때, $P(X \geq 4)$를 구하시오. (단, k는 상수이다.)

263 확률변수 X의 확률질량함수가 $P(X=x)=p_x\ (x=1,\ 2,\ 3,\ 4)$이고 $p_2-p_1=p_3-p_2=p_4-p_3=\dfrac{1}{8}$일 때, $P(X^2-6X+8<0)$을 구하시오.

$P((X-a)(X-b)<0)$
$=P(a<X<b)$
$\qquad$ (단, $a<b$)

실력 UP⁺

교육청 기출

264 7개의 공이 들어 있는 상자가 있다. 각각의 공에는 1 또는 2 또는 3 중 하나의 숫자가 적혀 있다. 이 상자에서 임의로 2개의 공을 동시에 꺼내어 확인한 두 개의 수의 곱을 확률변수 X라 하자. 확률변수 X가
$$P(X=4)=\frac{1}{21},\ 2P(X=2)=3P(X=6)$$
을 만족시킬 때, $P(X \leq 3)$의 값은?

① $\dfrac{2}{7}$ ② $\dfrac{3}{7}$ ③ $\dfrac{4}{7}$ ④ $\dfrac{5}{7}$ ⑤ $\dfrac{6}{7}$

02 이산확률변수의 기댓값과 표준편차

1 이산확률변수의 기댓값 (평균) ∽ 필수 **04, 05, 08, 09** 발전 **06**

> 이산확률변수 X의 확률질량함수가 $\mathrm{P}(X=x_i)=p_i$ $(i=1, 2, 3, \cdots, n)$일 때
>
> $x_1 p_1 + x_2 p_2 + \cdots + x_n p_n$ ← $(X$의 값$)\times($확률$)$의 합
>
> 을 이산확률변수 X의 **기댓값** 또는 **평균**이라 하고, 이것을 기호로 $\mathrm{E}(X)$와 같이 나타낸다. 즉
>
> $$\mathrm{E}(X) = x_1 p_1 + x_2 p_2 + \cdots + x_n p_n$$

▶ $\mathrm{E}(X)$에서 E는 기댓값을 뜻하는 Expectation의 첫 글자이고, $\mathrm{E}(X)$를 평균을 뜻하는 mean의 첫 글자 m으로 나타내기도 한다.

설명 오른쪽 표는 어떤 행운권의 각 순위에 해당하는 상금과 매수 및 각 순위의 행운권을 뽑을 확률을 나타낸 것이다.

행운권 1장에 대한 상금의 평균은 다음과 같다.

$$\frac{50000\times2+10000\times3+2000\times5+0\times10}{20}=7000(\text{원})$$

이 식을 다음과 같이 변형할 수 있다.

$$50000\times\frac{2}{20}+10000\times\frac{3}{20}+2000\times\frac{5}{20}+0\times\frac{10}{20}$$
$$=7000(\text{원})$$

이때 행운권 1장에 대한 상금을 X원이라 하면 상금의 평균, 즉 기댓값은 확률변수 X가 가질 수 있는 값과 각 값을 가질 확률을 곱하여 모두 더한 것과 같음을 알 수 있다.

순위	상금(원)	매수(장)	확률
1등	50000	2	$\dfrac{2}{20}$
2등	10000	3	$\dfrac{3}{20}$
3등	2000	5	$\dfrac{5}{20}$
등외	0	10	$\dfrac{10}{20}$
합계		20	1

2 이산확률변수의 분산과 표준편차 ∽ 필수 **04, 05, 08, 09**

> 이산확률변수 X의 확률질량함수가 $\mathrm{P}(X=x_i)=p_i$ $(i=1, 2, 3, \cdots, n)$이고 $\mathrm{E}(X)=m$이라 할 때, X의 분산과 표준편차는 다음과 같다.
>
> (1) **분산**: $(X-m)^2$의 기댓값을 확률변수 X의 **분산**이라 하고, 이것을 기호로 $\mathrm{V}(X)$와 같이 나타낸다. 즉
>
> $$\mathrm{V}(X)=\mathrm{E}((\underline{X-m})^2) \rightarrow \text{(편차)}$$
> $$=(x_1-m)^2 p_1+(x_2-m)^2 p_2+\cdots+(x_n-m)^2 p_n$$
> $$=\mathrm{E}(X^2)-\{\mathrm{E}(X)\}^2$$
>
> (2) **표준편차**: 분산 $\mathrm{V}(X)$의 양의 제곱근 $\sqrt{\mathrm{V}(X)}$를 확률변수 X의 **표준편차**라 하고, 이것을 기호로 $\sigma(X)$와 같이 나타낸다. 즉
>
> $$\sigma(X)=\sqrt{\mathrm{V}(X)}$$

▶ ① $\mathrm{V}(X)$에서 V는 분산을 뜻하는 Variance의 첫 글자이다.
② $\sigma(X)$에서 σ는 표준편차를 뜻하는 standard deviation의 첫 글자 s에 해당하는 그리스 문자이고 '시그마'라 읽는다.
③ $\mathrm{E}(X^2)$은 X^2의 기댓값이고, $\{\mathrm{E}(X)\}^2$은 X의 기댓값의 제곱이다.

증명
$$\begin{aligned}
V(X) &= E((X-m)^2)\\
&= (x_1-m)^2 p_1 + (x_2-m)^2 p_2 + \cdots + (x_n-m)^2 p_n\\
&= (x_1^2 p_1 + x_2^2 p_2 + \cdots + x_n^2 p_n) - 2m(\underline{x_1 p_1 + x_2 p_2 + \cdots + x_n p_n}) + m^2(\underline{p_1 + p_2 + \cdots + p_n})\\
&\hspace{9cm} {\scriptstyle\rightarrow\, m} \hspace{3.5cm} {\scriptstyle\rightarrow\, 1}\\
&= (x_1^2 p_1 + x_2^2 p_2 + \cdots + x_n^2 p_n) - 2m \times m + m^2 \times 1\\
&= (x_1^2 p_1 + x_2^2 p_2 + \cdots + x_n^2 p_n) - m^2\\
&= E(X^2) - \{E(X)\}^2
\end{aligned}$$

보기 ▶ 확률변수 X의 확률분포가 오른쪽 표와 같을 때

$$E(X) = 1 \times \frac{1}{2} + 2 \times \frac{1}{4} + 3 \times \frac{1}{4} = \frac{7}{4}$$

$$V(X) = 1^2 \times \frac{1}{2} + 2^2 \times \frac{1}{4} + 3^2 \times \frac{1}{4} - \left(\frac{7}{4}\right)^2 = \frac{11}{16}$$

$$\sigma(X) = \sqrt{V(X)} = \frac{\sqrt{11}}{4}$$

X	1	2	3	합계
$P(X=x)$	$\dfrac{1}{2}$	$\dfrac{1}{4}$	$\dfrac{1}{4}$	1

3 이산확률변수 $aX+b$의 평균, 분산, 표준편차 ∽ 필수 07~09

이산확률변수 X와 두 상수 a, b $(a \neq 0)$에 대하여 다음이 성립한다.
(1) $E(aX+b) = aE(X) + b$
(2) $V(aX+b) = a^2 V(X)$
(3) $\sigma(aX+b) = |a|\sigma(X)$

▶ 위의 성질은 이산확률변수뿐만 아니라 일반적으로 모든 확률변수에 대하여 성립한다.

증명 확률변수 X의 확률분포가 [표 1]과 같을 때, $Y = aX+b$ (a, b는 상수, $a \neq 0$)라 하자.
이때 확률변수 Y가 가질 수 있는 값은
$$ax_1+b, \ ax_2+b, \ \cdots, \ ax_n+b$$
이고, 각 값을 가질 확률은
$$P(Y=ax_i+b) = P(X=x_i) = p_i \ (i=1, 2, 3, \cdots, n)$$
이므로 확률변수 Y의 확률분포를 표로 나타내면 [표 2]와 같다.

X	x_1	x_2	$\cdots$	x_n	합계
$P(X=x_i)$	p_1	p_2	$\cdots$	p_n	1

[표 1]

Y	ax_1+b	ax_2+b	$\cdots$	ax_n+b	합계
$P(Y=ax_i+b)$	p_1	p_2	$\cdots$	p_n	1

[표 2]

따라서 $E(X)=m$이라 하면 확률변수 Y의 평균, 분산, 표준편차는 다음과 같다.

(1) $\begin{aligned}[t]
E(Y) &= (ax_1+b)p_1 + (ax_2+b)p_2 + \cdots + (ax_n+b)p_n\\
&= a(x_1 p_1 + x_2 p_2 + \cdots + x_n p_n) + b(p_1 + p_2 + \cdots + p_n)\\
&= aE(X) + b
\end{aligned}$

(2) $E(Y) = aE(X) + b = am+b$이므로
$$\begin{aligned}
V(Y) &= E(\{Y-(am+b)\}^2)\\
&= \{(ax_1+b)-(am+b)\}^2 p_1 + \{(ax_2+b)-(am+b)\}^2 p_2 + \cdots + \{(ax_n+b)-(am+b)\}^2 p_n\\
&= \{a(x_1-m)\}^2 p_1 + \{a(x_2-m)\}^2 p_2 + \cdots + \{a(x_n-m)\}^2 p_n\\
&= a^2 \{\underline{(x_1-m)^2 p_1 + (x_2-m)^2 p_2 + \cdots + (x_n-m)^2 p_n}\}\\
&\hspace{6cm} {\scriptstyle\rightarrow\, E((X-m)^2)}\\
&= a^2 V(X)
\end{aligned}$$

(3) $V(Y) = a^2 V(X)$에서
$$\sigma(Y) = \sqrt{V(Y)} = \sqrt{a^2 V(X)} = |a|\sigma(X)$$

보기 ▶ 이산확률변수 X의 평균이 6, 분산이 9일 때, 확률변수 $Y=2X-5$에 대하여

$$\mathrm{E}(Y)=\mathrm{E}(2X-5)=2\mathrm{E}(X)-5=2\times6-5=7$$

$$\mathrm{V}(Y)=\mathrm{V}(2X-5)=2^2\mathrm{V}(X)=4\times9=36$$

$$\sigma(Y)=\sigma(2X-5)=|2|\sigma(X)=2\sqrt{\mathrm{V}(X)}=2\times3=6$$

보충학습

확률분포에서의 평균과 분산의 이해

중학교에서 배운 평균, 분산과 확률분포에서의 평균, 분산을 비교해 보자.

주어진 자료에서 각 변량을 확률변수 X라 하면 그 값을 가질 확률은 각 변량의 도수

$$f_1, f_2, \cdots, f_n$$

을 도수의 총합 N으로 나눈 값, 즉 상대도수

$$\frac{f_1}{N}, \frac{f_2}{N}, \cdots, \frac{f_n}{N}$$

으로 생각할 수 있으므로 X의 확률분포를 표로 나타내면 다음과 같다.

변량	x_1	x_2	$\cdots$	x_n	합계
도수	f_1	f_2	$\cdots$	f_n	N

X	x_1	x_2	$\cdots$	x_n	합계
$\mathrm{P}(X=x_i)$	$\dfrac{f_1}{N}\,(=p_1)$	$\dfrac{f_2}{N}\,(=p_2)$	$\cdots$	$\dfrac{f_n}{N}\,(=p_n)$	1

이때 주어진 자료의 평균 m과 분산 σ^2은 다음과 같다.

$$m=\frac{x_1f_1+x_2f_2+\cdots+x_nf_n}{N} \quad \leftarrow \frac{\{(\text{변량})\times(\text{도수})\}\text{의 총합}}{(\text{도수})\text{의 총합}}$$

$$=x_1\times\frac{f_1}{N}+x_2\times\frac{f_2}{N}+\cdots+x_n\times\frac{f_n}{N}$$

$$=x_1p_1+x_2p_2+\cdots+x_np_n$$

$$=\mathrm{E}(X)$$

$$\sigma^2=\frac{(x_1-m)^2f_1+(x_2-m)^2f_2+\cdots+(x_n-m)^2f_n}{N} \quad \leftarrow \frac{\{(\text{편차})^2\times(\text{도수})\}\text{의 총합}}{(\text{도수})\text{의 총합}}$$

$$=(x_1-m)^2\times\frac{f_1}{N}+(x_2-m)^2\times\frac{f_2}{N}+\cdots+(x_n-m)^2\times\frac{f_n}{N}$$

$$=(x_1-m)^2p_1+(x_2-m)^2p_2+\cdots+(x_n-m)^2p_n$$

$$=\mathrm{V}(X)$$

즉 $\mathrm{E}(X)=m$, $\mathrm{V}(X)=\sigma^2$이므로 확률분포에서의 평균, 분산은 자료의 평균, 분산과 같은 개념임을 알 수 있다.

알아둡시다!

① $\mathrm{E}(X)$
  $=x_1p_1+x_2p_2+\cdots$
  $\quad+x_np_n$
② $\mathrm{V}(X)$
  $=\mathrm{E}(X^2)-\{\mathrm{E}(X)\}^2$
③ $\sigma(X)=\sqrt{\mathrm{V}(X)}$

265 확률변수 X의 확률분포가 아래 표와 같을 때, 다음을 구하시오.

X	0	3	6	9	합계
$\mathrm{P}(X{=}x)$	$\dfrac{1}{3}$	$\dfrac{1}{6}$	$\dfrac{1}{3}$	$\dfrac{1}{6}$	1

(1) $\mathrm{E}(X)$　　　　(2) $\mathrm{V}(X)$　　　　(3) $\sigma(X)$

266 2개의 동전을 동시에 던져서 나오는 앞면의 개수를 확률변수 X라 할 때, 확률변수 X에 대하여 다음 물음에 답하시오.

(1) 오른쪽 표를 완성하시오.

X	0	1	2	합계
$\mathrm{P}(X{=}x)$				1

(2) $\mathrm{E}(X)$, $\mathrm{V}(X)$, $\sigma(X)$를 구하시오.

267 확률변수 X에 대하여 $\mathrm{E}(X)=3$, $\mathrm{V}(X)=4$일 때, 다음 확률변수 Y에 대하여 $\mathrm{E}(Y)$, $\mathrm{V}(Y)$, $\sigma(Y)$를 구하시오.

(1) $Y=2X-1$　　　　　　(2) $Y=-3X+2$

① $\mathrm{E}(aX+b)$
  $=a\mathrm{E}(X)+b$
② $\mathrm{V}(aX+b)$
  $=a^2\mathrm{V}(X)$
③ $\sigma(aX+b)$
  $=|a|\sigma(X)$

268 확률변수 X의 확률분포가 아래 표와 같을 때, 다음 물음에 답하시오.

X	-1	0	1	합계
$\mathrm{P}(X{=}x)$	$\dfrac{5}{8}$	$\dfrac{1}{4}$	$\dfrac{1}{8}$	1

(1) X의 평균, 분산, 표준편차를 구하시오.

(2) 확률변수 $Y=4X-3$의 평균, 분산, 표준편차를 구하시오.

필수 **04** 이산확률변수의 평균, 분산, 표준편차; 확률분포가 주어진 경우

확률변수 X의 확률분포가 다음 표와 같을 때, X의 평균, 분산, 표준편차를 구하시오.
(단, a는 상수이다.)

X	-1	0	1	2	4	합계
$\mathrm{P}(X=x)$	$\dfrac{1}{5}$	$\dfrac{3}{10}$	a	$\dfrac{1}{10}$	$\dfrac{1}{5}$	1

풀이 확률의 총합은 1이므로

$$\frac{1}{5}+\frac{3}{10}+a+\frac{1}{10}+\frac{1}{5}=1 \qquad \therefore a=\frac{1}{5}$$

$$\therefore \mathrm{E}(X)=-1\times\frac{1}{5}+0\times\frac{3}{10}+1\times\frac{1}{5}+2\times\frac{1}{10}+4\times\frac{1}{5}=1$$

$$\mathrm{E}(X^2)=(-1)^2\times\frac{1}{5}+0^2\times\frac{3}{10}+1^2\times\frac{1}{5}+2^2\times\frac{1}{10}+4^2\times\frac{1}{5}=4$$ 이므로

$$\mathrm{V}(X)=\mathrm{E}(X^2)-\{\mathrm{E}(X)\}^2=4-1^2=3$$

$$\sigma(X)=\sqrt{\mathrm{V}(X)}=\sqrt{3}$$

따라서 X의 **평균**은 **1**, 분산은 **3**, 표준편차는 $\sqrt{3}$이다.

다른 풀이 $\mathrm{E}(X)=1$이므로

$$\mathrm{V}(X)$$
$$=(-1-1)^2\times\frac{1}{5}+(0-1)^2\times\frac{3}{10}+(1-1)^2\times\frac{1}{5}+(2-1)^2\times\frac{1}{10}+(4-1)^2\times\frac{1}{5}$$
$$=3$$

KEY Point

• 이산확률변수 X의 확률질량함수가 $\mathrm{P}(X=x_i)=p_i\ (i=1,\ 2,\ 3,\ \cdots,\ n)$일 때
① $\mathrm{E}(X)=x_1p_1+x_2p_2+\cdots+x_np_n$
② $\mathrm{V}(X)=\mathrm{E}(X^2)-\{\mathrm{E}(X)\}^2$
③ $\sigma(X)=\sqrt{\mathrm{V}(X)}$

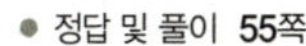
● 정답 및 풀이 **55**쪽

269 확률변수 X의 확률질량함수가 $\mathrm{P}(X=x)=\dfrac{6-x}{a}\ (x=-1,\ 1,\ 3,\ 5)$일 때, X의 분산을 구하시오. (단, a는 상수이다.)

270 확률변수 X의 확률분포가 오른쪽 표와 같고 X의 평균이 $\dfrac{1}{2}$일 때, X의 표준편차를 구하시오.
(단, $k,\ p$는 상수이다.)

X	$-k$	0	k	합계
$\mathrm{P}(X=x)$	$\dfrac{1}{4}$	$\dfrac{1}{4}$	p	1

125

 **05** **이산확률변수의 평균, 분산, 표준편차; 확률분포가 주어지지 않은 경우**

흰 공 2개와 검은 공 4개가 들어 있는 주머니에서 임의로 2개의 공을 동시에 꺼낼 때, 나오는 흰 공의 개수를 확률변수 X라 하자. 다음 물음에 답하시오.

(1) X의 확률분포를 표로 나타내시오.
(2) $\mathrm{E}(X)$, $\mathrm{V}(X)$, $\sigma(X)$를 구하시오.

풀이 (1) 확률변수 X가 가질 수 있는 값은 0, 1, 2이고, 그 확률은 각각

$$\mathrm{P}(X=0)=\frac{{}_4\mathrm{C}_2}{{}_6\mathrm{C}_2}=\frac{2}{5},$$

$$\mathrm{P}(X=1)=\frac{{}_2\mathrm{C}_1\times{}_4\mathrm{C}_1}{{}_6\mathrm{C}_2}=\frac{8}{15},$$

$$\mathrm{P}(X=2)=\frac{{}_2\mathrm{C}_2}{{}_6\mathrm{C}_2}=\frac{1}{15}$$

이므로 X의 확률분포를 표로 나타내면 오른쪽과 같다.

X	0	1	2	합계
$\mathrm{P}(X=x)$	$\frac{2}{5}$	$\frac{8}{15}$	$\frac{1}{15}$	1

(2) $\mathbf{E}(\boldsymbol{X})=0\times\frac{2}{5}+1\times\frac{8}{15}+2\times\frac{1}{15}=\frac{\mathbf{2}}{\mathbf{3}}$

$\mathrm{E}(X^2)=0^2\times\frac{2}{5}+1^2\times\frac{8}{15}+2^2\times\frac{1}{15}=\frac{4}{5}$ 이므로

$$\mathbf{V}(\boldsymbol{X})=\mathrm{E}(X^2)-\{\mathrm{E}(X)\}^2=\frac{4}{5}-\left(\frac{2}{3}\right)^2=\frac{\mathbf{16}}{\mathbf{45}}$$

$$\sigma(\boldsymbol{X})=\sqrt{\mathrm{V}(X)}=\sqrt{\frac{16}{45}}=\frac{\mathbf{4}\sqrt{\mathbf{5}}}{\mathbf{15}}$$

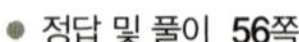 ● 정답 및 풀이 **56쪽**

 **271** 한 개의 동전을 세 번 던져서 앞면이 나오는 횟수를 확률변수 X라 할 때, X의 평균과 표준편차를 구하시오.

272 불량품 3개가 포함된 10개의 제품 중에서 임의로 2개의 제품을 동시에 뽑을 때, 뽑은 불량품의 개수를 확률변수 X라 하자. 이때 X의 평균과 표준편차를 구하시오.

273 1, 2, 3, 4, 5의 숫자가 각각 하나씩 적힌 5장의 카드 중에서 임의로 3장을 동시에 뽑을 때, 홀수가 적힌 카드의 개수를 확률변수 X라 하자. 이때 X의 표준편차를 구하시오.

발전 06 기댓값

한 개의 동전을 두 번 던지는 시행에서 앞면이 나올 때마다 100원, 뒷면이 나올 때마다 20원을 상금으로 받는 게임이 있다. 이 게임을 한 번 해서 받을 수 있는 상금의 기댓값을 구하시오.

설명 동전의 앞면을 H, 뒷면을 T라 하면 동전을 두 번 던져서 받을 수 있는 상금은 다음과 같다.

(i) (H, H) ⇨ $100+100=200$(원) (ii) (H, T) ⇨ $100+20=120$(원)

(iii) (T, H) ⇨ $20+100=120$(원) (iv) (T, T) ⇨ $20+20=40$(원)

풀이 한 번의 게임에서 받을 수 있는 상금을 X원이라 하면 확률변수 X가 가질 수 있는 값은 40, 120, 200이고, 그 확률은 각각

$$\mathrm{P}(X=40)=\frac{1}{4},\ \mathrm{P}(X=120)=\frac{1}{2},\ \mathrm{P}(X=200)=\frac{1}{4}$$

이므로 X의 확률분포를 표로 나타내면 오른쪽과 같다.

X	40	120	200	합계
$\mathrm{P}(X=x)$	$\frac{1}{4}$	$\frac{1}{2}$	$\frac{1}{4}$	1

$$\therefore\ \mathrm{E}(X)=40\times\frac{1}{4}+120\times\frac{1}{2}+200\times\frac{1}{4}$$
$$=120$$

따라서 구하는 기댓값은 **120원**이다.

KEY Point

- 이산확률변수 X의 확률질량함수가 $\mathrm{P}(X=x_i)=p_i\ (i=1,\ 2,\ 3,\ \cdots,\ n)$일 때, X의 기댓값
  ⇨ $\mathrm{E}(X)=x_1p_1+x_2p_2+\cdots+x_np_n$

● 정답 및 풀이 **57쪽**

274 노란 공 3개와 파란 공 2개가 들어 있는 주머니에서 임의로 2개의 공을 동시에 꺼낼 때, 노란 공은 1개당 250원, 파란 공은 1개당 500원을 상금으로 받는 게임이 있다. 이 게임을 한 번 해서 받을 수 있는 상금의 기댓값을 구하시오.

275 한 개의 주사위를 한 번 던져서 나오는 눈의 수가 홀수이면 그 수의 200배의 금액을, 짝수이면 그 수의 100배의 금액을 상금으로 받는 게임이 있다. 이 게임을 한 번 해서 받을 수 있는 상금의 기댓값을 구하시오.

 필수 **07** 확률변수 $aX+b$의 평균, 분산, 표준편차; $\mathrm{E}(X)$, $\mathrm{V}(X)$가 주어진 경우

평균이 0, 분산이 1인 확률변수 X에 대하여 확률변수 $Y=aX+b$의 평균이 5, 분산이 100이다. 상수 a, b에 대하여 $a-b$의 값을 구하시오. (단, $a>0$)

풀이 $\mathrm{E}(X)=0$이므로 $\mathrm{E}(Y)=\mathrm{E}(aX+b)=5$에서

$a\mathrm{E}(X)+b=5$ $\therefore b=5$

또 $\mathrm{V}(X)=1$이므로 $\mathrm{V}(Y)=\mathrm{V}(aX+b)=100$에서

$a^2\mathrm{V}(X)=100$, $a^2=100$

$\therefore a=10$ $(\because a>0)$

$\therefore a-b=\mathbf{5}$

 KEY Point

- **확률변수 X와 두 상수 a, b $(a\neq0)$에 대하여**
  ① $\mathrm{E}(aX+b)=a\mathrm{E}(X)+b$
  ② $\mathrm{V}(aX+b)=a^2\mathrm{V}(X)$
  ③ $\sigma(aX+b)=|a|\sigma(X)$

● 정답 및 풀이 **57쪽**

 확인 체크

276 확률변수 X에 대하여 $\mathrm{E}(-2X+3)=1$, $\sigma(X)=2$일 때, $\mathrm{E}(X^2)$을 구하시오.

277 확률변수 X에 대하여 $\mathrm{E}(X)=5$, $\mathrm{E}(X^2)=125$이다. 확률변수 $Y=aX+b$에 대하여 $\mathrm{E}(Y)=42$, $\mathrm{V}(Y)=16$일 때, 상수 b의 값을 구하시오. (단, a는 양의 상수이다.)

278 어느 시장에서 판매하는 사과 $1\,\mathrm{kg}$당 도매 가격을 X원, $1\,\mathrm{kg}$당 소매 가격을 Y원이라 하면 $Y=\dfrac{5}{4}X+300$이 성립한다. 확률변수 X의 평균은 4320, 표준편차는 100일 때, 확률변수 Y의 평균과 표준편차를 구하시오.

128

필수 08 **확률변수 $aX+b$의 평균, 분산, 표준편차; 확률분포가 주어진 경우**

확률변수 X의 확률분포가 오른쪽 표와 같을 때, 확률변수 $Y=4X-5$의 평균, 분산, 표준편차를 구하시오.

（단, a는 상수이다.）

X	-1	0	1	2	합계
$P(X=x)$	$\dfrac{3}{10}$	$\dfrac{1}{10}$	$2a$	a	1

풀이 확률의 총합은 1이므로

$$\frac{3}{10}+\frac{1}{10}+2a+a=1 \qquad \therefore a=\frac{1}{5}$$

$$\therefore E(X)=-1\times\frac{3}{10}+0\times\frac{1}{10}+1\times\frac{2}{5}+2\times\frac{1}{5}=\frac{1}{2}$$

$$E(X^2)=(-1)^2\times\frac{3}{10}+0^2\times\frac{1}{10}+1^2\times\frac{2}{5}+2^2\times\frac{1}{5}=\frac{3}{2}$$이므로

$$V(X)=E(X^2)-\{E(X)\}^2=\frac{3}{2}-\left(\frac{1}{2}\right)^2=\frac{5}{4}$$

$$\sigma(X)=\sqrt{V(X)}=\sqrt{\frac{5}{4}}=\frac{\sqrt{5}}{2}$$

따라서 확률변수 $Y=4X-5$에 대하여

$$E(Y)=E(4X-5)=4E(X)-5=4\times\frac{1}{2}-5=-3$$

$$V(Y)=V(4X-5)=4^2V(X)=16\times\frac{5}{4}=20$$

$$\sigma(Y)=\sigma(4X-5)=|4|\sigma(X)=4\times\frac{\sqrt{5}}{2}=2\sqrt{5} \quad \leftarrow \sigma(Y)=\sqrt{V(Y)}=\sqrt{20}=2\sqrt{5}$$

즉 확률변수 Y의 **평균**은 -3, **분산**은 **20**, **표준편차**는 $2\sqrt{5}$이다.

KEY Point

• 확률변수 X의 확률분포를 이용하여 X의 평균, 분산, 표준편차를 구한 후
$$E(aX+b)=aE(X)+b,\ V(aX+b)=a^2V(X),\ \sigma(aX+b)=|a|\sigma(X)$$
임을 이용한다.

● 정답 및 풀이 **57**쪽

확인체크

279 확률변수 X의 확률질량함수가
$$P(X=x)=kx^2\ (x=1,\ 2,\ 3,\ 4)$$
일 때, $E(-9X-2)$를 구하시오. （단, k는 상수이다.）

280 확률변수 X의 확률분포가 오른쪽 표와 같을 때, 확률변수 $Y=2X+1$의 평균, 분산, 표준편차를 구하시오. （단, a는 상수이다.）

X	-1	0	1	합계
$P(X=x)$	a	$\dfrac{a}{2}$	a^2	1

 **09** **확률변수 $aX+b$의 평균, 분산, 표준편차; 확률분포가 주어지지 않은 경우**

2개의 합격품이 포함된 4개의 제품 중에서 임의로 2개의 제품을 동시에 뽑을 때, 뽑은 합격품의 개수를 확률변수 X라 하자. 이때 $E(3X+2)$, $V(-3X+2)$를 구하시오.

풀이 확률변수 X가 가질 수 있는 값은 0, 1, 2이고, 그 확률은 각각

$$P(X=0)=\frac{{}_2C_2}{{}_4C_2}=\frac{1}{6},\ P(X=1)=\frac{{}_2C_1\times{}_2C_1}{{}_4C_2}=\frac{2}{3},\ P(X=2)=\frac{{}_2C_2}{{}_4C_2}=\frac{1}{6}$$

이므로 X의 확률분포를 표로 나타내면 다음과 같다.

X	0	1	2	합계
$P(X=x)$	$\frac{1}{6}$	$\frac{2}{3}$	$\frac{1}{6}$	1

$$\therefore E(X)=0\times\frac{1}{6}+1\times\frac{2}{3}+2\times\frac{1}{6}=1$$

$$E(X^2)=0^2\times\frac{1}{6}+1^2\times\frac{2}{3}+2^2\times\frac{1}{6}=\frac{4}{3}\ 이므로$$

$$V(X)=E(X^2)-\{E(X)\}^2=\frac{4}{3}-1^2=\frac{1}{3}$$

$$\therefore E(3X+2)=3E(X)+2=3\times1+2=5,$$

$$V(-3X+2)=(-3)^2V(X)=9\times\frac{1}{3}=3$$

 **KEY Point**

- 확률변수 X의 확률분포가 주어지지 않은 경우에 확률변수 $aX+b$의 평균, 분산, 표준편차는 다음과 같은 순서로 구한다.
  (i) X의 확률분포를 표로 나타낸 후 X의 평균, 분산, 표준편차를 구한다.
  (ii) $E(aX+b)=aE(X)+b$, $V(aX+b)=a^2V(X)$, $\sigma(aX+b)=|a|\sigma(X)$임을 이용한다.

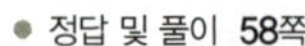 정답 및 풀이 **58**쪽

 **확인 체크**

281 흰 공 4개와 검은 공 3개가 들어 있는 상자에서 임의로 3개의 공을 동시에 꺼낼 때, 나오는 검은 공의 개수를 확률변수 X라 하자. 이때 $E(7X-2)$를 구하시오.

282 한 개의 주사위를 던져서 나온 눈의 수의 양의 약수의 개수를 확률변수 X라 할 때, $\sigma(-6X+5)$를 구하시오.

연습 문제

생각해 봅시다! 💡

$V(X)$
$=E(X^2)-\{E(X)\}^2$
$\sigma(X)=\sqrt{V(X)}$

283 확률변수 X의 확률분포가 다음 표와 같다. 확률변수 X의 평균이 3일 때, X의 표준편차를 구하시오. (단, a, b는 상수이다.)

X	1	2	3	4	5	합계
$P(X=x)$	$\dfrac{1}{10}$	$\dfrac{1}{5}$	$\dfrac{2}{5}$	a	b	1

284 빨간 구슬 3개와 파란 구슬 2개가 들어 있는 상자에서 임의로 2개의 구슬을 동시에 꺼낼 때, 나오는 파란 구슬의 개수를 확률변수 X라 하자. 이때 $V(X)$를 구하시오.

285 확률변수 X에 대하여 $E(X)=2$, $V(X)=7$일 때, $E((X-3)^2)$을 구하시오.

286 어떤 시험의 원점수 X의 평균이 m, 표준편차가 σ일 때, $T=10\times\dfrac{X-m}{\sigma}+50$을 X의 표준 점수라 하자. 이때 표준 점수 T의 평균과 표준편차를 구하시오.

교육청 기출

287 이산확률변수 X의 확률분포를 표로 나타내면 다음과 같다.

X	-3	0	a	합계
$P(X=x)$	$\dfrac{1}{2}$	$\dfrac{1}{4}$	$\dfrac{1}{4}$	1

$E(X)=-1$일 때, $V(aX)$의 값은? (단, a는 상수이다.)

① 12　　② 15　　③ 18　　④ 21　　⑤ 24

288 1이 적힌 카드가 1장, 2가 적힌 카드가 2장, 3이 적힌 카드가 3장 들어 있는 주머니에서 임의로 2장의 카드를 동시에 뽑을 때, 카드에 적힌 두 수의 합을 확률변수 X라 하자. 이때 $\sigma(-9X+5)$를 구하시오.

$1+2=3$
$1+3=2+2=4$
$2+3=5$
$3+3=6$

연습 문제

STEP 2

289 확률변수 X의 확률분포가 오른쪽 표와 같을 때, X의 분산이 최대가 되도록 하는 상수 a의 값을 구하시오.

(단, b는 상수이다.)

X	1	2	3	합계
$\mathrm{P}(X=x)$	b	$\dfrac{1}{4}$	a	1

평가원 기출

290 이산확률변수 X가 가지는 값이 0부터 4까지의 정수이고

$$\mathrm{P}(X=k)=\mathrm{P}(X=k+2) \ (k=0, 1, 2)$$

이다. $\mathrm{E}(X^2)=\dfrac{35}{6}$일 때, $\mathrm{P}(X=0)$의 값은?

① $\dfrac{1}{24}$　　② $\dfrac{1}{12}$　　③ $\dfrac{1}{8}$　　④ $\dfrac{1}{6}$　　⑤ $\dfrac{5}{24}$

291  상자 A에는 10000원짜리 상품권 3장과 5000원짜리 상품권 2장이 들어 있고, 상자 B에는 10000원짜리 상품권 4장과 5000원짜리 상품권 1장이 들어 있다. 두 상자 중에서 임의로 한 상자를 골라 상품권 2장을 동시에 꺼낼 때, 나오는 상품권의 총액의 기댓값을 구하시오.

상자 A를 고를 확률과 상자 B를 고를 확률은 모두 $\dfrac{1}{2}$이다.

292 확률변수 X의 확률분포가 다음 표와 같을 때, 확률변수 $Y=aX+b$에 대하여 $\mathrm{E}(Y)=6$, $\mathrm{V}(Y)=3$이다. 상수 a, b에 대하여 $a+b$의 값을 구하시오. (단, $a<0$)

X	0	2	4	6	합계
$\mathrm{P}(X=x)$	$\dfrac{1}{8}$	$\dfrac{3}{8}$	$\dfrac{3}{8}$	$\dfrac{1}{8}$	1

실력 UP⁺

293  남학생 2명, 여학생 3명을 일렬로 세우고, 앞에 있는 학생부터 차례대로 1, 2, 3, 4, 5의 번호를 하나씩 부여하려고 한다. 여학생 중에서 맨 앞에 있는 학생의 번호를 확률변수 X라 할 때, $\mathrm{V}(10X)$를 구하시오.

X가 가질 수 있는 값은 1, 2, 3이다.

03 이항분포

1 이항분포 ㆍ 필수 10

한 번의 시행에서 사건 A가 일어날 확률이 p일 때, n번의 독립시행에서 사건 A가 일어나는 횟수를 X라 하면 확률변수 X가 가질 수 있는 값은 $0, 1, 2, \cdots, n$이고, X의 확률질량함수는

$$P(X=x)={}_n C_x p^x q^{n-x} \ (q=1-p, \ x=0, 1, 2, \cdots, n)$$

이므로 확률변수 X의 확률분포를 표로 나타내면 다음과 같다.

X	0	1	2	$\cdots$	x	$\cdots$	n	합계
$P(X=x)$	${}_n C_0 q^n$	${}_n C_1 p^1 q^{n-1}$	${}_n C_2 p^2 q^{n-2}$	$\cdots$	${}_n C_x p^x q^{n-x}$	$\cdots$	${}_n C_n p^n$	1

이와 같은 확률변수 X의 확률분포를 **이항분포**라 하고, 기호로 **$B(n, p)$**와 같이 나타낸다. 이때 확률변수 X는 이항분포 $B(n, p)$를 따른다고 한다.

❯ $B(n, p)$에서 B는 이항분포를 뜻하는 Binomial distribution의 첫 글자이다.

보기 ▶ 한 개의 주사위를 180번 던질 때, 2의 눈이 나오는 횟수를 확률변수 X라 하면 한 번의 시행에서 2의 눈이 나올 확률은 $\dfrac{1}{6}$이므로 확률변수 X는 이항분포 $B\left(180, \dfrac{1}{6}\right)$을 따른다.

참고 위의 표에서 각 확률은 이항정리에 의하여 $(q+p)^n$을 전개한 식
$$(q+p)^n={}_n C_0 q^n+{}_n C_1 p^1 q^{n-1}+{}_n C_2 p^2 q^{n-2}+\cdots+{}_n C_n p^n$$
의 우변의 각 항과 같다.
이때 $q+p=1$이므로 ${}_n C_0 q^n+{}_n C_1 p^1 q^{n-1}+{}_n C_2 p^2 q^{n-2}+\cdots+{}_n C_n p^n=1$

2 이항분포의 평균, 분산, 표준편차 ㆍ 필수 11~13

확률변수 X가 이항분포 $B(n, p)$를 따를 때, X의 평균, 분산, 표준편차는 다음과 같다.

$$(단, q=1-p)$$

(1) $E(X)=np$　　　　(2) $V(X)=npq$　　　　(3) $\sigma(X)=\sqrt{npq}$

설명 확률변수 X가 이항분포 $B(3, p)$를 따를 때, X의 확률분포를 표로 나타내면 다음과 같다. (단, $q=1-p$)

X	0	1	2	3	합계
$P(X=x)$	q^3	$3pq^2$	$3p^2 q$	p^3	1

(1) $E(X)=0\times q^3+1\times 3pq^2+2\times 3p^2 q+3\times p^3=3p(q+p)^2$ ← $q+p=1$
$\qquad\quad =3p$

(2) $V(X)=E(X^2)-\{E(X)\}^2$
$\qquad\quad =0^2\times q^3+1^2\times 3pq^2+2^2\times 3p^2 q+3^2\times p^3-(3p)^2$
$\qquad\quad =3p(q+p)(q+3p)-9p^2=3p(q+3p)-9p^2=3pq$

(3) $\sigma(X)=\sqrt{V(X)}=\sqrt{3pq}$

이때 3은 시행 횟수이므로 일반적으로 확률변수 X가 이항분포 $B(n, p)$를 따를 때는 다음이 성립한다.
$$E(X)=np, \ V(X)=npq, \ \sigma(X)=\sqrt{npq}$$

보기 ▶ 확률변수 X가 이항분포 $\mathrm{B}\left(450, \dfrac{1}{3}\right)$을 따를 때

$$\mathrm{E}(X)=450\times\frac{1}{3}=150,\ \mathrm{V}(X)=450\times\frac{1}{3}\times\left(1-\frac{1}{3}\right)=100,\ \sigma(X)=\sqrt{\mathrm{V}(X)}=10$$

③ 큰 수의 법칙

> 어떤 시행에서 사건 A가 일어날 수학적 확률이 p일 때, n번의 독립시행에서 사건 A가 일어나는 횟수를 확률변수 X라 하면 임의의 양수 h에 대하여 **n이 한없이 커짐에 따라 확률 $\mathrm{P}\left(\left|\dfrac{X}{n}-p\right|<h\right)$는 1에 가까워진다.** 이것을 **큰 수의 법칙**이라 한다.

설명 한 개의 주사위를 n번 던지는 시행에서 1의 눈이 나오는 횟수를 X라 하면 확률변수 X는 이항분포 $\mathrm{B}\left(n, \dfrac{1}{6}\right)$을 따르므로 X의 확률질량함수는

$$\mathrm{P}(X=x)={}_n\mathrm{C}_x\left(\frac{1}{6}\right)^{x}\left(\frac{5}{6}\right)^{n-x}\ (x=0,\ 1,\ 2,\ \cdots,\ n)$$

따라서 $n=10,\ 30,\ 50$일 때, X의 확률분포를 표로 나타내면 오른쪽과 같으므로 $n=10,\ 30,\ 50$일 때, 상대도수 $\dfrac{X}{n}$와 수학적 확률 $\dfrac{1}{6}$의 차가 0.1보다 작을 확률 $\mathrm{P}\left(\left|\dfrac{X}{n}-\dfrac{1}{6}\right|<0.1\right)$은 다음과 같다.

X \ n	10	30	50
0	0.162	0.004	0.000
1	0.323	0.025	0.001
2	0.291	0.073	0.005
3	0.155	0.137	0.017
4	0.054	0.185	0.040
5	0.013	0.192	0.075
6	0.002	0.160	0.112
7	0.000	0.110	0.140
8	⋯	0.063	0.151
9	⋯	0.031	0.141
10	⋯	0.013	0.116
11		0.005	0.084
12		0.001	0.055
13		0.000	0.032
14		⋯	0.017
15		⋯	0.008

(i) $n=10$일 때

$$\begin{aligned}\mathrm{P}\left(\left|\frac{X}{10}-\frac{1}{6}\right|<0.1\right)&=\mathrm{P}\left(\frac{2}{3}<X<\frac{8}{3}\right)\\&=\mathrm{P}(X=1)+\mathrm{P}(X=2)\\&=0.614\end{aligned}$$

(ii) $n=30$일 때

$$\begin{aligned}\mathrm{P}\left(\left|\frac{X}{30}-\frac{1}{6}\right|<0.1\right)&=\mathrm{P}(2<X<8)\\&=\mathrm{P}(X=3)+\mathrm{P}(X=4)+\cdots+\mathrm{P}(X=7)\\&=0.784\end{aligned}$$

(iii) $n=50$일 때

$$\begin{aligned}\mathrm{P}\left(\left|\frac{X}{50}-\frac{1}{6}\right|<0.1\right)&=\mathrm{P}\left(\frac{10}{3}<X<\frac{40}{3}\right)\\&=\mathrm{P}(X=4)+\mathrm{P}(X=5)+\cdots+\mathrm{P}(X=13)\\&=0.946\end{aligned}$$

이상에서 확률 $\mathrm{P}\left(\left|\dfrac{X}{n}-\dfrac{1}{6}\right|<0.1\right)$은 시행 횟수 n이 커짐에 따라 1에 가까워짐을 알 수 있다.

이 결과는 0.1 대신 0.01, 0.001, ⋯과 같은 임의의 작은 양수를 대입해도 마찬가지이다.

따라서 주사위를 던지는 횟수 n이 커짐에 따라 1의 눈이 나오는 상대도수 $\dfrac{X}{n}$는 수학적 확률 $\dfrac{1}{6}$에 한없이 가까워짐을 알 수 있다.

참고 큰 수의 법칙에 의하여 시행 횟수가 충분히 클 때 상대도수, 즉 통계적 확률은 수학적 확률에 가까워진다. 따라서 자연 현상이나 사회 현상 등과 같이 수학적 확률을 구하기 어려운 경우에는 시행 횟수를 충분히 크게 하여 통계적 확률을 이용할 수 있다.

294 다음 확률변수 X가 이항분포를 따르는지 확인하고, 이항분포를 따르면 X의 확률분포를 $B(n, p)$ 꼴로 나타내시오.

(1) 10개의 주사위를 동시에 던질 때, 짝수의 눈이 나오는 주사위의 개수 X

(2) 3개의 당첨 제비를 포함한 20개의 제비 중에서 임의로 2개를 차례대로 뽑을 때, 뽑은 당첨 제비의 개수 X

(단, 꺼낸 제비는 다시 넣지 않는다.)

(3) 자유투 성공률이 0.85인 어느 농구 선수가 자유투를 50번 던져서 성공하는 횟수 X

(4) 재구매율이 40 %인 화장품을 100명에게 판매하였을 때, 재구매하는 인원수 X

295 확률변수 X가 이항분포 $B\left(3, \dfrac{2}{3}\right)$를 따를 때, 다음을 구하시오.

(1) X의 확률질량함수

(2) $P(X=2)$

296 확률변수 X가 다음과 같은 이항분포를 따를 때, $E(X)$, $V(X)$, $\sigma(X)$를 구하시오.

(1) $B\left(36, \dfrac{1}{3}\right)$

(2) $B\left(100, \dfrac{2}{5}\right)$

 **10** **이항분포에서의 확률**

볼링공을 한 번 던져서 스트라이크가 될 확률이 $\dfrac{7}{10}$인 볼링 선수가 볼링공을 4번 던졌을 때, 스트라이크가 되는 횟수를 확률변수 X라 하자. 다음 물음에 답하시오.

(1) X의 확률분포를 이항분포 $B(n, p)$ 꼴로 나타내시오.

(2) X의 확률질량함수를 구하시오.

(3) 3번 이상 스트라이크가 될 확률을 구하시오.

설명 한 번의 시행에서 사건 A가 일어날 확률이 p일 때, n번의 독립시행에서 사건 A가 일어나는 횟수를 X라 하면 확률변수 X는 이항분포 $B(n, p)$를 따른다.

풀이

(1) $B\left(4, \dfrac{7}{10}\right)$

(2) $P(X=x)={}_4C_x\left(\dfrac{7}{10}\right)^x\left(\dfrac{3}{10}\right)^{4-x}$ $(x=0,\ 1,\ 2,\ 3,\ 4)$

(3) 구하는 확률은
$$P(X \geq 3) = P(X=3) + P(X=4)$$
$$= {}_4C_3\left(\dfrac{7}{10}\right)^3\left(\dfrac{3}{10}\right)^1 + {}_4C_4\left(\dfrac{7}{10}\right)^4 = \dfrac{6517}{10000}$$

KEY Point

● 확률변수 X가 이항분포 $B(n, p)$를 따를 때, X의 확률질량함수는
$$P(X=x)={}_nC_x p^x (1-p)^{n-x} \quad (x=0,\ 1,\ 2,\ \cdots,\ n)$$

● 정답 및 풀이 62쪽

 **297** 어떤 예방주사를 맞은 사람에게 항체가 생길 확률이 $\dfrac{3}{4}$이라 한다. 이 예방주사를 맞은 4명 중에서 항체가 생긴 사람의 수를 확률변수 X라 할 때, 다음 물음에 답하시오.

(1) X의 확률분포를 이항분포 $B(n, p)$ 꼴로 나타내시오.

(2) X의 확률질량함수를 구하시오.

(3) 항체가 생긴 사람이 1명 이상일 확률을 구하시오.

298 확률변수 X가 이항분포 $B\left(25, \dfrac{4}{5}\right)$를 따를 때, $P(X=2)=aP(X=1)$을 만족시키는 상수 a의 값을 구하시오.

136

 **11** **이항분포의 평균, 분산, 표준편차; 이항분포가 주어진 경우**

이항분포 $B(n, p)$를 따르는 확률변수 X의 평균이 2, 분산이 1일 때, n의 값을 구하시오.

풀이 $E(X)=2$, $V(X)=1$이므로

$$np=2 \quad \cdots\cdots ㉠$$
$$np(1-p)=1 \quad \cdots\cdots ㉡$$

㉠을 ㉡에 대입하면 $2(1-p)=1$ $\therefore p=\dfrac{1}{2}$

$p=\dfrac{1}{2}$을 ㉠에 대입하면

$$\dfrac{1}{2}n=2 \quad \therefore \boldsymbol{n=4}$$

• 확률변수 X가 이항분포 $B(n, p)$를 따르면
$$\mathrm{E}(X)=np, \ \mathrm{V}(X)=np(1-p), \ \sigma(X)=\sqrt{np(1-p)}$$

● 정답 및 풀이 **63쪽**

 **299** 확률변수 X의 확률질량함수가

$$P(X=x)={}_{50}C_x\left(\dfrac{1}{5}\right)^x\left(\dfrac{4}{5}\right)^{50-x} \ (x=0, 1, 2, \cdots, 50)$$

일 때, 다음 물음에 답하시오.

(1) X의 확률분포를 이항분포 $B(n, p)$ 꼴로 나타내시오.

(2) $\mathrm{E}(X)$, $\mathrm{V}(X)$, $\sigma(X)$를 구하시오.

300 이항분포 $B(20, p)$를 따르는 확률변수 X의 평균이 5일 때, X^2의 평균을 구하시오.

301 이항분포 $B(n, p)$를 따르는 확률변수 X에 대하여 $\mathrm{E}(X)=\dfrac{4}{5}$, $\mathrm{E}(X^2)=\dfrac{32}{25}$일 때, $P(X=3)$을 구하시오.

 필수 **12** 이항분포의 평균, 분산, 표준편차; 이항분포가 주어지지 않은 경우

한 개의 주사위를 18번 던져서 6의 약수의 눈이 나오는 횟수를 확률변수 X라 할 때,
$\mathrm{E}(X)$, $\mathrm{V}(X)$, $\sigma(X)$를 구하시오.

풀이 한 개의 주사위를 한 번 던져서 6의 약수의 눈이 나올 확률은 $\dfrac{4}{6}=\dfrac{2}{3}$이므로 확률변수 X는 이항분
$\underrightarrow{\quad}$ 1, 2, 3, 6

포 $\mathrm{B}\!\left(18,\ \dfrac{2}{3}\right)$를 따른다.

$$\therefore \mathrm{E}(X)=18\times\frac{2}{3}=12$$

$$\mathrm{V}(X)=18\times\frac{2}{3}\times\frac{1}{3}=4$$

$$\sigma(X)=\sqrt{\mathrm{V}(X)}=\sqrt{4}=2$$

 KEY Point

● 독립시행에서 어떤 사건이 일어나는 횟수를 X라 하면 확률변수 X는 이항분포를 따른다.
⇨ 시행 횟수 n과 한 번의 시행에서 어떤 사건이 일어날 확률 p를 구하여 $\mathrm{B}(n,\ p)$로 나타낸다.

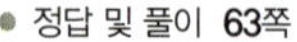 ● 정답 및 풀이 **63쪽**

 확인 체크

302 발아율이 20 %인 씨앗 200개를 심었을 때, 발아하는 씨앗의 개수를 확률변수 X라 하자.
이때 X의 평균을 구하시오.

303 3개의 동전을 동시에 던지는 시행을 160번 반복할 때, 앞면이 2개, 뒷면이 1개 나오는 횟수
를 확률변수 X라 하자. 이때 X의 표준편차를 구하시오.

304 지아와 선우가 가위바위보를 10번 하여 지아가 이기는 횟수를 확률변수 X라 할 때,
$\mathrm{E}(X^2)$을 구하시오.

필수 13 확률변수 $aX+b$의 평균, 분산, 표준편차; 이항분포를 따르는 경우

어느 공장에서 생산되는 제품의 10 %가 불량품이라 한다. 이 공장에서 생산된 400개의 제품 중에서 불량품의 개수를 확률변수 X라 할 때, 확률변수 $Y=\dfrac{3}{2}X-5$에 대하여 $\mathrm{E}(Y)$, $\mathrm{V}(Y)$를 구하시오.

풀이 공장에서 생산된 제품 하나가 불량품일 확률은 $\dfrac{1}{10}$이므로 확률변수 X는 이항분포 $\mathrm{B}\left(400,\ \dfrac{1}{10}\right)$을 따른다.

$$\therefore\ \mathrm{E}(X)=400\times\dfrac{1}{10}=40,\ \mathrm{V}(X)=400\times\dfrac{1}{10}\times\dfrac{9}{10}=36$$

따라서 확률변수 $Y=\dfrac{3}{2}X-5$에 대하여

$$\mathbf{E(Y)}=\mathrm{E}\left(\dfrac{3}{2}X-5\right)=\dfrac{3}{2}\mathrm{E}(X)-5=\dfrac{3}{2}\times40-5=\mathbf{55}$$

$$\mathbf{V(Y)}=\mathrm{V}\left(\dfrac{3}{2}X-5\right)=\left(\dfrac{3}{2}\right)^2\mathrm{V}(X)=\dfrac{9}{4}\times36=\mathbf{81}$$

KEY Point

- 이항분포 $\mathbf{B}(n,\ p)$를 따르는 확률변수 X에 대하여
  ① $\mathbf{E}(aX+b)=a\mathbf{E}(X)+b=anp+b$
  ② $\mathbf{V}(aX+b)=a^2\mathbf{V}(X)=a^2np(1-p)$
  ③ $\sigma(aX+b)=|a|\sigma(X)=|a|\sqrt{np(1-p)}$

● 정답 및 풀이 **63**쪽

305 어느 제약 회사에서 새로 개발한 치료약의 완치율이 80 %라 한다. 이 약을 복용한 200명의 환자 중에서 완치되는 환자 수를 확률변수 X라 할 때, 확률변수 $Y=2X-1$의 평균과 표준편차를 구하시오.

306 4개의 동전을 동시에 던지는 시행을 n번 반복할 때, 앞면이 1개, 뒷면이 3개 나오는 횟수를 확률변수 X라 하자. $\mathrm{E}(X^2)=70$일 때, $\mathrm{V}(3X-2)$를 구하시오.

STEP 1

307 어느 공장에서 생산된 제품 중에서 $90\ \%$가 품질 검사에 합격한다. 이 공장에서 생산된 제품 중에서 임의로 5개를 뽑아 검사하였을 때, 합격한 제품이 1개 이하일 확률을 구하시오.

308 이항분포 $\mathrm{B}(n,\ p)$를 따르는 확률변수 X의 확률질량함수가

$$\mathrm{P}(X=x)={}_{160}\mathrm{C}_x\left(\frac{3}{4}\right)^x\left(\frac{1}{4}\right)^{160-x}\ (x=0,\ 1,\ 2,\ \cdots,\ 160)$$

일 때, X의 평균과 분산을 구하시오.

$\mathrm{E}(X)=np$
$\mathrm{V}(X)=np(1-p)$

309 이항분포 $\mathrm{B}(n,\ p)$를 따르는 확률변수 X의 평균이 15, 표준편차가 $\dfrac{3\sqrt{5}}{2}$일 때, $4(n+p)$의 값을 구하시오.

310 흰 공 3개와 검은 공 4개가 들어 있는 주머니에서 동시에 2개의 공을 꺼내어 색을 확인하고 다시 넣는 시행을 49번 반복할 때, 같은 색의 공이 나오는 횟수를 확률변수 X라 하자. 이때 X의 표준편차를 구하시오.

1회의 시행에서 흰 공이 2개 또는 검은 공이 2개 나올 확률을 구한다.

311 한 개의 동전을 3번 던져서 앞면이 나오는 횟수를 확률변수 X라 하자. $(X-a)^2$의 평균을 $f(a)$라 할 때, $f(a)$의 최솟값을 구하시오.

STEP 2

312 확률변수 X는 이항분포 $\mathrm{B}(3,\ p)$를 따르고, 확률변수 Y는 이항분포 $\mathrm{B}(4,\ 2p)$를 따른다고 한다. 이때 $10\mathrm{P}(X=3)=\mathrm{P}(Y\geq3)$을 만족시키는 양수 p의 값을 구하시오.

313 이항분포 $B(10, p)$를 따르는 확률변수 X에 대하여 X의 표준편차가 최대일 때의 X의 평균을 구하시오.

314 흰 구슬 3개와 검은 구슬 x개가 들어 있는 상자에서 1개의 구슬을 꺼내어 색을 확인하고 다시 넣는 시행을 n번 반복할 때, 검은 구슬이 나오는 횟수를 확률변수 X라 하자. X의 평균이 4, 분산이 $\dfrac{12}{5}$일 때, $x+n$의 값을 구하시오.

> 1회의 시행에서 검은 구슬이 나올 확률은
> $$\dfrac{x}{x+3}$$

315  빨간 공 2개와 파란 공 3개가 들어 있는 주머니에서 1개의 공을 꺼내어 색을 확인하고 다시 넣는 시행을 5번 반복한다. 빨간 공이 나올 때마다 100원, 파란 공이 나올 때마다 200원씩 상금을 받는다고 할 때, 총상금의 기댓값을 구하시오.

> 빨간 공이 나오는 횟수를 X라 하면 파란 공이 나오는 횟수는 $5-X$이다.

실력 UP⁺

316 어느 호텔에서 객실을 예약한 고객이 예약을 취소할 확률은 10 %라 한다. 이 호텔의 객실은 48개이고 예약한 고객은 50명일 때, 객실이 부족할 확률을 구하시오. (단, 예약의 취소는 독립적이고, 1명의 고객은 1개의 객실을 예약할 수 있으며 $0.9^{49}=0.0057$, $0.9^{50}=0.0052$로 계산한다.)

> 객실이 부족하려면 예약을 취소하는 고객이 1명 이하이어야 한다.

수능 기출

317 좌표평면의 원점에 점 P가 있다. 한 개의 주사위를 사용하여 다음 시행을 한다.

> 주사위를 한 번 던져 나온 눈의 수가
> 2 이하이면 점 P를 x축의 양의 방향으로 3만큼,
> 3 이상이면 점 P를 y축의 양의 방향으로 1만큼
> 이동시킨다.

이 시행을 15번 반복하여 이동된 점 P와 직선 $3x+4y=0$ 사이의 거리를 확률변수 X라 하자. $\mathrm{E}(X)$의 값은?

① 13　　② 15　　③ 17　　④ 19　　⑤ 21

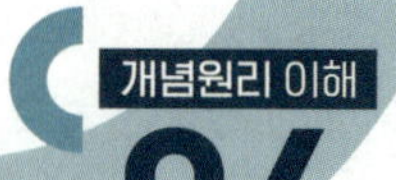

04 연속확률변수의 확률분포

1 확률밀도함수　필수 14, 15

일반적으로 $\alpha \le X \le \beta$에 속하는 모든 실수의 값을 가지는 연속확률변수 X에 대하여 $\alpha \le x \le \beta$에서 정의된 함수 $f(x)$가 다음 성질을 모두 만족시킬 때, 함수 $f(x)$를 확률변수 X의 **확률밀도함수**라 한다. 이때 X는 확률밀도함수가 $f(x)$인 확률분포를 따른다고 한다.

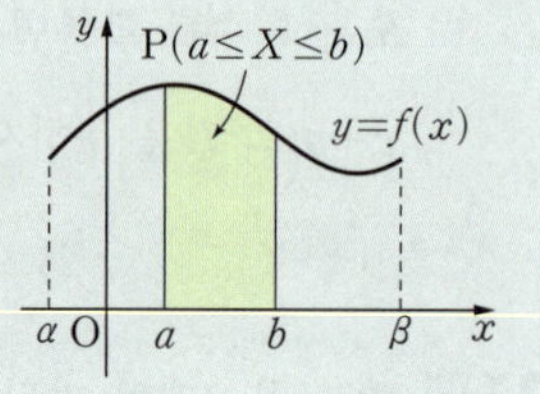

(1) $f(x) \ge 0$

(2) 함수 $y = f(x)$의 그래프와 x축 및 두 직선 $x = \alpha$, $x = \beta$로 둘러싸인 도형의 넓이는 1이다.

(3) $P(a \le X \le b)$는 함수 $y = f(x)$의 그래프와 x축 및 두 직선 $x = a$, $x = b$로 둘러싸인 도형의 넓이와 같다. (단, $\alpha \le a \le b \le \beta$)

▶ ① 길이, 무게, 시간 등과 같이 어떤 범위에서 연속적인 실수의 값을 갖는 확률변수를 연속확률변수라 한다.

② 연속확률변수 X가 특정한 값 x를 가질 확률, 즉 $P(X = x) = 0$이므로
$$P(a \le X \le b) = P(a \le X < b) = P(a < X \le b) = P(a < X < b)$$

보기 ▶ 연속확률변수 X의 확률밀도함수가 $f(x) = \dfrac{1}{4}$ $(0 \le x \le 4)$일 때

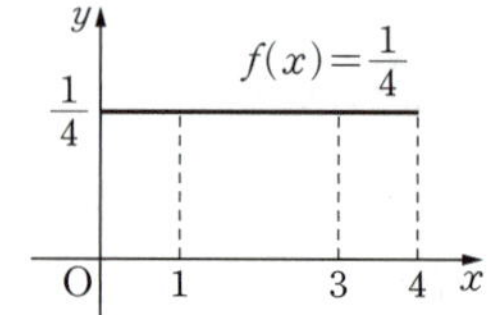

(1) $P(0 \le X \le 4) = 4 \times \dfrac{1}{4} = 1$

(2) $P(1 \le X \le 3) = 2 \times \dfrac{1}{4} = \dfrac{1}{2}$

주의　함수 $f(x) = \dfrac{1}{2}$ $(0 \le x \le 2)$에 대하여 $f(x) \ge 0$이고 [그림 1]에서 함수 $y = f(x)$의 그래프와 x축 및 두 직선

$x = 0$, $x = 2$로 둘러싸인 도형의 넓이는

$$2 \times \dfrac{1}{2} = 1$$

이므로 $f(x)$는 확률밀도함수가 될 수 있다.

반면에 함수 $g(x) = 1 - x$ $(0 \le x \le 1)$에 대하여 $g(x) \ge 0$이지만 [그림 2]에서 함수 $y = g(x)$의 그래프와 x축 및 직선 $x = 0$으로 둘러싸인 도형의 넓이는

$$\dfrac{1}{2} \times 1 \times 1 = \dfrac{1}{2}$$

이므로 $g(x)$는 확률밀도함수가 될 수 없다.

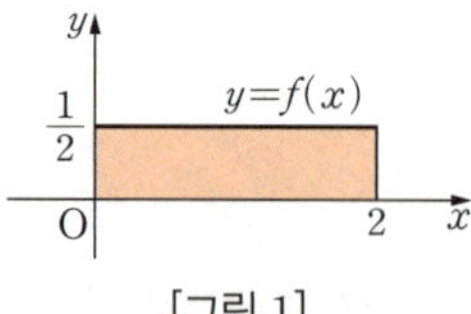

[그림 1]

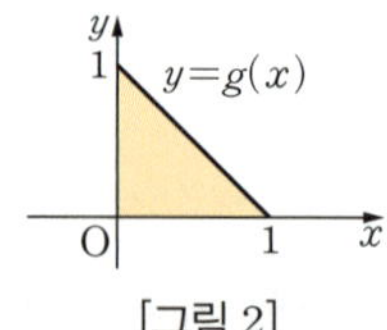

[그림 2]

보충 학습 도수분포다각형과 확률밀도함수의 그래프

다음은 어느 학교 학생 100명의 키를 조사하여 도수분포표로 나타낸 후 세로축을

$\dfrac{(\text{상대도수})}{(\text{계급의 크기})}$ 로 하는 히스토그램, 도수분포다각형으로 나타낸 것이다.

키(cm)	도수(명)	상대도수
140^{이상} ~ 150^{미만}	3	0.03
150　　 ~ 160	24	0.24
160　　 ~ 170	45	0.45
170　　 ~ 180	20	0.20
180　　 ~ 190	8	0.08
합계	100	1

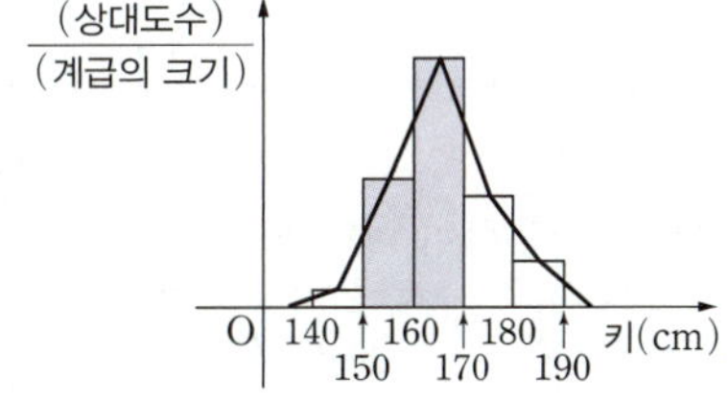

이때 학생의 키를 X cm라 하면 X는 연속확률변수이고 키가 150 cm 이상 170 cm 미만일 확률은

$$\mathrm{P}(150 \leq X < 170) = 0.24 + 0.45 = 0.69$$

이다.

이때 히스토그램의 각 직사각형의 넓이는

$$(\text{직사각형의 넓이}) = (\text{계급의 크기}) \times \dfrac{(\text{상대도수})}{(\text{계급의 크기})} = (\text{상대도수})$$

이므로 $\mathrm{P}(150 \leq X < 170)$은 히스토그램의 색칠한 부분의 넓이와 같다.

또 히스토그램의 모든 직사각형의 넓이의 합은 상대도수의 합과 같으므로 도수분포다각형과 가로축으로 둘러싸인 도형의 넓이는 1이다.

조사 대상의 수를 늘리고 계급의 크기를 더 작게 하여 $\dfrac{(\text{상대도수})}{(\text{계급의 크기})}$에 대한 히스토그램과 도수

분포다각형을 그리면 [그림 3]과 같이 조밀한 히스토그램과 도수분포다각형이 된다.

계속하여 조사 대상의 수를 한없이 늘리고 계급의 크기를 0에 가깝게 하면 [그림 4]와 같이 곡선에 가까워지는데 이 곡선은 항상 x축보다 위에 있고, 이 곡선과 x축으로 둘러싸인 도형의 넓이는 1이다.

또 $\mathrm{P}(a \leq X \leq b)$는 이 곡선과 x축 및 두 직선 $x=a$, $x=b$로 둘러싸인 도형의 넓이와 같다.

이와 같은 곡선을 그래프로 가지는 함수 $f(x)$를 연속확률변수 X의 확률밀도함수라 하고, X는 확률밀도함수가 $f(x)$인 확률분포를 따른다고 한다.

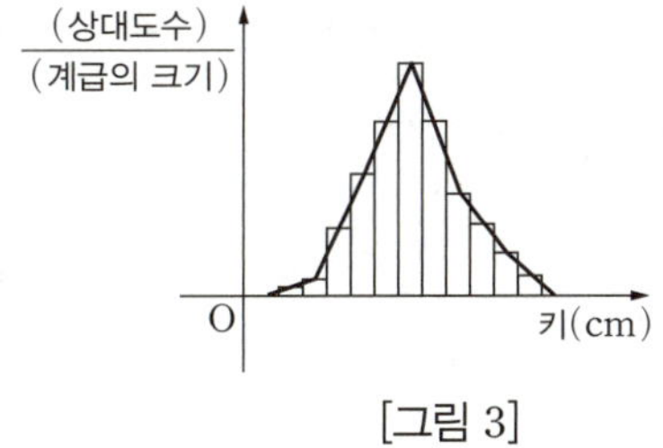

[그림 3]

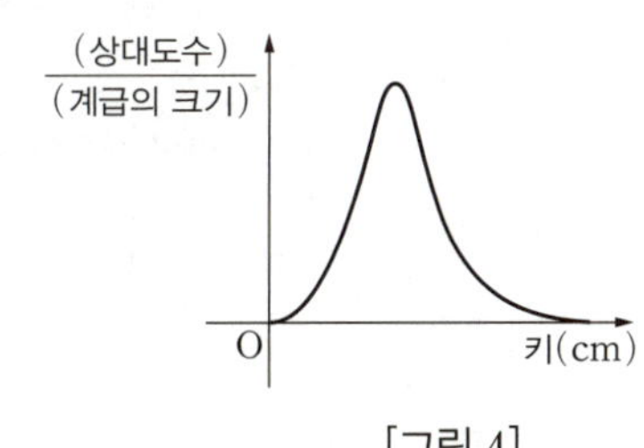

[그림 4]

# 특강 정적분을 이용한 확률밀도함수의 성질

1 정적분을 이용한 확률밀도함수의 성질

연속확률변수 X가 가질 수 있는 값의 범위가 $\alpha \leq X \leq \beta$이고 X의 확률밀도함수가 $f(x)$일 때, 확률 $P(a \leq X \leq b)$ $(\alpha \leq a \leq b \leq \beta)$는 함수 $y=f(x)$의 그래프와 x축 및 두 직선 $x=a$, $x=b$로 둘러싸인 도형의 넓이와 같다.

이를 정적분을 이용하여 나타내면

$$P(a \leq X \leq b) = \int_a^b f(x)\,dx$$

이고, $f(x)$는 다음과 같은 성질을 갖는다.

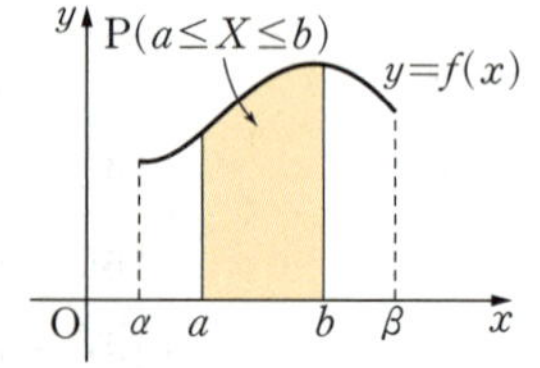

> 연속확률변수 X가 $\alpha \leq X \leq \beta$에 속하는 모든 실수의 값을 가질 때, $\alpha \leq x \leq \beta$에서 정의된 X의 확률밀도함수 $f(x)$에 대하여
> (1) $f(x) \geq 0$
> (2) $\displaystyle \int_\alpha^\beta f(x)\,dx = 1$

예제 ▶ 연속확률변수 X의 확률밀도함수가 $f(x) = kx$ $(0 \leq x \leq 4)$일 때, 다음을 구하시오.
(1) 상수 k의 값 (2) $P(0 \leq X \leq 2)$

풀이 **방법 1** (1) $\displaystyle \int_0^4 f(x)\,dx = 1$이므로

$$\int_0^4 kx\,dx = 1, \qquad \left[\frac{k}{2}x^2\right]_0^4 = 1$$

$$8k = 1 \qquad \therefore k = \frac{1}{8}$$

(2) $f(x) = \dfrac{1}{8}x$이므로

$$P(0 \leq X \leq 2) = \int_0^2 \frac{1}{8}x\,dx = \left[\frac{1}{16}x^2\right]_0^2 = \frac{1}{4}$$

방법 2 (1) $y=f(x)$의 그래프는 오른쪽 그림과 같고, 이 그래프와 x축 및 직선 $x=4$로 둘러싸인 도형의 넓이가 1이므로

$$\frac{1}{2} \times 4 \times 4k = 1, \qquad 8k = 1$$

$$\therefore k = \frac{1}{8}$$

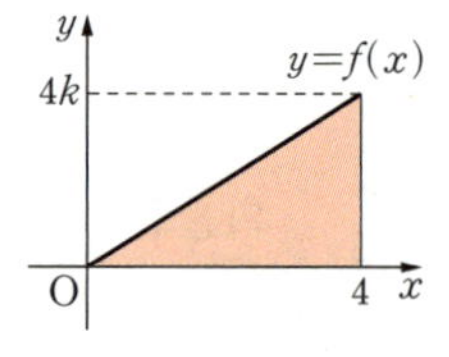

(2) $P(0 \leq X \leq 2)$는 오른쪽 그림의 색칠한 도형의 넓이와 같으므로

$$P(0 \leq X \leq 2) = \frac{1}{2} \times 2 \times \frac{1}{4} = \frac{1}{4}$$

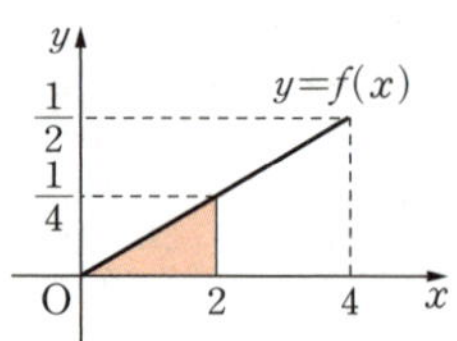

● 정답 및 풀이 66쪽

III-1

318 $-1\leq X\leq 1$에서 모든 실수의 값을 갖는 확률변수 X의 확률밀도함수가 될 수 있는 것만을 보기에서 있는 대로 고르시오.

보기
ㄱ. $f(x)=\dfrac{1}{2}$
ㄴ. $f(x)=2x$
ㄷ. $f(x)=x+1$
ㄹ. $f(x)=|x|$

319 연속확률변수 X의 확률밀도함수 $f(x)$가 다음과 같을 때, 상수 k의 값을 구하시오.

(1) $f(x)=k$ $(-2\leq x\leq 2)$

(2) $f(x)=\dfrac{1}{3}kx$ $(0\leq x\leq 1)$

320 연속확률변수 X의 확률밀도함수가 $f(x)=\dfrac{1}{18}x$ $(0\leq x\leq 6)$일 때, 다음을 구하시오.

(1) $\mathrm{P}(2\leq X\leq 4)$

(2) $\mathrm{P}(X\geq 3)$

 **14** 확률밀도함수의 성질

연속확률변수 X의 확률밀도함수가

$$f(x)=k(3x+1) \ (0 \leq x \leq 2)$$

일 때, 상수 k의 값을 구하시오.

풀이 함수 $y=f(x)$의 그래프는 오른쪽 그림과 같고, $y=f(x)$의 그래프와 x축 및 두 직선 $x=0$, $x=2$로 둘러싸인 도형의 넓이가 1이므로

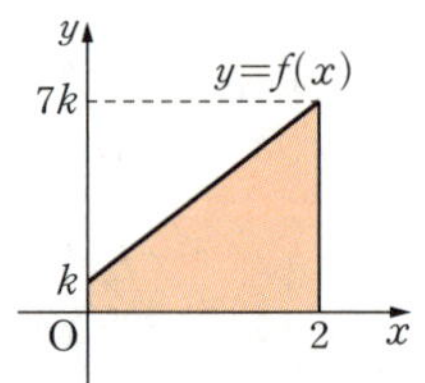

$$\frac{1}{2} \times (k+7k) \times 2 = 1$$

$$\therefore k=\frac{1}{8}$$

- 연속확률변수 X의 확률밀도함수 $f(x)$ $(\alpha \leq x \leq \beta)$에 대하여
  ① $f(x) \geq 0$
  ② 함수 $y=f(x)$의 그래프와 x축 및 두 직선 $x=\alpha$, $x=\beta$로 둘러싸인 도형의 넓이는 1이다.

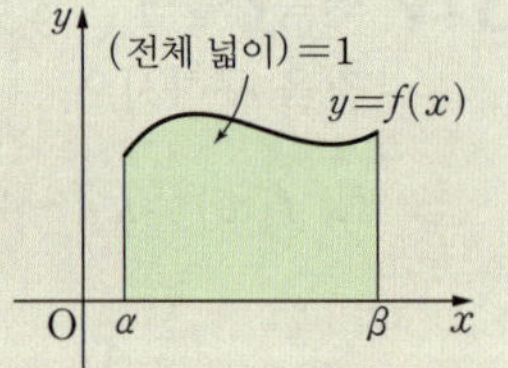

● 정답 및 풀이 **67**쪽

 **321** $0 \leq x \leq 5$에서 정의된 연속확률변수 X의 확률밀도함수 $y=f(x)$의 그래프가 오른쪽 그림과 같을 때, 상수 k의 값을 구하시오.

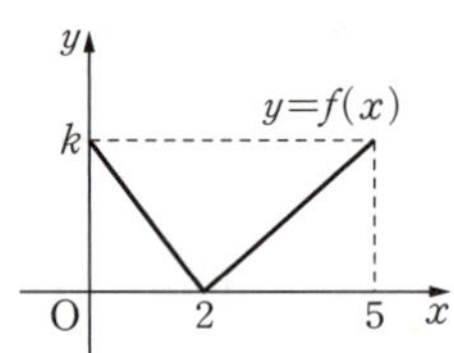

322 연속확률변수 X의 확률밀도함수가

$$f(x)=\begin{cases} kx & (0 \leq x \leq 2) \\ 2k & (2 \leq x \leq 3) \end{cases}$$

일 때, 상수 k의 값을 구하시오.

146

필수 **15** 연속확률변수의 확률 구하기

연속확률변수 X의 확률밀도함수가

$$f(x)=\begin{cases} kx & (0\le x\le 1) \\ k(2-x) & (1\le x\le 2) \end{cases}$$

일 때, $\mathrm{P}\left(0\le X\le \dfrac{1}{2}\right)$을 구하시오. (단, k는 상수이다.)

풀이 함수 $y=f(x)$의 그래프는 오른쪽 그림과 같고, $y=f(x)$의 그래프와 x축으로 둘러싸인 도형의 넓이가 1이므로

$$\frac{1}{2}\times 2\times k=1$$

$$\therefore k=1$$

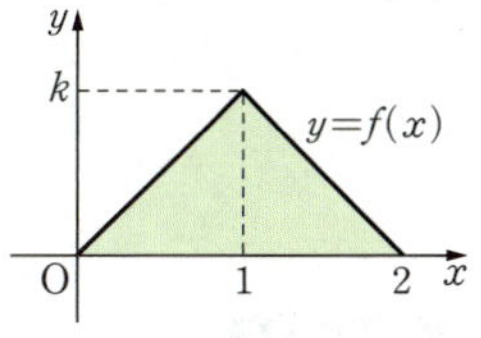

$\mathrm{P}\left(0\le X\le \dfrac{1}{2}\right)$은 $y=f(x)$의 그래프와 x축 및 직선 $x=\dfrac{1}{2}$로 둘러싸인 도형의 넓이와 같으므로

$$\mathrm{P}\left(0\le X\le \frac{1}{2}\right)=\frac{1}{2}\times\frac{1}{2}\times\frac{1}{2}=\boldsymbol{\frac{1}{8}}$$

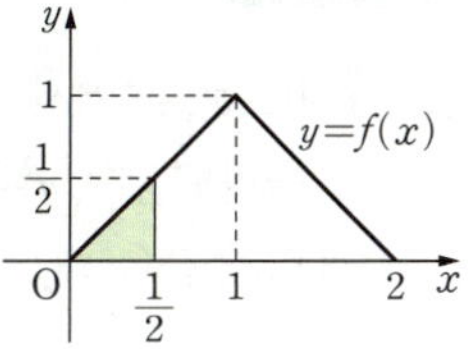

KEY Point

- 연속확률변수 X의 확률밀도함수 $f(x)$ $(\alpha\le x\le\beta)$에 대하여 $\mathrm{P}(a\le X\le b)$는 함수 $y=f(x)$의 그래프와 x축 및 두 직선 $x=a$, $x=b$로 둘러싸인 도형의 넓이와 같다.

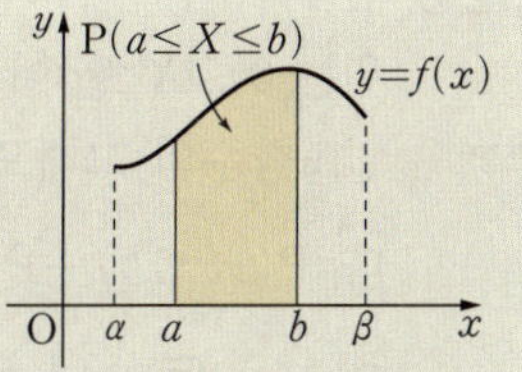

● 정답 및 풀이 **67쪽**

323 연속확률변수 X의 확률밀도함수가

$$f(x)=|x-1| \quad (0\le x\le 2)$$

일 때, $\mathrm{P}\left(\dfrac{1}{2}\le X\le \dfrac{3}{2}\right)$을 구하시오.

324 연속확률변수 X의 확률밀도함수가

$$f(x)=1-\frac{1}{2}x \quad (0\le x\le 2)$$

일 때, $\mathrm{P}(0\le X\le a)=\dfrac{3}{4}$을 만족시키는 상수 a의 값을 구하시오.

연습 문제

STEP 1

325 연속확률변수 X의 확률밀도함수가 $f(x)=\dfrac{x}{12}+k\ (0\leq x\leq 4)$일 때, 상수 k의 값을 구하시오.

326 연속확률변수 X의 확률밀도함수가 $f(x)=3k-x\ (0\leq x\leq 2k)$일 때, $\mathrm{P}(0\leq X\leq k)$를 구하시오. (단, k는 상수이다.)

$f(0)=3k,\ f(2k)=k$

STEP 2

327 $0\leq x\leq 4$에서 정의된 연속확률변수 X의 확률밀도함수 $y=f(x)$의 그래프가 오른쪽 그림과 같을 때, $\mathrm{P}(1\leq X\leq 3)$을 구하시오. (단, k는 상수이다.)

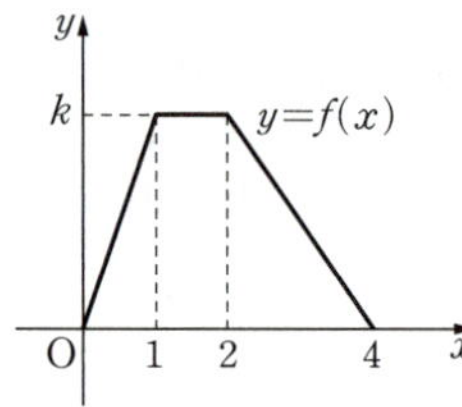

수능 기출

328 연속확률변수 X가 갖는 값의 범위는 $0\leq X\leq a$이고, X의 확률밀도함수의 그래프가 그림과 같다. $\mathrm{P}(X\leq b)-\mathrm{P}(X\geq b)=\dfrac{1}{4}$, $\mathrm{P}(X\leq\sqrt{5})=\dfrac{1}{2}$일 때, $a+b+c$의 값은? (단, a, b, c는 상수이다.)

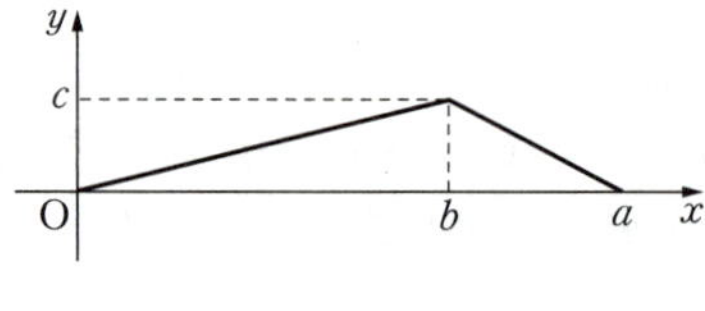

① $\dfrac{11}{2}$ ② 6 ③ $\dfrac{13}{2}$ ④ 7 ⑤ $\dfrac{15}{2}$

실력 UP⁺

329 $-2\leq x\leq 2$에서 정의된 연속확률변수 X의 확률밀도함수 $f(x)$가 다음 조건을 만족시킬 때, $\mathrm{P}\left(|X|\leq\dfrac{3}{2}\right)$을 구하시오.

함수 $f(x)$에 대하여
$f(x)=f(-x)$
이면 $y=f(x)$의 그래프는 y축에 대하여 대칭이다.

(가) $f(x)=f(-x)$

(나) $\mathrm{P}\left(\dfrac{3}{2}\leq X\leq 2\right)=5\mathrm{P}\left(0\leq X\leq\dfrac{3}{2}\right)$

05 정규분포

개념원리 이해

1 정규분포

(1) 실수 전체의 집합에서 정의된 연속확률변수 X의 확률밀도함수 $f(x)$가 두 상수 m, σ $(\sigma>0)$에 대하여

$$f(x)=\frac{1}{\sqrt{2\pi}\,\sigma}e^{-\frac{(x-m)^2}{2\sigma^2}}$$

일 때, X의 확률분포를 **정규분포**라 한다.

이때 확률밀도함수 $f(x)$의 그래프는 오른쪽 그림과 같고, 이 곡선을 **정규분포곡선**이라 한다.

또 m과 σ는 각각 연속확률변수 X의 평균과 표준편차를 나타내는 상수이고, e는 값이 $2.71828\cdots$인 무리수이다.

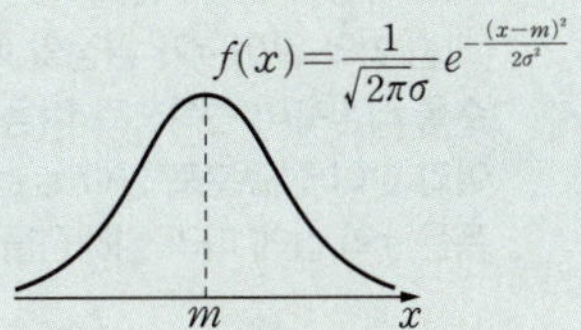

(2) 평균이 m, 표준편차가 σ인 정규분포를 기호로

$$\mathrm{N}(m,\ \sigma^2)$$

과 같이 나타내고, 연속확률변수 X는 정규분포 $\mathrm{N}(m,\ \sigma^2)$을 따른다고 한다.

▶ $\mathrm{N}(m,\ \sigma^2)$에서 N은 정규분포를 뜻하는 Normal distribution의 첫 글자이다.

참고 키, 강수량, 몸무게 등과 같이 자연 현상이나 사회 현상에서 나타나는 여러 가지 통계 자료는 정규분포를 따르는 경우가 많다.

보기 ▶ 서울의 3월의 강수량이 평균 $23.3\ \mathrm{mm}$, 표준편차 $4\ \mathrm{mm}$인 정규분포를 따를 때, 서울의 3월의 강수량은 정규분포 $\mathrm{N}(23.3,\ 4^2)$을 따른다고 한다.

2 정규분포곡선의 성질   ∽ 필수 16

정규분포 $\mathrm{N}(m,\ \sigma^2)$을 따르는 확률변수 X의 확률밀도함수의 그래프는 다음과 같은 성질을 갖는다.

(1) 직선 $x=m$에 대하여 대칭이고 x축이 점근선인 종 모양의 곡선이다.

(2) 곡선과 x축 사이의 넓이는 1이다.

(3) m의 값이 일정할 때, σ의 값이 커지면 대칭축의 위치는 변하지 않지만 곡선의 높이는 낮아지고 양옆으로 넓게 퍼진다.

(4) σ의 값이 일정할 때, m의 값이 달라지면 대칭축의 위치는 바뀌지만 곡선의 모양은 변하지 않는다.

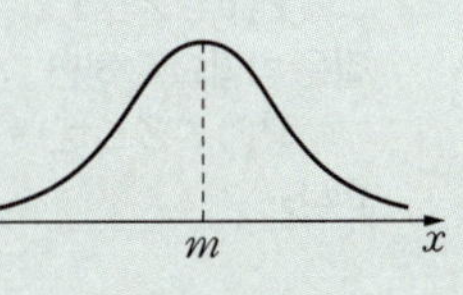

설명 정규분포 $N(m,\ \sigma^2)$을 따르는 확률변수 X의 확률밀도함수의 그래프는 m과 σ의 값에 따라 그 모양이 다음 그림과 같다.

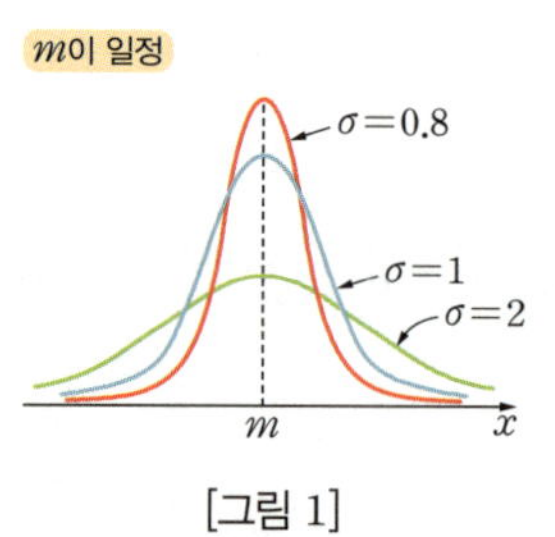

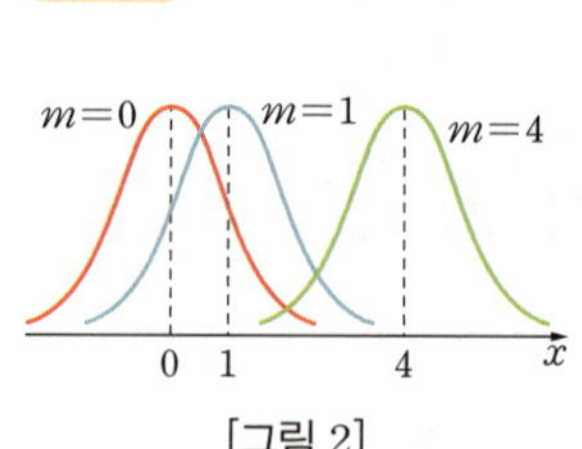

[그림 1]과 같이 m이 일정할 때에는 곡선의 대칭축의 위치는 변하지 않고 σ가 클수록 곡선의 높이는 낮아지면서 양옆으로 퍼지고, σ가 작을수록 곡선의 높이는 높아지면서 폭이 좁아진다.

[그림 2]와 같이 σ가 일정할 때에는 곡선의 모양은 변하지 않고 m이 클수록 대칭축이 오른쪽으로 이동하고, m이 작을수록 대칭축이 왼쪽으로 이동한다.

이와 같이 정규분포 $N(m,\ \sigma^2)$을 따르는 확률변수 X의 확률밀도함수의 그래프에서 대칭축은 m의 값에 따라, 높이와 폭은 σ의 값에 따라 정해짐을 알 수 있다.

3 표준정규분포

평균이 0이고 분산이 1인 정규분포 **N(0, 1)**을 **표준정규분포**라 한다.

확률변수 Z가 표준정규분포 $N(0,\ 1)$을 따를 때, Z의 확률밀도함수는

$$f(z)=\frac{1}{\sqrt{2\pi}}e^{-\frac{z^2}{2}} \ (z는\ 모든\ 실수)$$

이고, $f(z)$의 그래프는 오른쪽 그림과 같다.

또 양수 a에 대하여 $P(0\le Z\le a)$는 오른쪽 그림에서 색칠한 도형의 넓이와

같고, 그 값은 이 책의 190쪽에 있는 표준정규분포표를 이용하여 구할 수 있다.

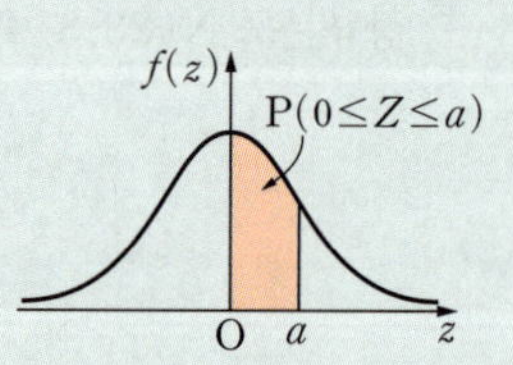

▶ 표준정규분포를 따르는 확률변수는 보통 Z로 나타낸다.

참고 **표준정규분포표에서 확률 구하기**

예를 들어 $P(0\le Z\le 1.27)$은 오른쪽 표준정규분포표에서 1.2의 가로줄과 0.07의 세로줄이 만나는 곳의 수 0.3980이므로

$$P(0\le Z\le 1.27)=0.3980$$

같은 방법으로 하면

$$P(0\le Z\le 2.13)=0.4834$$

이다.

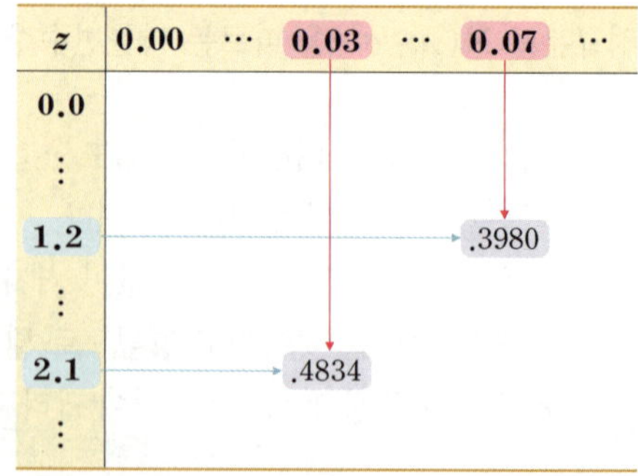

z	0.00	$\cdots$	0.03	$\cdots$	0.07	$\cdots$
0.0						
$\vdots$						
1.2					.3980	
$\vdots$						
2.1			.4834			
$\vdots$						

4 표준정규분포에서 확률 구하기 ∽ 필수 17~20

표준정규분포 $N(0, 1)$을 따르는 확률변수 Z의 확률밀도함수 $f(z)$의 그래프는 직선 $z=0$에 대하여 대칭이므로 다음이 성립한다. (단, $0<a<b$)

(1) $P(Z\geq 0)=P(Z\leq 0)=0.5$

(2) $P(0\leq Z\leq a)=P(-a\leq Z\leq 0)$

(3) $P(a\leq Z\leq b)=P(0\leq Z\leq b)-P(0\leq Z\leq a)$

(4) $P(Z\geq a)=P(Z\geq 0)-P(0\leq Z\leq a)=0.5-P(0\leq Z\leq a)$

(5) $P(Z\leq a)=P(Z\leq 0)+P(0\leq Z\leq a)=0.5+P(0\leq Z\leq a)$

(6) $P(-a\leq Z\leq b)=P(-a\leq Z\leq 0)+P(0\leq Z\leq b)=P(0\leq Z\leq a)+P(0\leq Z\leq b)$

참고   (3) 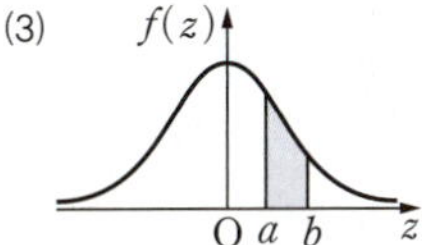   (4) 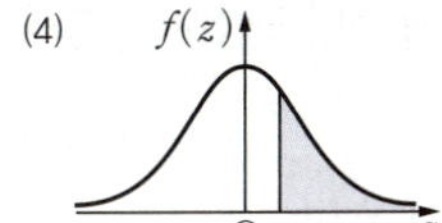   (5) 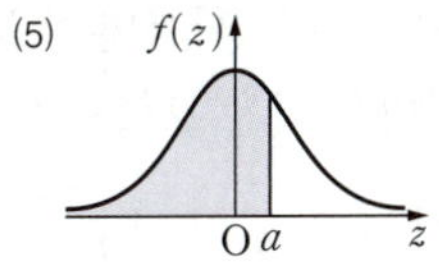   (6) 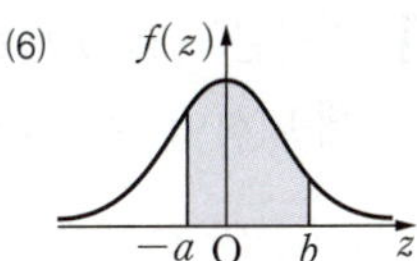

5 정규분포의 표준화 ∽ 필수 17~20

확률변수 X가 정규분포 $N(m, \sigma^2)$을 따를 때, 확률변수 $Z=\dfrac{X-m}{\sigma}$은 표준정규분포 $N(0, 1)$을 따른다. 이와 같이 정규분포 $N(m, \sigma^2)$을 따르는 확률변수 X를 표준정규분포 $N(0, 1)$을 따르는 확률변수 $Z=\dfrac{X-m}{\sigma}$으로 바꾸는 것을 **표준화**라 한다.

▶ 확률변수 X가 정규분포 $N(m, \sigma^2)$을 따를 때, $P(a\leq X\leq b)=P\left(\dfrac{a-m}{\sigma}\leq Z\leq \dfrac{b-m}{\sigma}\right)$이므로 확률변수 X를 표준화하면 표준정규분포표를 이용하여 확률을 구할 수 있다.

설명   확률변수 X가 정규분포 $N(m, \sigma^2)$을 따를 때, $Z=\dfrac{X-m}{\sigma}$이라 하면

$$E(Z)=E\left(\frac{X-m}{\sigma}\right)=\frac{1}{\sigma}\{E(X)-m\}=0 \quad \leftarrow E(X)=m$$

$$V(Z)=V\left(\frac{X-m}{\sigma}\right)=\frac{1}{\sigma^2}V(X)=1 \quad \leftarrow V(X)=\sigma^2$$

이므로 확률변수 Z는 표준정규분포 $N(0, 1)$을 따른다.

정규분포 $N(m, \sigma^2)$ 표준정규분포 $N(0, 1)$

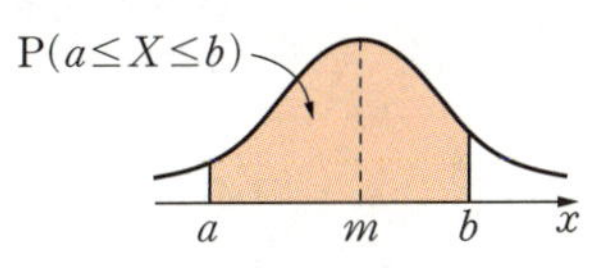

$Z=\dfrac{X-m}{\sigma}$

표준화

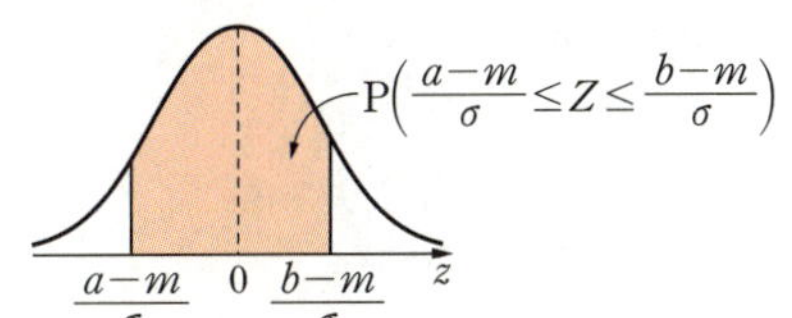

알아둡시다!

평균이 m, 표준편차가 σ인 정규분포
$\Rightarrow \mathrm{N}(m,\,\sigma^2)$

330 확률변수 X의 평균과 분산이 다음과 같을 때, X가 따르는 정규분포를 $\mathrm{N}(m,\,\sigma^2)$ 꼴로 나타내시오.

(1) $\mathrm{E}(X)=5$, $\mathrm{V}(X)=9$

(2) $\mathrm{E}(X)=12$, $\mathrm{V}(X)=16$

331 정규분포 $\mathrm{N}(m,\,\sigma^2)$을 따르는 확률변수 X의 확률밀도함수의 그래프에 대하여 괄호에서 알맞은 것을 고르시오.

(1) m의 값이 일정할 때, σ의 값이 클수록 곡선의 높이는 (낮아진다, 높아진다).

(2) σ의 값이 일정할 때, m의 값이 달라지면 대칭축의 위치는 (변한다, 변하지 않는다).

332 확률변수 Z가 표준정규분포 $\mathrm{N}(0,\,1)$을 따를 때, 오른쪽 표준정규분포표를 이용하여 다음을 구하시오.

z	$\mathrm{P}(0\leq Z\leq z)$
0.5	0.1915
1.0	0.3413
1.5	0.4332
2.0	0.4772

$0<a<b$일 때
(1) $\mathrm{P}(a\leq Z\leq b)$
  $=\mathrm{P}(0\leq Z\leq b)$
  $\quad-\mathrm{P}(0\leq Z\leq a)$
(2) $\mathrm{P}(Z\geq a)$
  $=0.5-\mathrm{P}(0\leq Z\leq a)$
(3) $\mathrm{P}(Z\leq a)$
  $=0.5+\mathrm{P}(0\leq Z\leq a)$
(4) $\mathrm{P}(-a\leq Z\leq b)$
  $=\mathrm{P}(0\leq Z\leq a)$
  $\quad+\mathrm{P}(0\leq Z\leq b)$

(1) $\mathrm{P}(1\leq Z\leq 2)$

(2) $\mathrm{P}(Z\geq 2)$

(3) $\mathrm{P}(Z\leq 0.5)$

(4) $\mathrm{P}(-1\leq Z\leq 1.5)$

333 확률변수 X가 다음과 같은 정규분포를 따를 때, X를 표준정규분포 $\mathrm{N}(0,\,1)$을 따르는 확률변수 Z로 표준화하시오.

(1) $\mathrm{N}(8,\,2^2)$

(2) $\mathrm{N}(20,\,25)$

확률변수 X가 정규분포 $\mathrm{N}(m,\,\sigma^2)$을 따를 때,
$$Z=\frac{X-m}{\sigma}$$
은 표준정규분포 $\mathrm{N}(0,\,1)$을 따른다.

필수 16 정규분포곡선의 성질

정규분포 $N(m,\ \sigma^2)$을 따르는 확률변수 X가 다음 조건을 만족시킬 때, $m+\sigma$의 값을 구하시오. (단, $\sigma>0$)

> ㈎ $P(X\leq6)=P(X\geq16)$ ㈏ $V\left(\dfrac{1}{9}X\right)=1$

풀이 정규분포곡선은 직선 $x=m$에 대하여 대칭이므로 $P(X\leq6)=P(X\geq16)$에서

$$m=\frac{6+16}{2}=11$$

또 $V\left(\dfrac{1}{9}X\right)=1$에서 $\left(\dfrac{1}{9}\right)^2 V(X)=1$

$$\therefore\ V(X)=81$$

즉 $\sigma^2=81$이므로 $\sigma=9\ (\because\ \sigma>0)$

$$\therefore\ m+\sigma=\mathbf{20}$$

● 정답 및 풀이 **69쪽**

334 정규분포 $N(20,\ 3^2)$을 따르는 확률변수 X에 대하여 $P(X\leq a)=P(X\geq29)$일 때, 상수 a의 값을 구하시오.

335 정규분포 $N(m,\ \sigma^2)$을 따르는 확률변수 X의 확률밀도함수 $f(x)$에 대하여 옳은 것만을 보기에서 있는 대로 고르시오. (단, $\sigma>0$)

> **보기**
>
> ㄱ. $P(X\geq m)=0.5$
> ㄴ. $f(x)$는 $x=m$일 때 최댓값을 갖는다.
> ㄷ. m의 값이 일정할 때, σ의 값이 작아지면 $y=f(x)$의 그래프의 높이는 낮아진다.
> ㄹ. σ의 값이 일정할 때, m의 값이 클수록 $y=f(x)$의 그래프는 오른쪽으로 이동한다.

336 확률변수 X가 정규분포 $N(32,\ 5^2)$을 따를 때, $P(k-3\leq X\leq k+1)$이 최대가 되도록 하는 상수 k의 값을 구하시오.

 필수 17 표준화하여 확률 구하기

확률변수 X가 정규분포 $N(40, 10^2)$을 따를 때, 오른쪽 표준
정규분포표를 이용하여 다음 확률을 구하시오.

(1) $P(25 \le X \le 40)$

(2) $P(X \ge 60)$

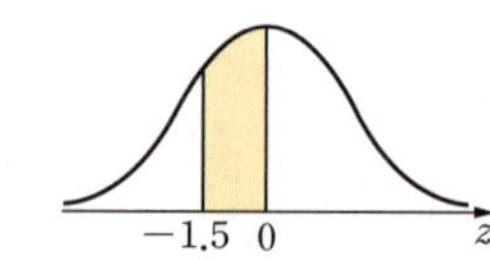

z	$P(0 \le Z \le z)$
1.5	0.4332
2.0	0.4772
2.5	0.4938

풀이

$Z = \dfrac{X-40}{10}$ 으로 놓으면 확률변수 Z는 표준정규분포 $N(0, 1)$을 따른다.

(1) $P(25 \le X \le 40) = P\left(\dfrac{25-40}{10} \le Z \le \dfrac{40-40}{10} \right)$

$\qquad\qquad\qquad = P(-1.5 \le Z \le 0)$

$\qquad\qquad\qquad = P(0 \le Z \le 1.5)$

$\qquad\qquad\qquad = \mathbf{0.4332}$

(2) $P(X \ge 60) = P\left(Z \ge \dfrac{60-40}{10} \right)$

$\qquad\qquad = P(Z \ge 2)$

$\qquad\qquad = P(Z \ge 0) - P(0 \le Z \le 2)$

$\qquad\qquad = 0.5 - 0.4772 = \mathbf{0.0228}$

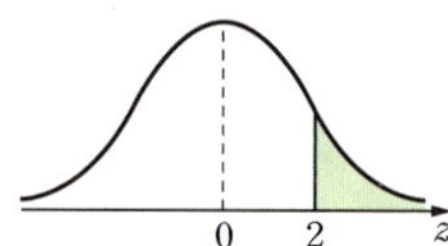

KEY Point

- 정규분포 $N(m, \sigma^2)$을 따르는 확률변수 X를 $Z = \dfrac{X-m}{\sigma}$으로 표준화한 후 구하는 확률을 Z에 대한 확률로 나타낸다.

$\Rightarrow P(a \le X \le b) = P\left(\dfrac{a-m}{\sigma} \le Z \le \dfrac{b-m}{\sigma} \right)$

● 정답 및 풀이 **70**쪽

 **337** 확률변수 X가 정규분포 $N(60, 4^2)$을 따를 때, 오른쪽 표준정규
분포표를 이용하여 다음 확률을 구하시오.

(1) $P(48 \le X \le 64)$

(2) $P(|X-64| \le 4)$

z	$P(0 \le Z \le z)$
1.0	0.3413
2.0	0.4772
3.0	0.4987

338 정규분포 $N(32, 5^2)$을 따르는 확률변수 X에 대하여 $P(28 \le X \le 36) = 0.5762$일 때,
$P(X \ge 28)$을 구하시오.

필수 18 표준화하여 미지수의 값 구하기

확률변수 X가 정규분포 $N(50, 5^2)$을 따를 때, 오른쪽 표준정규분포표를 이용하여 $P(X \geq k) = 0.0013$을 만족시키는 상수 k의 값을 구하시오.

z	$P(0 \leq Z \leq z)$
1.0	0.3413
2.0	0.4772
3.0	0.4987

풀이 $Z = \dfrac{X-50}{5}$으로 놓으면 확률변수 Z는 표준정규분포 $N(0, 1)$을 따른다.

$P(X \geq k) = 0.0013$에서

$$P\left(Z \geq \frac{k-50}{5}\right) = 0.0013, \quad P(Z \geq 0) - P\left(0 \leq Z \leq \frac{k-50}{5}\right) = 0.0013$$

$$0.5 - P\left(0 \leq Z \leq \frac{k-50}{5}\right) = 0.0013 \quad \therefore P\left(0 \leq Z \leq \frac{k-50}{5}\right) = 0.4987$$

이때 $P(0 \leq Z \leq 3) = 0.4987$이므로

$$\frac{k-50}{5} = 3 \quad \therefore k = \mathbf{65}$$

참고 $P\left(Z \geq \dfrac{k-50}{5}\right) = 0.0013 < 0.5$에서 $\dfrac{k-50}{5} > 0$

- 정규분포 $N(m, \sigma^2)$을 따르는 확률변수 X에 대한 확률이 주어질 때, 미지수는 다음과 같은 순서로 구한다.

  (i) $Z = \dfrac{X-m}{\sigma}$으로 표준화한다.

  (ii) 주어진 확률을 Z에 대한 확률로 나타낸 후 표준정규분포표를 이용할 수 있도록 이 식을 변형하여 미지수의 값을 구한다.

● 정답 및 풀이 **70쪽**

339 확률변수 X가 정규분포 $N(16, 2^2)$을 따를 때, 오른쪽 표준정규분포표를 이용하여 $P(k \leq X \leq 22) = 0.9759$를 만족시키는 상수 k의 값을 구하시오.

z	$P(0 \leq Z \leq z)$
1.0	0.3413
2.0	0.4772
3.0	0.4987

340 확률변수 X가 정규분포 $N(m, 10^2)$을 따를 때, $P(X \leq 45) = 0.1587$을 만족시키는 상수 m의 값을 구하시오. (단, $P(0 \leq Z \leq 1) = 0.3413$)

 필수 19   정규분포의 활용; 확률 구하기

어느 행사에 참가한 고등학교 2학년 학생 1000명의 키를 조사하였더니 평균이 164 cm, 표준편차가 5 cm인 정규분포를 따른다고 한다. 오른쪽 표준정규분포표를 이용하여 다음 물음에 답하시오.

z	$P(0 \leq Z \leq z)$
0.8	0.288
1.0	0.341
1.2	0.385

(1) 키가 170 cm 이상인 학생은 전체의 몇 %인지 구하시오.

(2) 키가 160 cm 이상 170 cm 이하인 학생은 몇 명인지 구하시오.

풀이 학생의 키를 X cm라 하면 확률변수 X는 정규분포 $N(164, 5^2)$을 따르므로 $Z = \dfrac{X-164}{5}$로 놓으면 확률변수 Z는 표준정규분포 $N(0, 1)$을 따른다.

$$(1) \ P(X \geq 170) = P\left(Z \geq \frac{170-164}{5}\right) = P(Z \geq 1.2)$$
$$= P(Z \geq 0) - P(0 \leq Z \leq 1.2)$$
$$= 0.5 - 0.385 = 0.115$$

따라서 키가 170 cm 이상인 학생은 전체의 **11.5 %**이다.

$$(2) \ P(160 \leq X \leq 170) = P\left(\frac{160-164}{5} \leq Z \leq \frac{170-164}{5}\right) = P(-0.8 \leq Z \leq 1.2)$$
$$= P(-0.8 \leq Z \leq 0) + P(0 \leq Z \leq 1.2)$$
$$= P(0 \leq Z \leq 0.8) + P(0 \leq Z \leq 1.2)$$
$$= 0.288 + 0.385 = 0.673$$

따라서 키가 160 cm 이상 170 cm 이하인 학생은
$$1000 \times 0.673 = \mathbf{673(명)}$$

● 정답 및 풀이 71쪽

 **341** 어느 고등학교 학생들의 몸무게는 평균이 53 kg, 표준편차가 6 kg인 정규분포를 따른다고 한다. 몸무게가 50 kg 이상 65 kg 이하인 학생은 전체의 몇 %인지 구하시오.
$$(단, P(0 \leq Z \leq 0.5) = 0.1915, \ P(0 \leq Z \leq 2) = 0.4772)$$

342 어느 공장에서 생산된 연필 400자루의 길이는 평균이 154 mm, 표준편차가 4 mm인 정규분포를 따른다고 한다. 400자루 중에서 길이가 148 mm 이하인 연필은 몇 자루인지 구하시오. (단, $P(0 \leq Z \leq 1.5) = 0.43$)

343 유진이가 등교하는 데 걸리는 시간은 평균이 40분, 표준편차가 5분인 정규분포를 따른다고 한다. 학교에 오전 8시 40분까지 등교해야 하고 집에서 출발한 시각이 오전 7시 52분일 때, 유진이가 지각할 확률을 구하시오. (단, $P(0 \leq Z \leq 1.6) = 0.4452$)

필수 **20** 정규분포의 활용; 최댓값·최솟값 구하기

320명을 뽑는 어느 회사의 입사 시험에 2000명이 응시하였다. 응시자의 점수는 평균이 450점, 표준편차가 75점인 정규분포를 따른다고 할 때, 합격자의 최저 점수를 구하시오.

(단, $\mathrm{P}(0 \leq Z \leq 1) = 0.34$)

설명 응시자 2000명에 대한 합격자 320명의 비율은 $\dfrac{320}{2000} = 0.16$이므로 응시자의 점수가 합격자의 최저 점수 이상일 확률은 0.16이다.

풀이 응시자의 점수를 X점이라 하면 확률변수 X는 정규분포 $\mathrm{N}(450, 75^2)$을 따르므로 $Z = \dfrac{X - 450}{75}$으로 놓으면 확률변수 Z는 표준정규분포 $\mathrm{N}(0, 1)$을 따른다.

합격자의 최저 점수를 k점이라 하면 $\mathrm{P}(X \geq k) = \dfrac{320}{2000} = 0.16$에서

$$\mathrm{P}\left(Z \geq \frac{k - 450}{75}\right) = 0.16$$

$$\mathrm{P}(Z \geq 0) - \mathrm{P}\left(0 \leq Z \leq \frac{k - 450}{75}\right) = 0.16$$

$$0.5 - \mathrm{P}\left(0 \leq Z \leq \frac{k - 450}{75}\right) = 0.16$$

$$\therefore \mathrm{P}\left(0 \leq Z \leq \frac{k - 450}{75}\right) = 0.34$$

이때 $\mathrm{P}(0 \leq Z \leq 1) = 0.34$이므로 $\dfrac{k - 450}{75} = 1$ $\therefore k = 525$

따라서 합격자의 최저 점수는 **525점**이다.

KEY Point

• 상위 $a \%$ 이내에 드는 X의 최솟값을 k라 하면

$$\mathrm{P}(X \geq k) = \frac{a}{100}$$

● 정답 및 풀이 **71쪽**

344 수험생들이 응시한 어떤 시험의 성적은 평균이 75점, 표준편차가 9점인 정규분포를 따른다고 한다. 이때 상위 10 %에 속하는 수험생의 최저 점수를 구하시오.

(단, $\mathrm{P}(0 \leq Z \leq 1.28) = 0.4$)

345 어느 고등학교 학생 500명의 키가 평균이 165 cm, 표준편차가 10 cm인 정규분포를 따른다고 할 때, 이 학교 학생 중 키가 작은 쪽에서 100번째인 학생의 키를 구하시오.

(단, $\mathrm{P}(0 \leq Z \leq 0.84) = 0.3$)

STEP 1

346 오른쪽 그림의 두 곡선 $y=f(x)$, $y=g(x)$는 각각 정규분포를 따르는 확률변수 X_1, X_2의 확률밀도함수의 그래프이다. 확률변수 X_1, X_2의 평균을 각각 m_1, m_2, 표준편차를 각각 σ_1, σ_2라 할 때, 다음 중 옳은 것은?

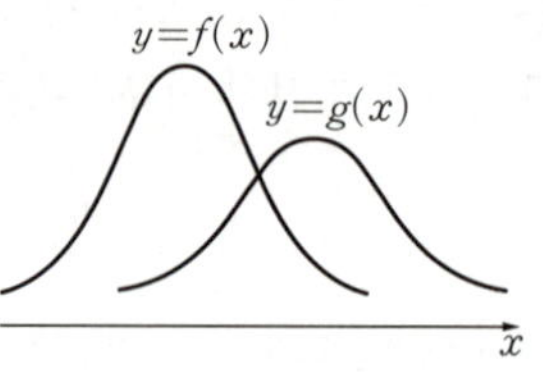

① $m_1>m_2$, $\sigma_1>\sigma_2$ 　② $m_1>m_2$, $\sigma_1<\sigma_2$

③ $m_1<m_2$, $\sigma_1>\sigma_2$ 　④ $m_1<m_2$, $\sigma_1<\sigma_2$

⑤ $m_1=m_2$, $\sigma_1=\sigma_2$

347 확률변수 Z가 표준정규분포 $N(0, 1)$을 따를 때, 이차방정식 $x^2+Zx+1=0$이 서로 다른 두 실근을 가질 확률을 구하시오.

(단, $P(0 \leq Z \leq 2)=0.4772$)

이차방정식이 서로 다른 두 실근을 갖는다.
$\Rightarrow$ (판별식) >0

348 정규분포 $N(42, 3^2)$을 따르는 확률변수 X에 대하여 확률변수 Y가 $Y=2X+4$일 때, 오른쪽 표준정규분포표를 이용하여 $P(Y \geq 100)$을 구하시오.

z	$P(0 \leq Z \leq z)$
1.0	0.3413
1.5	0.4332
2.0	0.4772

$E(aX+b)=aE(X)+b$
$\sigma(aX+b)=|a|\sigma(X)$

평가원 기출

349 어느 고등학교의 수학 시험에 응시한 수험생의 시험 점수는 평균이 68점, 표준편차가 10점인 정규분포를 따른다고 한다. 이 수학 시험에 응시한 수험생 중 임의로 선택한 수험생 한 명의 시험 점수가 55점 이상이고 78점 이하일 확률을 오른쪽 표준정규분포표를 이용하여 구한 것은?

z	$P(0 \leq Z \leq z)$
1.0	0.3413
1.1	0.3643
1.2	0.3849
1.3	0.4032

① 0.7262　② 0.7445　③ 0.7492　④ 0.7675　⑤ 0.7881

350 어느 공장에서 생산된 음료수 500캔에 들어 있는 내용물의 용량은 평균이 180 mL, 표준편차가 4 mL인 정규분포를 따른다고 한다. 500캔 중에서 내용물의 용량이 186 mL 이상 188 mL 이하인 음료수는 몇 캔인지 구하시오.

z	$P(0 \leq Z \leq z)$
1.5	0.4332
2.0	0.4772
2.5	0.4938

351 800명을 모집하는 어느 대학의 입학 시험에 4000명이 응시하였다. 수험생의 시험 성적은 평균이 248점, 표준편차가 50점인 정규분포를 따른다고 할 때, 합격자의 최저 점수를 구하시오.

$$(단, \ P(0 \leq Z \leq 0.84) = 0.3)$$

STEP 2

352 세 고등학교 A, B, C의 2학년 학생들의 수학 성적은 각각 정규분포를 따르고 그 그래프는 오른쪽 그림과 같다. 세 고등학교의 2학년 학생 수가 같을 때, 옳은 것만을 보기에서 있는 대로 고르시오.

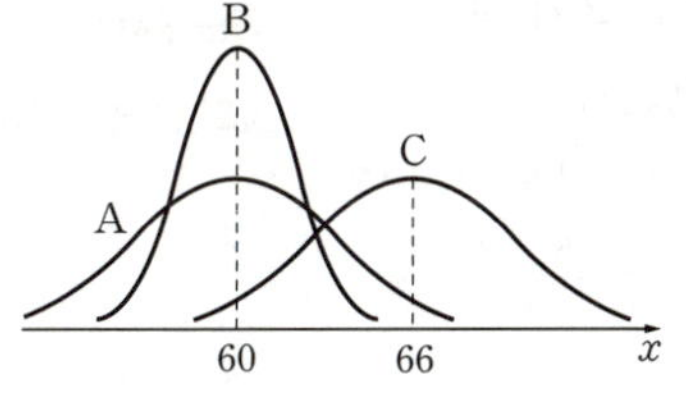

표준편차가 작을수록 정규분포곡선의 높이가 높아진다.

> **보기**
>
> ㄱ. 성적이 우수한 학생들은 B 고등학교보다 A 고등학교에 더 많다.
> ㄴ. 평균적으로 B 고등학교 학생들이 A 고등학교 학생들보다 성적이 더 우수하다.
> ㄷ. C 고등학교 학생들보다 B 고등학교 학생들의 성적이 더 고르다.

353 확률변수 X가 정규분포 $N(4, 2^2)$을 따를 때, 다음 중 확률이 가장 작은 것은? (단, $P(0 \leq Z \leq 1) = 0.3413$, $P(0 \leq Z \leq 1.5) = 0.4332$)

① $P(1 \leq X \leq 2)$ ② $P(2 \leq X \leq 3)$ ③ $P(4 \leq X \leq 5)$
④ $P(X \leq 2)$ ⑤ $P(X \geq 7)$

정규분포곡선을 이용하여 확률의 대소를 비교해 본다.

연습 문제

354 두 확률변수 X, Y가 각각 정규분포 $N(5, 3^2)$, $N(16, 4^2)$을 따르고 $P(X \geq k) = P(Y \leq -k)$일 때, 상수 k의 값을 구하시오.

교육청 기출

355 확률변수 X는 평균이 m, 표준편차가 4인 정규분포를 따르고, 확률변수 X의 확률밀도함수 $f(x)$가 $f(8) > f(14)$, $f(2) < f(16)$을 만족시킨다. m이 자연수일 때, $P(X \leq 6)$의 값을 오른쪽 표준정규분포표를 이용하여 구한 것은?

z	$P(0 \leq Z \leq z)$
1.0	0.3413
1.5	0.4332
2.0	0.4772
2.5	0.4938

x의 값이 m에 가까울수록 $f(x)$의 값이 커진다.

① 0.0062　② 0.0228　③ 0.0668　④ 0.1525　⑤ 0.1587

---

356 학생 A의 반 전체 학생들의 국어, 영어, 수학 성적은 각각 정규분포를 따르고 각 과목의 평균, 표준편차와 학생 A의 성적은 오른쪽 표와 같다. A의 성적을 이 반 학생들과 비교할 때, 세 과목 중 A가 상대적으로 성적이 가장 좋은 과목을 구하시오.

(단위: 점)

과목	국어	영어	수학
평균	50	64	62
표준편차	13	17	14
A의 성적	65	82	75

A보다 성적이 높을 확률이 가장 낮은 과목을 찾는다.

실력 UP⁺

수능 기출

357 정규분포 $N(m_1, \sigma_1^2)$을 따르는 확률변수 X와 정규분포 $N(m_2, \sigma_2^2)$을 따르는 확률변수 Y가 다음 조건을 만족시킨다.

> 모든 실수 x에 대하여
> $P(X \leq x) = P(X \geq 40 - x)$이고 $P(Y \leq x) = P(X \leq x + 10)$이다.

$P(15 \leq X \leq 20) + P(15 \leq Y \leq 20)$의 값을 오른쪽 표준정규분포표를 이용하여 구한 것이 0.4772일 때, $m_1 + \sigma_2$의 값을 구하시오.
(단, σ_1과 σ_2는 양수이다.)

z	$P(0 \leq Z \leq z)$
0.5	0.1915
1.0	0.3413
1.5	0.4332
2.0	0.4772

06 이항분포와 정규분포의 관계

1 이항분포와 정규분포의 관계 ⌒ 필수 21, 22

> 확률변수 X가 **이항분포 $B(n, p)$**를 따를 때, n이 충분히 크면 X는 근사적으로 **정규분포 $N(np, npq)$**를 따른다. (단, $q=1-p$)

▶ n이 충분히 크다는 것은 일반적으로 $np \geq 5$이고 $nq \geq 5$일 때를 뜻한다.

설명 한 개의 주사위를 n번 던져서 1의 눈이 나오는 횟수를 확률변수 X라 하면 X는 이항분포 $B\left(n, \dfrac{1}{6}\right)$을 따른다.

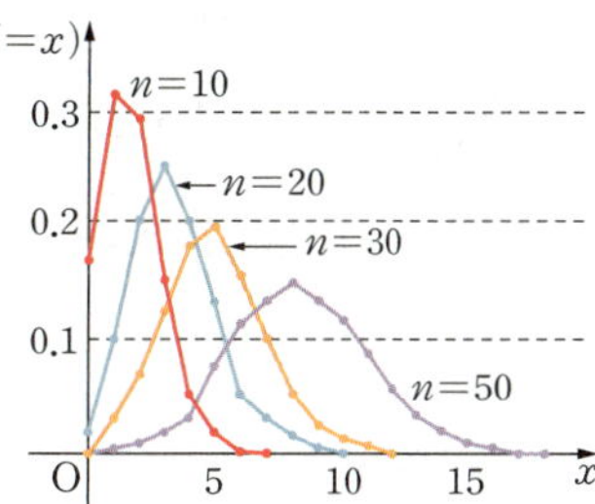

여기서 $n=10, 20, 30, 50$일 때의 이항분포 $B\left(n, \dfrac{1}{6}\right)$의 그래프는 오른쪽 그림과 같다.

즉 이항분포의 그래프는 n의 값이 커질수록 정규분포곡선에 가까워짐을 알 수 있다.

이때 X의 평균과 분산을 구하면

$$E(X)=n \times \frac{1}{6}=\frac{n}{6},$$

$$V(X)=n \times \frac{1}{6} \times \frac{5}{6}=\frac{5}{36}n$$

이므로 n이 충분히 크면 X가 근사적으로 정규분포 $N\left(\dfrac{n}{6}, \dfrac{5}{36}n\right)$을 따름을 알 수 있다.

일반적으로 확률변수 X가 이항분포 $B(n, p)$를 따를 때, n의 값이 크면 확률을 계산하기 복잡하므로 정규분포를 이용한다.

즉 확률변수 X가 이항분포 $B(n, p)$를 따를 때, n이 충분히 크면 X는 근사적으로 평균이 np, 분산이 npq인 정규분포 $N(np, npq)$를 따른다는 사실이 알려져 있다. (단, $q=1-p$)

따라서 $Z=\dfrac{X-np}{\sqrt{npq}}$로 놓으면 확률변수 Z는 표준정규분포 $N(0, 1)$을 따르므로 X를 표준화하여 확률을 구할 수 있다.

보기 ▶ 확률변수 X가 이항분포 $B\left(400, \dfrac{1}{5}\right)$을 따르면

$$E(X)=400 \times \frac{1}{5}=80$$

$$V(X)=400 \times \frac{1}{5} \times \frac{4}{5}=64$$

이때 400은 충분히 큰 수이므로 확률변수 X는 근사적으로 정규분포 $N(80, 8^2)$을 따른다.
$\quad\quad \longmapsto 400 \times \dfrac{1}{5}=80, \ 400 \times \dfrac{4}{5}=320$

따라서 $Z=\dfrac{X-80}{8}$으로 놓으면 확률변수 Z는 표준정규분포 $N(0, 1)$을 따른다.

 **21** **이항분포와 정규분포의 관계**

확률변수 X가 이항분포 $\mathrm{B}\!\left(600, \dfrac{2}{5}\right)$를 따를 때, 오른쪽 표준 정규분포표를 이용하여 다음 확률을 구하시오.

(1) $\mathrm{P}(204 \leq X \leq 264)$

(2) $\mathrm{P}(X \leq 252)$

z	$\mathrm{P}(0 \leq Z \leq z)$
1.0	0.3413
2.0	0.4772
3.0	0.4987

풀이 

확률변수 X는 이항분포 $\mathrm{B}\!\left(600, \dfrac{2}{5}\right)$를 따르므로

$$\mathrm{E}(X)=600 \times \frac{2}{5}=240, \ \mathrm{V}(X)=600 \times \frac{2}{5} \times \frac{3}{5}=144$$

이때 600은 충분히 큰 수이므로 확률변수 X는 근사적으로 정규분포 $\mathrm{N}(240, 12^2)$을 따른다.

따라서 $Z=\dfrac{X-240}{12}$ 으로 놓으면 확률변수 Z는 표준정규분포 $\mathrm{N}(0, 1)$을 따른다.

(1) $\begin{aligned}[t] \mathrm{P}(204 \leq X \leq 264) &= \mathrm{P}\!\left(\frac{204-240}{12} \leq Z \leq \frac{264-240}{12}\right) \\ &= \mathrm{P}(-3 \leq Z \leq 2) = \mathrm{P}(-3 \leq Z \leq 0) + \mathrm{P}(0 \leq Z \leq 2) \\ &= \mathrm{P}(0 \leq Z \leq 3) + \mathrm{P}(0 \leq Z \leq 2) \\ &= 0.4987 + 0.4772 = \mathbf{0.9759} \end{aligned}$

(2) $\begin{aligned}[t] \mathrm{P}(X \leq 252) &= \mathrm{P}\!\left(Z \leq \frac{252-240}{12}\right) = \mathrm{P}(Z \leq 1) \\ &= \mathrm{P}(Z \leq 0) + \mathrm{P}(0 \leq Z \leq 1) \\ &= 0.5 + 0.3413 = \mathbf{0.8413} \end{aligned}$

KEY Point

• 확률변수 X가 이항분포 $\mathrm{B}(n, p)$를 따를 때, n이 충분히 크면 X는 근사적으로 정규분포 $\mathrm{N}(np, npq)$를 따른다. (단, $q=1-p$)

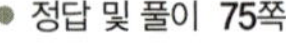 ● 정답 및 풀이 **75쪽**

 **358** 확률변수 X가 이항분포 $\mathrm{B}\!\left(48, \dfrac{3}{4}\right)$을 따를 때, $\mathrm{P}(33 \leq X \leq 39)$를 구하시오.

$$(\text{단}, \ \mathrm{P}(0 \leq Z \leq 1)=0.3413)$$

359 확률변수 X의 확률질량함수가

$$\mathrm{P}(X=x)={}_{450}\mathrm{C}_x\!\left(\frac{2}{3}\right)^{x}\!\left(\frac{1}{3}\right)^{450-x} \ (x=0, 1, 2, \cdots, 450)$$

일 때, $\mathrm{P}(X \geq 280)$을 구하시오. $(\text{단}, \ \mathrm{P}(0 \leq Z \leq 2)=0.4772)$

 **필수 22** **이항분포와 정규분포의 관계의 활용**

한 환자에게 어떤 약을 투여했을 때, 치유될 확률은 0.6이다.
150명의 환자에게 이 약을 투여했을 때, 99명 이상이 치유될
확률을 오른쪽 표준정규분포표를 이용하여 구하시오.

z	$P(0 \leq Z \leq z)$
1.0	0.3413
1.5	0.4332

풀이 환자 한 명이 치유될 확률은 0.6이므로 환자 150명 중 치유되는 환자의 수를 X라 하면 확률변수 X는 이항분포 $B(150, 0.6)$을 따른다.

$$\therefore E(X) = 150 \times 0.6 = 90, \quad V(X) = 150 \times 0.6 \times 0.4 = 36$$

이때 150은 충분히 큰 수이므로 확률변수 X는 근사적으로 정규분포 $N(90, 6^2)$을 따른다.

따라서 $Z = \dfrac{X-90}{6}$으로 놓으면 확률변수 Z는 표준정규분포 $N(0, 1)$을 따르므로 구하는 확률은

$$P(X \geq 99) = P\left(Z \geq \frac{99-90}{6}\right) = P(Z \geq 1.5)$$
$$= P(Z \geq 0) - P(0 \leq Z \leq 1.5)$$
$$= 0.5 - 0.4332 = \mathbf{0.0668}$$

 **KEY Point**

- n번의 독립시행에서 사건 A가 a번 이상 b번 이하로 일어날 확률은 다음과 같은 순서로 구한다.
  (i) 사건 A가 일어나는 횟수를 확률변수 X라 하고, X가 따르는 이항분포를 $B(n, p)$로 나타낸다.
  (ii) n이 충분이 크면 확률변수 X가 근사적으로 정규분포 $N(np, npq)$를 따름을 이용하여 X를 표준화한다. (단, $q = 1 - p$)
  (iii) 표준정규분포표를 이용하여 $P(a \leq X \leq b)$를 구한다.

● 정답 및 풀이 **75쪽**

 **확인 체크**

360 어느 공장에서 생산되는 제품은 불량률이 10 %이다. 이 공장에서
생산된 제품 중에서 100개를 임의로 택했을 때, 불량품이 7개 이상
16개 이하일 확률을 오른쪽 표준정규분포표를 이용하여 구하시오.

z	$P(0 \leq Z \leq z)$
1.0	0.3413
1.5	0.4332
2.0	0.4772

361 동전 2개를 동시에 던지는 시행을 432번 반복할 때, 2개 모두 앞면이 나오는 횟수가 90번
이하일 확률을 구하시오. (단, $P(0 \leq Z \leq 2) = 0.4772$)

362 한 명의 친구와 72번의 가위바위보를 할 때, k번 이상 이길 확률은 0.16이다. 이때 실수
k의 값을 구하시오. (단, $P(0 \leq Z \leq 1) = 0.34$)

연습 문제

STEP 1

363 이항분포 $B(100, p)$를 따르는 확률변수 X에 대하여 $P(X \geq 25) = 0.5$ 일 때, $V(2X)$를 구하시오. $\left($단, $\dfrac{1}{20} \leq p \leq \dfrac{19}{20}\right)$

364 다음은 어느 영화관에서 상영되고 있는 영화의 관객 점유율을 조사한 표이다.

영화	A	B	C	D	합계
점유율(%)	20	40	15	25	100

이 영화관에 온 관객 150명 중 B 영화를 관람하는 관객이 54명 이상 일 확률을 구하시오. (단, $P(0 \leq Z \leq 1) = 0.3413$)

STEP 2

365 $_{100}C_{22}\left(\dfrac{1}{5}\right)^{22}\left(\dfrac{4}{5}\right)^{78} + _{100}C_{23}\left(\dfrac{1}{5}\right)^{23}\left(\dfrac{4}{5}\right)^{77} + \cdots + _{100}C_{100}\left(\dfrac{1}{5}\right)^{100}$ 의 값 을 구하시오. (단, $P(0 \leq Z \leq 0.5) = 0.1915$)

366 한 개의 주사위를 450번 던질 때, 1 또는 2의 눈이 130번 이상 c번 이 하로 나올 확률이 0.8185이다. 이때 자연수 c의 값을 구하시오.
$\qquad$ (단, $P(0 \leq Z \leq 1) = 0.3413$, $P(0 \leq Z \leq 2) = 0.4772$)

실력 UP⁺

367 한 번의 시행에서 10점을 얻을 확률이 $\dfrac{1}{5}$이고, 2점을 잃을 확률이 $\dfrac{4}{5}$ 인 게임이 있다. 0점에서 시작하여 이 게임을 1600번 독립적으로 시행 할 때, 점수가 832점 이상일 확률을 구하시오.
$\qquad$ (단, $P(0 \leq Z \leq 1) = 0.3413$)

한 번의 시행에서 일어날 확률이 $\dfrac{1}{5}$인 사건이 100번의 독립시행에서 x번 일어날 확률은
$$_{100}C_x\left(\dfrac{1}{5}\right)^x\left(\dfrac{4}{5}\right)^{100-x}$$

10점을 얻는 횟수를 X로 놓으면 2점을 잃는 횟수는
$$1600 - X$$
이다.

III 통계

이 단원에서는

일상생활에서 흔히 접하는 통계 조사와 관련된 다양한 용어를 학습합니다. 또 모평균과 표본평균의 관계, 모비율과 표본비율의 관계를 이해하고, 표본평균을 이용하여 모평균을 추정하는 방법과 표본비율을 이용하여 모비율을 추정하는 방법을 학습합니다.

01 모집단과 표본

1 모집단과 표본 ↻ 필수 01

(1) **통계 조사**
  ① **전수조사**: 조사의 대상이 되는 집단 전체를 조사하는 것
  ② **표본조사**: 조사의 대상이 되는 집단 전체에서 일부분을 뽑아서 조사하는 것
(2) **모집단**: 통계 조사에서 조사의 대상이 되는 집단 전체를 **모집단**이라 한다.
(3) **표본과 추출**: 조사하기 위하여 뽑은 모집단의 일부분을 **표본**이라 하고, 표본에 포함되어 있는 자료의 개수를 **표본의 크기**라 한다. 또 모집단에서 표본을 뽑는 것을 **추출**이라 한다.

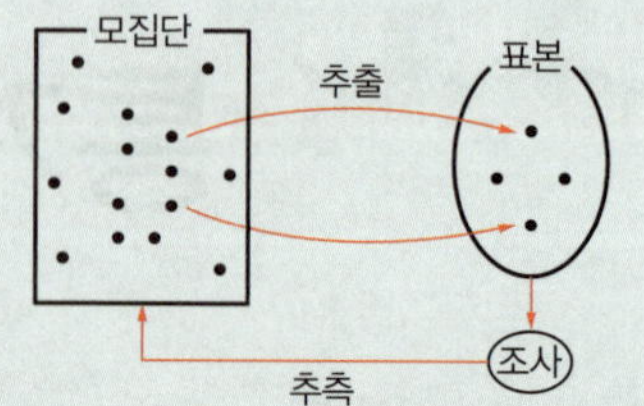

설명 대통령 선거에서 투표가 종료된 후 투표 용지를 모두 개표하여 조사하는 것은 전수조사이고, 출구 조사와 같이 당선자를 예측하기 위해 투표가 모두 종료되기 전에 투표를 한 사람 중에 일부를 뽑아 조사하는 것은 표본조사이다.
전수조사는 표본조사에 비하여 시간과 비용이 많이 들고 수질 오염도 조사, 휴대폰 액정의 강도 조사와 같이 전수조사가 불가능한 경우도 있으므로 전수조사보다 표본조사를 많이 한다.

2 임의추출 ↻ 필수 02

모집단에 속하는 각 대상이 같은 확률로 추출되도록 표본을 추출하는 방법을 **임의추출**이라 한다.
(1) **복원추출**: 한 개의 자료를 뽑은 후 되돌려 놓고 다시 뽑는 방법
(2) **비복원추출**: 한 개의 자료를 뽑은 후 되돌려 놓지 않고 다시 뽑는 방법

▶ ① 모집단에서 표본을 임의추출할 때에는 제비뽑기, 난수 주사위, 난수표 등이 사용되었으나 최근에는 컴퓨터의 난수 생성 프로그램을 주로 이용한다.
  ② 특별한 언급이 없으면 임의추출은 복원추출을 의미한다.
  ③ 모집단의 크기가 충분히 큰 경우에는 비복원추출도 복원추출로 볼 수 있다.

참고 자료의 개수가 N인 모집단에서 크기가 n인 표본을 임의추출하는 경우의 수는 다음과 같다.
  ① 복원추출일 때: $_N\Pi_n = N^n$
  ② 비복원추출일 때: $\begin{cases} \text{1개씩 } n\text{번 추출} \Rightarrow {}_N\mathrm{P}_n \\ \text{동시에 } n\text{개를 추출} \Rightarrow {}_N\mathrm{C}_n \end{cases}$

● 더 다양한 문제는 **RPM** 확률과 통계 87쪽

필수 01 통계 조사

표본조사가 적합한 것만을 보기에서 있는 대로 고르시오.

보기

ㄱ. 건전지의 수명 조사
ㄴ. 우리나라의 인구주택총조사
ㄷ. 우리반 학생들의 거주지 조사
ㄹ. 과일의 당도 조사

풀이　ㄱ. 모든 건전지의 수명을 조사하면 사용할 수 있는 건전지가 없게 되므로 표본조사가 적합하다.

ㄹ. 모든 과일의 당도를 조사하면 판매할 수 있는 과일이 없게 되므로 표본조사가 적합하다.

이상에서 표본조사가 적합한 것은 ㄱ, ㄹ이다.

● 더 다양한 문제는 **RPM** 확률과 통계 87쪽

필수 02 임의추출

1, 2, 3, 4, 5의 숫자가 각각 하나씩 적힌 5개의 공이 들어 있는 주머니에서 3개의 공을 다음과 같이 임의추출할 때, 그 경우의 수를 구하시오.

(1) 한 개씩 복원추출　　(2) 한 개씩 비복원추출　　(3) 동시에 3개를 추출

풀이　(1) 공을 한 개씩 복원추출하는 경우의 수는 5개의 공 중에서 3개를 뽑는 중복순열의 수와 같으므로

$$_5\Pi_3 = 5^3 = \mathbf{125}$$

(2) 공을 한 개씩 비복원추출하는 경우의 수는 5개의 공 중에서 3개를 뽑는 순열의 수와 같으므로

$$_5P_3 = \mathbf{60}$$

(3) 공을 동시에 3개 추출하는 경우의 수는 5개의 공 중에서 3개를 뽑는 조합의 수와 같으므로

$$_5C_3 = \mathbf{10}$$

● 정답 및 풀이 78쪽

368 전수조사가 적합한 것만을 보기에서 있는 대로 고르시오.

보기

ㄱ. 병역 판정 검사
ㄴ. 타이어의 수명 조사
ㄷ. 어느 TV 프로그램의 시청률 조사
ㄹ. 고등학생의 수면 시간 조사

369 1부터 10까지의 자연수가 각각 하나씩 적힌 10장의 카드가 들어 있는 상자에서 크기가 2인 표본을 복원추출하는 경우의 수를 구하시오.

02 모평균과 표본평균

1 모평균, 모분산, 모표준편차

어느 모집단에서 조사하고자 하는 특성을 나타내는 확률변수를 X라 할 때, X의 평균, 분산, 표준편차를 각각 **모평균**, **모분산**, **모표준편차**라 하고, 이것을 각각 기호로 m, σ^2, σ와 같이 나타낸다.

2 표본평균, 표본분산, 표본표준편차

모집단에서 임의추출한 크기가 n인 표본을 X_1, X_2, $\cdots$, X_n이라 할 때, 이들의 평균, 분산, 표준편차를 각각 **표본평균**, **표본분산**, **표본표준편차**라 하고, 이것을 각각 기호로 $\overline{X}$, S^2, S와 같이 나타낸다.

(1) **표본평균**: $\overline{X} = \dfrac{1}{n}(X_1 + X_2 + \cdots + X_n)$

(2) **표본분산**: $S^2 = \dfrac{1}{n-1}\{(X_1 - \overline{X})^2 + (X_2 - \overline{X})^2 + \cdots + (X_n - \overline{X})^2\}$

(3) **표본표준편차**: $S = \sqrt{S^2}$

▶ ① 표본분산을 정의할 때, 편차의 제곱의 합을 $n-1$로 나누는 것은 S^2의 기댓값이 σ^2이 되도록 하기 위한 것이다.
　② 모평균 m은 상수이지만 표본평균 $\overline{X}$는 추출한 표본에 따라 여러 가지 값을 가질 수 있는 확률변수이다.

참고　1, 2, 3의 숫자가 각각 하나씩 적힌 3장의 카드가 들어 있는 상자에서 크기가 2인 표본을 임의추출할 때, 표본평균 $\overline{X}$는

　(ⅰ) 표본이 1, 2일 때,　$\overline{X} = \dfrac{1+2}{2} = \dfrac{3}{2}$

　(ⅱ) 표본이 3, 3일 때,　$\overline{X} = \dfrac{3+3}{2} = 3$

　(ⅰ), (ⅱ)에서 표본에 따라 표본평균 $\overline{X}$의 값이 달라짐을 알 수 있다.

3 표본평균의 평균, 분산, 표준편차　∞ 필수 03

모평균이 m, 모표준편차가 σ인 모집단에서 크기가 n인 표본을 임의추출할 때, 표본평균 $\overline{X}$의 평균, 분산, 표준편차는 다음과 같다.

(1) $\mathrm{E}(\overline{X}) = m$ ← (표본평균의 평균) = (모평균)

(2) $\mathrm{V}(\overline{X}) = \dfrac{\sigma^2}{n}$, $\sigma(\overline{X}) = \dfrac{\sigma}{\sqrt{n}}$

설명 0, 2, 4, 6의 숫자가 각각 하나씩 적힌 4장의 카드가 들어 있는
주머니에서 임의로 1장의 카드를 뽑을 때, 카드에 적힌 숫자를
X라 하면 확률변수 X의 확률분포는 오른쪽 표와 같다.

X	0	2	4	6	합계
$P(X=x)$	$\dfrac{1}{4}$	$\dfrac{1}{4}$	$\dfrac{1}{4}$	$\dfrac{1}{4}$	1

이때 확률변수 X의 평균 m과 분산 σ^2을 구하면

$$m = 0 \times \frac{1}{4} + 2 \times \frac{1}{4} + 4 \times \frac{1}{4} + 6 \times \frac{1}{4} = 3$$

$$\sigma^2 = 0^2 \times \frac{1}{4} + 2^2 \times \frac{1}{4} + 4^2 \times \frac{1}{4} + 6^2 \times \frac{1}{4} - 3^2 = 5$$

이와 같이 모집단에서 구한 평균, 분산을 각각 모평균, 모분산이라 한다.

한편 위의 모집단에서 복원추출로 카드를 한 장씩 2번 뽑을 때, 첫 번째 카드에 적힌 숫자를 X_1, 두 번째 카드에 적힌

숫자를 X_2라 하면 이들의 평균, 즉 표본평균 $\overline{X} = \dfrac{X_1 + X_2}{2}$는 추출된 표본 X_1, X_2에 따라 그 값이 변하는 확률변수

이다.

이때 $\overline{X}$가 가질 수 있는 값을 표로 나타내면 [표 1]과 같으므로 표본평균 $\overline{X}$의 확률분포는 [표 2]와 같다.

X_1 \ X_2	0	2	4	6
0	0	1	2	3
2	1	2	3	4
4	2	3	4	5
6	3	4	5	6

[표 1]

$\overline{X}$	0	1	2	3	4	5	6	합계
$P(\overline{X}=\overline{x})$	$\dfrac{1}{16}$	$\dfrac{2}{16}$	$\dfrac{3}{16}$	$\dfrac{4}{16}$	$\dfrac{3}{16}$	$\dfrac{2}{16}$	$\dfrac{1}{16}$	1

[표 2]

[표 2]에서 $\overline{X}$의 평균 $E(\overline{X})$와 분산 $V(\overline{X})$를 구하면

$$E(\overline{X}) = 0 \times \frac{1}{16} + 1 \times \frac{2}{16} + \cdots + 6 \times \frac{1}{16} = 3 \qquad \leftarrow E(\overline{X}) = m$$

$$V(\overline{X}) = 0^2 \times \frac{1}{16} + 1^2 \times \frac{2}{16} + \cdots + 6^2 \times \frac{1}{16} - 3^2 = \frac{5}{2} \qquad \leftarrow V(\overline{X}) = \frac{\sigma^2}{2}$$

여기서 표본평균 $\overline{X}$의 평균 3은 모평균 3과 일치하고 표본평균 $\overline{X}$의 분산 $\dfrac{5}{2}$는 모분산 5를 표본의 크기 2로 나눈 것과

같음을 알 수 있다.

보기 ▶ 모평균이 32, 모분산이 9인 모집단에서 크기가 81인 표본을 임의추출할 때, 표본평균 $\overline{X}$의 평균, 분산,
표준편차는

$$E(\overline{X}) = 32, \quad V(\overline{X}) = \frac{9}{81} = \frac{1}{9}, \quad \sigma(\overline{X}) = \frac{3}{\sqrt{81}} = \frac{1}{3}$$

❹ 표본평균의 분포 🔗 필수 04, 05

모평균이 m, 모표준편차가 σ인 모집단에서 크기가 n인 표본을 임의추출할 때, 표본평균 $\overline{X}$에 대하
여 다음이 성립한다.

(1) 모집단이 정규분포 $N(m, \sigma^2)$을 따르면 표본평균 $\overline{X}$는 정규분포 $N\left(m, \dfrac{\sigma^2}{n}\right)$을 따른다.

(2) 모집단이 정규분포를 따르지 않아도 표본의 크기 n이 충분히 크면 표본평균 $\overline{X}$는 근사적으로 정

규분포 $N\left(m, \dfrac{\sigma^2}{n}\right)$을 따른다.

▶ 표본의 크기 n이 충분히 크다는 것은 $n \geq 30$일 때를 뜻한다.

370 1, 3, 5의 숫자가 각각 하나씩 적힌 3장의 카드가 들어 있는 상자에서 2장의 카드를 복원추출할 때, 카드에 적힌 숫자의 표본평균을 $\overline{X}$라 하자. 다음 물음에 답하시오.

(1) $\overline{X}$의 확률분포를 표로 나타내시오.

(2) $\mathrm{E}(\overline{X})$, $\mathrm{V}(\overline{X})$, $\sigma(\overline{X})$를 구하시오.

371 모평균이 30, 모분산이 16인 모집단에서 크기가 100인 표본을 임의추출할 때, 표본평균 $\overline{X}$에 대하여 다음을 구하시오.

(1) $\mathrm{E}(\overline{X})$

(2) $\mathrm{V}(\overline{X})$

(3) $\sigma(\overline{X})$

모평균이 m, 모분산이 σ^2인 모집단에서 크기가 n인 표본을 임의추출할 때, 표본평균 $\overline{X}$에 대하여
① $\mathrm{E}(\overline{X})=m$
② $\mathrm{V}(\overline{X})=\dfrac{\sigma^2}{n}$
③ $\sigma(\overline{X})=\dfrac{\sigma}{\sqrt{n}}$

372 어느 식품회사에서 생산되는 빵 1개의 무게는 평균이 200, 표준편차가 10인 정규분포를 따른다고 한다. 이 회사에서 생산된 빵 중에서 100개를 임의추출할 때, 다음을 구하시오. (단, 무게의 단위는 g이다.)

(1) 표본평균 $\overline{X}$의 평균과 표준편차

(2) $\mathrm{P}(\overline{X}\geq202)$ (단, $\mathrm{P}(0\leq Z\leq2)=0.4772$)

정규분포 $\mathrm{N}(m,\ \sigma^2)$을 따르는 모집단에서 크기가 n인 표본을 임의추출할 때, 표본평균 $\overline{X}$는 정규분포 $\mathrm{N}\!\left(m,\ \dfrac{\sigma^2}{n}\right)$을 따른다.

필수 **03** 표본평균의 평균, 분산, 표준편차

모집단의 확률변수 X의 확률분포가 오른쪽 표
와 같다. 이 모집단에서 크기가 4인 표본을 임
의추출할 때, 표본평균 $\overline{X}$에 대하여 $\mathrm{E}(\overline{X})$,
$\mathrm{V}(\overline{X})$를 구하시오.

X	1	2	3	합계
$\mathrm{P}(X=x)$	$\dfrac{1}{4}$	$\dfrac{1}{2}$	$\dfrac{1}{4}$	1

풀이 확률변수 X에 대하여

$$\mathrm{E}(X)=1\times\frac{1}{4}+2\times\frac{1}{2}+3\times\frac{1}{4}=2$$

$$\mathrm{V}(X)=1^2\times\frac{1}{4}+2^2\times\frac{1}{2}+3^2\times\frac{1}{4}-2^2=\frac{1}{2}$$

이때 표본의 크기가 4이므로

$$\mathrm{E}(\overline{X})=2$$

$$\mathrm{V}(\overline{X})=\frac{\dfrac{1}{2}}{4}=\frac{1}{8}$$

KEY Point

- 모평균이 m, 모분산이 σ^2일 때, 크기가 n인 표본의 표본평균 $\overline{X}$에 대하여

$$\mathrm{E}(\overline{X})=m,\ \mathrm{V}(\overline{X})=\frac{\sigma^2}{n}$$

● 정답 및 풀이 **79**쪽

373 정규분포 $\mathrm{N}(40,\,4)$를 따르는 모집단에서 크기가 n인 표본을 임의추출할 때, 표본평균 $\overline{X}$
의 평균은 a, 분산은 $\dfrac{1}{15}$이다. 이때 $a+n$의 값을 구하시오.

374 모집단의 확률변수 X의 확률분포가 오른쪽 표와 같
다. 이 모집단에서 크기가 9인 표본을 임의추출할
때, 표본평균 $\overline{X}$에 대하여 $\mathrm{E}(\overline{X})$, $\sigma(\overline{X})$를 구하
시오.

X	0	2	4	합계
$\mathrm{P}(X=x)$	$\dfrac{1}{3}$	$\dfrac{1}{2}$	$\dfrac{1}{6}$	1

375 1, 1, 2, 2, 2, 4의 숫자가 각각 하나씩 적힌 6개의 공이 들어 있는 상자에서 4개의 공을 복
원추출할 때, 공에 적힌 숫자의 표본평균을 $\overline{X}$라 하자. 이때 $\mathrm{V}(2\overline{X}+3)$을 구하시오.

필수 **04** 표본평균의 확률 구하기

어떤 자판기에서 판매되는 음료수의 용량은 평균이 150 mL, 표준편차가 5 mL인 정규분포를 따른다고 한다. 이 자판기에서 임의추출한 100개의 음료수의 용량의 평균이 149 mL 이상 151 mL 이하일 확률을 오른쪽 표준정규분포표를 이용하여 구하시오.

z	$P(0 \leq Z \leq z)$
0.5	0.1915
1.0	0.3413
1.5	0.4332
2.0	0.4772

풀이 모집단이 정규분포 $N(150, 5^2)$을 따르므로 임의추출한 100개의 음료수의 용량의 평균을 $\overline{X}$ mL라 하면 표본평균 $\overline{X}$는 정규분포 $N\left(150, \dfrac{5^2}{100}\right)$, 즉 $N\left(150, \left(\dfrac{1}{2}\right)^2\right)$을 따른다.

따라서 $Z = \dfrac{\overline{X} - 150}{\dfrac{1}{2}}$으로 놓으면 확률변수 Z는 표준정규분포 $N(0, 1)$을 따르므로 구하는 확률은

$$P(149 \leq \overline{X} \leq 151) = P\left(\frac{149 - 150}{\dfrac{1}{2}} \leq Z \leq \frac{151 - 150}{\dfrac{1}{2}}\right)$$

$$= P(-2 \leq Z \leq 2)$$
$$= 2P(0 \leq Z \leq 2)$$
$$= 2 \times 0.4772 = \mathbf{0.9544}$$

KEY Point

- 모집단이 정규분포 $N(m, \sigma^2)$을 따른다.
  ⇨ 크기가 n인 표본의 표본평균 $\overline{X}$는 정규분포 $N\left(m, \dfrac{\sigma^2}{n}\right)$을 따른다.

● 정답 및 풀이 **79쪽**

376 정규분포 $N(70, 20^2)$을 따르는 모집단에서 크기가 100인 표본을 임의추출할 때, 표본평균 $\overline{X}$에 대하여 $P(\overline{X} \geq 73)$을 오른쪽 표준정규분포표를 이용하여 구하시오.

z	$P(0 \leq Z \leq z)$
1.0	0.3413
1.5	0.4332
2.0	0.4772

377 어느 대학 입학 시험에서 응시자의 성적은 평균이 200점, 표준편차가 10점인 정규분포를 따른다고 한다. 응시자 중에서 임의추출한 25명의 성적의 평균이 198점 이상 204점 이하일 확률을 오른쪽 표준정규분포표를 이용하여 구하시오.

z	$P(0 \leq Z \leq z)$
1.0	0.3413
2.0	0.4772

필수 **05** 표본평균의 확률; 미지수 구하기

어느 비행기 탑승객의 짐의 무게는 평균이 18 kg이고 표준편차가 4 kg인 정규분포를 따른다고 한다. 이 비행기 탑승객 중에서 임의추출한 n명의 탑승객의 짐의 무게의 평균이 17 kg 이상 19 kg 이하일 확률이 0.8664일 때, 오른쪽 표준정규분포표를 이용하여 n의 값을 구하시오.

z	$P(0 \leq Z \leq z)$
0.5	0.1915
1.0	0.3413
1.5	0.4332

풀이 모집단이 정규분포 $N(18, 4^2)$을 따르므로 임의추출한 n명의 탑승객의 짐의 무게의 평균을 $\overline{X}$ kg이라 하면 표본평균 $\overline{X}$는 정규분포 $N\left(18, \dfrac{4^2}{n}\right)$을 따른다.

따라서 $Z = \dfrac{\overline{X} - 18}{\dfrac{4}{\sqrt{n}}}$로 놓으면 확률변수 Z는 표준정규분포 $N(0, 1)$을 따르므로

$P(17 \leq \overline{X} \leq 19) = 0.8664$에서

$$P\left(\frac{17-18}{\dfrac{4}{\sqrt{n}}} \leq Z \leq \frac{19-18}{\dfrac{4}{\sqrt{n}}}\right) = 0.8664, \qquad P\left(-\frac{\sqrt{n}}{4} \leq Z \leq \frac{\sqrt{n}}{4}\right) = 0.8664$$

$$2P\left(0 \leq Z \leq \frac{\sqrt{n}}{4}\right) = 0.8664 \qquad \therefore P\left(0 \leq Z \leq \frac{\sqrt{n}}{4}\right) = 0.4332$$

이때 $P(0 \leq Z \leq 1.5) = 0.4332$이므로

$$\frac{\sqrt{n}}{4} = 1.5, \qquad \sqrt{n} = 6 \qquad \therefore n = \mathbf{36}$$

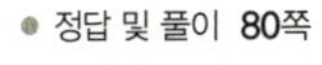
● 정답 및 풀이 **80**쪽

378 정규분포 $N(50, 10^2)$을 따르는 모집단에서 크기가 n인 표본을 임의추출할 때, 표본평균 $\overline{X}$에 대하여 $P(\overline{X} \geq 52) = 0.1587$을 만족시키는 n의 값을 오른쪽 표준정규분포표를 이용하여 구하시오.

z	$P(0 \leq Z \leq z)$
1.0	0.3413
1.5	0.4332
2.0	0.4772

379 어느 공장에서 생산되는 우유의 용량은 평균이 1000 mL, 표준편차가 50 mL인 정규분포를 따른다고 한다. 이 공장에서 생산된 우유 중 100개를 임의추출할 때, 표본평균 $\overline{X}$ mL에 대하여 $P(\overline{X} \geq k) = 0.0228$을 만족시키는 상수 k의 값을 오른쪽 표준정규분포표를 이용하여 구하시오.

z	$P(0 \leq Z \leq z)$
1.0	0.3413
1.5	0.4332
2.0	0.4772
2.5	0.4938

03 모비율과 표본비율

1 모비율과 표본비율

(1) **모비율**: 모집단에서 어떤 특정 성질을 갖는 사건의 비율을 **모비율**이라 하고, 기호로 p와 같이 나타낸다.

(2) **표본비율**

① 모집단에서 임의추출한 표본 중 어떤 특정 성질을 갖는 사건의 비율을 **표본비율**이라 하고, 기호로 $\hat{p}$과 같이 나타낸다.

② 크기가 n인 표본에서 어떤 특정 성질을 갖는 사건이 일어나는 횟수를 확률변수 X라 하면 그 사건의 표본비율 $\hat{p}$은

$$\hat{p} = \frac{X}{n}$$

▶ ① p는 모집단 비율을 나타내는 population ratio의 첫 글자이다.
② $\hat{p}$은 'p hat (피햇)'이라 읽는다.

보기 ▶ 어느 도시의 인구 10만 명 중에서 혈액형이 O형인 사람이 3만 명일 때, O형인 사람의 모비율 p는

$$p = \frac{30000}{100000} = 0.3$$

이 도시에서 임의추출한 1000명 중에서 혈액형이 O형인 사람이 360명일 때, 표본비율 $\hat{p}$은

$$\hat{p} = \frac{360}{1000} = 0.36$$

2 표본비율의 평균, 분산, 표준편차

어떤 사건에 대한 모비율이 p인 모집단에서 크기가 n인 표본을 임의추출할 때, 표본비율 $\hat{p}$의 평균, 분산, 표준편차는 다음과 같다.

(1) $\mathrm{E}(\hat{p}) = p$ ← (표본비율의 평균)=(모비율)

(2) $\mathrm{V}(\hat{p}) = \dfrac{pq}{n}$, $\sigma(\hat{p}) = \sqrt{\dfrac{pq}{n}}$ (단, $q=1-p$)

설명 표본비율 $\hat{p} = \dfrac{X}{n}$ 에서 확률변수 X는 크기가 n인 표본에서 어떤 사건이 일어나는 횟수이므로 X가 가질 수 있는 값은 $0, 1, 2, \cdots, n$이다.
이때 모집단에서 그 사건이 일어나는 비율을 p라 하면 확률변수 X는 어떤 사건이 일어날 확률이 p인 시행을 n번 독립시행하였을 때 그 사건이 일어난 횟수이므로 이항분포 $\mathrm{B}(n, p)$를 따른다.

174

따라서 X의 평균과 분산은
$$\mathrm{E}(X)=np,$$
$$\mathrm{V}(X)=npq \ (q=1-p)$$
이므로 표본비율 $\hat{p}$의 평균과 분산 및 표준편차는 다음과 같다.
$$\mathrm{E}(\hat{p})=\mathrm{E}\!\left(\frac{X}{n}\right)=\frac{1}{n}\mathrm{E}(X)=\frac{1}{n}\times np=p$$
$$\mathrm{V}(\hat{p})=\mathrm{V}\!\left(\frac{X}{n}\right)=\frac{1}{n^2}\mathrm{V}(X)=\frac{1}{n^2}\times npq=\frac{pq}{n}$$
$$\sigma(\hat{p})=\sqrt{\mathrm{V}(\hat{p})}=\sqrt{\frac{pq}{n}}$$

예제 ▶ 어느 고등학교에서 3월에 태어난 학생의 비율이 10 %라 한다. 이 고등학교 학생 100명을 임의추출하였을 때, 3월에 태어난 학생의 표본비율 $\hat{p}$에 대하여 $\mathrm{E}(\hat{p})$, $\mathrm{V}(\hat{p})$을 구하시오.

풀이 3월에 태어난 학생의 비율이 10 %이므로 모비율 $p=0.1$이고, 표본의 크기 $n=100$이므로
$$\mathrm{E}(\hat{p})=p=0.1$$
$$\mathrm{V}(\hat{p})=\frac{p(1-p)}{n}=\frac{0.1\times 0.9}{100}=0.0009$$

❸ 표본비율의 분포　　ⓒ 필수 06

> 모비율이 p인 모집단에서 크기가 n인 표본을 임의추출할 때, n이 충분히 크면 표본비율 $\hat{p}$은 근사적으로 정규분포 $\mathrm{N}\!\left(p, \dfrac{pq}{n}\right)$를 따르고, 확률변수 $Z=\dfrac{\hat{p}-p}{\sqrt{\dfrac{pq}{n}}}$는 근사적으로 표준정규분포 $\mathrm{N}(0,\ 1)$을 따른다. (단, $q=1-p$)

▶ 표본의 크기 n이 충분히 크다는 것은 $np\geq 5$, $nq\geq 5$일 때를 뜻한다.

설명 모비율이 p일 때, 표본비율 $\hat{p}=\dfrac{X}{n}$에서 확률변수 X는 이항분포 $\mathrm{B}(n,\ p)$를 따르므로 표본의 크기 n이 충분히 클 때, X는 근사적으로 정규분포 $\mathrm{N}(np,\ npq)$를 따른다. (단, $q=1-p$)

이때 $\mathrm{E}(\hat{p})=p$, $\mathrm{V}(\hat{p})=\dfrac{pq}{n}$이므로 표본비율 $\hat{p}=\dfrac{X}{n}$도 근사적으로 정규분포 $\mathrm{N}\!\left(p,\ \dfrac{pq}{n}\right)$를 따른다.

따라서 $Z=\dfrac{\hat{p}-p}{\sqrt{\dfrac{pq}{n}}}$로 놓으면 확률변수 Z는 근사적으로 표준정규분포 $\mathrm{N}(0,\ 1)$을 따른다.

● 더 다양한 문제는 **RPM** 확률과 통계 93쪽

표본비율의 분포

어느 도시에서는 차량의 40 %가 선루프를 설치했다고 한다. 이 도시에서 차량 96대를 임의추출할 때, 48대 이상이 선루프를 설치한 차량일 확률을 오른쪽 표준정규분포표를 이용하여 구하시오.

z	$P(0 \leq Z \leq z)$
1.0	0.3413
1.5	0.4332
2.0	0.4772

풀이 차량 96대 중에서 선루프를 설치한 차량의 비율을 $\hat{p}$이라 하면 모비율 $p = \dfrac{40}{100} = 0.4$, 표본의 크기 $n = 96$이므로

$$E(\hat{p}) = p = 0.4$$

$$V(\hat{p}) = \frac{p(1-p)}{n} = \frac{0.4 \times 0.6}{96} = 0.05^2$$

이때 96은 충분히 큰 수이므로 표본비율 $\hat{p}$은 근사적으로 정규분포 $N(0.4,\ 0.05^2)$을 따른다.

따라서 $Z = \dfrac{\hat{p} - 0.4}{0.05}$로 놓으면 확률변수 Z는 근사적으로 표준정규분포 $N(0,\ 1)$을 따르므로 구하는 확률은

$$P\left(\hat{p} \geq \frac{48}{96}\right) = P(\hat{p} \geq 0.5)$$

$$= P\left(Z \geq \frac{0.5 - 0.4}{0.05}\right) = P(Z \geq 2)$$

$$= P(Z \geq 0) - P(0 \leq Z \leq 2)$$

$$= 0.5 - 0.4772 = \mathbf{0.0228}$$

KEY Point

• 모비율이 p이고 표본의 크기 n이 충분히 크다.

⇨ 표본비율 $\hat{p}$은 근사적으로 정규분포 $N\left(p,\ \dfrac{p(1-p)}{n}\right)$를 따른다.

● 정답 및 풀이 **80쪽**

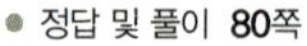

380 A 회사 TV의 시장 점유율은 25 %이다. 임의추출한 1200대의 TV 중에서 A 회사 TV의 비율을 $\hat{p}$이라 할 때, $\dfrac{E(\hat{p})}{V(\hat{p})}$의 값을 구하시오.

381 어느 도시의 고등학생의 20 %는 아르바이트를 한다고 한다. 이 도시의 고등학생 100명을 임의추출할 때, 아르바이트를 하는 학생의 비율이 25 % 이하일 확률을 구하시오.

(단, $P(0 \leq Z \leq 1.25) = 0.3944$)

연습 문제

STEP 1

생각해 봅시다!

382 1, 3, 5, 7, 9의 숫자가 각각 하나씩 적힌 5장의 카드가 들어 있는 주머니에서 2장의 카드를 복원추출할 때, 카드에 적힌 숫자의 표본평균 $\overline{X}$에 대하여 $\mathrm{E}(\overline{X}^2)+\mathrm{V}(4\overline{X}+2)$의 값을 구하시오.

모집단의 확률분포를 이용하여 모평균과 모분산을 구한다.

383 1, 2, 2, 3, 3, 3의 숫자가 각각 하나씩 적힌 6개의 공이 들어 있는 상자에서 n개의 공을 복원추출할 때, 공에 적힌 숫자의 표본평균 $\overline{X}$의 분산이 $\dfrac{5}{36}$이다. 이때 n의 값을 구하시오.

384 정규분포 $\mathrm{N}(170, 12^2)$을 따르는 모집단에서 크기가 16인 표본을 임의추출할 때, 표본평균 $\overline{X}$에 대하여 $\mathrm{P}(164\leq\overline{X}\leq173)$을 오른쪽 표준정규분포표를 이용하여 구하시오.

z	$\mathrm{P}(0\leq Z\leq z)$
1.0	0.3413
1.5	0.4332
2.0	0.4772

표본평균 $\overline{X}$가 따르는 정규분포를 구한다.

평가원 기출

385 어느 회사에서 일하는 플랫폼 근로자의 일주일 근무 시간은 평균이 m시간, 표준편차가 5시간인 정규분포를 따른다고 한다. 이 회사에서 일하는 플랫폼 근로자 중에서 임의추출한 36명의 일주일 근무 시간의 표본평균이 38시간 이상일 확률을 오른쪽 표준정규분포표를 이용하여 구한 값이 0.9332일 때, m의 값은?

z	$\mathrm{P}(0\leq Z\leq z)$
0.5	0.1915
1.0	0.3413
1.5	0.4332
2.0	0.4772

① 38.25　② 38.75　③ 39.25　④ 39.75　⑤ 40.25

386 모비율이 0.4인 모집단에서 크기가 600인 표본을 임의추출할 때, 표본비율 $\hat{p}$이 0.38 이하일 확률을 오른쪽 표준정규분포표를 이용하여 구하시오.

z	$\mathrm{P}(0\leq Z\leq z)$
0.5	0.1915
1.0	0.3413
1.5	0.4332

387 어느 지역의 자치 단체에서 세운 복지 정책에 대하여 주민의 80 %가 지지한다고 한다. 이 지역 주민 100명을 임의추출할 때, 이 복지 정책을 지지하는 사람이 72명 이상 84명 이하일 확률을 구하시오.

(단, $\mathrm{P}(0 \leq Z \leq 1) = 0.3413$, $\mathrm{P}(0 \leq Z \leq 2) = 0.4772$)

STEP 2

388 모집단의 확률변수 X의 확률분포가 오른쪽 표와 같다. 이 모집단에서 크기가 3인 표본을 임의추출하여 구한 표본평균을 $\overline{X}$라 할 때, $\mathrm{P}(\overline{X}=0) + \mathrm{P}(\overline{X}=2)$의 값을 구하시오.

X	-2	0	2	합계
$\mathrm{P}(X=x)$	a	$2a$	a	1

3개의 표본 X_1, X_2, X_3에 대하여
$$\overline{X} = \frac{X_1 + X_2 + X_3}{3}$$

389 어느 과수원에서 수확한 딸기 1개의 무게는 평균이 60 g, 표준편차가 10 g인 정규분포를 따른다고 한다. 이 과수원에서 수확한 딸기 25개를 한 상자에 포장하는데, 상자 전체의 무게가 1.4 kg 이하이면 무게 미달로 판정한다고 한다. 이 과수원에서 수확한 100만 개의 딸기를 상자에 포장하였을 때, 무게 미달로 판정될 상자의 평균 개수를 위의 표준정규분포표를 이용하여 구하시오. (단, 상자의 무게는 무시한다.)

z	$\mathrm{P}(0 \leq Z \leq z)$
1.0	0.3413
1.5	0.4332
2.0	0.4772

평가원 기출

390 어느 지역 신생아의 출생 시 몸무게 X가 정규분포를 따르고

$$\mathrm{P}(X \geq 3.4) = \frac{1}{2}, \quad \mathrm{P}(X \leq 3.9) + \mathrm{P}(Z \leq -1) = 1$$

이다. 이 지역 신생아 중에서 임의추출한 25명의 출생 시 몸무게의 표본평균을 $\overline{X}$라 할 때, $\mathrm{P}(\overline{X} \geq 3.55)$의 값을 오른쪽 표준정규분포표를 이용하여 구한 것은? (단, 몸무게의 단위는 kg이고, Z는 표준정규분포를 따르는 확률변수이다.)

z	$\mathrm{P}(0 \leq Z \leq z)$
1.0	0.3413
1.5	0.4332
2.0	0.4772
2.5	0.4938

$\mathrm{P}(Z \geq 0) = \mathrm{P}(Z \leq 0) = \dfrac{1}{2}$
$\mathrm{P}(Z \leq a) + \mathrm{P}(Z \geq a) = 1$

① 0.0062 ② 0.0228 ③ 0.0668 ④ 0.1587 ⑤ 0.3413

생각해 봅시다!

$P(0\le Z\le a)=p$일 때,
$P(0\le Z\le k)\ge p$이려면
$k\ge a$

391 어느 공장에서 생산되는 전구의 수명은 평균이 1400시간, 표준편차가 100시간인 정규분포를 따른다고 한다. 이 공장에서 생산되는 전구 중에서 n개를 임의추출하여 표본평균을 $\overline{X}$시간이라 할 때, $P\left(\overline{X}\ge1350+\dfrac{165}{\sqrt{n}}\right)\ge0.9$가 성립하기 위한 자연수 n의 최솟값을 위의 표준정규분포표를 이용하여 구하시오.

z	$P(0\le Z\le z)$
1.28	0.40
1.65	0.45

392  어느 고등학교 학생들을 대상으로 스마트폰 사용 실태를 조사한 결과 전체 학생의 25 %가 스마트폰 중독이라는 판정을 받았다. 이 고등학교 학생 중에서 300명을 임의추출할 때, 스마트폰 중독 판정을 받지 않은 학생이 210명 이하일 확률을 구하시오. (단, $P(0\le Z\le2)=0.4772$)

300명 중 스마트폰 중독 판정을 받은 학생의 비율을 $\hat{p}$이라 하면 중독 판정을 받지 않은 학생의 비율은 $1-\hat{p}$이다.

실력 UP⁺

평가원 기출

393 지역 A에 살고 있는 성인들의 1인 하루 물 사용량을 확률변수 X, 지역 B에서 살고 있는 성인들의 1인 하루 물 사용량을 확률변수 Y라 하자. 두 확률변수 X, Y는 정규분포를 따르고 다음 조건을 만족시킨다.

> ㈎ 두 확률변수 X, Y의 평균은 각각 220과 240이다.
> ㈏ 확률변수 Y의 표준편차는 확률변수 X의 표준편차의 1.5배이다.

지역 A에 살고 있는 성인 중 임의추출한 n명의 1인 하루 물 사용량의 표본평균을 $\overline{X}$, 지역 B에 살고 있는 성인 중 임의추출한 $9n$명의 1인 하루 물 사용량의 표본평균을 $\overline{Y}$라 하자. $P(\overline{X}\le215)=0.1587$일 때, $P(\overline{Y}\ge235)$의 값을 오른쪽 표준정규분포표를 이용하여 구한 것은? (단, 물 사용량의 단위는 L이다.)

z	$P(0\le Z\le z)$
0.5	0.1915
1.0	0.3413
1.5	0.4332
2.0	0.4772

① 0.6915　② 0.7745　③ 0.8185　④ 0.8413　⑤ 0.9772

04 모평균의 추정

1 추정

표본조사의 목적은 모집단 전체를 조사하지 않고, 그 일부인 표본을 조사하여 얻은 정보를 바탕으로 모집단의 특성을 알아보는 데에 있다. 이와 같이 표본에서 얻은 정보를 이용하여 모평균이나 모표준편차와 같은 모집단의 특성을 나타내는 값을 추측하는 것을 **추정**이라 한다.

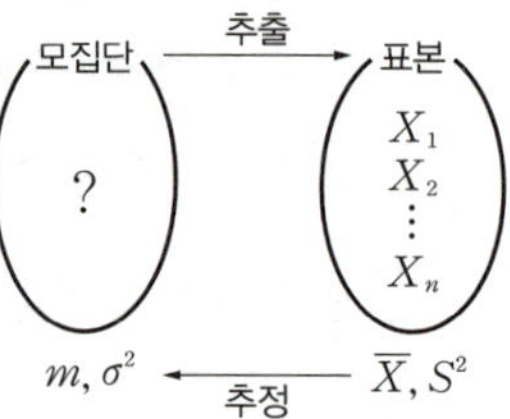

2 모평균에 대한 신뢰구간   필수 07, 09

> 정규분포 $\mathrm{N}(m, \sigma^2)$을 따르는 모집단에서 크기가 n인 표본을 임의추출할 때, 표본평균 $\overline{X}$의 값이 $\overline{x}$이면 모평균 m에 대한 신뢰구간은 다음과 같다.
>
> (1) **신뢰도 95 %의 신뢰구간**: $\overline{x} - 1.96\dfrac{\sigma}{\sqrt{n}} \leq m \leq \overline{x} + 1.96\dfrac{\sigma}{\sqrt{n}}$
>
> (2) **신뢰도 99 %의 신뢰구간**: $\overline{x} - 2.58\dfrac{\sigma}{\sqrt{n}} \leq m \leq \overline{x} + 2.58\dfrac{\sigma}{\sqrt{n}}$

▶ 모평균에 대한 신뢰구간을 구할 때, 모표준편차 σ를 모르는 경우가 많다. 그런데 표본의 크기 n이 충분히 크면 표본표준편차의 값 s는 모표준편차 σ와 큰 차이가 없으므로 모표준편차 σ 대신에 표본표준편차의 값 s를 이용하여 모평균에 대한 신뢰구간을 구할 수 있다. 이때 n이 충분히 크다는 것은 일반적으로 $n \geq 30$일 때를 뜻한다.

설명   정규분포 $\mathrm{N}(m, \sigma^2)$을 따르는 모집단에서 크기가 n인 표본을 임의추출할 때, 표본평균 $\overline{X}$는 정규분포 $\mathrm{N}\left(m, \dfrac{\sigma^2}{n}\right)$을

따르므로 $Z = \dfrac{\overline{X} - m}{\dfrac{\sigma}{\sqrt{n}}}$으로 놓으면 확률변수 Z는 표준정규분포 $\mathrm{N}(0, 1)$을 따른다.

이때 표준정규분포표에서 $\mathrm{P}(-1.96 \leq Z \leq 1.96) = 0.95$이므로

$$\mathrm{P}\left(-1.96 \leq \frac{\overline{X} - m}{\dfrac{\sigma}{\sqrt{n}}} \leq 1.96\right) = 0.95$$

이다. 이를 정리하면 다음과 같다.

$$\mathrm{P}\left(\overline{X} - 1.96\frac{\sigma}{\sqrt{n}} \leq m \leq \overline{X} + 1.96\frac{\sigma}{\sqrt{n}}\right) = 0.95$$

이것은 모평균 m이 $\overline{X} - 1.96\dfrac{\sigma}{\sqrt{n}}$ 이상 $\overline{X} + 1.96\dfrac{\sigma}{\sqrt{n}}$ 이하에 포함될 확률이 0.95임을 나타낸다.

여기서 표본평균 $\overline{X}$의 값을 $\overline{x}$라 할 때

$$\overline{x} - 1.96\frac{\sigma}{\sqrt{n}} \leq m \leq \overline{x} + 1.96\frac{\sigma}{\sqrt{n}}$$

를 모평균 m에 대한 신뢰도 95 %의 신뢰구간이라 한다.

또 표준정규분포표에서 $\mathrm{P}(-2.58 \leq Z \leq 2.58) = 0.99$이므로 같은 방법으로 하면 모평균 m에 대한 신뢰도 99 %의 신뢰구간은 다음과 같다.

$$\overline{x} - 2.58\frac{\sigma}{\sqrt{n}} \leq m \leq \overline{x} + 2.58\frac{\sigma}{\sqrt{n}}$$

참고 　**신뢰도 95 %의 신뢰구간의 의미**

모집단에서 크기가 n인 표본을 임의추출하는 일을 반복할 때, 추출되는 표본에 따라 표본평균이 달라지고 그에 따라 신뢰구간도 달라진다.

오른쪽 그림에서 표본평균의 값이 $\overline{x_1}$, $\overline{x_2}$, $\overline{x_3}$일 때 구한 신뢰구간은 모평균 m을 포함하지만 $\overline{x_4}$일 때 구한 신뢰구간은 모평균 m을 포함하지 않는다. 이와 같이 표본평균의 값에 따라 신뢰구간에 모평균 m이 포함될 수도 있고 포함되지 않을 수도 있다.

모평균 m에 대한 신뢰도 95 %의 신뢰구간이라는 것은 모집단으로부터 크기가 n인 표본을 임의추출하여 신뢰구간을 구하는 일을 반복할 때, 구한 신뢰구간 중에서 약 95 %는 모평균 m을 포함한다는 뜻이다.

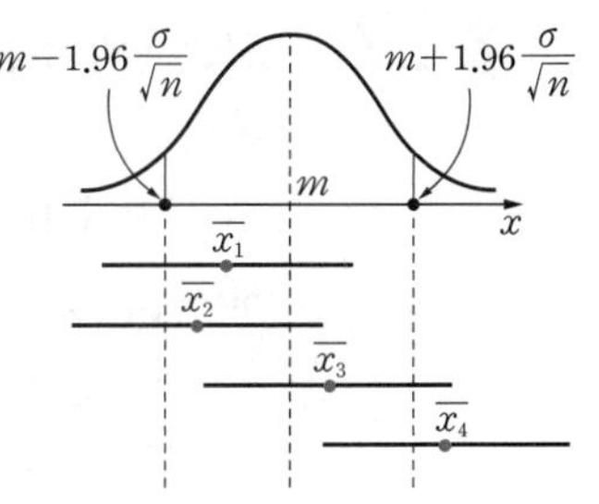

예제 ▶ 모표준편차가 7인 정규분포를 따르는 모집단에서 크기가 49인 표본을 임의추출하였더니 표본평균이 58이었다. 다음 신뢰도로 추정한 모평균 m에 대한 신뢰구간을 구하시오.

$$(\text{단, } P(|Z|\leq 1.96)=0.95,\ P(|Z|\leq 2.58)=0.99)$$

(1) 신뢰도 95 %

(2) 신뢰도 99 %

풀이 　모표준편차 $\sigma=7$, 표본평균 $\overline{x}=58$, 표본의 크기 $n=49$이므로

(1) 신뢰도 95 %의 신뢰구간은

$$58-1.96\times\frac{7}{\sqrt{49}}\leq m\leq 58+1.96\times\frac{7}{\sqrt{49}} \qquad \therefore\ 56.04\leq m\leq 59.96$$

(2) 신뢰도 99 %의 신뢰구간은

$$58-2.58\times\frac{7}{\sqrt{49}}\leq m\leq 58+2.58\times\frac{7}{\sqrt{49}} \qquad \therefore\ 55.42\leq m\leq 60.58$$

❸ 모평균에 대한 신뢰구간의 길이　　필수 08

정규분포를 따르는 모집단에서 표본을 임의추출하여 추정한 모평균 m에 대한 신뢰구간이 $\alpha\leq m\leq\beta$일 때, $\beta-\alpha$를 **신뢰구간의 길이**라 한다.

> 정규분포 $N(m,\ \sigma^2)$을 따르는 모집단에서 크기가 n인 표본을 임의추출하여 모평균을 추정할 때, 모평균 m에 대한 신뢰구간의 길이는 다음과 같다.
>
> (1) **신뢰도 95 %의 신뢰구간의 길이:** $2\times 1.96\dfrac{\sigma}{\sqrt{n}}$
>
> (2) **신뢰도 99 %의 신뢰구간의 길이:** $2\times 2.58\dfrac{\sigma}{\sqrt{n}}$

▶ $P(|Z|\leq k)=\dfrac{\alpha}{100}$일 때, 신뢰도 α %의 신뢰구간의 길이는 　$2\times k\times\dfrac{\sigma}{\sqrt{n}}$

참고 　① 표본의 크기가 일정

　　　⇨ 신뢰도가 높아지면 신뢰구간의 길이는 길어지고, 신뢰도가 낮아지면 신뢰구간의 길이는 짧아진다.

　　② 신뢰도가 일정

　　　⇨ 표본의 크기가 커지면 신뢰구간의 길이는 짧아지고, 표본의 크기가 작아지면 신뢰구간의 길이는 길어진다.

 필수 07 모평균의 추정

어느 공장에서 생산되는 건전지의 수명은 정규분포를 따른다고 한다. 이 공장에서 생산된 건전지 100개를 임의추출하여 수명을 조사하였더니 평균이 1000시간, 표준편차가 50시간이었다. 이 공장에서 생산되는 건전지의 수명의 평균 m시간에 대하여 다음을 구하시오. (단, $P(|Z| \leq 1.96) = 0.95$, $P(|Z| \leq 2.58) = 0.99$)

(1) 신뢰도 95 %의 신뢰구간

(2) 신뢰도 99 %의 신뢰구간

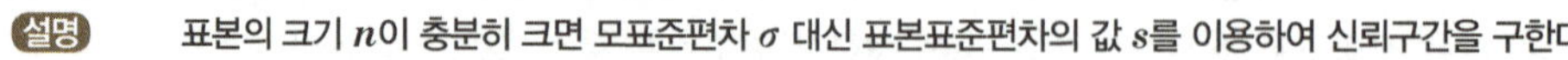

설명 표본의 크기 n이 충분히 크면 모표준편차 σ 대신 표본표준편차의 값 s를 이용하여 신뢰구간을 구한다.

풀이 표본평균 $\overline{x} = 1000$, 표본의 크기 $n = 100$이고, 100은 충분히 큰 수이므로 모표준편차 대신 표본표준편차 50을 이용한다.

(1) 모평균 m에 대한 신뢰도 95 %의 신뢰구간은

$$1000 - 1.96 \times \frac{50}{\sqrt{100}} \leq m \leq 1000 + 1.96 \times \frac{50}{\sqrt{100}}$$

$$\therefore \ 990.2 \leq m \leq 1009.8$$

(2) 모평균 m에 대한 신뢰도 99 %의 신뢰구간은

$$1000 - 2.58 \times \frac{50}{\sqrt{100}} \leq m \leq 1000 + 2.58 \times \frac{50}{\sqrt{100}}$$

$$\therefore \ 987.1 \leq m \leq 1012.9$$

KEY Point

- 표본평균의 값이 $\overline{x}$, 표본의 크기가 n일 때, 모평균 m에 대한 신뢰구간

① 신뢰도 95 % $\Rightarrow \overline{x} - 1.96 \dfrac{\sigma}{\sqrt{n}} \leq m \leq \overline{x} + 1.96 \dfrac{\sigma}{\sqrt{n}}$

② 신뢰도 99 % $\Rightarrow \overline{x} - 2.58 \dfrac{\sigma}{\sqrt{n}} \leq m \leq \overline{x} + 2.58 \dfrac{\sigma}{\sqrt{n}}$

● 정답 및 풀이 **84쪽**

 **394** 어느 고등학교 학생들의 키는 정규분포를 따른다고 한다. 이 고등학교에서 64명의 학생을 임의추출하여 키를 조사하였더니 평균이 167 cm, 표준편차가 12 cm이었다. 이 고등학교 학생들의 키의 평균 m cm에 대한 신뢰도 95 %의 신뢰구간을 구하시오.

(단, $P(|Z| \leq 1.96) = 0.95$)

395 어느 과수원에서 수확한 귤의 무게는 표준편차가 5 g인 정규분포를 따른다고 한다. 이 과수원에서 수확한 귤 n개를 임의추출하여 그 무게를 조사하였더니 평균이 150 g이었다. 이 과수원에서 수확한 귤의 무게의 평균 m g에 대한 신뢰도 99 %의 신뢰구간이 $148.71 \leq m \leq 151.29$일 때, n의 값을 구하시오. (단, $P(|Z| \leq 2.58) = 0.99$)

필수 08 모평균에 대한 신뢰구간의 길이

어느 공장에서 생산되는 제품의 무게는 표준편차가 10 g인 정규분포를 따른다고 한다. 이 공장에서 생산되는 제품 중에서 n개를 임의추출하여 제품의 무게의 평균 m g을 신뢰도 95 %로 추정한 신뢰구간이 $\alpha \leq m \leq \beta$일 때, $\beta - \alpha \leq 1.4$를 만족시키는 n의 최솟값을 구하시오. (단, $P(|Z| \leq 1.96) = 0.95$)

풀이 모표준편차가 10이고 $\beta - \alpha$는 신뢰도 95 %로 추정한 신뢰구간의 길이이므로 $\beta - \alpha \leq 1.4$에서

$$2 \times 1.96 \times \frac{10}{\sqrt{n}} \leq 1.4, \qquad \sqrt{n} \geq 28$$

$$\therefore n \geq 784$$

따라서 n의 최솟값은 **784**이다.

KEY Point

• 표본의 크기가 n일 때, 모평균 m에 대한 신뢰구간의 길이

① 신뢰도 95 % $\Rightarrow 2 \times 1.96 \dfrac{\sigma}{\sqrt{n}}$

② 신뢰도 99 % $\Rightarrow 2 \times 2.58 \dfrac{\sigma}{\sqrt{n}}$

● 정답 및 풀이 **85**쪽

396 어느 고등학교 학생들의 수학 성적은 정규분포를 따른다고 한다. 이 고등학교에서 학생 100명을 임의추출하여 수학 성적을 조사하였더니 표준편차가 15점이었다. 이 고등학교 학생들의 수학 성적의 평균 m점을 신뢰도 99 %로 추정한 신뢰구간의 길이를 구하시오.

$$(\text{단, } P(|Z| \leq 2.58) = 0.99)$$

397 어느 회사에서 생산되는 과자의 무게는 표준편차가 5 g인 정규분포를 따른다고 한다. 이 회사에서 생산되는 과자의 무게의 평균 m g을 신뢰도 99 %로 추정한 신뢰구간의 길이가 0.3이 되도록 하는 표본의 크기를 구하시오. (단, $P(|Z| \leq 2.58) = 0.99$)

필수 09 모평균과 표본평균의 차

표준편차가 0.4인 정규분포를 따르는 모집단의 평균을 신뢰도 95 %로 추정할 때, 모평균 m과 표본평균 $\bar{x}$의 차가 0.01 이하가 되도록 하는 표본의 크기의 최솟값을 구하시오. (단, $P(|Z| \leq 2) = 0.95$)

풀이 표본의 크기를 n이라 하면 신뢰도 95 %로 추정한 모평균 m에 대한 신뢰구간은

$$\bar{x} - 2 \times \frac{0.4}{\sqrt{n}} \leq m \leq \bar{x} + 2 \times \frac{0.4}{\sqrt{n}}$$

$$-2 \times \frac{0.4}{\sqrt{n}} \leq m - \bar{x} \leq 2 \times \frac{0.4}{\sqrt{n}}$$

$$\therefore\ |m - \bar{x}| \leq 2 \times \frac{0.4}{\sqrt{n}}$$

이때 모평균과 표본평균의 차가 0.01 이하이어야 하므로

$$2 \times \frac{0.4}{\sqrt{n}} \leq 0.01, \qquad \sqrt{n} \geq 80 \qquad \therefore\ n \geq 6400$$

따라서 표본의 크기의 최솟값은 **6400**이다.

KEY Point

- 표본의 크기가 n일 때, 모평균 m과 표본평균 $\bar{x}$의 차

① 신뢰도 95 % $\Rightarrow$ $|m - \bar{x}| \leq 1.96 \dfrac{\sigma}{\sqrt{n}}$

② 신뢰도 99 % $\Rightarrow$ $|m - \bar{x}| \leq 2.58 \dfrac{\sigma}{\sqrt{n}}$

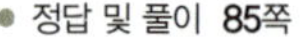

● 정답 및 풀이 **85쪽**

398 어느 공장에서 생산되는 제품의 무게는 표준편차가 30 g인 정규분포를 따른다고 한다. 이 공장에서 생산되는 제품의 무게의 평균을 신뢰도 95 %로 추정할 때, 모평균 m과 표본평균 $\bar{x}$의 차가 2 g 이하가 되도록 하려면 적어도 몇 개의 제품을 추출하여 조사해야 하는지 구하시오. (단, $P(|Z| \leq 2) = 0.95$)

399 어느 지역의 버스 정류장 사이의 거리는 표준편차가 75 m인 정규분포를 따른다고 한다. 이 지역의 버스 정류장 사이의 거리의 평균을 신뢰도 99 %로 추정할 때, 모평균 m과 표본평균 $\bar{x}$의 차가 12.9 m 이하가 되도록 하는 표본의 크기의 최솟값을 구하시오.

(단, $P(|Z| \leq 2.58) = 0.99$)

05 모비율의 추정

1 모비율에 대한 신뢰구간 필수 10, 11

> 모집단에서 임의추출한 크기가 n인 표본의 표본비율을 $\hat{p}$이라 할 때, n이 충분히 크면 모비율 p에 대한 신뢰구간과 신뢰구간의 길이는 다음과 같다. (단, $\hat{q}=1-\hat{p}$)
>
> **(1) 모비율에 대한 신뢰구간**
>
> ① 신뢰도 95 %의 신뢰구간: $\hat{p}-1.96\sqrt{\dfrac{\hat{p}\hat{q}}{n}}\leq p\leq\hat{p}+1.96\sqrt{\dfrac{\hat{p}\hat{q}}{n}}$
>
> ② 신뢰도 99 %의 신뢰구간: $\hat{p}-2.58\sqrt{\dfrac{\hat{p}\hat{q}}{n}}\leq p\leq\hat{p}+2.58\sqrt{\dfrac{\hat{p}\hat{q}}{n}}$
>
> **(2) 모비율에 대한 신뢰구간의 길이**
>
> ① 신뢰도 95 %의 신뢰구간의 길이: $2\times1.96\sqrt{\dfrac{\hat{p}\hat{q}}{n}}$
>
> ② 신뢰도 99 %의 신뢰구간의 길이: $2\times2.58\sqrt{\dfrac{\hat{p}\hat{q}}{n}}$

▶ 표본의 크기 n이 충분히 크다는 것은 $n\hat{p}\geq5$, $n\hat{q}\geq5$일 때를 뜻한다.

설명 모비율이 p인 모집단에서 크기가 n인 표본을 임의추출할 때, n이 충분히 크면 표본비율 $\hat{p}$은 근사적으로 정규분포

$N\left(p,\dfrac{pq}{n}\right)$를 따르므로 확률변수 $Z=\dfrac{\hat{p}-p}{\sqrt{\dfrac{pq}{n}}}$는 근사적으로 표준정규분포 $N(0,1)$을 따른다. (단, $q=1-p$)

또 n이 충분히 크면 p, q 대신에 $\hat{p}$, $\hat{q}$을 대입한 확률변수 $Z=\dfrac{\hat{p}-p}{\sqrt{\dfrac{\hat{p}\hat{q}}{n}}}$도 근사적으로 표준정규분포 $N(0,1)$을 따름이

알려져 있다. (단, $\hat{q}=1-\hat{p}$)

이때 표준정규분포표에서 $P(-1.96\leq Z\leq1.96)=0.95$이므로

$$P\left(-1.96\leq\frac{\hat{p}-p}{\sqrt{\dfrac{\hat{p}\hat{q}}{n}}}\leq1.96\right)=0.95 \qquad \therefore P\left(\hat{p}-1.96\sqrt{\frac{\hat{p}\hat{q}}{n}}\leq p\leq\hat{p}+1.96\sqrt{\frac{\hat{p}\hat{q}}{n}}\right)=0.95$$

이것은 모비율 p가 $\hat{p}-1.96\sqrt{\dfrac{\hat{p}\hat{q}}{n}}$ 이상 $\hat{p}+1.96\sqrt{\dfrac{\hat{p}\hat{q}}{n}}$ 이하에 포함될 확률이 0.95임을 나타내므로

$$\hat{p}-1.96\sqrt{\frac{\hat{p}\hat{q}}{n}}\leq p\leq\hat{p}+1.96\sqrt{\frac{\hat{p}\hat{q}}{n}}$$

을 모비율 p에 대한 신뢰도 95 %의 신뢰구간이라 하고 이때의 신뢰구간의 길이는 $2\times1.96\sqrt{\dfrac{\hat{p}\hat{q}}{n}}$ 이다.

또 표준정규분포표에서 $P(-2.58\leq Z\leq2.58)=0.99$이므로 같은 방법으로 하면 모비율 p에 대한 신뢰도 99 %의 신뢰구간은

$$\hat{p}-2.58\sqrt{\frac{\hat{p}\hat{q}}{n}}\leq p\leq\hat{p}+2.58\sqrt{\frac{\hat{p}\hat{q}}{n}}$$

이고 이때의 신뢰구간의 길이는 $2\times2.58\sqrt{\dfrac{\hat{p}\hat{q}}{n}}$ 이다.

필수 **10** 모비율의 추정

급식 만족도를 알아보기 위하여 서울 지역의 고등학생 300명을 임의추출하여 조사하였더니 225명이 만족한다고 응답하였다. 서울 지역의 전체 고등학생 중 급식에 만족하는 학생의 비율 p에 대한 신뢰도 95 %의 신뢰구간을 구하시오.

$$(\text{단, } P(|Z| \leq 1.96) = 0.95)$$

풀이 표본비율을 $\hat{p}$이라 하면

$$\hat{p} = \frac{225}{300} = 0.75, \ \hat{q} = 1 - 0.75 = 0.25$$

이때 300은 충분히 큰 수이므로 모비율 p에 대한 신뢰도 95 %의 신뢰구간은

$$0.75 - 1.96\sqrt{\frac{0.75 \times 0.25}{300}} \leq p \leq 0.75 + 1.96\sqrt{\frac{0.75 \times 0.25}{300}}$$

$$\therefore \ \mathbf{0.701 \leq p \leq 0.799}$$

참고 $n\hat{p} = 225$, $n\hat{q} = 75$이므로 n은 충분히 크다고 할 수 있다.

KEY Point

● **표본의 크기가 n일 때, 모비율 p에 대한 신뢰구간**

① 신뢰도 95 % ⇨ $\hat{p} - 1.96\sqrt{\dfrac{\hat{p}(1-\hat{p})}{n}} \leq p \leq \hat{p} + 1.96\sqrt{\dfrac{\hat{p}(1-\hat{p})}{n}}$

② 신뢰도 99 % ⇨ $\hat{p} - 2.58\sqrt{\dfrac{\hat{p}(1-\hat{p})}{n}} \leq p \leq \hat{p} + 2.58\sqrt{\dfrac{\hat{p}(1-\hat{p})}{n}}$

● 정답 및 풀이 **85쪽**

확인체크 **400** 어느 방송국에서 TV 프로그램에 대한 시청률을 알아보기 위하여 400가구를 임의추출하여 조사하였더니 144가구가 시청하는 것으로 나타났다. 전체 가구의 시청률 p에 대한 신뢰도 99 %의 신뢰구간을 구하시오. (단, $P(|Z| \leq 2.58) = 0.99$)

401 운동화 브랜드의 선호도를 알아보기 위하여 2500명을 임의추출하여 조사하였더니 1250명이 A 브랜드를 선호한다고 응답하였다. A 브랜드를 선호하는 사람의 비율 p에 대한 신뢰도 95 %의 신뢰구간을 구하시오. (단, $P(|Z| \leq 1.96) = 0.95$)

필수 11 · 모비율에 대한 신뢰구간과 표본의 크기

성인 $n\,(n\geq25)$명을 임의추출하여 항생제에 대한 알레르기 반응을 조사하였더니 조사 대상의 $\dfrac{1}{5}$이 알레르기 반응을 보였다. 항생제에 알레르기 반응을 보이는 성인의 비율 p에 대한 신뢰도 95 %의 신뢰구간이 $0.1216\leq p\leq0.2784$일 때, n의 값을 구하시오.

(단, $\mathrm{P}(\,|Z|\leq1.96)=0.95)$

풀이 표본비율을 $\hat{p}$이라 하면

$$\hat{p}=\frac{1}{5}=0.2,\ \hat{q}=1-0.2=0.8$$

이므로 모비율 p에 대한 신뢰도 95 %의 신뢰구간은

$$0.2-1.96\sqrt{\frac{0.2\times0.8}{n}}\leq p\leq0.2+1.96\sqrt{\frac{0.2\times0.8}{n}}$$

$$\therefore\ 0.2-\frac{0.784}{\sqrt{n}}\leq p\leq0.2+\frac{0.784}{\sqrt{n}}$$

이것이 $0.1216\leq p\leq0.2784$와 같으므로

$$\frac{0.784}{\sqrt{n}}=0.0784,\qquad \sqrt{n}=10$$

$$\therefore\ n=\mathbf{100}$$

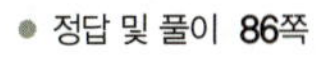

● 정답 및 풀이 **86쪽**

402 어떤 인터넷 포털 사이트의 고객 만족도를 조사하기 위하여 회원 $n\,(n\geq25)$명을 임의추출하여 설문 조사를 한 결과 80 %가 만족한다고 대답하였다. 이 사이트의 고객 만족도 p에 대한 신뢰도 99 %의 신뢰구간이 $0.671\leq p\leq0.929$일 때, n의 값을 구하시오.

(단, $\mathrm{P}(\,|Z|\leq2.58)=0.99)$

403 고등학교 학생들의 하루 수분 섭취량을 알아보기 위하여 전국 고등학생 중 $n\,(n\geq20)$명을 임의추출하여 조사하였더니 그중 70 %가 하루 수분 섭취량이 1 L 이하였다. 전국 고등학생 중에서 하루 수분 섭취량이 1 L 이하인 학생의 비율 p를 신뢰도 99 %로 추정한 신뢰구간의 길이가 0.2 이하일 때, n의 최솟값을 구하시오. (단, $\mathrm{P}(\,|Z|\leq3)=0.99)$

STEP 1

404 어느 도시의 가구당 한 달 동안의 전력사용량은 정규분포를 따른다고 한다. 이 도시에서 400가구를 임의추출하여 한 달 동안의 전력사용량을 조사하였더니 평균이 $300\,\text{kWh}$, 표준편차가 $50\,\text{kWh}$이었다. 이 도시의 가구당 한 달 동안의 전력사용량의 평균 $m\,\text{kWh}$에 대한 신뢰도 $95\,\%$의 신뢰구간에 속하는 자연수의 개수를 구하시오.

$$(\text{단, } \mathrm{P}(|Z|\leq 1.96)=0.95)$$

수능 기출

405 정규분포 $\mathrm{N}(m,\,5^2)$을 따르는 모집단에서 크기가 49인 표본을 임의추출하여 얻은 표본평균이 $\bar{x}$일 때, 모평균 m에 대한 신뢰도 $95\,\%$의 신뢰구간이 $a\leq m\leq \dfrac{6}{5}a$이다. $\bar{x}$의 값은? (단, Z가 표준정규분포를 따르는 확률변수일 때, $\mathrm{P}(|Z|\leq 1.96)=0.95$로 계산한다.)

① 15.2　　② 15.4　　③ 15.6　　④ 15.8　　⑤ 16.0

406 어느 회사에서 생산되는 자동차의 연비는 표준편차가 $1\,\text{km/L}$인 정규분포를 따른다고 한다. 이 회사에서 생산되는 자동차 중에서 표본을 임의추출하여 자동차의 연비의 평균을 신뢰도 $99\,\%$로 추정할 때, 모평균 m과 표본평균 $\bar{x}$의 차가 $0.43\,\text{km/L}$ 이하가 되도록 하려면 적어도 몇 대의 자동차를 조사해야 하는지 구하시오.

$$(\text{단, } \mathrm{P}(|Z|\leq 2.58)=0.99)$$

407 어느 도시의 시민 600명을 임의추출하여 대체공휴일 제도에 대하여 조사한 결과 찬성한 사람이 360명이었다. 이 도시의 시민 중 대체공휴일 제도에 찬성하는 시민의 비율을 신뢰도 $95\,\%$로 추정한 신뢰구간의 길이를 구하시오. (단, $\mathrm{P}(|Z|\leq 1.96)=0.95$)

모비율에 대한 신뢰도 $a\,\%$의 신뢰구간의 길이

$$\Rightarrow 2k\sqrt{\dfrac{\hat{p}\hat{q}}{n}}$$
$$\left(\text{단, } \mathrm{P}(|Z|\leq k)=\dfrac{a}{100}\right)$$

STEP 2

408 모표준편차가 σ인 정규분포를 따르는 모집단에서 표본을 임의추출하여 모평균 m을 추정했다고 한다. 표본의 크기가 4이고 표본평균이 $\overline{x_1}$인 표본을 이용하여 신뢰도 $95\,\%$로 추정한 신뢰구간이 $a\leq m\leq b$, 표본의 크기가 n이고 표본평균이 $\overline{x_2}$인 표본을 이용하여 신뢰도 $99\,\%$로 추정한 신뢰구간이 $c\leq m\leq d$일 때, $b-a=2(d-c)$가 성립하도록 하는 n의 값을 구하시오.

$$(\text{단, } \mathrm{P}(|Z|\leq 2)=0.95,\ \mathrm{P}(|Z|\leq 3)=0.99)$$

모평균 m에 대한 신뢰도 $a\,\%$의 신뢰구간의 길이

$$\Rightarrow 2k\dfrac{\sigma}{\sqrt{n}}$$
$$\left(\text{단, } \mathrm{P}(|Z|\leq k)=\dfrac{a}{100}\right)$$

생각해 봅시다!

수능 기출

409 어느 회사에서 생산하는 샴푸 1개의 용량은 정규분포 $N(m, \sigma^2)$을 따른다고 한다. 이 회사에서 생산하는 샴푸 중에서 16개를 임의추출하여 얻은 표본평균을 이용하여 구한 m에 대한 신뢰도 95 %의 신뢰구간이 $746.1 \leq m \leq 755.9$이다. 이 회사에서 생산하는 샴푸 중에서 n개를 임의추출하여 얻은 표본평균을 이용하여 구하는 m에 대한 신뢰도 99 %의 신뢰구간이 $a \leq m \leq b$일 때, $b-a$의 값이 6 이하가 되기 위한 자연수 n의 최솟값은? (단, 용량의 단위는 mL이고, Z가 표준정규분포를 따르는 확률변수일 때, $P(|Z| \leq 1.96)=0.95$, $P(|Z| \leq 2.58)=0.99$로 계산한다.)

① 70   ② 74   ③ 78   ④ 82   ⑤ 86

410 어느 도시에서 영화제를 유치하기 위하여 주민 $n\,(n \geq 50)$명을 임의추출하여 조사하였더니 찬성률이 90 %이었다. 전체 주민의 찬성률을 신뢰도 95 %로 추정할 때, 모비율과 표본비율의 차가 0.5 % 이하가 되도록 하는 n의 최솟값을 구하시오. (단, $P(|Z| \leq 2)=0.95$)

실력 UP⁺

411 정규분포를 따르는 모집단에서 크기가 n인 표본을 임의추출하여 신뢰도 α %로 추정한 모평균에 대한 신뢰구간의 길이를 l이라 할 때, 옳은 것만을 보기에서 있는 대로 고르시오.

$P(-k \leq Z \leq k)=\dfrac{\alpha}{100}$이면 $l=2k\dfrac{\sigma}{\sqrt{n}}$

> **보기**
>
> ㄱ. n이 일정할 때, 신뢰도 α %가 높아지면 l의 값은 커진다.
>
> ㄴ. 신뢰도 α %가 일정할 때, n이 커지면 l의 값은 커진다.
>
> ㄷ. 신뢰도 α %가 일정할 때, n이 2배가 되면 l의 값은 $\dfrac{1}{2}$배가 된다.

412 모비율이 p인 모집단에서 크기가 n인 표본을 임의추출하여 구한 표본비율 $\hat{p}$에 대하여 $P(|\hat{p}-p| \leq 0.05\sqrt{\hat{p}(1-\hat{p})}) \geq 0.95$를 만족시키는 n의 최솟값을 구하시오.

(단, n은 충분히 크고 $P(|Z| \leq 1.96)=0.95$이다.)

n이 충분히 크면 확률변수

$$Z=\dfrac{\hat{p}-p}{\sqrt{\dfrac{\hat{p}(1-\hat{p})}{n}}}$$

는 근사적으로 표준정규분포를 따른다.

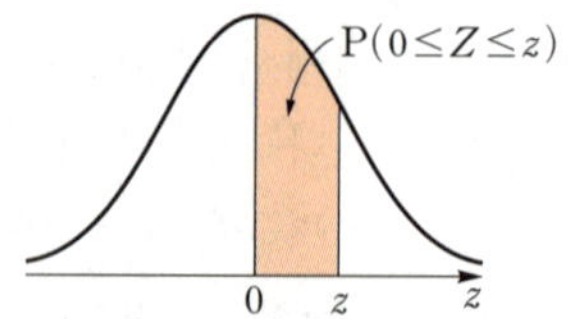

z	0.00	0.01	0.02	0.03	0.04	0.05	0.06	0.07	0.08	0.09
0.0	.0000	.0040	.0080	.0120	.0160	.0199	.0239	.0279	.0319	.0359
0.1	.0398	.0438	.0478	.0517	.0557	.0596	.0636	.0675	.0714	.0753
0.2	.0793	.0832	.0871	.0910	.0948	.0987	.1026	.1064	.1103	.1141
0.3	.1179	.1217	.1255	.1293	.1331	.1368	.1406	.1443	.1480	.1517
0.4	.1554	.1591	.1628	.1664	.1700	.1736	.1772	.1808	.1844	.1879
0.5	.1915	.1950	.1985	.2019	.2054	.2088	.2123	.2157	.2190	.2224
0.6	.2257	.2291	.2324	.2357	.2389	.2422	.2454	.2486	.2517	.2549
0.7	.2580	.2611	.2642	.2673	.2704	.2734	.2764	.2794	.2823	.2852
0.8	.2881	.2910	.2939	.2967	.2995	.3023	.3051	.3078	.3106	.3133
0.9	.3159	.3186	.3212	.3238	.3264	.3289	.3315	.3340	.3365	.3389
1.0	.3413	.3438	.3461	.3485	.3508	.3531	.3554	.3577	.3599	.3621
1.1	.3643	.3665	.3686	.3708	.3729	.3749	.3770	.3790	.3810	.3830
1.2	.3849	.3869	.3888	.3907	.3925	.3944	.3962	.3980	.3997	.4015
1.3	.4032	.4049	.4066	.4082	.4099	.4115	.4131	.4147	.4162	.4177
1.4	.4192	.4207	.4222	.4236	.4251	.4265	.4279	.4292	.4306	.4319
1.5	.4332	.4345	.4357	.4370	.4382	.4394	.4406	.4418	.4429	.4441
1.6	.4452	.4463	.4474	.4484	.4495	.4505	.4515	.4525	.4535	.4545
1.7	.4554	.4564	.4573	.4582	.4591	.4599	.4608	.4616	.4625	.4633
1.8	.4641	.4649	.4656	.4664	.4671	.4678	.4686	.4693	.4699	.4706
1.9	.4713	.4719	.4726	.4732	.4738	.4744	.4750	.4756	.4761	.4767
2.0	.4772	.4778	.4783	.4788	.4793	.4798	.4803	.4808	.4812	.4817
2.1	.4821	.4826	.4830	.4834	.4838	.4842	.4846	.4850	.4854	.4857
2.2	.4861	.4864	.4868	.4871	.4875	.4878	.4881	.4884	.4887	.4890
2.3	.4893	.4896	.4898	.4901	.4904	.4906	.4909	.4911	.4913	.4916
2.4	.4918	.4920	.4922	.4925	.4927	.4929	.4931	.4932	.4934	.4936
2.5	.4938	.4940	.4941	.4943	.4945	.4946	.4948	.4949	.4951	.4952
2.6	.4953	.4955	.4956	.4957	.4959	.4960	.4961	.4962	.4963	.4964
2.7	.4965	.4966	.4967	.4968	.4969	.4970	.4971	.4972	.4973	.4974
2.8	.4974	.4975	.4976	.4977	.4977	.4978	.4979	.4979	.4980	.4981
2.9	.4981	.4982	.4982	.4983	.4984	.4984	.4985	.4985	.4986	.4986
3.0	.4987	.4987	.4987	.4988	.4988	.4989	.4989	.4989	.4990	.4990
3.1	.4990	.4991	.4991	.4991	.4992	.4992	.4992	.4992	.4993	.4993
3.2	.4993	.4993	.4994	.4994	.4994	.4994	.4994	.4995	.4995	.4995
3.3	.4995	.4995	.4995	.4996	.4996	.4996	.4996	.4996	.4996	.4997

공감
한 스푼

● 본책 10~42쪽

1 순열과 조합

I. 경우의 수

1 3 　　**2** 16

3 20 　　**4** (1) 8　(2) 16

5 4 　　**6** 24

7 60 　　**8** 240

9 220 　　**10** 120

11 74

12 (1) 7　(2) 36　(3) 81　(4) 32

13 (1) 5　(2) 3　(3) 7　(4) 3

14 625 　　**15** 32

16 8 　　**17** 243

18 30 　　**19** 39

20 7 　　**21** (1) 540　(2) 124

22 127 　　**23** 8

24 36 　　**25** 1260

26 1440 　　**27** 18

28 6 　　**29** 160

30 22 　　**31** 60

32 30240 　　**33** 1080

34 66 　　**35** 18

36 37 　　**37** 62

38 250 　　**39** 3125

40 48 　　**41** 120

42 ① 　　**43** ④

44 672 　　**45** *bbcb*

46 90 　　**47** 15

48 1260 　　**49** 80

50 115 　　**51** 36

52 25

53 (1) 210　(2) 6　(3) 35　(4) 1

54 (1) 6　(2) 4 　　**55** 56

56 21 　　**57** 36

58 7 　　**59** 270

60 35 　　**61** 56

62 60 　　**63** (1) 5　(2) 84

64 90 　　**65** (1) 165　(2) 35

66 13 　　**67** 10

68 56 　　**69** 90

70 56 　　**71** 875

72 70 　　**73** 140

74 15 　　**75** 10

76 ③ 　　**77** 21

78 50 　　**79** 60

80 700 　　**81** 88

82 332

● 본책 44~58쪽

2 이항정리

I. 경우의 수

83 $_6C_1$, $_6C_4$, 5, $_6C_6$, 6, 15, 5

84 (1) $16a^4+32a^3+24a^2+8a+1$

(2) $243x^5-810x^4y+1080x^3y^2-720x^2y^3$
$+240xy^4-32y^5$

(3) $x^6+6x^4+15x^2+20+\dfrac{15}{x^2}+\dfrac{6}{x^4}+\dfrac{1}{x^6}$

85 (1) $_5\mathrm{C}_r\times2^{5-r}(-3)^ra^{5-r}b^r$　(2) $_4\mathrm{C}_r\,x^{8-r}$

(3) $_6\mathrm{C}_r(-2)^r\dfrac{x^{6-r}}{y^r}$　(4) $_8\mathrm{C}_r\dfrac{x^{16-2r}}{x^r}$

86 (1) -560　(2) -20　(3) 112　(4) 45

87 2　　　　　**88** 120

89 1　　　　　**90** 2674

91 4

92
$$
\begin{array}{ccccccccccccc}
&&&&&&1\\
&&&&&1&&1\\
&&&&1&&2&&1\\
&&&1&&3&&3&&1\\
&&1&&\boxed{4}&&6&&4&&1\\
&1&&5&&\boxed{10}&&10&&\boxed{5}&&1\\
1&&6&&\boxed{15}&&20&&\boxed{15}&&6&&1
\end{array}
$$

(1) $32x^5+80x^4+80x^3+40x^2+10x+1$

(2) $a^4-8a^3b+24a^2b^2-32ab^3+16b^4$

93 (1) 0 또는 4　(2) 11　(3) 6　(4) 5　(5) 7

94 (1) 8　(2) 0　(3) 2^{50}　(4) 2^{99}

95 (1) 220　(2) 330　　**96** ③

97 560　　　　　**98** 462

99 $2^{18}-1$　　　　**100** 11

101 14　　　　　**102** 30

103 361　　　　　**104** -112

105 ②　　　　　**106** 80

107 ③　　　　　**108** 1008

109 $2^{19}-2$　　　　**110** 9

111 17　　　　　**112** ②

113 ㄴ, ㄹ　　　　**114** 2^{19}

115 20　　　　　**116** 379

117 37　　　　　**118** 목요일

119 8　　　　　**120** 20

● 본책 60~83쪽

1 확률의 뜻과 활용　　　Ⅱ. 확률

121 ㄱ　　　　　**122** 4

123 $\dfrac{1}{4}$　　　　**124** $\dfrac{1}{18}$

125 $\dfrac{1}{15}$　　　　**126** $\dfrac{5}{28}$

127 $\dfrac{2}{7}$　　　　**128** $\dfrac{12}{25}$

129 $\dfrac{2}{9}$　　　　**130** $\dfrac{1}{4}$

131 $\dfrac{1}{3}$　　　　**132** $\dfrac{1}{35}$

133 $\dfrac{1}{9}$　　　　**134** $\dfrac{9}{20}$

135 $\dfrac{3}{10}$　　　　**136** 4

137 3　　　　　**138** $\dfrac{21}{25}$

139 $\dfrac{3}{4}$　　　　**140** $\dfrac{55}{216}$

141 $\dfrac{10}{21}$ **142** $\dfrac{25}{77}$

143 $\dfrac{45}{56}$ **144** $\dfrac{5}{36}$

145 ㄱ, ㄴ, ㄷ **146** $\dfrac{1}{2}$

147 $\dfrac{1}{3}$ **148** ④

149 $\dfrac{1}{3}$ **150** $\dfrac{7}{25}$

151 19 **152** $\dfrac{7}{15}$

153 $\dfrac{3}{7}$ **154** (1) $\dfrac{5}{6}$ (2) 0.1

155 (1) $\dfrac{1}{2}$ (2) $\dfrac{1}{2}$ (3) $\dfrac{1}{3}$ (4) $\dfrac{2}{3}$

156 (1) $\dfrac{5}{8}$ (2) $\dfrac{3}{5}$ **157** (1) $\dfrac{1}{6}$ (2) $\dfrac{5}{6}$

158 $\dfrac{1}{12}$ **159** $\dfrac{1}{3}$

160 0.5 **161** $\dfrac{5}{7}$

162 $\dfrac{7}{16}$ **163** $\dfrac{1}{6}$

164 $\dfrac{1}{3}$ **165** $\dfrac{5}{14}$

166 $\dfrac{3}{5}$ **167** $\dfrac{19}{27}$

168 $\dfrac{2}{5}$ **169** $\dfrac{5}{6}$

170 $\dfrac{5}{7}$ **171** 4

172 $\dfrac{54}{55}$ **173** $\dfrac{37}{42}$

174 $\dfrac{3}{4}$ **175** $\dfrac{1}{15}$

176 $\dfrac{1}{3}$ **177** $\dfrac{2}{3}$

178 $\dfrac{31}{33}$ **179** ③

180 $\dfrac{13}{21}$ **181** ③

182 $\dfrac{6}{7}$ **183** $\dfrac{59}{64}$

184 $\dfrac{9}{55}$ **185** $\dfrac{8}{11}$

● 본책 86~111쪽

II. 확률

2 조건부확률

186 (1) $\dfrac{1}{5}$ (2) $\dfrac{1}{4}$

187 (1) $\dfrac{1}{2}$ (2) $\dfrac{1}{6}$ (3) $\dfrac{1}{3}$

188 (1) 0.06 (2) 0.1

189 (1) $\dfrac{3}{10}$ (2) $\dfrac{2}{9}$ (3) $\dfrac{1}{15}$

190 $\dfrac{3}{5}$ **191** $\dfrac{5}{8}$

192 $\dfrac{2}{3}$ **193** 0.6

194 $\dfrac{2}{5}$ **195** 2

196 $\dfrac{1}{6}$ **197** $\dfrac{1}{4}$

198 $\dfrac{1}{3}$ **199** $\dfrac{8}{55}$

200 $\dfrac{9}{19}$ **201** $\dfrac{8}{13}$

202 0.25 **203** $\dfrac{4}{9}$

204 ② **205** ②

206 $\dfrac{1}{11}$ **207** $\dfrac{51}{100}$

208 $\dfrac{3}{5}$ **209** $\dfrac{3}{7}$

210 $\dfrac{4}{5}$ **211** 13

212 $\dfrac{31}{56}$ **213** $\dfrac{2}{3}$

214 $\dfrac{1}{2}$ **215** 17

216 ㈎ $\mathrm{P}(A)\mathrm{P}(B)$ ㈏ $\mathrm{P}(A\cup B)$ ㈐ $\mathrm{P}(B)$

217 ⑴ $\dfrac{1}{4}$ ⑵ $\dfrac{1}{3}$ **218** ⑴ 독립 ⑵ 종속

219 ⑴ $\dfrac{5}{6}$ ⑵ $\dfrac{2}{5}$ ⑶ $\dfrac{1}{10}$ ⑷ $\dfrac{1}{2}$

220 0.48 **221** ㄱ, ㄴ

222 $\dfrac{8}{15}$ **223** $\dfrac{3}{7}$

224 $\dfrac{1}{6}$ **225** ⑴ $\dfrac{7}{20}$ ⑵ $\dfrac{2}{5}$

226 $\dfrac{3}{5}$ **227** ㄴ, ㄷ

228 ③ **229** ③

230 $\dfrac{1}{3}$ **231** $\dfrac{1}{6}$

232 ㄴ, ㄷ **233** $\dfrac{5}{18}$

234 $\dfrac{5}{16}$ **235** $\dfrac{9}{16}$

236 ⑴ $\dfrac{135}{512}$ ⑵ $\dfrac{1023}{1024}$

237 $\dfrac{20}{27}$ **238** $\dfrac{1}{5}$

239 $\dfrac{134}{405}$ **240** $\dfrac{32}{81}$

241 $\dfrac{3}{8}$ **242** $\dfrac{5}{8}$

243 $\dfrac{8}{81}$ **244** $\dfrac{9}{28}$

245 $\dfrac{80}{243}$ **246** $\dfrac{16}{81}$

247 $\dfrac{43}{128}$ **248** $\dfrac{3}{16}$

249 62 **250** $\dfrac{4}{19}$

● 본책 114~164쪽

Ⅲ. 통계

1 확률분포

251 ⑴ 이산확률변수

⑵ 연속확률변수

⑶ 이산확률변수

⑷ 연속확률변수

252 ⑴ 0, 1, 2

⑵

X	0	1	2	합계
$\mathrm{P}(X=x)$	$\dfrac{1}{4}$	$\dfrac{1}{2}$	$\dfrac{1}{4}$	1

253 ⑴ $\dfrac{2}{5}$ ⑵ $\dfrac{1}{2}$ ⑶ $\dfrac{9}{10}$

254 $\dfrac{2}{3}$ **255** $\dfrac{8}{7}$

256 $\dfrac{1}{4}$ **257** $\dfrac{5}{9}$

258 (1) $P(X=x)=\dfrac{{}_3C_x\times{}_4C_{2-x}}{{}_7C_2}$ $(x=0,\,1,\,2)$

X	0	1	2	합계
$P(X=x)$	$\dfrac{2}{7}$	$\dfrac{4}{7}$	$\dfrac{1}{7}$	1

(2) $\dfrac{6}{7}$

259 $\dfrac{3}{5}$ **260** $\dfrac{1}{4}$

261 $\dfrac{9}{16}$ **262** $\dfrac{1}{2}$

263 $\dfrac{5}{16}$ **264** ④

265 (1) 4 (2) 11 (3) $\sqrt{11}$

266 (1)

X	0	1	2	합계
$P(X=x)$	$\dfrac{1}{4}$	$\dfrac{1}{2}$	$\dfrac{1}{4}$	1

(2) $E(X)=1$, $V(X)=\dfrac{1}{2}$, $\sigma(X)=\dfrac{\sqrt{2}}{2}$

267 (1) $E(Y)=5$, $V(Y)=16$, $\sigma(Y)=4$

(2) $E(Y)=-7$, $V(Y)=36$, $\sigma(Y)=6$

268 (1) 평균: $-\dfrac{1}{2}$, 분산: $\dfrac{1}{2}$, 표준편차: $\dfrac{\sqrt{2}}{2}$

(2) 평균: -5, 분산: 8, 표준편차: $2\sqrt{2}$

269 $\dfrac{55}{16}$ **270** $\dfrac{\sqrt{11}}{2}$

271 평균: $\dfrac{3}{2}$, 표준편차: $\dfrac{\sqrt{3}}{2}$

272 평균: $\dfrac{3}{5}$, 표준편차: $\dfrac{2\sqrt{21}}{15}$

273 $\dfrac{3}{5}$ **274** 700원

275 500원 **276** 5

277 40

278 평균: 5700, 표준편차: 125

279 -32

280 평균: $\dfrac{1}{2}$, 분산: $\dfrac{11}{4}$, 표준편차: $\dfrac{\sqrt{11}}{2}$

281 7 **282** $4\sqrt{2}$

283 $\dfrac{\sqrt{30}}{5}$ **284** $\dfrac{9}{25}$

285 8

286 평균: 50, 표준편차: 10

287 ③ **288** $6\sqrt{2}$

289 $\dfrac{3}{8}$ **290** ④

291 17000원 **292** 8

293 45

294 (1) $B\left(10,\,\dfrac{1}{2}\right)$

(2) 이항분포를 따르지 않는다.

(3) $B(50,\,0.85)$

(4) $B(100,\,0.4)$

295 (1) $P(X=x)={}_3C_x\left(\dfrac{2}{3}\right)^x\left(\dfrac{1}{3}\right)^{3-x}$

$(x=0,\,1,\,2,\,3)$

(2) $\dfrac{4}{9}$

296 (1) $E(X)=12$, $V(X)=8$, $\sigma(X)=2\sqrt{2}$

(2) $E(X)=40$, $V(X)=24$, $\sigma(X)=2\sqrt{6}$

297 (1) $B\left(4, \dfrac{3}{4}\right)$

(2) $P(X=x)={}_4C_x\left(\dfrac{3}{4}\right)^x\left(\dfrac{1}{4}\right)^{4-x}$

$(x=0, 1, 2, 3, 4)$

(3) $\dfrac{255}{256}$

298 48

299 (1) $B\left(50, \dfrac{1}{5}\right)$

(2) $E(X)=10$, $V(X)=8$, $\sigma(X)=2\sqrt{2}$

300 $\dfrac{115}{4}$　　　**301** $\dfrac{16}{625}$

302 40　　　**303** $\dfrac{5\sqrt{6}}{2}$

304 $\dfrac{40}{3}$

305 평균: 319, 표준편차: $8\sqrt{2}$

306 54　　　**307** $\dfrac{23}{50000}$

308 평균: 120, 분산: 30

309 241　　　**310** $2\sqrt{3}$

311 $\dfrac{3}{4}$　　　**312** $\dfrac{11}{24}$

313 5　　　**314** 12

315 800원　　　**316** 0.0337

317 ③　　　**318** ㄱ, ㄹ

319 (1) $\dfrac{1}{4}$　(2) 6　　　**320** (1) $\dfrac{1}{3}$　(2) $\dfrac{3}{4}$

321 $\dfrac{2}{5}$　　　**322** $\dfrac{1}{4}$

323 $\dfrac{1}{4}$　　　**324** 1

325 $\dfrac{1}{12}$　　　**326** $\dfrac{5}{8}$

327 $\dfrac{7}{10}$　　　**328** ④

329 $\dfrac{1}{6}$

330 (1) $N(5, 3^2)$　(2) $N(12, 4^2)$

331 (1) 낮아진다　(2) 변한다

332 (1) 0.1359　(2) 0.0228　(3) 0.6915

(4) 0.7745

333 (1) $Z=\dfrac{X-8}{2}$　(2) $Z=\dfrac{X-20}{5}$

334 11　　　**335** ㄱ, ㄴ, ㄹ

336 33　　　**337** (1) 0.84　(2) 0.4772

338 0.7881　　　**339** 12

340 55　　　**341** 66.87 %

342 28자루　　　**343** 0.0548

344 86.52점　　　**345** 156.6 cm

346 ④　　　**347** 0.0456

348 0.0228　　　**349** ②

350 22캔　　　**351** 290점

352 ㄱ, ㄷ　　　**353** ⑤

354 68　　　**355** ⑤

356 국어　　　**357** 25

358 0.6826　　　**359** 0.9772

360 0.8185　　　**361** 0.0228

362 28　　　**363** 75

364 0.8413　　　**365** 0.3085

366 160　　　**367** 0.1587

2 통계적 추정

368 ㄱ

369 100

370 (1)

$\overline{X}$	1	2	3	4	5	합계
$P(\overline{X}=\bar{x})$	$\dfrac{1}{9}$	$\dfrac{2}{9}$	$\dfrac{1}{3}$	$\dfrac{2}{9}$	$\dfrac{1}{9}$	1

(2) $E(\overline{X})=3$, $V(\overline{X})=\dfrac{4}{3}$, $\sigma(\overline{X})=\dfrac{2\sqrt{3}}{3}$

371 (1) 30　(2) $\dfrac{4}{25}$　(3) $\dfrac{2}{5}$

372 (1) 평균: 200, 표준편차: 1　(2) 0.0228

373 100

374 $E(\overline{X})=\dfrac{5}{3}$, $\sigma(\overline{X})=\dfrac{\sqrt{17}}{9}$

375 1　　**376** 0.0668

377 0.8185　　**378** 25

379 1010　　**380** 1600

381 0.8944　　**382** 93

383 4　　**384** 0.8185

385 ③　　**386** 0.1587

387 0.8185　　**388** $\dfrac{21}{64}$

389 912　　**390** ③

391 35　　**392** 0.0228

393 ⑤

394 $164.06 \leq m \leq 169.94$

395 100　　**396** 7.74

397 7396　　**398** 900개

399 225

400 $0.29808 \leq p \leq 0.42192$

401 $0.4804 \leq p \leq 0.5196$

402 64　　**403** 189

404 9　　**405** ②

406 36대　　**407** 0.0784

408 36　　**409** ②

410 14400　　**411** ㄱ

412 1537

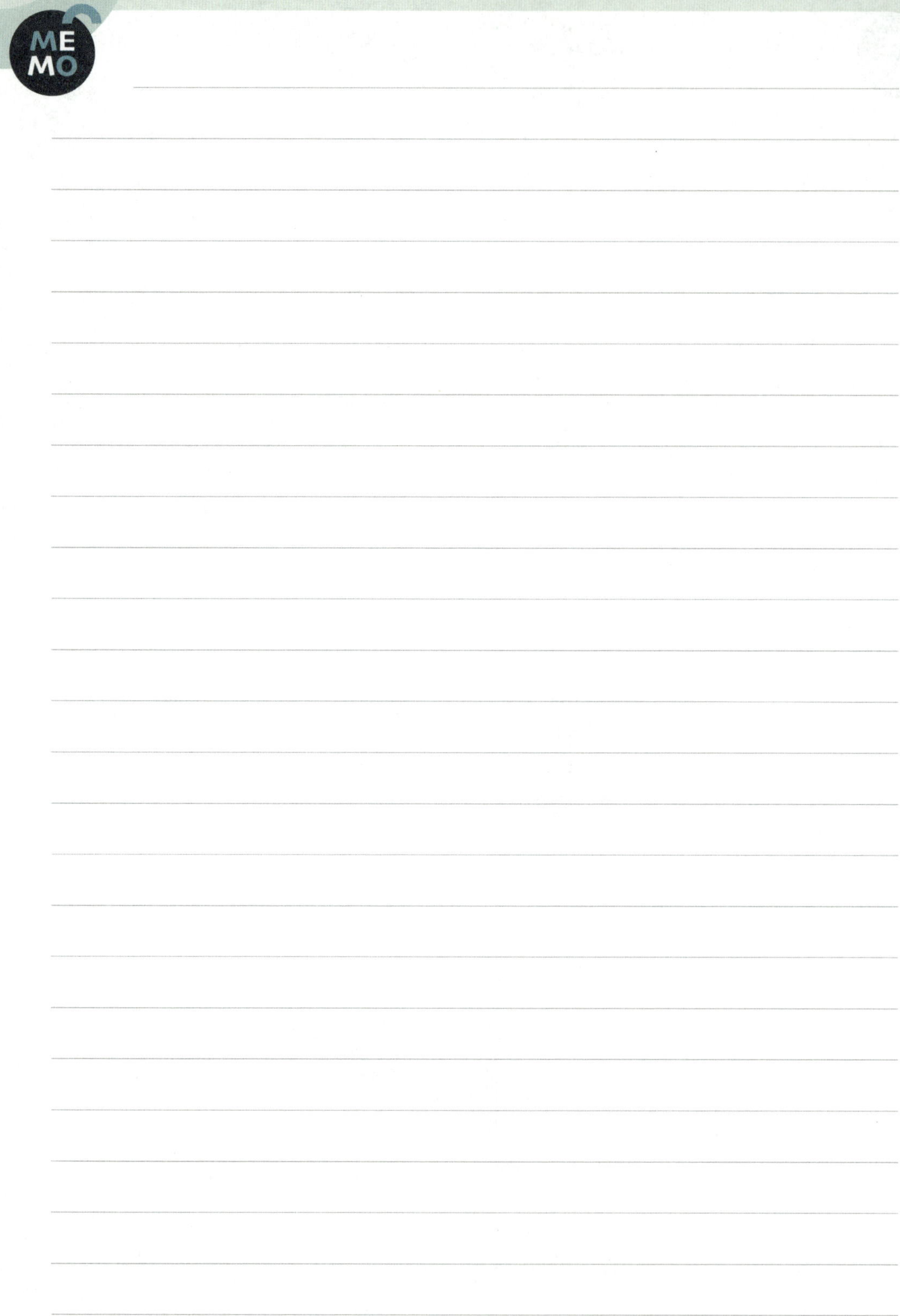

함께 만드는 개념원리

개념원리는 **선생님이 가르치기 쉽고**

학생이 배우기 쉬운  교육 콘텐츠를 만듭니다.

전국 **360명** 선생님이 교재 개발 참여

총 **4,805명** 학생의 실사용 의견 청취
(2017년도~2025년 교재 VOC 누적)

NEW
2022 개정 도서

5,500 만
누적 5천5백만의 인정을 받은 **신뢰성**
(2003년도~2022년도 매출 수량 누적)

1/2
학생 2명 중 1명이 선택하는 **대중성**
(고등학생 수 대비 개념원리 판매기준)

10
10차례 검토 과정을 마친 **정확성**

SINCE 1991
35년 이상 축적된 **전문성**

개념원리 교재 체험단 모집

수학공부
혼자하기 힘드신가요?

개념원리 물개 챌린지로 즐겁게 공부해요!!
수학공부는 물 론 개 념원리라는 뜻!

목표
수학 공부 습관 형성
교재 한 권 완독
수학 성적 올리기

미션
주 3회 이상 개념원리/
RPM/RPM Pro로 공부

공부 내용 인스타그램 또는
블로그에 인증 (5분 소요)

진행일정
개념원리
1월, 7월 방학기간 진행

RPM/RPM Pro
3월, 9월 학기 중 진행

혜택

네이버 페이
참여할수록 높아지는 상품 금액

질의 응답방
문제, 공부법 질문이 가능한 카톡방 운영

다양한 선물
노트 등 다양한 홍보물 제공

학습 지원 자료 / 동기부여
학습 플래너, 동기부여 명언 등 제공

* 홍보물 제공 내용은 본사 재고 상황에 따라 달라질 수 있습니다.

수학공부, 친구들과 함께 선물 받으면서 하자!

QR을 통해 물개 챌린지 모집 알림 받기를 신청하세요!
※ 자세한 챌린지 내용, 혜택, 일정을 안내해 드립니다.

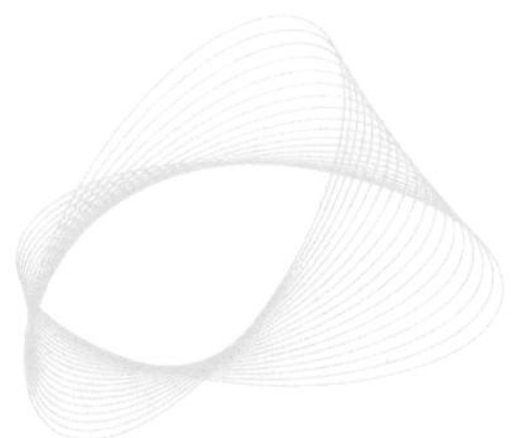

개념원리 확률과 통계

확률과 통계

정답 및 풀이

개념원리 수학연구소

개념원리 확률과 통계

정답 및 풀이

 정확하고 이해하기 쉬운 친절한 풀이 제시

 수학적 사고력을 키우는 다양한 해결 방법 제시

 문제 해결 TIP과 중요/보충 개념을 제시

 연습문제 해결의 실마리 제공

수학의 시작 개념원리

확률과 통계

정답 및 풀이

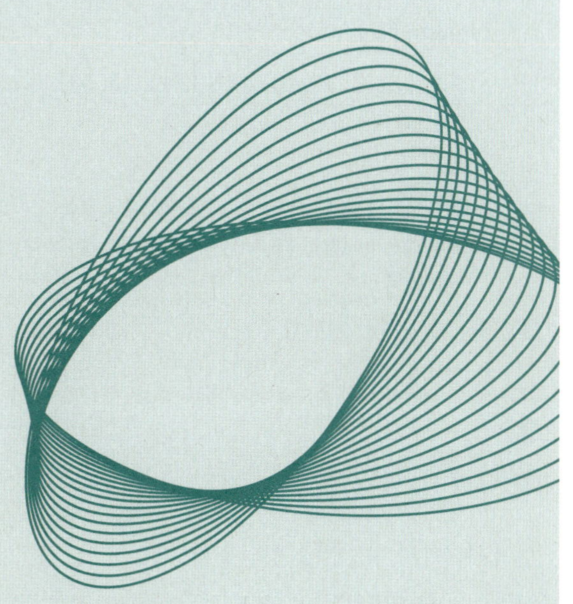

I. 경우의 수

1 순열과 조합

01 중복순열
● 본책 10~21쪽

1

x, y가 자연수이므로
$$x+y=2 \text{ 또는 } x+y=3$$
(i) $x+y=2$일 때, 순서쌍 (x, y)는
$$(1, 1)\text{의 1개}$$
(ii) $x+y=3$일 때, 순서쌍 (x, y)는
$$(1, 2), (2, 1)\text{의 2개}$$
(i), (ii)에서 구하는 순서쌍 (x, y)의 개수는
$$1+2=3$$
답 **3**

[다른 풀이] (i) $x=1$일 때, $y<3$이므로 순서쌍 (x, y)는
$$(1, 1), (1, 2)\text{의 2개}$$
(ii) $x=2$일 때, $y<2$이므로 순서쌍 (x, y)는
$$(2, 1)\text{의 1개}$$
(i), (ii)에서 구하는 순서쌍 (x, y)의 개수는
$$2+1=3$$

2

두 눈의 수의 차가 1 이하인 경우는 차가 0 또는 1인 경우이다.
두 주사위에서 나오는 눈의 수를 순서쌍으로 나타내면
(i) 차가 0인 경우는
$$(1, 1), (2, 2), (3, 3), (4, 4), (5, 5),$$
$$(6, 6)\text{의 6가지}$$
(ii) 차가 1인 경우는
$$(1, 2), (2, 1), (2, 3), (3, 2), (3, 4),$$
$$(4, 3), (4, 5), (5, 4), (5, 6), (6, 5)$$
$$\text{의 10가지}$$
(i), (ii)에서 구하는 경우의 수는
$$6+10=16$$
답 **16**

3

십의 자리의 숫자가 될 수 있는 수는
$$1, 3, 5, 7, 9\text{의 5개}$$
일의 자리의 숫자가 될 수 있는 수는
$$2, 3, 5, 7\text{의 4개}$$

따라서 구하는 두 자리 자연수의 개수는
$$5\times4=20$$
답 **20**

4

⑴ 54를 소인수분해하면 $54=2\times3^3$
2의 양의 약수는 1, 2의 2개, 3^3의 양의 약수는 1, 3, 3^2, 3^3의 4개이므로 54의 양의 약수의 개수는
$$2\times4=8$$
⑵ 120을 소인수분해하면 $120=2^3\times3\times5$
2^3의 양의 약수는 1, 2, 2^2, 2^3의 4개, 3의 양의 약수는 1, 3의 2개, 5의 양의 약수는 1, 5의 2개이므로 120의 양의 약수의 개수는
$$4\times2\times2=16$$
답 ⑴ **8**　⑵ **16**

5

a를 포함하는 각 항은 p, q 중에서 하나를 택하고, x, y 중에서 하나를 택하여 a와 곱한 것이다.
따라서 구하는 항의 개수는
$$2\times2=4$$
답 **4**

6

서로 다른 4개에서 4개를 택하는 순열의 수와 같으므로
$${}_4\mathrm{P}_4=4!=24$$
답 **24**

7

서로 다른 5개에서 3개를 택하는 순열의 수와 같으므로
$${}_5\mathrm{P}_3=5\times4\times3=60$$
답 **60**

8

c와 y를 제외한 5개의 문자를 일렬로 나열하는 경우의 수는 $5!=120$
c와 y를 양 끝에 나열하는 경우의 수는 $2!=2$
따라서 구하는 경우의 수는
$$120\times2=240$$
답 **240**

9

서로 다른 책 12권 중에서 3권을 택하는 경우의 수는
$${}_{12}\mathrm{C}_3=\frac{12\times11\times10}{3\times2\times1}=220$$
답 **220**

10

7개의 문자 중에서 C, F를 포함하여 4개를 뽑는 경우의 수는 C, F를 제외한 나머지 5개의 문자 중에서 2개를 뽑는 경우의 수와 같으므로

$$_5C_2 = \frac{5 \times 4}{2 \times 1} = 10$$

C, F를 포함한 4개의 문자 중에서 C, F를 제외한 2개의 문자를 일렬로 나열하는 경우의 수는

$$2! = 2$$

2개의 문자 사이와 양 끝의 3개의 자리 중에서 2개의 자리에 C, F를 나열하는 경우의 수는

$$_3P_2 = 3 \times 2 = 6$$

따라서 구하는 경우의 수는

$$10 \times 2 \times 6 = 120$$

답 **120**

> **📒 개념 노트**
>
> **이웃하지 않는 경우의 수**
>
> 이웃하지 않는 경우의 수는 다음과 같은 순서로 구한다.
> (i) 이웃해도 되는 것을 나열하는 경우의 수를 구한다.
> (ii) (i)에서 나열한 것 사이사이와 양 끝에 이웃하지 않는 것을 나열하는 경우의 수를 구한다.
> (iii) (i)과 (ii)에서 구한 경우의 수를 곱한다.

11

세 수의 곱이 짝수가 되려면 세 수 중에서 적어도 하나는 짝수이어야 한다.

따라서 구하는 경우의 수는 9개의 자연수 중에서 서로 다른 세 수를 택하는 경우의 수에서 홀수만 세 개를 택하는 경우의 수를 뺀 것과 같다.

9개의 자연수 중에서 서로 다른 세 수를 택하는 경우의 수는

$$_9C_3 = \frac{9 \times 8 \times 7}{3 \times 2 \times 1} = 84$$

홀수 5개 중에서 3개를 택하는 경우의 수는

$$_5C_3 = {}_5C_2 = \frac{5 \times 4}{2 \times 1} = 10$$

따라서 구하는 경우의 수는

$$84 - 10 = 74$$

답 **74**

12

답 (1) **7** (2) **36** (3) **81** (4) **32**

13

(1) $_n\Pi_3 = 125$이므로 $n^3 = 125 = 5^3$
$$\therefore n = 5$$

(2) $_n\Pi_5 = 243$이므로 $n^5 = 243 = 3^5$
$$\therefore n = 3$$

(3) $_2\Pi_r = 128$이므로 $2^r = 128 = 2^7$
$$\therefore r = 7$$

(4) $_7\Pi_r = 343$이므로 $7^r = 343 = 7^3$
$$\therefore r = 3$$

답 (1) **5** (2) **3** (3) **7** (4) **3**

14

1, 2, 3, 4, 5의 5개에서 4개를 택하는 중복순열의 수와 같으므로

$$_5\Pi_4 = 5^4 = 625$$

답 **625**

15

○, ×의 2개에서 5개를 택하는 중복순열의 수와 같으므로

$$_2\Pi_5 = 2^5 = 32$$

답 **32**

16

서로 다른 2개의 우체통에서 3개를 택하는 중복순열의 수와 같으므로

$$_2\Pi_3 = 2^3 = 8$$

답 **8**

17

서로 다른 3개의 호텔에서 5개를 택하는 중복순열의 수와 같으므로

$$_3\Pi_5 = 3^5 = 243$$

답 **243**

18

남학생 5명을 각각 홀수 반인 1반 또는 3반에 배정하는 경우의 수는 서로 다른 2개의 반에서 5개를 택하는 중복순열의 수와 같으므로

$$_2\Pi_5 = 2^5 = 32$$

남학생 5명을 모두 1반 또는 3반에 배정하는 경우의 수는   2

여학생 4명을 모두 짝수 반인 2반에 배정하는 경우의
수는

$$1$$

따라서 구하는 경우의 수는

$$(32-2) \times 1 = 30$$

답 30

19

깃발을 1번 들어 올려서 만들 수 있는 신호의 개수는

$$_3\Pi_1 = 3^1 = 3$$

깃발을 2번 들어 올려서 만들 수 있는 신호의 개수는

$$_3\Pi_2 = 3^2 = 9$$

깃발을 3번 들어 올려서 만들 수 있는 신호의 개수는

$$_3\Pi_3 = 3^3 = 27$$

따라서 구하는 신호의 개수는

$$3+9+27 = 39$$

답 39

20

n개의 깃발을 올리거나 내려서 만들 수 있는 신호의
개수는

$$_2\Pi_n = 2^n$$

100개 이상의 서로 다른 신호를 만들어야 하므로

$$2^n \geq 100$$

이때 $2^6 = 64$, $2^7 = 128$이므로

$$n \geq 7$$

따라서 자연수 n의 최솟값은 7이다.

답 7

21

(1) 천의 자리에 올 수 있는 숫자는

$$1, 2, 3, 4, 5의 5개$$

백의 자리, 십의 자리의 숫자를 택하는 경우의 수는
0, 1, 2, 3, 4, 5의 6개에서 2개를 택하는 중복순열
의 수와 같으므로

$$_6\Pi_2 = 6^2 = 36$$

일의 자리에 올 수 있는 숫자는

$$0, 2, 4의 3개$$

따라서 구하는 자연수의 개수는

$$5 \times 36 \times 3 = 540$$

(2) (i) 한 자리 자연수의 개수는   4

(ii) 두 자리 자연수의 개수는

$$4 \times {}_5\Pi_1 = 4 \times 5 = 20$$

(iii) 세 자리 자연수의 개수는

$$4 \times {}_5\Pi_2 = 4 \times 5^2 = 100$$

이상에서 구하는 자연수의 개수는

$$4+20+100 = 124$$

답 (1) 540　(2) 124

다른 풀이 (2) 한 자리 자연수를 백의 자리와 십의 자리
의 숫자가 0인 세 자리 자연수로, 두 자리 자연수를
백의 자리의 숫자가 0인 세 자리 자연수로 생각하
면 세 자리 이하의 자연수의 개수는 0, 1, 2, 3, 4의
5개에서 3개를 택하는 중복순열의 수에서 0의 1개
를 뺀 것과 같으므로

$$_5\Pi_3 - 1 = 5^3 - 1 = 124$$

22

2000보다 큰 수는 2□□□ 또는 3□□□ 꼴이다.
2□□□, 3□□□ 꼴의 자연수의 개수는 각각 4개의
숫자에서 3개를 택하는 중복순열의 수와 같으므로

$$_4\Pi_3 = 4^3 = 64$$

이때 2000은 제외해야 하므로 구하는 자연수의 개수는

$$64 \times 2 - 1 = 127$$

답 127

23

X에서 Y로의 함수의 개수는 Y의 원소 1, 2, 3, $\cdots$,
n의 n개에서 중복을 허용하여 2개를 택하는 중복순열
의 수와 같으므로

$$_n\Pi_2 = n^2$$

따라서 $n^2 = 64$이므로

$$n = 8 \ (\because n은 자연수)$$

답 8

24

$f(1)$, $f(3)$의 값을 정하는 경우의 수는 Y의 짝수인
원소 6, 8의 2개에서 중복을 허용하여 2개를 택하는
중복순열의 수와 같으므로

$$_2\Pi_2 = 2^2 = 4$$

$f(2)$, $f(4)$의 값을 정하는 경우의 수는 Y의 홀수인 원소 5, 7, 9의 3개에서 중복을 허용하여 2개를 택하는 중복순열의 수와 같으므로

$$_3\Pi_2=3^2=9$$

따라서 구하는 함수 f의 개수는

$$4\times9=36$$

답 **36**

02 같은 것이 있는 순열

● 본책 22~28쪽

25

양 끝에 n을 나열하고 중간에 나머지 문자 c, o, d, i, t, i, o를 일렬로 나열하면 되므로 구하는 경우의 수는

$$\frac{7!}{2!\times2!}=1260$$

답 **1260**

26

자음 c, l, n, d, r를 한 문자 A로 생각하여 4개의 문자

$$A, a, e, a$$

를 일렬로 나열하는 경우의 수는

$$\frac{4!}{2!}=12$$

이때 자음끼리 자리를 바꾸는 경우의 수는

$$5!=120$$

따라서 구하는 경우의 수는

$$12\times120=1440$$

답 **1440**

27

(ⅰ) 1과 2가 적힌 카드 사이에 3이 적힌 카드를 나열하는 경우

1, 3, 2가 적힌 카드를 하나로 생각하여 3, 4가 적힌 카드와 일렬로 나열하는 경우의 수는

$$3!=6$$

이때 1과 2가 적힌 카드의 자리를 바꾸는 경우의 수는　$2!=2$

따라서 이 경우의 수는

$$6\times2=12$$

(ⅱ) 1과 2가 적힌 카드 사이에 4가 적힌 카드를 나열하는 경우

1, 4, 2가 적힌 카드를 하나로 생각하여 3이 적힌 2장의 카드와 일렬로 나열하는 경우의 수는

$$\frac{3!}{2!}=3$$

이때 1과 2가 적힌 카드의 자리를 바꾸는 경우의 수는　$2!=2$

따라서 이 경우의 수는

$$3\times2=6$$

(ⅰ), (ⅱ)에서 구하는 경우의 수는

$$12+6=18$$

답 **18**

28

일의 자리의 숫자가 1일 때 홀수가 되므로 구하는 홀수의 개수는 1, 1, 2, 2를 일렬로 나열하는 경우의 수와 같다.

$$\therefore \frac{4!}{2!\times2!}=6$$

답 **6**

29

(ⅰ) 일의 자리의 숫자가 0인 경우

1, 1, 1, 2, 2, 3을 일렬로 나열하는 경우의 수는

$$\frac{6!}{3!\times2!}=60$$

(ⅱ) 일의 자리의 숫자가 2인 경우

0, 1, 1, 1, 2, 3을 일렬로 나열하는 경우의 수는

$$\frac{6!}{3!}=120$$

이때 맨 앞자리에 0이 오는 경우의 수는 1, 1, 1, 2, 3을 일렬로 나열하는 경우의 수와 같으므로

$$\frac{5!}{3!}=20$$

따라서 일의 자리의 숫자가 2인 짝수의 개수는

$$120-20=100$$

(ⅰ), (ⅱ)에서 구하는 짝수의 개수는

$$60+100=160$$

답 **160**

30

3의 배수는 각 자리의 숫자의 합이 3의 배수이어야 한다.

이때 1, 1, 2, 2, 2, 3, 3 중에서 4개를 택하여 그 합이
3의 배수가 되는 경우는

　　　1, 1, 2, 2 또는 1, 2, 3, 3 또는 2, 2, 2, 3

(i) 1, 1, 2, 2로 만들 수 있는 자연수의 개수는

$$\frac{4!}{2! \times 2!} = 6$$

(ii) 1, 2, 3, 3으로 만들 수 있는 자연수의 개수는

$$\frac{4!}{2!} = 12$$

(iii) 2, 2, 2, 3으로 만들 수 있는 자연수의 개수는

$$\frac{4!}{3!} = 4$$

이상에서 구하는 3의 배수의 개수는

　　　$6 + 12 + 4 = 22$　　　　　답 **22**

31

d, y의 순서가 정해져 있으므로 d, y를 모두 A로 생
각하여 5개의 문자

　　　A, A, s, t, u

를 일렬로 나열한 후 첫 번째 A는 d, 두 번째 A는 y
로 바꾸면 된다.
따라서 구하는 경우의 수는

$$\frac{5!}{2!} = 60$$

답 **60**

32

t, n, i의 순서가 정해져 있으므로 t, n, i를 모두 A로
생각하여 9개의 문자

　　　A, A, A, e, c, h, q, u, e

를 일렬로 나열한 후 첫 번째 A는 t, 두 번째 A는 n,
세 번째 A는 i로 바꾸면 된다.
따라서 구하는 경우의 수는

$$\frac{9!}{3! \times 2!} = 30240$$

답 **30240**

33

모음 a, i, e를 일렬로 나열하는 경우의 수는

　　　$3! = 6$

모음 뒤에 자음 h, p, p, n, s, s를 일렬로 나열하는
경우의 수는

$$\frac{6!}{2! \times 2!} = 180$$

따라서 구하는 경우의 수는

　　　$6 \times 180 = 1080$　　　답 **1080**

34

A 지점에서 B 지점까지 최단 거리로 가는 경우의 수는

$$\frac{9!}{5! \times 4!} = 126$$

A 지점에서 C 지점을 거쳐 B 지점까지 최단 거리로 가
는 경우의 수는

$$\frac{4!}{2! \times 2!} \times \frac{5!}{3! \times 2!} = 6 \times 10 = 60$$

따라서 A 지점에서 C 지점을 거치지 않고 B 지점까지
최단 거리로 가는 경우의 수는

　　　$126 - 60 = 66$　　　답 **66**

35

오른쪽 그림과 같이 두 지점 P,
Q를 잡으면 A 지점에서 B 지점
까지 최단 거리로 가는 경우는

　　　A → P → B,
　　　A → Q → B

의 2가지이다.

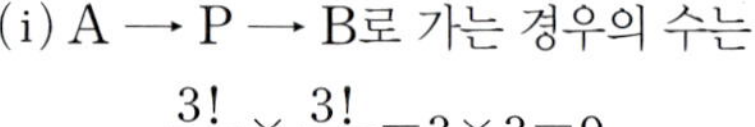

(i) A → P → B로 가는 경우의 수는

$$\frac{3!}{2!} \times \frac{3!}{2!} = 3 \times 3 = 9$$

(ii) A → Q → B로 가는 경우의 수는

$$\frac{3!}{2!} \times \frac{3!}{2!} = 3 \times 3 = 9$$

(i), (ii)에서 구하는 경우의 수는

　　　$9 + 9 = 18$　　　답 **18**

다른 풀이 오른쪽 그림과 같이 지
나갈 수 없는 길을 점선으로 연
결하고 두 지점 C, D를 잡으면
구하는 경우의 수는 A 지점에서
B 지점까지 최단 거리로 가는
경우의 수에서 C 지점 또는 D 지점을 거쳐 최단 거리
로 가는 경우의 수를 뺀 것과 같으므로

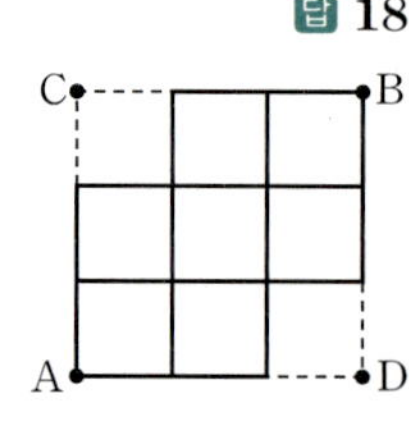

$$\frac{6!}{3! \times 3!} - (1 \times 1 + 1 \times 1) = 20 - 2 = 18$$

36

오른쪽 그림과 같이 세 지점
P, Q, R를 잡으면 A 지점에
서 B 지점까지 최단 거리로 가
는 경우는

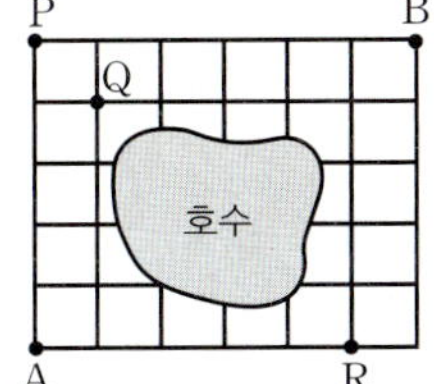

$$A \to P \to B,$$
$$A \to Q \to B,$$
$$A \to R \to B$$

의 3가지이다.

(ⅰ) $A \to P \to B$로 가는 경우의 수는
$$1 \times 1 = 1$$

(ⅱ) $A \to Q \to B$로 가는 경우의 수는
$$\frac{5!}{4!} \times \frac{6!}{5!} = 5 \times 6 = 30$$

(ⅲ) $A \to R \to B$로 가는 경우의 수는
$$1 \times \frac{6!}{5!} = 6$$

이상에서 구하는 경우의 수는
$$1 + 30 + 6 = 37$$

답 37

연습 문제

● 본책 29~31쪽

37

전략 과일을 나누어 담는 전체 경우의 수에서 모든 과일을 한 바구니에 담는 경우의 수를 뺀다.

두 바구니 A, B에서 6개를 택하는 중복순열의 수는
$$_2\Pi_6 = 2^6 = 64$$

이때 모든 과일을 A 바구니에 담거나 B 바구니에 담는 경우는 제외해야 하므로 구하는 경우의 수는
$$64 - 2 = 62$$

답 62

38

전략 천의 자리의 숫자가 1 또는 2이어야 함을 이용한다.

3000보다 작아야 하므로 천의 자리에 올 수 있는 숫자는
$$1, 2의 2개$$

백의 자리, 십의 자리, 일의 자리의 숫자를 정하는 경우의 수는 0, 1, 2, 3, 4의 5개에서 3개를 택하는 중복순열의 수와 같으므로
$$_5\Pi_3 = 5^3 = 125$$

따라서 구하는 자연수의 개수는
$$2 \times 125 = 250$$

답 250

39

전략 일대일대응의 개수를 이용하여 n의 값을 구한다.

X에서 X로의 일대일대응의 개수는 X의 n개의 원소에서 서로 다른 n개를 택하는 순열의 수와 같으므로
$$_n\mathrm{P}_n = n!$$

즉 $n! = 120 = 5 \times 4 \times 3 \times 2 \times 1$이므로 $n = 5$

따라서 X에서 X로의 함수의 개수는 X의 5개의 원소에서 중복을 허용하여 5개를 택하는 중복순열의 수와 같으므로
$$_5\Pi_5 = 5^5 = 3125$$

답 3125

참고 일대일함수이면서 공역과 치역이 같은 함수를 일대일대응이라 한다.

40

전략 모든 함수의 개수에서 $f(1) = 1$인 함수의 개수를 뺀다.

X에서 Y로의 함수의 개수는 Y의 4개의 원소에서 중복을 허용하여 3개를 택하는 중복순열의 수와 같으므로
$$_4\Pi_3 = 4^3 = 64$$

X에서 Y로의 함수 중 $f(1) = 1$인 함수의 개수는 Y의 4개의 원소에서 중복을 허용하여 2개를 택하는 중복순열의 수와 같으므로
$$_4\Pi_2 = 4^2 = 16$$

따라서 구하는 함수의 개수는
$$64 - 16 = 48$$

답 48

다른 풀이 $f(1) \neq 1$이므로 $f(1)$의 값이 될 수 있는 수는 2, 3, 4의 3개이다.

또 $f(2)$, $f(3)$의 값이 될 수 있는 수는 각각 1, 2, 3, 4의 4개이므로 구하는 함수의 개수는
$$3 \times 4 \times 4 = 48$$

41

전략 c와 d를 제외한 나머지 문자를 먼저 일렬로 나열한 후 그 사이사이와 양 끝에 c, d를 나열한다.

c와 d를 제외한 4개의 문자 a, a, b, b를 일렬로 나열하는 경우의 수는

$$\frac{4!}{2! \times 2!} = 6$$

4개의 문자 사이사이와 양 끝의 5개의 자리 중에서 2개의 자리에 c, d를 나열하는 경우의 수는

$$_5P_2 = 20$$

따라서 구하는 경우의 수는

$$6 \times 20 = 120$$

답 **120**

(다른 풀이) 6개의 문자 a, a, b, b, c, d를 일렬로 나열하는 경우의 수는

$$\frac{6!}{2! \times 2!} = 180$$

c, d를 한 문자 A로 생각하여 5개의 문자 a, a, b, b, A를 일렬로 나열하는 경우의 수는

$$\frac{5!}{2! \times 2!} = 30$$

이때 c와 d가 자리를 바꾸는 경우의 수는

$$2! = 2$$

즉 c와 d가 이웃하도록 나열하는 경우의 수는

$$30 \times 2 = 60$$

따라서 구하는 경우의 수는

$$180 - 60 = 120$$

42

(전략) A 지점에서 P 지점까지 최단 거리로 가는 경우의 수와 P 지점에서 B 지점까지 최단 거리로 가는 경우의 수를 각각 구한다.

A 지점에서 P 지점까지 최단 거리로 가는 경우의 수는

$$\frac{5!}{2! \times 3!} = 10$$

P 지점에서 B 지점까지 최단 거리로 가는 경우의 수는

$$\frac{6!}{3! \times 3!} = 20$$

따라서 구하는 경우의 수는

$$10 \times 20 = 200$$

답 ①

43

(전략) 학생 B가 받을 수 있는 사탕의 개수에 따라 경우를 나누어 생각한다.

조건 (나)에 의하여 학생 B가 받을 수 있는 사탕의 개수는 0 또는 1 또는 2이다.

(i) 학생 B가 사탕을 받지 못하는 경우

서로 다른 5개의 사탕을 두 학생 A, C에게 나누어 주는 경우의 수는

$$_2\Pi_5 = 2^5 = 32$$

이때 학생 C가 5개의 사탕을 모두 받는 경우의 수는 1이므로 이 경우의 수는

$$32 - 1 = 31$$

(ii) 학생 B가 사탕을 1개 받는 경우

학생 B에게 주는 사탕을 정하는 경우의 수는

$$_5C_1 = 5$$

남은 4개의 사탕을 두 학생 A, C에게 나누어 주는 경우의 수는

$$_2\Pi_4 = 2^4 = 16$$

이때 학생 C가 4개의 사탕을 모두 받는 경우의 수는 1이므로 이 경우의 수는

$$5 \times (16 - 1) = 75$$

(iii) 학생 B가 사탕을 2개 받는 경우

학생 B에게 주는 사탕을 정하는 경우의 수는

$$_5C_2 = 10$$

남은 3개의 사탕을 두 학생 A, C에게 나누어 주는 경우의 수는

$$_2\Pi_3 = 2^3 = 8$$

이때 학생 C가 3개의 사탕을 모두 받는 경우의 수는 1이므로 이 경우의 수는

$$10 \times (8 - 1) = 70$$

이상에서 구하는 경우의 수는

$$31 + 75 + 70 = 176$$

답 ④

44

(전략) 먼저 $A \cap B$의 원소를 택하는 경우의 수를 구한다.

전체집합 U의 7개의 원소 중에서 $A \cap B$의 원소 2개를 택하는 경우의 수는

$$_7C_2 = 21$$

나머지 5개의 원소는 집합 $A - B$ 또는 집합 $B - A$에 속하므로 5개의 원소가 속하는 집합을 정하는 경우의 수는

$$_2\Pi_5 = 2^5 = 32$$

따라서 순서쌍 (A, B)의 개수는

$$21 \times 32 = 672$$

답 **672**

45

전략 첫 문자가 a인 문자열의 개수를 먼저 구한다.

(i) $a\square\square\square$ 꼴의 문자열의 개수는
$$_4\Pi_3=4^3=64$$

(ii) $ba\square\square$ 꼴의 문자열의 개수는
$$_4\Pi_2=4^2=16$$

(iii) $bba\square$ 꼴의 문자열의 개수는　　　4

(iv) $bbb\square$ 꼴의 문자열의 개수는　　　4

이상에서 $aaaa$부터 $bbbd$까지의 문자열의 개수는
$$64+16+4+4=88$$

이고, 이 이후의 문자열은 순서대로
$$bbca,\ bbcb,\ bbcc,\ \cdots$$

이므로 90번째에 오는 문자열은 $bbcb$이다.

답 $bbcb$

46

전략 일의 자리의 숫자에 따라 경우를 나누어 홀수의 개수를 구한다.

(i) 일의 자리의 숫자가 1인 경우

　0, 0, 0, 1, 2, 3을 일렬로 나열하는 경우의 수는
$$\frac{6!}{3!}=120$$

　맨 앞자리에 0이 오는 경우의 수는 0, 0, 1, 2, 3을
　일렬로 나열하는 경우의 수와 같으므로
$$\frac{5!}{2!}=60$$

　따라서 일의 자리의 숫자가 1인 홀수의 개수는
$$120-60=60$$

(ii) 일의 자리의 숫자가 3인 경우

　0, 0, 0, 1, 1, 2를 일렬로 나열하는 경우의 수는
$$\frac{6!}{3!\times2!}=60$$

　맨 앞자리에 0이 오는 경우의 수는 0, 0, 1, 1, 2를
　일렬로 나열하는 경우의 수와 같으므로
$$\frac{5!}{2!\times2!}=30$$

　따라서 일의 자리의 숫자가 3인 홀수의 개수는
$$60-30=30$$

(i), (ii)에서 구하는 홀수의 개수는
$$60+30=90$$

답 **90**

47

전략 1 이상 5 이하인 세 자연수의 합이 11이 되는 경우를 생각한다.

집합 Y의 원소인 1, 2, 3, 4, 5 중에서 중복을 허용하여 3개를 택해 그 합이 11이 되는 경우는
$$1,\ 5,\ 5\ 또는\ 2,\ 4,\ 5\ 또는\ 3,\ 3,\ 5\ 또는\ 3,\ 4,\ 4$$

(i) 1, 5, 5를 X의 원소 1, 2, 3에 하나씩 대응시키는
　경우의 수는　　$\dfrac{3!}{2!}=3$

(ii) 2, 4, 5를 X의 원소 1, 2, 3에 하나씩 대응시키는
　경우의 수는　　$3!=6$

(iii) 3, 3, 5를 X의 원소 1, 2, 3에 하나씩 대응시키는
　경우의 수는　　$\dfrac{3!}{2!}=3$

(iv) 3, 4, 4를 X의 원소 1, 2, 3에 하나씩 대응시키는
　경우의 수는　　$\dfrac{3!}{2!}=3$

이상에서 구하는 함수 f의 개수는
$$3+6+3+3=15$$

답 **15**

48

전략 a와 c, b와 e를 각각 같은 문자로 생각한다.

a와 c, b와 e의 순서가 각각 정해져 있으므로 a와 c를 모두 x로, b와 e를 모두 y로 생각하여 7개의 문자
$$x,\ x,\ y,\ y,\ d,\ f,\ g$$

를 일렬로 나열한 후 첫 번째 x는 a, 두 번째 x는 c, 첫 번째 y는 b, 두 번째 y는 e로 바꾸면 된다.

따라서 구하는 경우의 수는
$$\frac{7!}{2!\times2!}=1260$$

답 **1260**

49

전략 A 지점에서 B 지점까지 최단 거리로 갈 때, 반드시 지나야 하는 중간 지점을 파악한다.

다음 그림과 같이 8개의 지점 C, D, E, F, P, Q, R, S를 잡자.

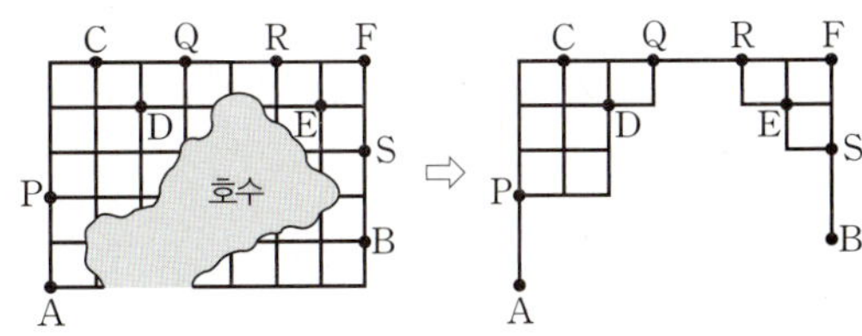

A 지점에서 B 지점까지 최단 거리로 가는 경우는
$$A \longrightarrow P \longrightarrow Q \longrightarrow R \longrightarrow S \longrightarrow B$$
의 1가지이다.

(i) A $\longrightarrow$ P로 가는 경우의 수는　1

(ii) P $\longrightarrow$ C $\longrightarrow$ Q로 가는 경우의 수는
$$\frac{4!}{3!} \times 1 = 4$$

　　P $\longrightarrow$ D $\longrightarrow$ Q로 가는 경우의 수는
$$\frac{4!}{2! \times 2!} \times 2 = 6 \times 2 = 12$$

　　따라서 P $\longrightarrow$ Q로 가는 경우의 수는
$$4 + 12 = 16$$

(iii) Q $\longrightarrow$ R로 가는 경우의 수는　1

(iv) R $\longrightarrow$ E $\longrightarrow$ S로 가는 경우의 수는　$2 \times 2 = 4$

　　R $\longrightarrow$ F $\longrightarrow$ S로 가는 경우의 수는　$1 \times 1 = 1$

　　따라서 R $\longrightarrow$ S로 가는 경우의 수는
$$4 + 1 = 5$$

(v) S $\longrightarrow$ B로 가는 경우의 수는　1

이상에서 구하는 경우의 수는
$$1 \times 16 \times 1 \times 5 \times 1 = 80$$

답 **80**

50

전략 모든 다섯 자리의 자연수의 개수에서 0 또는 1을 선택하지 않고 만들 수 있는 다섯 자리의 자연수의 개수를 뺀다.

숫자 0, 1, 2 중에서 중복을 허락하여 5개를 선택한 후 일렬로 나열하여 만들 수 있는 다섯 자리의 자연수의 개수는
$$\underline{2 \times {}_3\Pi_4 = 2 \times 3^4} = 162 \quad\substack{\text{만의 자리에 올 수 있는 숫자는}\\ \text{1, 2의 2개}}$$

숫자 0을 제외하고 1, 2 중에서 중복을 허락하여 5개를 선택한 후 일렬로 나열하여 만들 수 있는 다섯 자리의 자연수의 개수는
$${}_2\Pi_5 = 2^5 = 32$$

숫자 1을 제외하고 0, 2 중에서 중복을 허락하여 5개를 선택한 후 일렬로 나열하여 만들 수 있는 다섯 자리의 자연수의 개수는
$$\underline{1 \times {}_2\Pi_4 = 1 \times 2^4} = 16 \quad\substack{\text{만의 자리에 올 수 있는 숫자는}\\ \text{2의 1개}}$$

숫자 0과 1을 모두 제외하고 2를 일렬로 나열하여 만들 수 있는 다섯 자리의 자연수는　22222의 1개

따라서 구하는 자연수의 개수는
$$162 - (32 + 16 - 1) = 115$$

답 **115**

51

전략 도로망에서 승희, 윤아, 재호가 모두 만나기 위해 재호가 지나야 하는 지점을 찾는다.

승희와 윤아의 속력이 같으므로 승희와 윤아는 오른쪽 그림의 선분 EF의 중점에서 만나게 된다.

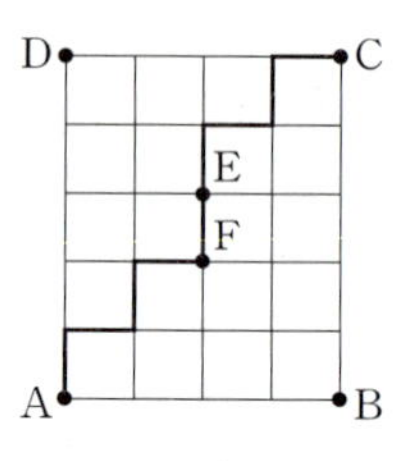

따라서 재호는 B 지점에서 선분 EF를 지나 D 지점까지 최단 거리로 가야 한다.

즉 구하는 경우의 수는 재호가 B $\longrightarrow$ F $\longrightarrow$ E $\longrightarrow$ D로 가는 경우의 수이므로
$$\frac{4!}{2! \times 2!} \times 1 \times \frac{4!}{2! \times 2!} = 6 \times 1 \times 6 = 36$$

답 **36**

52

전략 가로로 한 칸, 세로로 한 칸, 위로 한 칸 이동하는 것을 각각 한 문자로 생각한다.

오른쪽 그림과 같이 지나갈 수 없는 모서리를 점선으로 연결하고 두 점 C, D를 잡자.

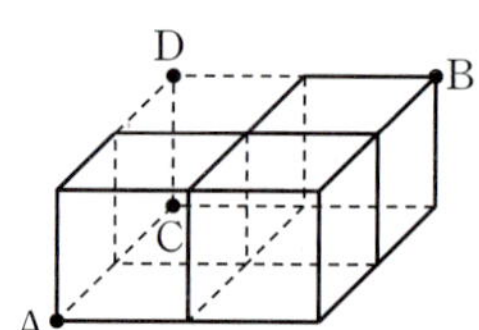

가로로 한 칸 이동하는 것을 a, 세로로 한 칸 이동하는 것을 b, 위로 한 칸 이동하는 것을 c라 하면 꼭짓점 A에서 꼭짓점 B까지 최단 거리로 가는 경우의 수는 a, a, b, b, c를 일렬로 나열하는 경우의 수와 같으므로
$$\frac{5!}{2! \times 2!} = 30$$

(i) A $\longrightarrow$ C $\longrightarrow$ B로 가는 경우의 수는
$$1 \times \frac{3!}{2!} = 3$$

(ii) A $\longrightarrow$ D $\longrightarrow$ B로 가는 경우의 수는
$$\frac{3!}{2!} \times 1 = 3$$

(iii) A $\longrightarrow$ C $\longrightarrow$ D $\longrightarrow$ B로 가는 경우의 수는

$$1 \times 1 \times 1 = 1$$

이상에서 꼭짓점 A에서 꼭짓점 C 또는 꼭짓점 D를 거쳐 꼭짓점 B까지 가는 경우의 수는

$$3 + 3 - 1 = 5$$

따라서 구하는 경우의 수는

$$30 - 5 = 25$$

답 **25**

개념 노트

입체도형에서 최단 거리로 가는 경우의 수

오른쪽 그림과 같이 크기가 같은 정육면체를 가로, 세로, 높이의 칸의 개수가 각각 p, q, r가 되도록 쌓아 직육면체를 만들었을 때, 정육면체의 모서리를 따라 꼭짓점 A에서 꼭짓점 B까지 최단 거리로 가는 경우의 수

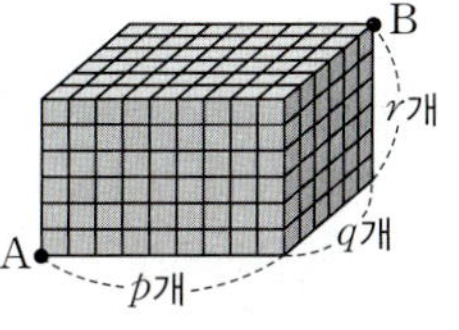

$$\Rightarrow \frac{(p+q+r)!}{p!\,q!\,r!}$$

03 중복조합

• 본책 32~40쪽

53

(1) $_7H_4 = {}_{7+4-1}C_4 = {}_{10}C_4 = 210$

(2) $_2H_5 = {}_{2+5-1}C_5 = {}_6C_5 = {}_6C_1 = 6$

(3) $_4H_4 = {}_{4+4-1}C_4 = {}_7C_4 = {}_7C_3 = 35$

(4) $_3H_0 = {}_{3+0-1}C_0 = {}_2C_0 = 1$

답 (1) **210** (2) **6** (3) **35** (4) **1**

54

(1) $_5H_2 = {}_6C_2$이므로 $n = 6$

(2) $_2H_3 = {}_4C_3 = {}_4C_1$이므로 $n = 4$

답 (1) **6** (2) **4**

55

$_4H_5 = {}_8C_5 = {}_8C_3 = 56$

답 **56**

56

서로 다른 3개에서 5개를 택하는 중복조합의 수와 같으므로

$$_3H_5 = {}_7C_5 = {}_7C_2 = 21$$

답 **21**

57

구하는 경우의 수는 서로 다른 3개에서 7개를 택하는 중복조합의 수와 같으므로

$$_3H_7 = {}_9C_7 = {}_9C_2 = 36$$

답 **36**

58

구하는 경우의 수는 서로 다른 2개에서 6개를 택하는 중복조합의 수와 같으므로

$$_2H_6 = {}_7C_6 = {}_7C_1 = 7$$

답 **7**

59

빵을 나누어 주는 경우의 수는 서로 다른 3개에서 2개를 택하는 중복조합의 수와 같으므로

$$_3H_2 = {}_4C_2 = 6$$

떡을 나누어 주는 경우의 수는 서로 다른 3개에서 4개를 택하는 중복조합의 수와 같으므로

$$_3H_4 = {}_6C_4 = {}_6C_2 = 15$$

쿠키를 나누어 주는 경우의 수는 $_3C_1 = 3$

따라서 구하는 경우의 수는

$$6 \times 15 \times 3 = 270$$

답 **270**

60

먼저 4명의 학생에게 영화표를 한 장씩 나누어 주고 나머지 4장의 영화표를 4명의 학생에게 나누어 주면 된다.

따라서 구하는 경우의 수는 서로 다른 4개에서 4개를 택하는 중복조합의 수와 같으므로

$$_4H_4 = {}_7C_4 = {}_7C_3 = 35$$

답 **35**

61

먼저 오렌지 주스 2병, 사과 주스 4병을 구입한 후 오렌지 주스, 사과 주스, 포도 주스, 딸기 주스 중에서 5병의 주스를 구입하면 된다.

따라서 구하는 경우의 수는 서로 다른 4개에서 5개를 택하는 중복조합의 수와 같으므로

$$_4H_5 = {}_8C_5 = {}_8C_3 = 56$$

답 **56**

62

먼저 4명의 학생에게 초콜릿을 1개씩 나누어 주고 남은 초콜릿 1개를 한 명에게 주면 되므로 초콜릿을 나누어 주는 경우의 수는

$$_4C_1 = 4$$

이때 1개의 초콜릿을 받은 3명의 학생에게 먼저 사탕을 1개씩 나누어 준 후 남은 4개의 사탕을 이 3명의 학생에게 나누어 주면 된다.

따라서 사탕을 나누어 주는 경우의 수는 서로 다른 3개에서 4개를 택하는 중복조합의 수와 같으므로

$$_3H_4 = {}_6C_4 = {}_6C_2 = 15$$

따라서 구하는 경우의 수는

$$4 \times 15 = 60$$

답 **60**

63

(1) 구하는 항의 개수는 2개의 문자 a, b에서 4개를 택하는 중복조합의 수와 같으므로

$$_2H_4 = {}_5C_4 = {}_5C_1 = 5$$

(2) 구하는 항의 개수는 4개의 문자 a, b, c, d에서 6개를 택하는 중복조합의 수와 같으므로

$$_4H_6 = {}_9C_6 = {}_9C_3 = 84$$

답 (1) **5**　(2) **84**

64

$(a+b)^5$의 전개식에서 서로 다른 항의 개수는 2개의 문자 a, b에서 5개를 택하는 중복조합의 수와 같으므로

$$_2H_5 = {}_6C_5 = {}_6C_1 = 6$$

$(x+y+z)^4$의 전개식에서 서로 다른 항의 개수는 3개의 문자 x, y, z에서 4개를 택하는 중복조합의 수와 같으므로

$$_3H_4 = {}_6C_4 = {}_6C_2 = 15$$

따라서 구하는 항의 개수는

$$6 \times 15 = 90$$

답 **90**

65

(1) 음이 아닌 정수인 해의 개수는 4개의 문자 x, y, z, w에서 8개를 택하는 중복조합의 수와 같으므로

$$_4H_8 = {}_{11}C_8 = {}_{11}C_3 = 165$$

(2) $x = x'+1$, $y = y'+1$, $z = z'+1$, $w = w'+1$이라 하면 $x+y+z+w=8$에서

$$(x'+1)+(y'+1)+(z'+1)+(w'+1)$$
$$=8$$
$$\therefore x'+y'+z'+w'=4$$
$$\text{(단, } x', y', z', w' \text{은 음이 아닌 정수)}$$

따라서 구하는 해의 개수는 방정식 $x'+y'+z'+w'=4$의 음이 아닌 정수인 해의 개수와 같으므로

$$_4H_4 = {}_7C_4 = {}_7C_3 = 35$$

답 (1) **165**　(2) **35**

66

방정식 $x+y+z=n$의 음이 아닌 정수인 해의 개수는 3개의 문자 x, y, z에서 n개를 택하는 중복조합의 수와 같으므로

$$_3H_n = {}_{n+2}C_n = {}_{n+2}C_2 = \frac{(n+2)(n+1)}{2}$$

따라서 $\dfrac{(n+2)(n+1)}{2} = 105$이므로

$$n^2 + 3n - 208 = 0, \qquad (n+16)(n-13) = 0$$
$$\therefore n = 13 \ (\because n \text{은 자연수})$$

답 **13**

67

x, y, z가 음이 아닌 정수이므로

$$x+y+z=0 \ \text{또는} \ x+y+z=1$$
$$\text{또는} \ x+y+z=2$$

(i) 방정식 $x+y+z=0$의 음이 아닌 정수인 해의 개수는 3개의 문자 x, y, z에서 0개를 택하는 중복조합의 수와 같으므로

$$_3H_0 = {}_2C_0 = 1$$

(ii) 방정식 $x+y+z=1$의 음이 아닌 정수인 해의 개수는 3개의 문자 x, y, z에서 1개를 택하는 중복조합의 수와 같으므로

$$_3H_1 = {}_3C_1 = 3$$

(iii) 방정식 $x+y+z=2$의 음이 아닌 정수인 해의 개수는 3개의 문자 x, y, z에서 2개를 택하는 중복조합의 수와 같으므로

$$_3H_2={}_4C_2=6$$

이상에서 구하는 해의 개수는

$$1+3+6=10$$

답 **10**

68

조건 ㈎에서 $a \times b \times c$의 값이 홀수이므로 a, b, c는 모두 홀수이어야 한다.

이때 조건 ㈏에서 $a \leq b \leq c \leq 12$이므로 1, 3, 5, 7, 9, 11의 6개의 홀수 중에서 중복을 허용하여 3개를 택한 후 작거나 같은 수부터 순서대로 a, b, c의 값으로 정하면 된다.

따라서 구하는 순서쌍 (a, b, c)의 개수는

$$_6H_3={}_8C_3=56$$

답 **56**

69

$1 < a < b \leq 5$를 만족시키는 순서쌍 (a, b)의 개수는 2, 3, 4, 5 중에서 서로 다른 두 자연수를 택하여 작은 수부터 순서대로 a, b의 값으로 정하는 경우의 수와 같으므로

$$_4C_2=6$$

또 $5 < c \leq d \leq 10$을 만족시키는 순서쌍 (c, d)의 개수는 6, 7, 8, 9, 10 중에서 중복을 허용하여 두 자연수를 택해 작거나 같은 수부터 순서대로 c, d의 값으로 정하는 경우의 수와 같으므로

$$_5H_2={}_6C_2=15$$

따라서 구하는 순서쌍 (a, b, c, d)의 개수는

$$6 \times 15 = 90$$

답 **90**

70

주어진 조건을 만족시키려면 Y의 원소 1, 2, 3, 4, 5, 6의 6개에서 중복을 허용하여 3개를 택해 크거나 같은 수부터 순서대로 X의 원소 1, 2, 3에 대응시키면 된다.

따라서 구하는 함수 f의 개수는 서로 다른 6개에서 3개를 택하는 중복조합의 수와 같으므로

$$_6H_3={}_8C_3=56$$

답 **56**

71

$f(1) \leq f(3) \leq f(5)$를 만족시키려면 X의 원소 1, 2, 3, 4, 5의 5개에서 중복을 허용하여 3개를 택해 작거나 같은 수부터 순서대로 X의 원소 1, 3, 5에 대응시키면 된다.

따라서 $f(1)$, $f(3)$, $f(5)$의 값을 정하는 경우의 수는 서로 다른 5개에서 3개를 택하는 중복조합의 수와 같으므로

$$_5H_3={}_7C_3=35$$

이때 $f(2)$, $f(4)$의 값을 정하는 경우의 수는

$$_5\Pi_2=5^2=25$$

따라서 구하는 함수 f의 개수는

$$35 \times 25 = 875$$

답 **875**

연습 문제　　● 본책 41~42쪽

72

전략 $_nH_r={}_{n+r-1}C_r$임을 이용한다.

$$_4H_0+{}_4H_1+{}_4H_2+{}_4H_3+{}_4H_4$$
$$={}_3C_0+{}_4C_1+{}_5C_2+{}_6C_3+{}_7C_4$$
$$=1+4+10+20+35=70$$

답 **70**

73

전략 1을 택하지 않는 경우와 1개 택하는 경우로 나누어 생각한다.

(i) 1을 택하지 않는 경우
　1을 제외한 4개의 숫자 2, 3, 4, 5에서 6개를 택하는 중복조합의 수는

$$_4H_6={}_9C_6={}_9C_3=84$$

(ii) 1을 1개 택하는 경우
　1을 제외한 4개의 숫자 2, 3, 4, 5에서 5개를 택하는 중복조합의 수는

$$_4H_5={}_8C_5={}_8C_3=56$$

(i), (ii)에서 구하는 경우의 수는

$$84+56=140$$

답 **140**

74

전략 $x=x'+1$, $y=y'+1$, $z=z'+1$, $w=w'+1$로 놓고 주어진 부등식을 x', y', z', w'에 대한 식으로 나타낸다.

$x=x'+1$, $y=y'+1$, $z=z'+1$, $w=w'+1$이라
하면 $x+y+z+w<7$에서
$$(x'+1)+(y'+1)+(z'+1)+(w'+1)<7$$
$$\therefore x'+y'+z'+w'<3$$
이때 x', y', z', w'은 음이 아닌 정수이므로
$$x'+y'+z'+w'=0$$
$$\text{또는 } x'+y'+z'+w'=1$$
$$\text{또는 } x'+y'+z'+w'=2$$
(i) 방정식 $x'+y'+z'+w'=0$의 음이 아닌 정수인
　해의 개수는
$$_4H_0={}_3C_0=1$$
(ii) 방정식 $x'+y'+z'+w'=1$의 음이 아닌 정수인
　해의 개수는
$$_4H_1={}_4C_1=4$$
(iii) 방정식 $x'+y'+z'+w'=2$의 음이 아닌 정수인
　해의 개수는
$$_4H_2={}_5C_2=10$$
이상에서 구하는 해의 개수는
$$1+4+10=15$$
답 **15**

75

전략 $f(1)=5$이고, $f(2)$, $f(3)$, $f(4)$의 값이 될 수 있는 Y의
원소가 5, 7, 9임을 이용한다.

주어진 조건을 만족시키려면
$$f(1)=5,\ f(4)\geq f(3)\geq f(2)\geq 5$$
따라서 구하는 함수 f의 개수는 5, 7, 9에서 3개를 택
하는 중복조합의 수와 같으므로
$$_3H_3={}_5C_3={}_5C_2=10$$
답 **10**

76

전략 먼저 한 명의 학생에게 3가지 색의 카드를 1장씩 준다.

3가지 색의 카드를 각각 1장 이상 받는 학생을 택하는
경우의 수는 　　$_3C_1=3$
먼저 이 학생에게 3가지 색의 카드를 1장씩 주고 남은
빨간색 카드 3장과 파란색 카드 1장을 3명의 학생에게
나누어 주는 경우의 수는
$$_3H_3\times{}_3H_1={}_5C_3\times{}_3C_1=10\times3=30$$
따라서 구하는 경우의 수는
$$3\times30=90$$
답 ③

77

전략 포함하지 않는 문자는 제외하고 포함하는 문자는 먼저 뽑는
다.

$(p+q+r+s)^6$의 전개식에서 p는 포함하지 않고 r는
포함하는 항은 3개의 문자 q, r, s 중에서 중복을 허용
하여 5개를 택해 r와 모두 곱한 것이다.
따라서 구하는 항의 개수는
$$_3H_5={}_7C_5={}_7C_2=21$$
답 **21**

78

전략 w의 값에 따라 경우를 나누어 생각한다.

(i) $w=0$일 때
　$x+y+z=6$이므로 이 방정식의 음이 아닌 정수인
　해의 개수는
$$_3H_6={}_8C_6={}_8C_2=28$$
(ii) $w=1$일 때
　$x+y+z=4$이므로 이 방정식의 음이 아닌 정수인
　해의 개수는
$$_3H_4={}_6C_4={}_6C_2=15$$
(iii) $w=2$일 때
　$x+y+z=2$이므로 이 방정식의 음이 아닌 정수인
　해의 개수는
$$_3H_2={}_4C_2=6$$
(iv) $w=3$일 때
　$x+y+z=0$이므로 이 방정식의 음이 아닌 정수인
　해의 개수는
$$_3H_0={}_2C_0=1$$
(v) $w\geq4$일 때
　$x+y+z<0$이므로 이를 만족시키는 음이 아닌 정
　수 x, y, z는 존재하지 않는다.
이상에서 구하는 해의 개수는
$$28+15+6+1=50$$
답 **50**

참고 $x+y+z+2w=6$에서
$$w=\frac{1}{2}(6-x-y-z)\leq3$$

79

전략 3으로 나누었을 때의 나머지가 1인 수는 $3k+1$, 나머지가
2인 수는 $3k+2$의 꼴로 나타낸다.

x, y, z, w 중에서 3으로 나누었을 때의 나머지가 1인 수 2개와 나머지가 2인 수 2개를 정하는 경우의 수는

$$_4C_2 \times _2C_2 = 6 \qquad \cdots\cdots \text{㉠}$$

x, y를 3으로 나누었을 때의 나머지가 1인 수라 하면 z, w는 3으로 나누었을 때의 나머지가 2인 수이므로

$$x = 3x'+1, \ y = 3y'+1, \ z = 3z'+2,$$
$$w = 3w'+2$$

라 하면 조건 ㈎에서

$$(3x'+1) + (3y'+1) + (3z'+2) + (3w'+2)$$
$$= 12$$
$$\therefore \ x' + y' + z' + w' = 2$$
$$(\text{단, } x', \ y', \ z', \ w' \text{은 음이 아닌 정수})$$

따라서 조건 ㈎를 만족시키는 x, y, z, w의 순서쌍 $(x, \ y, \ z, \ w)$의 개수는 방정식 $x' + y' + z' + w' = 2$ 의 음이 아닌 정수인 해의 개수와 같으므로

$$_4H_2 = _5C_2 = 10 \qquad \cdots\cdots \text{㉡}$$

㉠, ㉡에서 구하는 순서쌍 $(x, \ y, \ z, \ w)$의 개수는

$$6 \times 10 = 60 \qquad \qquad \text{답 } 60$$

80

전략 중복조합을 이용하여 각 조건을 만족시키는 함숫값을 정하는 경우의 수를 구한다.

조건 ㈎에 의하여

$$2 \le f(1) \le f(2) \le f(3)$$

따라서 $f(1)$, $f(2)$, $f(3)$의 값을 정하는 경우의 수는 2, 3, 4, 5, 6에서 3개를 택하는 중복조합의 수와 같으므로

$$_5H_3 = _7C_3 = 35$$

조건 ㈏에 의하여

$$f(4) \le f(5) \le f(6) \le 4$$

따라서 $f(4)$, $f(5)$, $f(6)$의 값을 정하는 경우의 수는 1, 2, 3, 4에서 3개를 택하는 중복조합의 수와 같으므로

$$_4H_3 = _6C_3 = 20$$

즉 구하는 함수 f의 개수는

$$35 \times 20 = 700 \qquad \qquad \text{답 } 700$$

81

전략 흰 공을 세 상자에 나누어 넣는 방법에 따라 경우를 나누어 생각한다.

흰 공 3개를 1개의 상자에 모두 넣거나 2개의 상자에 2개, 1개로 나누어 넣거나 3개의 상자에 1개씩 넣을 수 있다.

(i) 흰 공 3개를 1개의 상자에 모두 넣는 경우

흰 공을 넣을 상자를 정하는 경우의 수는

$$_3C_1 = 3$$

흰 공이 들어 있지 않은 2개의 상자에 검은 공을 2개씩 넣고 남은 2개의 검은 공을 3개의 상자에 나누어 넣는 경우의 수는

$$_3H_2 = _4C_2 = 6$$

따라서 이 경우의 수는

$$3 \times 6 = 18$$

(ii) 흰 공을 2개의 상자에 2개, 1개로 나누어 넣는 경우

흰 공을 각각 2개, 1개 넣을 2개의 상자를 정하는 경우의 수는

$$_3P_2 = 6$$

흰 공이 1개 들어 있는 상자에 검은 공 1개를 넣고 흰 공이 들어 있지 않은 상자에 검은 공 2개를 넣은 후 남은 3개의 검은 공을 3개의 상자에 나누어 넣는 경우의 수는

$$_3H_3 = _5C_3 = _5C_2 = 10$$

따라서 이 경우의 수는

$$6 \times 10 = 60$$

(iii) 흰 공을 3개의 상자에 1개씩 넣는 경우

3개의 상자에 검은 공을 1개씩 넣고 남은 3개의 검은 공을 3개의 상자에 나누어 넣으면 된다.

따라서 이 경우의 수는

$$_3H_3 = _5C_3 = _5C_2 = 10$$

이상에서 구하는 경우의 수는

$$18 + 60 + 10 = 88 \qquad \text{답 } 88$$

82

전략 조건 ㈎를 만족시키는 순서쌍에서 조건 ㈏를 만족시키지 않는 순서쌍을 제외한다.

$a + b + c + d = 12$를 만족시키는 음이 아닌 정수 a, b, c, d의 순서쌍 $(a, \ b, \ c, \ d)$의 개수는

$$_4H_{12} = _{15}C_{12} = _{15}C_3 = 455$$

(i) $a = 2$일 때

$a + b + c + d = 12$에서 $\qquad b + c + d = 10$

이를 만족시키는 음이 아닌 정수 b, c, d의 순서쌍 (b, c, d)의 개수는
$$_3H_{10} = {}_{12}C_{10} = {}_{12}C_2 = 66$$
(ii) $a+b+c=10$일 때

이를 만족시키는 음이 아닌 정수 a, b, c의 순서쌍 (a, b, c)의 개수는
$$_3H_{10} = {}_{12}C_{10} = {}_{12}C_2 = 66$$
(iii) $a=2$, $a+b+c=10$일 때

$b+c=8$이므로 이를 만족시키는 음이 아닌 정수 b, c의 순서쌍 (b, c)의 개수는
$$_2H_8 = {}_9C_8 = {}_9C_1 = 9$$
이상에서 조건 (가)를 만족시키는 음이 아닌 정수 a, b, c, d의 순서쌍 (a, b, c, d) 중에서 조건 (나)를 만족시키지 않는 것의 개수는
$$66+66-9=123$$
따라서 구하는 순서쌍 (a, b, c, d)의 개수는
$$455-123=332$$
답 **332**

참고 (ii), (iii)에서 $a+b+c=10$이면
$$d=2$$

---

2 이항정리

01 이항정리 ● 본책 44~48쪽

83
답 $_6C_1$, $_6C_4$, **5**, $_6C_6$, **6**, **15**, **5**

84
(1) $(2a+1)^4$
$$= {}_4C_0(2a)^4 + {}_4C_1(2a)^3 \times 1 + {}_4C_2(2a)^2 \times 1^2$$
$$+ {}_4C_3(2a) \times 1^3 + {}_4C_4 \times 1^4$$
$$= 16a^4 + 32a^3 + 24a^2 + 8a + 1$$
(2) $(3x-2y)^5$
$$= {}_5C_0(3x)^5 + {}_5C_1(3x)^4(-2y)$$
$$+ {}_5C_2(3x)^3(-2y)^2 + {}_5C_3(3x)^2(-2y)^3$$
$$+ {}_5C_4(3x)(-2y)^4 + {}_5C_5(-2y)^5$$
$$= 243x^5 - 810x^4y + 1080x^3y^2 - 720x^2y^3$$
$$+ 240xy^4 - 32y^5$$
(3) $\left(x+\dfrac{1}{x}\right)^6$
$$= {}_6C_0 x^6 + {}_6C_1 x^5 \times \frac{1}{x} + {}_6C_2 x^4 \times \frac{1}{x^2}$$
$$+ {}_6C_3 x^3 \times \frac{1}{x^3} + {}_6C_4 x^2 \times \frac{1}{x^4} + {}_6C_5 x \times \frac{1}{x^5}$$
$$+ {}_6C_6 \frac{1}{x^6}$$
$$= x^6 + 6x^4 + 15x^2 + 20 + \frac{15}{x^2} + \frac{6}{x^4} + \frac{1}{x^6}$$

답 **풀이 참조**

85
(1) $(2a-3b)^5$의 전개식의 일반항은
$$_5C_r(2a)^{5-r}(-3b)^r$$
$$= {}_5C_r \times 2^{5-r}(-3)^r a^{5-r}b^r$$
(2) $(x^2+x)^4$의 전개식의 일반항은
$$_4C_r(x^2)^{4-r}x^r = {}_4C_r x^{8-2r}x^r$$
$$= {}_4C_r x^{8-r}$$
(3) $\left(x-\dfrac{2}{y}\right)^6$의 전개식의 일반항은
$$_6C_r x^{6-r}\left(-\frac{2}{y}\right)^r = {}_6C_r(-2)^r \frac{x^{6-r}}{y^r}$$

I -2

이항정리

(4) $\left(x^2+\dfrac{1}{x}\right)^8$의 전개식의 일반항은

$$_8\mathrm{C}_r(x^2)^{8-r}\left(\dfrac{1}{x}\right)^r=\,_8\mathrm{C}_r\,\dfrac{x^{16-2r}}{x^r}$$

> 탑 (1) $_5\mathrm{C}_r\times 2^{5-r}(-3)^r a^{5-r}b^r$
>
> (2) $_4\mathrm{C}_r\,x^{8-r}$
>
> (3) $_6\mathrm{C}_r(-2)^r\,\dfrac{x^{6-r}}{y^r}$
>
> (4) $_8\mathrm{C}_r\,\dfrac{x^{16-2r}}{x^r}$

개념 노트

자연수 $m,\ n,\ r$에 대하여

① $\dfrac{x^n}{x^m}=x^r$이면 $\quad\cdot\ n-m=r$

② $\dfrac{x^n}{x^m}=1$이면 $\quad m=n$

③ $\dfrac{x^n}{x^m}=\dfrac{1}{x^r}$이면 $\quad m-n=r$

86

(1) $(2x-y)^7$의 전개식의 일반항은

$$_7\mathrm{C}_r(2x)^{7-r}(-y)^r=\,_7\mathrm{C}_r\times 2^{7-r}(-1)^r x^{7-r}y^r$$

x^4y^3항은 $r=3$일 때이므로 x^4y^3의 계수는

$$_7\mathrm{C}_3\times 2^4\times(-1)^3=-560$$

(2) $\left(x-\dfrac{1}{y}\right)^6$의 전개식의 일반항은

$$_6\mathrm{C}_r\,x^{6-r}\left(-\dfrac{1}{y}\right)^r=\,_6\mathrm{C}_r(-1)^r\,\dfrac{x^{6-r}}{y^r}$$

$\dfrac{x^3}{y^3}$항은 $r=3$일 때이므로 $\dfrac{x^3}{y^3}$의 계수는

$$_6\mathrm{C}_3(-1)^3=-20$$

(3) $\left(2x^3+\dfrac{1}{x}\right)^8$의 전개식의 일반항은

$$_8\mathrm{C}_r(2x^3)^{8-r}\left(\dfrac{1}{x}\right)^r=\,_8\mathrm{C}_r\times 2^{8-r}\,\dfrac{x^{24-3r}}{x^r}$$

상수항은 $24-3r=r$일 때이므로

$$r=6$$

따라서 상수항은

$$_8\mathrm{C}_6\times 2^2=112$$

(4) $\left(x^3-\dfrac{1}{x}\right)^{10}$의 전개식의 일반항은

$$_{10}\mathrm{C}_r(x^3)^{10-r}\left(-\dfrac{1}{x}\right)^r=\,_{10}\mathrm{C}_r(-1)^r\,\dfrac{x^{30-3r}}{x^r}$$

$\dfrac{1}{x^2}$항은 $r-(30-3r)=2$일 때이므로

$$4r=32\qquad\therefore\ r=8$$

따라서 $\dfrac{1}{x^2}$의 계수는

$$_{10}\mathrm{C}_8(-1)^8=45$$

> 탑 (1) -560 (2) -20 (3) 112 (4) 45

87

$\left(x-\dfrac{a}{x^2}\right)^6$의 전개식의 일반항은

$$_6\mathrm{C}_r\,x^{6-r}\left(-\dfrac{a}{x^2}\right)^r=\,_6\mathrm{C}_r(-a)^r\,\dfrac{x^{6-r}}{x^{2r}}$$

상수항은 $6-r=2r$일 때이므로

$$r=2$$

따라서 상수항은

$$_6\mathrm{C}_2(-a)^2=15a^2$$

즉 $15a^2=60$이므로 $\quad a^2=4$

$$\therefore\ a=2\ (\because\ a>0)$$

> 탑 2

88

$\left(x-\dfrac{2}{x}\right)^5$의 전개식의 일반항은

$$_5\mathrm{C}_r\,x^{5-r}\left(-\dfrac{2}{x}\right)^r=\,_5\mathrm{C}_r(-2)^r\,\dfrac{x^{5-r}}{x^r}\quad\cdots\,\text{㉠}$$

이때 $(2x+3)\left(x-\dfrac{2}{x}\right)^5=2x\left(x-\dfrac{2}{x}\right)^5+3\left(x-\dfrac{2}{x}\right)^5$

이므로 x항은

$$2x\times(\text{㉠의 상수항}),\ 3\times(\text{㉠의 }x\text{항})$$

일 때 나타난다.

(i) ㉠에서 상수항은 $5-r=r$일 때이므로

$$r=\dfrac{5}{2}$$

그런데 r는 $0\le r\le 5$인 정수이므로 ㉠의 상수항은 존재하지 않는다.

(ii) ㉠에서 x항은 $5-r-r=1$, 즉 $r=2$일 때이므로

$$_5\mathrm{C}_2(-2)^2x=40x$$

(i), (ii)에서 구하는 x의 계수는

$$3\times 40=120$$

> 탑 120

89

$x(x+a)(x+2)^4$의 전개식에서 x^4의 계수는
$(x+a)(x+2)^4$의 전개식에서 x^3의 계수와 같다.
$(x+2)^4$의 전개식의 일반항은

$$_4\mathrm{C}_r x^{4-r} 2^r = {}_4\mathrm{C}_r \times 2^r x^{4-r} \qquad \cdots\cdots \text{㉠}$$

이때 $(x+a)(x+2)^4 = x(x+2)^4 + a(x+2)^4$이므로 x^3항은

$$x \times (\text{㉠의 } x^2\text{항}), \quad a \times (\text{㉠의 } x^3\text{항})$$

일 때 나타난다.

(i) ㉠에서 x^2항은 $4-r=2$, 즉 $r=2$일 때이므로

$$_4\mathrm{C}_2 \times 2^2 x^2 = 24x^2$$

(ii) ㉠에서 x^3항은 $4-r=3$, 즉 $r=1$일 때이므로

$$_4\mathrm{C}_1 \times 2x^3 = 8x^3$$

(i), (ii)에서 x^3항은

$$x \times 24x^2 + a \times 8x^3 = (24+8a)x^3$$

따라서 $24+8a=32$이므로 $\quad a=1$ **답 1**

90

$(x+3)^4$의 전개식의 일반항은

$$_4\mathrm{C}_r x^{4-r} 3^r = {}_4\mathrm{C}_r \times 3^r x^{4-r} \ (\text{단, } 0 \le r \le 4)$$

$(3x^2+1)^3$의 전개식의 일반항은

$$_3\mathrm{C}_p (3x^2)^{3-p} 1^p = {}_3\mathrm{C}_p \times 3^{3-p} x^{6-2p} \ (\text{단, } 0 \le p \le 3)$$

따라서 $(x+3)^4(3x^2+1)^3$의 전개식의 일반항은

$$_4\mathrm{C}_r \times {}_3\mathrm{C}_p \times 3^{r-p+3} x^{10-r-2p}$$

이때 x^4항은 $10-r-2p=4$, 즉 $r+2p=6$일 때이므로

$$r=0, \ p=3 \ \text{또는} \ r=2, \ p=2 \ \text{또는} \ r=4, \ p=1$$

(i) $r=0$, $p=3$일 때

$$_4\mathrm{C}_0 \times {}_3\mathrm{C}_3 \times 3^0 = 1$$

(ii) $r=2$, $p=2$일 때

$$_4\mathrm{C}_2 \times {}_3\mathrm{C}_2 \times 3^3 = 486$$

(iii) $r=4$, $p=1$일 때

$$_4\mathrm{C}_4 \times {}_3\mathrm{C}_1 \times 3^6 = 2187$$

이상에서 x^4의 계수는

$$1 + 486 + 2187 = 2674$$

답 2674

91

$(1+x)^m$의 전개식의 일반항은

$$_m\mathrm{C}_r \times 1^{m-r} x^r = {}_m\mathrm{C}_r x^r \ (\text{단, } 0 \le r \le m)$$

$(1+x^2)^5$의 전개식의 일반항은

$$_5\mathrm{C}_p \times 1^{5-p} (x^2)^p = {}_5\mathrm{C}_p x^{2p} \ (\text{단, } 0 \le p \le 5)$$

따라서 $(1+x)^m(1+x^2)^5$의 전개식의 일반항은

$$_m\mathrm{C}_r \times {}_5\mathrm{C}_p x^{r+2p}$$

이때 x^2항은 $r+2p=2$일 때이므로

$$r=0, \ p=1 \ \text{또는} \ r=2, \ p=0$$

(i) $r=0$, $p=1$일 때

$$_m\mathrm{C}_0 \times {}_5\mathrm{C}_1 = 5$$

(ii) $r=2$, $p=0$일 때

$$_m\mathrm{C}_2 \times {}_5\mathrm{C}_0 = \frac{m(m-1)}{2}$$

(i), (ii)에서 x^2의 계수는 $\quad 5 + \dfrac{m(m-1)}{2}$

즉 $5 + \dfrac{m(m-1)}{2} = 11$이므로

$$m^2 - m - 12 = 0, \qquad (m+3)(m-4) = 0$$

$$\therefore m = 4 \ (\because m\text{은 자연수})$$

답 4

참고 $m=1$이면 $r+2p=2$에서

$$r=0, \ p=1 \ (\because r \le 1)$$

따라서 x^2의 계수가 5이므로 조건을 만족시키지 않는다.

$$\therefore m \ge 2$$

92

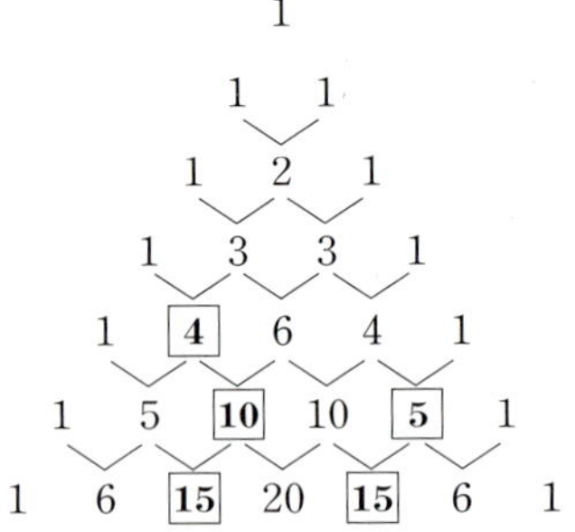

(1) 위의 그림의 파스칼의 삼각형에서 $(x+y)^5$의 전개식의 이항계수는 1, 5, 10, 10, 5, 1이므로

$$(2x+1)^5$$
$$= (2x)^5 + 5 \times (2x)^4 + 10 \times (2x)^3$$
$$\quad + 10 \times (2x)^2 + 5 \times 2x + 1$$
$$= \mathbf{32x^5 + 80x^4 + 80x^3 + 40x^2 + 10x + 1}$$

(2) 앞의 그림의 파스칼의 삼각형에서 $(a+b)^4$의 전개
식의 이항계수는 1, 4, 6, 4, 1이므로
$$(a-2b)^4$$
$$=a^4+4a^3(-2b)+6a^2(-2b)^2$$
$$\quad+4a(-2b)^3+(-2b)^4$$
$$=a^4-8a^3b+24a^2b^2-32ab^3+16b^4$$

답 풀이 참조

93

(5) $_5C_5=_6C_6$이므로
$$_5C_5+_6C_5=_6C_6+_6C_5=_7C_6$$
$$\therefore n=7$$

답 (1) **0 또는 4** (2) **11** (3) **6** (4) **5** (5) **7**

94

(1) $_3C_0+_3C_1+_3C_2+_3C_3=2^3=8$

(2) $_{12}C_0-_{12}C_1+_{12}C_2-_{12}C_3+\cdots+_{12}C_{12}=0$

(3) $_{51}C_0+_{51}C_2+_{51}C_4+\cdots+_{51}C_{50}=2^{51-1}=2^{50}$

(4) $_{100}C_1+_{100}C_3+_{100}C_5+\cdots+_{100}C_{99}=2^{100-1}=2^{99}$

답 (1) **8** (2) **0** (3) 2^{50} (4) 2^{99}

95

(1) $_2C_0+_3C_1+_4C_2+_5C_3+\cdots+_{11}C_9$
$$=(_3C_0+_3C_1)+_4C_2+_5C_3+\cdots+_{11}C_9$$
$$=(_4C_1+_4C_2)+_5C_3+\cdots+_{11}C_9$$
$$=(_5C_2+_5C_3)+\cdots+_{11}C_9$$
$$\vdots$$
$$=_{11}C_8+_{11}C_9$$
$$=_{12}C_9=_{12}C_3$$
$$=220$$

(2) $_3C_3+_4C_3+_5C_3+_6C_3+\cdots+_{10}C_3$
$$=(_4C_4+_4C_3)+_5C_3+_6C_3+\cdots+_{10}C_3$$
$$=(_5C_4+_5C_3)+_6C_3+\cdots+_{10}C_3$$
$$=(_6C_4+_6C_3)+\cdots+_{10}C_3$$
$$\vdots$$
$$=_{10}C_4+_{10}C_3$$
$$=_{11}C_4=330$$

답 (1) **220** (2) **330**

96

$$_{15}C_6+_{16}C_7+_{17}C_8+_{18}C_9+_{19}C_{10}+_{20}C_{11}$$
$$=(_{15}C_5+_{15}C_6)+_{16}C_7+_{17}C_8+_{18}C_9+_{19}C_{10}+_{20}C_{11}$$
$$\quad-_{15}C_5$$
$$=(_{16}C_6+_{16}C_7)+_{17}C_8+_{18}C_9+_{19}C_{10}+_{20}C_{11}-_{15}C_5$$
$$=(_{17}C_7+_{17}C_8)+_{18}C_9+_{19}C_{10}+_{20}C_{11}-_{15}C_5$$
$$=(_{18}C_8+_{18}C_9)+_{19}C_{10}+_{20}C_{11}-_{15}C_5$$
$$=(_{19}C_9+_{19}C_{10})+_{20}C_{11}-_{15}C_5$$
$$=(_{20}C_{10}+_{20}C_{11})-_{15}C_5$$
$$=_{21}C_{11}-_{15}C_5$$

답 ③

97

$(1+x^3)^n$의 전개식의 일반항은
$$_nC_r(x^3)^r=_nC_r x^{3r}$$
x^6항은 $3r=6$일 때이므로 $r=2$
따라서 x^6항은 $2\leq n\leq15$인 경우에만 나오고
$(1+x^3)^2$의 전개식에서 x^6의 계수는 $_2C_2$
$(1+x^3)^3$의 전개식에서 x^6의 계수는 $_3C_2$
$$\vdots$$
$(1+x^3)^{15}$의 전개식에서 x^6의 계수는 $_{15}C_2$
즉 구하는 x^6의 계수는
$$_2C_2+_3C_2+_4C_2+\cdots+_{15}C_2$$
$$=(_3C_3+_3C_2)+_4C_2+\cdots+_{15}C_2$$
$$=(_4C_3+_4C_2)+\cdots+_{15}C_2$$
$$\vdots$$
$$=_{15}C_3+_{15}C_2$$
$$=_{16}C_3=560$$

답 **560**

98

$x^2(1+x^2)^n$의 전개식의 일반항은
$$x^2\times_nC_r(x^2)^r=_nC_r x^{2r+2}$$
x^{10}항은 $2r+2=10$일 때이므로 $r=4$
따라서 x^{10}항은 $4\leq n\leq10$인 경우에만 나오고
$x^2(1+x^2)^4$의 전개식에서 x^{10}의 계수는 $_4C_4$
$x^2(1+x^2)^5$의 전개식에서 x^{10}의 계수는 $_5C_4$
$$\vdots$$
$x^2(1+x^2)^{10}$의 전개식에서 x^{10}의 계수는 $_{10}C_4$

즉 구하는 x^{10}의 계수는

$$_4\mathrm{C}_4+{}_5\mathrm{C}_4+{}_6\mathrm{C}_4+\cdots+{}_{10}\mathrm{C}_4$$
$$=({}_5\mathrm{C}_5+{}_5\mathrm{C}_4)+{}_6\mathrm{C}_4+\cdots+{}_{10}\mathrm{C}_4$$
$$=({}_6\mathrm{C}_5+{}_6\mathrm{C}_4)+\cdots+{}_{10}\mathrm{C}_4$$
$$\vdots$$
$$={}_{10}\mathrm{C}_5+{}_{10}\mathrm{C}_4={}_{11}\mathrm{C}_5=462$$

답 **462**

99

$_{19}\mathrm{C}_0+{}_{19}\mathrm{C}_2+{}_{19}\mathrm{C}_4+\cdots+{}_{19}\mathrm{C}_{18}=2^{19-1}=2^{18}$이므로

$$_{19}\mathrm{C}_2+{}_{19}\mathrm{C}_4+{}_{19}\mathrm{C}_6+\cdots+{}_{19}\mathrm{C}_{18}$$
$$=2^{18}-{}_{19}\mathrm{C}_0=2^{18}-1$$

답 $2^{18}-1$

100

$_n\mathrm{C}_0+{}_n\mathrm{C}_1+{}_n\mathrm{C}_2+\cdots+{}_n\mathrm{C}_n=2^n$이므로

$$_n\mathrm{C}_1+{}_n\mathrm{C}_2+\cdots+{}_n\mathrm{C}_n=2^n-{}_n\mathrm{C}_0=2^n-1$$

따라서 $2000<2^n-1<3000$이므로

$$2001<2^n<3001$$

이때 $2^{10}=1024,\ 2^{11}=2048,\ 2^{12}=4096$이므로

$$n=11$$

답 **11**

101

$_{15}\mathrm{C}_r={}_{15}\mathrm{C}_{15-r}\ (r=0,\ 1,\ 2,\ \cdots,\ 15)$이므로

$$_{15}\mathrm{C}_8+{}_{15}\mathrm{C}_9+{}_{15}\mathrm{C}_{10}+\cdots+{}_{15}\mathrm{C}_{15}$$
$$={}_{15}\mathrm{C}_7+{}_{15}\mathrm{C}_6+{}_{15}\mathrm{C}_5+\cdots+{}_{15}\mathrm{C}_0$$

이때 $_{15}\mathrm{C}_0+{}_{15}\mathrm{C}_1+{}_{15}\mathrm{C}_2+\cdots+{}_{15}\mathrm{C}_{15}=2^{15}$이므로

$$_{15}\mathrm{C}_8+{}_{15}\mathrm{C}_9+{}_{15}\mathrm{C}_{10}+\cdots+{}_{15}\mathrm{C}_{15}=\frac{1}{2}\times2^{15}=2^{14}$$
$$\therefore k=14$$

답 **14**

102

$$(1+x)^{15}={}_{15}\mathrm{C}_0+{}_{15}\mathrm{C}_1x+{}_{15}\mathrm{C}_2x^2+\cdots+{}_{15}\mathrm{C}_{15}x^{15}$$

이 식에 $x=3$을 대입하면

$$(1+3)^{15}$$
$$={}_{15}\mathrm{C}_0+{}_{15}\mathrm{C}_1\times3+{}_{15}\mathrm{C}_2\times3^2+\cdots+{}_{15}\mathrm{C}_{15}\times3^{15}$$
$$\therefore {}_{15}\mathrm{C}_0+3\times{}_{15}\mathrm{C}_1+3^2\times{}_{15}\mathrm{C}_2+\cdots+3^{15}\times{}_{15}\mathrm{C}_{15}$$
$$=4^{15}=(2^2)^{15}=2^{30}$$
$$\therefore k=30$$

답 **30**

103

$$(1+x)^{12}={}_{12}\mathrm{C}_0+{}_{12}\mathrm{C}_1x+{}_{12}\mathrm{C}_2x^2+\cdots+{}_{12}\mathrm{C}_{12}x^{12}$$

이 식에 $x=30$을 대입하면

$$31^{12}={}_{12}\mathrm{C}_0+{}_{12}\mathrm{C}_1\times30+{}_{12}\mathrm{C}_2\times30^2+\cdots$$
$$+{}_{12}\mathrm{C}_{12}\times30^{12}$$

이때 $_{12}\mathrm{C}_2\times30^2+{}_{12}\mathrm{C}_3\times30^3+\cdots+{}_{12}\mathrm{C}_{12}\times30^{12}$은 900으로 나누어떨어진다.

따라서 31^{12}을 900으로 나누었을 때의 나머지는 $_{12}\mathrm{C}_0+{}_{12}\mathrm{C}_1\times30$, 즉 361을 900으로 나누었을 때의 나머지와 같으므로 361이다.

답 **361**

104

전략 전개식의 일반항을 이용하여 a, b의 값을 구한다.

$(1-2x)^7$의 전개식의 일반항은

$$_7\mathrm{C}_r\times1^{7-r}(-2x)^r={}_7\mathrm{C}_r(-2)^rx^r$$

x^4항은 $r=4$일 때이므로

$$a={}_7\mathrm{C}_4(-2)^4=560$$

x^5항은 $r=5$일 때이므로

$$b={}_7\mathrm{C}_5(-2)^5=-672$$
$$\therefore a+b=-112$$

답 -112

105

전략 $\dfrac{1}{x^2}$의 계수와 x의 계수를 a에 대한 식으로 나타낸다.

$\left(x^2+\dfrac{a}{x}\right)^5$의 전개식의 일반항은

$$_5\mathrm{C}_r(x^2)^{5-r}\left(\frac{a}{x}\right)^r={}_5\mathrm{C}_r a^r\times\frac{x^{10-2r}}{x^r}$$

$\dfrac{1}{x^2}$항은 $r-(10-2r)=2$일 때이므로

$$3r-10=2\qquad\therefore r=4$$

따라서 $\dfrac{1}{x^2}$의 계수는 $\quad_5\mathrm{C}_4 a^4=5a^4$

또 x항은 $10-2r-r=1$일 때이므로

$$-3r=-9\qquad\therefore r=3$$

따라서 x의 계수는 $\quad_5\mathrm{C}_3 a^3=10a^3$

즉 $5a^4=10a^3$이므로

$$a=2\ (\because a>0)$$

답 ②

106

전략 각 거듭제곱의 전개식의 일반항을 곱한다.

$\left(x^2+\dfrac{1}{x}\right)^6$의 전개식의 일반항은

$$_6\mathrm{C}_r(x^2)^{6-r}\left(\dfrac{1}{x}\right)^r={}_6\mathrm{C}_r\dfrac{x^{12-2r}}{x^r}\ (\text{단},\ 0\le r\le 6)$$

$(x+1)^4$의 전개식의 일반항은

$$_4\mathrm{C}_p x^{4-p}1^p={}_4\mathrm{C}_p x^{4-p}\ (\text{단},\ 0\le p\le 4)$$

따라서 $\left(x^2+\dfrac{1}{x}\right)^6(x+1)^4$의 전개식의 일반항은

$$_6\mathrm{C}_r\times{}_4\mathrm{C}_p\,\dfrac{x^{12-2r}}{x^r}\times x^{4-p}={}_6\mathrm{C}_r\times{}_4\mathrm{C}_p\,\dfrac{x^{16-2r-p}}{x^r}$$

이때 x^3항은 $16-2r-p-r=3$, 즉 $3r+p=13$일 때
이므로 $\qquad r=3,\ p=4$ 또는 $r=4,\ p=1$

(ⅰ) $r=3,\ p=4$일 때

$$_6\mathrm{C}_3\times{}_4\mathrm{C}_4=20$$

(ⅱ) $r=4,\ p=1$일 때

$$_6\mathrm{C}_4\times{}_4\mathrm{C}_1=60$$

(ⅰ), (ⅱ)에서 x^3의 계수는 $\quad 20+60=80$ **답** **80**

107

전략 $_{n-1}\mathrm{C}_{r-1}+{}_{n-1}\mathrm{C}_r={}_n\mathrm{C}_r$임을 이용한다.

$$_3\mathrm{C}_3+{}_4\mathrm{C}_3+{}_5\mathrm{C}_3+{}_6\mathrm{C}_3+\cdots+{}_{11}\mathrm{C}_3$$
$$=({}_4\mathrm{C}_4+{}_4\mathrm{C}_3)+{}_5\mathrm{C}_3+{}_6\mathrm{C}_3+\cdots+{}_{11}\mathrm{C}_3$$
$$=({}_5\mathrm{C}_4+{}_5\mathrm{C}_3)+{}_6\mathrm{C}_3+\cdots+{}_{11}\mathrm{C}_3$$
$$=({}_6\mathrm{C}_4+{}_6\mathrm{C}_3)+\cdots+{}_{11}\mathrm{C}_3$$
$$\vdots$$
$$={}_{11}\mathrm{C}_4+{}_{11}\mathrm{C}_3={}_{12}\mathrm{C}_4={}_{12}\mathrm{C}_8$$

답 ③

108

전략 $(1+2x)^n$의 전개식의 일반항을 이용하여 x^3의 계수를 조합의 수로 나타낸다.

$(1+2x)^n$의 전개식의 일반항은

$$_n\mathrm{C}_r(2x)^r={}_n\mathrm{C}_r\times 2^r x^r$$

x^3항은 $3\le n\le 8$인 경우에만 나오고

$(1+2x)^3$의 전개식에서 x^3의 계수는 $\quad{}_3\mathrm{C}_3\times 2^3$

$(1+2x)^4$의 전개식에서 x^3의 계수는 $\quad{}_4\mathrm{C}_3\times 2^3$

$$\vdots$$

$(1+2x)^8$의 전개식에서 x^3의 계수는 $\quad{}_8\mathrm{C}_3\times 2^3$

따라서 구하는 x^3의 계수는

$$_3\mathrm{C}_3\times 2^3+{}_4\mathrm{C}_3\times 2^3+{}_5\mathrm{C}_3\times 2^3+\cdots+{}_8\mathrm{C}_3\times 2^3$$
$$=2^3({}_3\mathrm{C}_3+{}_4\mathrm{C}_3+{}_5\mathrm{C}_3+\cdots+{}_8\mathrm{C}_3)$$
$$=2^3\{({}_4\mathrm{C}_4+{}_4\mathrm{C}_3)+{}_5\mathrm{C}_3+\cdots+{}_8\mathrm{C}_3\}$$
$$=2^3\{({}_5\mathrm{C}_4+{}_5\mathrm{C}_3)+\cdots+{}_8\mathrm{C}_3\}$$
$$\vdots$$
$$=2^3({}_8\mathrm{C}_4+{}_8\mathrm{C}_3)$$
$$=8\times{}_9\mathrm{C}_4=1008$$

답 **1008**

109

전략 $_n\mathrm{C}_0+{}_n\mathrm{C}_2+{}_n\mathrm{C}_4+\cdots=2^{n-1}$임을 이용한다.

$_{20}\mathrm{C}_0+{}_{20}\mathrm{C}_2+{}_{20}\mathrm{C}_4+\cdots+{}_{20}\mathrm{C}_{20}=2^{20-1}=2^{19}$이므로

$$_{20}\mathrm{C}_2+{}_{20}\mathrm{C}_4+{}_{20}\mathrm{C}_6+\cdots+{}_{20}\mathrm{C}_{18}$$
$$=2^{19}-{}_{20}\mathrm{C}_0-{}_{20}\mathrm{C}_{20}$$
$$=2^{19}-2$$

답 $2^{19}-2$

110

전략 $_n\mathrm{C}_r={}_n\mathrm{C}_{n-r}$임을 이용하여 주어진 식의 좌변을 간단히 한다.

$_{19}\mathrm{C}_r={}_{19}\mathrm{C}_{19-r}\ (r=0,\ 1,\ 2,\ \cdots,\ 19)$이므로

$$_{19}\mathrm{C}_{10}+{}_{19}\mathrm{C}_{11}+{}_{19}\mathrm{C}_{12}+\cdots+{}_{19}\mathrm{C}_{19}$$
$$={}_{19}\mathrm{C}_9+{}_{19}\mathrm{C}_8+{}_{19}\mathrm{C}_7+\cdots+{}_{19}\mathrm{C}_0$$

이때 $_{19}\mathrm{C}_0+{}_{19}\mathrm{C}_1+{}_{19}\mathrm{C}_2+\cdots+{}_{19}\mathrm{C}_{19}=2^{19}$이므로

$$_{19}\mathrm{C}_{10}+{}_{19}\mathrm{C}_{11}+{}_{19}\mathrm{C}_{12}+\cdots+{}_{19}\mathrm{C}_{19}$$
$$=\dfrac{1}{2}\times 2^{19}=2^{18}=(2^2)^9=4^9$$

$$\therefore k=9$$

답 **9**

111

전략 전개식의 일반항을 이용하여 0이 아닌 상수항이 존재하기 위한 조건을 구한다.

$\left(x^n+\dfrac{1}{x^2}\right)^6$의 전개식의 일반항은

$$_6\mathrm{C}_r(x^n)^{6-r}\left(\dfrac{1}{x^2}\right)^r={}_6\mathrm{C}_r\dfrac{x^{6n-nr}}{x^{2r}}$$

이때 0이 아닌 상수항이 존재하려면

$$6n-nr=2r$$

를 만족시키는 6 이하의 음이 아닌 정수 r가 존재해야 한다.

$6n-nr=2r$에서

$r=0$이면 $6n=0$이므로 $\qquad n=0$

$r=1$이면 $5n=2$이므로 $\qquad n=\dfrac{2}{5}$

$r=2$이면 $4n=4$이므로 $\qquad n=1$

$r=3$이면 $3n=6$이므로 $\qquad n=2$

$r=4$이면 $2n=8$이므로 $\qquad n=4$

$r=5$이면 $\qquad n=10$

$r=6$이면 $0=12$이므로 등식이 성립하지 않는다.

따라서 구하는 자연수 n의 값의 합은
$$1+2+4+10=17$$
답 **17**

112

전략 x^5의 계수를 n에 대한 식으로 나타낸다.

$(x^2+1)^4$의 전개식의 일반항은
$$_4\mathrm{C}_r(x^2)^r={}_4\mathrm{C}_r x^{2r} \ (\text{단, } 0\le r\le 4)$$
$(x^3+1)^n$의 전개식의 일반항은
$$_n\mathrm{C}_p(x^3)^p={}_n\mathrm{C}_p x^{3p} \ (\text{단, } 0\le p\le n)$$
따라서 $(x^2+1)^4(x^3+1)^n$의 전개식의 일반항은
$$_4\mathrm{C}_r\times{}_n\mathrm{C}_p x^{2r+3p}$$
이때 x^5항은 $2r+3p=5$일 때이므로
$$r=1, \ p=1$$
즉 x^5의 계수는 $_4\mathrm{C}_1\times{}_n\mathrm{C}_1=4n$이므로
$$4n=12 \qquad \therefore n=3$$
또 x^6항은 $2r+3p=6$일 때이므로
$$r=0, \ p=2 \ \text{또는} \ r=3, \ p=0$$
(i) $r=0, \ p=2$일 때
$$_4\mathrm{C}_0\times{}_3\mathrm{C}_2=3$$
(ii) $r=3, \ p=0$일 때
$$_4\mathrm{C}_3\times{}_3\mathrm{C}_0=4$$
(i), (ii)에서 x^6의 계수는
$$3+4=7$$
답 **②**

113

전략 이항계수의 성질을 이용하여 참, 거짓을 판별한다.

ㄱ. $_{10}\mathrm{C}_0+{}_{10}\mathrm{C}_1+{}_{10}\mathrm{C}_2+{}_{10}\mathrm{C}_3+\cdots+{}_{10}\mathrm{C}_{10}=2^{10}$이므로
$$_{10}\mathrm{C}_1+{}_{10}\mathrm{C}_2+{}_{10}\mathrm{C}_3+\cdots+{}_{10}\mathrm{C}_{10}$$
$$=2^{10}-{}_{10}\mathrm{C}_0=1024-1=1023 \ (\text{거짓})$$

ㄴ. $_{11}\mathrm{C}_0-{}_{11}\mathrm{C}_1+{}_{11}\mathrm{C}_2-\cdots-{}_{11}\mathrm{C}_{11}=0$이므로
$$_{11}\mathrm{C}_1-{}_{11}\mathrm{C}_2+{}_{11}\mathrm{C}_3-\cdots+{}_{11}\mathrm{C}_{11}$$
$$={}_{11}\mathrm{C}_0=1 \ (\text{참})$$

ㄷ. $_5\mathrm{C}_0+{}_6\mathrm{C}_1+{}_7\mathrm{C}_2+{}_8\mathrm{C}_3+{}_9\mathrm{C}_4$
$$=({}_6\mathrm{C}_0+{}_6\mathrm{C}_1)+{}_7\mathrm{C}_2+{}_8\mathrm{C}_3+{}_9\mathrm{C}_4$$
$$=({}_7\mathrm{C}_1+{}_7\mathrm{C}_2)+{}_8\mathrm{C}_3+{}_9\mathrm{C}_4$$
$$=({}_8\mathrm{C}_2+{}_8\mathrm{C}_3)+{}_9\mathrm{C}_4$$
$$={}_9\mathrm{C}_3+{}_9\mathrm{C}_4={}_{10}\mathrm{C}_4 \ (\text{거짓})$$

ㄹ. $_4\mathrm{C}_4+{}_5\mathrm{C}_4+{}_6\mathrm{C}_4+{}_7\mathrm{C}_4+{}_8\mathrm{C}_4$
$$=({}_5\mathrm{C}_5+{}_5\mathrm{C}_4)+{}_6\mathrm{C}_4+{}_7\mathrm{C}_4+{}_8\mathrm{C}_4$$
$$=({}_6\mathrm{C}_5+{}_6\mathrm{C}_4)+{}_7\mathrm{C}_4+{}_8\mathrm{C}_4$$
$$=({}_7\mathrm{C}_5+{}_7\mathrm{C}_4)+{}_8\mathrm{C}_4$$
$$={}_8\mathrm{C}_5+{}_8\mathrm{C}_4$$
$$={}_9\mathrm{C}_5={}_9\mathrm{C}_4 \ (\text{참})$$

이상에서 옳은 것은 ㄴ, ㄹ이다. **답** **ㄴ, ㄹ**

114

전략 원소의 개수가 $1, 3, \cdots, 19$인 부분집합의 개수를 조합의 수로 나타낸다.

원소가 1개인 부분집합의 개수는 $\qquad {}_{20}\mathrm{C}_1$

원소가 3개인 부분집합의 개수는 $\qquad {}_{20}\mathrm{C}_3$

원소가 5개인 부분집합의 개수는 $\qquad {}_{20}\mathrm{C}_5$

$$\vdots$$

원소가 19개인 부분집합의 개수는 $\qquad {}_{20}\mathrm{C}_{19}$

따라서 원소의 개수가 홀수인 부분집합의 개수는
$$_{20}\mathrm{C}_1+{}_{20}\mathrm{C}_3+{}_{20}\mathrm{C}_5+\cdots+{}_{20}\mathrm{C}_{19}$$
$$=2^{20-1}=2^{19}$$
답 **2^{19}**

115

전략 주어진 식의 좌변이 $(1+7)^n$의 전개식임을 이용한다.

$$(1+x)^n={}_n\mathrm{C}_0+{}_n\mathrm{C}_1 x+{}_n\mathrm{C}_2 x^2+\cdots+{}_n\mathrm{C}_n x^n$$
이 식에 $x=7$을 대입하면
$$_n\mathrm{C}_0+{}_n\mathrm{C}_1\times 7+{}_n\mathrm{C}_2\times 7^2+\cdots+{}_n\mathrm{C}_n\times 7^n$$
$$=(1+7)^n=8^n$$
$$=(2^3)^n=2^{3n}$$
따라서 $2^{3n}=2^{60}$이므로 $\qquad 3n=60$
$$\therefore n=20$$
답 **20**

116

전략 $19^{19} = (20-1)^{19}$임을 이용한다.

$19^{19} = (20-1)^{19}$

$$= {}_{19}C_0 \times 20^{19} + {}_{19}C_1 \times 20^{18} \times (-1) + \cdots$$
$$+ {}_{19}C_{18} \times 20 \times (-1)^{18} + {}_{19}C_{19} (-1)^{19}$$

이때

$${}_{19}C_0 \times 20^{19} + {}_{19}C_1 \times 20^{18} \times (-1) + \cdots$$
$$+ {}_{19}C_{17} \times 20^2 \times (-1)^{17}$$

은 400으로 나누어떨어진다.

따라서 19^{19}을 400으로 나누었을 때의 나머지는

${}_{19}C_{18} \times 20 \times (-1)^{18} + {}_{19}C_{19}(-1)^{19}$, 즉 379를 400으로 나누었을 때의 나머지와 같으므로 379이다.

답 **379**

117

전략 $a_r = {}_nC_r$임을 이용하여 n에 대한 식을 세운다.

$(1+x)^n$의 전개식의 일반항은 ${}_nC_r x^r$이므로

$$a_8 = {}_nC_8, \quad a_9 = {}_nC_9, \quad a_{10} = {}_nC_{10}$$

이때 $a_9 - a_8 = a_{10} - a_9$에서 $2a_9 = a_8 + a_{10}$이므로

$$2 \times {}_nC_9 = {}_nC_8 + {}_nC_{10}$$

$$2 \times \frac{n!}{9!(n-9)!}$$

$$= \frac{n!}{8!(n-8)!} + \frac{n!}{10!(n-10)!}$$

양변에 $\dfrac{10!(n-8)!}{n!}$을 곱하면

$$2 \times 10(n-8) = 10 \times 9 + (n-8)(n-9)$$
$$n^2 - 37n + 322 = 0, \qquad (n-14)(n-23) = 0$$
$$\therefore n = 14 \text{ 또는 } n = 23$$

따라서 구하는 합은

$$14 + 23 = 37$$

답 **37**

118

전략 $8^{10} = (1+7)^{10}$임을 이용한다.

$8^{10} = (1+7)^{10}$

$$= {}_{10}C_0 + {}_{10}C_1 \times 7 + {}_{10}C_2 \times 7^2 + \cdots + {}_{10}C_{10} \times 7^{10}$$

이때 ${}_{10}C_1 \times 7 + {}_{10}C_2 \times 7^2 + \cdots + {}_{10}C_{10} \times 7^{10}$은 7로 나누어떨어진다.

따라서 8^{10}을 7로 나누었을 때의 나머지는 ${}_{10}C_0$, 즉 1을 7로 나누었을 때의 나머지와 같으므로 1이다.

즉 오늘부터 8^{10}일 후는 목요일이다.

답 **목요일**

119

전략 $11^{11} = (1+10)^{11}$임을 이용한다.

11^{11}

$= (1+10)^{11}$

$= {}_{11}C_0 + {}_{11}C_1 \times 10 + {}_{11}C_2 \times 10^2 + {}_{11}C_3 \times 10^3 + \cdots$
$\qquad + {}_{11}C_{11} \times 10^{11}$

$= 1 + 11 \times 10 + 55 \times 100$
$\qquad + 10^3({}_{11}C_3 + {}_{11}C_4 \times 10 + \cdots + {}_{11}C_{11} \times 10^8)$

$= 5611 + 10^3({}_{11}C_3 + {}_{11}C_4 \times 10 + \cdots + {}_{11}C_{11} \times 10^8)$

이때 $10^3({}_{11}C_3 + {}_{11}C_4 \times 10 + \cdots + {}_{11}C_{11} \times 10^8)$은 백의 자리 이하의 숫자가 모두 0이므로 11^{11}의 일의 자리, 십의 자리, 백의 자리의 숫자는 각각 1, 1, 6이다.

따라서 $a=1$, $b=1$, $c=6$이므로

$$a+b+c = 8$$

답 **8**

120

전략 ${}_{10}C_0, {}_{10}C_1, {}_{10}C_2, \cdots, {}_{10}C_{10}$은 $(1+x)^{10}$의 전개식에서 각 항의 계수임을 이용한다.

$(1+x)^{10}(1+x)^{10}$의 전개식의 일반항은

$${}_{10}C_r x^r \times {}_{10}C_p x^p = {}_{10}C_r \times {}_{10}C_p x^{r+p}$$
$$(\text{단, } 0 \le r \le 10, \ 0 \le p \le 10)$$

x^{10}항은 $r+p = 10$일 때이므로 이를 만족시키는 r, p의 순서쌍 (r, p)는

$$(0, 10), \ (1, 9), \ (2, 8), \cdots, \ (10, 0)$$

즉 x^{10}의 계수는

$${}_{10}C_0 \times {}_{10}C_{10} + {}_{10}C_1 \times {}_{10}C_9 + {}_{10}C_2 \times {}_{10}C_8 + \cdots$$
$$+ {}_{10}C_{10} \times {}_{10}C_0$$

$$= {}_{10}C_0 \times {}_{10}C_0 + {}_{10}C_1 \times {}_{10}C_1 + {}_{10}C_2 \times {}_{10}C_2 + \cdots$$
$$+ {}_{10}C_{10} \times {}_{10}C_{10}$$

$$= ({}_{10}C_0)^2 + ({}_{10}C_1)^2 + ({}_{10}C_2)^2 + \cdots + ({}_{10}C_{10})^2$$

따라서 주어진 식의 좌변은 $(1+x)^{10}(1+x)^{10}$, 즉 $(1+x)^{20}$의 전개식에서 x^{10}의 계수와 같다.

이때 $(1+x)^{20}$의 전개식에서 x^{10}의 계수는 ${}_{20}C_{10}$이므로

$$n = 20$$

답 **20**

1 확률의 뜻과 활용

01 시행과 사건
● 본책 60~61쪽

121
$A=\{1, 5\}$, $B=\{3, 6\}$, $C=\{2, 3, 5, 7\}$이므로
$$A\cap B=\varnothing,\ B\cap C=\{3\},\ A\cap C=\{5\}$$
따라서 서로 배반사건인 것은 A와 B이다.　　**답** ㄱ

122
사건 A와 서로 배반인 사건은 A^C의 부분집합이고, 사건 B와 서로 배반인 사건은 B^C의 부분집합이다.
따라서 두 사건 A, B와 모두 배반인 사건은
$$A^C\cap B^C=\{4, 5, 6\}\cap\{1, 5, 6\}=\{5, 6\}$$
의 부분집합이므로 구하는 사건의 개수는
$$2^2=4$$　　**답** 4

02 확률의 뜻
● 본책 62~70쪽

123
집합 A의 부분집합의 개수는
$$2^6=64$$
집합 A의 부분집합 중 원소 b는 포함하고 원소 f는 포함하지 않는 집합의 개수는
$$2^{6-1-1}=2^4=16$$
따라서 구하는 확률은
$$\frac{16}{64}=\frac{1}{4}$$　　**답** $\dfrac{1}{4}$

개념 노트

부분집합의 개수
집합 $A=\{a_1, a_2, a_3, \cdots, a_n\}$에 대하여
① A의 특정한 원소 k개를 반드시 원소로 갖는 부분집합의 개수 ⇨ 2^{n-k}
② A의 특정한 원소 l개를 원소로 갖지 않는 부분집합의 개수 ⇨ 2^{n-l}
③ A의 원소 중에서 k개는 반드시 원소로 갖고, l개는 원소로 갖지 않는 부분집합의 개수
　⇨ 2^{n-k-l}

124
두 개의 주사위를 동시에 던질 때 나오는 모든 경우의 수는　　$6\times6=36$
이차방정식 $x^2+2ax+b=0$의 판별식을 D라 할 때, 이 이차방정식이 중근을 가지려면
$$\frac{D}{4}=a^2-b=0\qquad \therefore\ a^2=b$$
$a^2=b$를 만족시키는 a, b의 순서쌍 (a, b)는
$$(1, 1),\ (2, 4)의\ 2개$$
따라서 구하는 확률은
$$\frac{2}{36}=\frac{1}{18}$$　　**답** $\dfrac{1}{18}$

125
6명이 한 줄로 서는 경우의 수는
$$6!=720$$
각 부부를 한 사람으로 생각하여 3명이 한 줄로 서는 경우의 수는
$$3!=6$$
세 쌍의 부부가 부부끼리 서로 자리를 바꾸어 서는 경우의 수는
$$2!\times2!\times2!=8$$
따라서 세 쌍의 부부가 부부끼리 서로 이웃하여 서는 경우의 수는
$$6\times8=48$$
이므로 구하는 확률은
$$\frac{48}{720}=\frac{1}{15}$$　　**답** $\dfrac{1}{15}$

126
8개의 문자를 일렬로 나열하는 경우의 수는
$$8!=40320$$
c와 t 사이에 들어가는 2개의 문자를 택하여 일렬로 나열하는 경우의 수는
$$_6\mathrm{P}_2=30$$
c와 t를 포함한 4개의 문자를 한 문자로 생각하여 5개의 문자를 일렬로 나열하는 경우의 수는
$$5!=120$$
c와 t가 자리를 바꾸는 경우의 수는
$$2!=2$$

따라서 c와 t 사이에 2개의 문자가 있도록 일렬로 나열하는 경우의 수는

$$30 \times 120 \times 2 = 7200$$

이므로 구하는 확률은

$$\frac{7200}{40320} = \frac{5}{28}$$

답 $\dfrac{5}{28}$

127

7개의 문자를 일렬로 나열하는 경우의 수는

$$7! = 5040$$

자음 p, r, m, s를 일렬로 나열하는 경우의 수는

$$4! = 24$$

자음 사이사이와 양 끝의 5개의 자리 중 3개의 자리에 모음 o, i, e를 하나씩 나열하는 경우의 수는

$$_5\mathrm{P}_3 = 60$$

따라서 모음끼리 이웃하지 않도록 일렬로 나열하는 경우의 수는

$$24 \times 60 = 1440$$

이므로 구하는 확률은

$$\frac{1440}{5040} = \frac{2}{7}$$

답 $\dfrac{2}{7}$

128

세 사람이 다섯 종류의 과자 중에서 임의로 하나씩 택하는 경우의 수는

$$_5\Pi_3 = 5^3 = 125$$

세 사람이 서로 다른 종류의 과자를 택하는 경우의 수는

$$_5\mathrm{P}_3 = 60$$

따라서 구하는 확률은

$$\frac{60}{125} = \frac{12}{25}$$

답 $\dfrac{12}{25}$

129

집합 X에서 집합 Y로의 함수 f의 개수는

$$_3\Pi_3 = 3^3 = 27$$

이때 일대일대응의 개수는

$$_3\mathrm{P}_3 = 6$$

따라서 구하는 확률은

$$\frac{6}{27} = \frac{2}{9}$$

답 $\dfrac{2}{9}$

📝 **개념 노트**

함수의 개수

두 집합 X, Y가

$$X = \{a_1, a_2, \cdots, a_r\}, \quad Y = \{b_1, b_2, \cdots, b_n\}$$

일 때, X에서 Y로의 함수 f에 대하여

① 함수의 개수 ⇨ $_n\Pi_r$

② 일대일함수의 개수 ⇨ $_n\mathrm{P}_r$

③ $p < q$이면 $f(p) < f(q)$를 만족시키는 함수 f의 개수 ⇨ $_n\mathrm{C}_r$

④ $p < q$이면 $f(p) \leq f(q)$를 만족시키는 함수 f의 개수 ⇨ $_n\mathrm{H}_r$

130

백의 자리에는 0이 올 수 없으므로 만들 수 있는 세 자리 자연수의 개수는

$$3 \times _4\Pi_2 = 3 \times 4^2 = 48$$

이때 십의 자리의 숫자가 0인 자연수의 개수는

$$3 \times 4 = 12$$

따라서 구하는 확률은

$$\frac{12}{48} = \frac{1}{4}$$

답 $\dfrac{1}{4}$

131

6개의 문자 P, E, P, P, E, R를 일렬로 나열하는 경우의 수는

$$\frac{6!}{3! \times 2!} = 60$$

맨 앞에 E를 나열하고 나머지 문자 P, P, P, E, R를 일렬로 나열하는 경우의 수는

$$\frac{5!}{3!} = 20$$

따라서 구하는 확률은

$$\frac{20}{60} = \frac{1}{3}$$

답 $\dfrac{1}{3}$

132

8개의 숫자 1, 1, 2, 3, 4, 4, 4, 5를 일렬로 나열하는 경우의 수는

$$\frac{8!}{2! \times 3!} = 3360$$

짝수 2, 4, 4, 4와 홀수 1, 1, 3, 5를 각각 하나로 생각
하여 2개를 일렬로 나열하는 경우의 수는

$$2!=2$$

짝수 2, 4, 4, 4를 일렬로 나열하는 경우의 수는

$$\frac{4!}{3!}=4$$

홀수 1, 1, 3, 5를 일렬로 나열하는 경우의 수는

$$\frac{4!}{2!}=12$$

따라서 짝수는 짝수끼리, 홀수는 홀수끼리 이웃하도록
일렬로 나열하는 경우의 수는

$$2\times4\times12=96$$

이므로 구하는 확률은

$$\frac{96}{3360}=\frac{1}{35}$$

답 $\dfrac{1}{35}$

133

집합 X에서 X로의 함수 f의 개수는

$$_3\Pi_3=3^3=27$$

$f(1)+f(2)+f(3)=8$을 만족시키는 함수 f의 개수
는 2, 3, 3을 일렬로 나열하는 경우의 수와 같으므로

$$\frac{3!}{2!}=3 \qquad 2+3+3=8$$

따라서 구하는 확률은

$$\frac{3}{27}=\frac{1}{9}$$

답 $\dfrac{1}{9}$

134

16개의 제비 중에서 3개의 제비를 뽑는 경우의 수는

$$_{16}C_3=560$$

7개의 당첨 제비 중에서 1개, 당첨 제비가 아닌 9개의
제비 중에서 2개를 뽑는 경우의 수는

$$_7C_1\times_9C_2=7\times36=252$$

따라서 구하는 확률은

$$\frac{252}{560}=\frac{9}{20}$$

답 $\dfrac{9}{20}$

135

6명 중에서 3명의 대표를 뽑는 경우의 수는

$$_6C_3=20$$

A는 포함되고 C는 포함되지 않는 경우의 수는 A, C
를 제외한 4명 중에서 2명을 뽑고 A를 포함시키는 경
우의 수와 같으므로

$$_4C_2=6$$

따라서 구하는 확률은

$$\frac{6}{20}=\frac{3}{10}$$

답 $\dfrac{3}{10}$

136

6개의 공 중에서 2개의 공을 꺼내는 경우의 수는

$$_6C_2=15$$

흰 공의 개수를 x라 하면 x개의 흰 공 중에서 2개를 꺼
내는 경우의 수는 $_xC_2$이므로

$$\frac{_xC_2}{15}=\frac{2}{5}, \qquad \frac{x(x-1)}{30}=\frac{2}{5}$$

$$x^2-x-12=0, \qquad (x+3)(x-4)=0$$

$$\therefore x=4 \ (\because x>0)$$

따라서 흰 공의 개수는 4이다.

답 4

137

임의로 한 개의 제비를 꺼낼 때, 당첨 제비일 확률은

$$\frac{n}{15}$$

이때 여러 번의 시행에서 5번에 1번 꼴로 당첨 제비가

나왔으므로 통계적 확률은 $\dfrac{1}{5}$이다.

따라서 $\dfrac{n}{15}=\dfrac{1}{5}$이므로

$$n=3$$

답 3

138

전체 학생 수는 $72+104+160+56+8=400$

스마트폰 사용 시간이 3시간 미만인 학생 수는

$$72+104+160=336$$

따라서 구하는 확률은

$$\frac{336}{400}=\frac{21}{25}$$

답 $\dfrac{21}{25}$

139

이차방정식 $x^2-4ax+5a=0$의 판별식을 D라 할 때,
이 이차방정식이 실근을 가지려면

$$\frac{D}{4}=(-2a)^2-5a\geq0$$

$$4a^2-5a\geq 0, \qquad a(4a-5)\geq 0$$

$$\therefore a\leq 0 \text{ 또는 } a\geq \frac{5}{4}$$

따라서 오른쪽 그림에서 구
하는 확률은

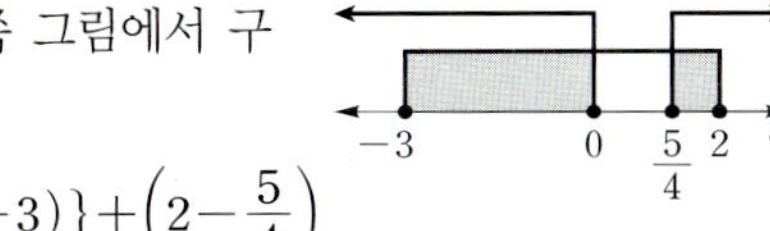

$$\frac{\{0-(-3)\}+\left(2-\dfrac{5}{4}\right)}{2-(-3)}$$

$$=\frac{3}{4}$$

답 $\dfrac{3}{4}$

● 본책 71~73쪽

연습 문제

140

전략 a의 값에 따라 경우를 나누어 $a>b$이고 $a>c$를 만족시키는 b, c의 값을 구한다.

서로 다른 세 개의 주사위를 동시에 던질 때 나오는 모든 경우의 수는

$$6\times 6\times 6=216$$

(i) $a=1$인 경우

$a>b$이고 $a>c$를 만족시키는 b, c의 값은 없다.

(ii) $a=2$인 경우

b, c의 값이 될 수 있는 것은 1이므로 이 경우의 수는 $1\times 1=1$

(iii) $a=3$인 경우

b, c의 값이 될 수 있는 것은 1, 2이므로 이 경우의 수는 $2\times 2=4$

(iv) $a=4$인 경우

b, c의 값이 될 수 있는 것은 1, 2, 3이므로 이 경우의 수는 $3\times 3=9$

(v) $a=5$인 경우

b, c의 값이 될 수 있는 것은 1, 2, 3, 4이므로 이 경우의 수는 $4\times 4=16$

(vi) $a=6$인 경우

b, c의 값이 될 수 있는 것은 1, 2, 3, 4, 5이므로 이 경우의 수는 $5\times 5=25$

이상에서 $a>b$이고 $a>c$인 경우의 수는

$$1+4+9+16+25=55$$

따라서 구하는 확률은

$$\frac{55}{216}$$

답 $\dfrac{55}{216}$

141

전략 순열의 수를 이용하여 자연수의 개수를 구한다.

만들 수 있는 네 자리 자연수의 개수는

$$_7\mathrm{P}_4=840$$

(i) 46□□, 47□□ 꼴인 자연수의 개수는 각각

$$_5\mathrm{P}_2=20$$

(ii) 5□□□, 6□□□, 7□□□ 꼴인 자연수의 개수는 각각

$$_6\mathrm{P}_3=120$$

(i), (ii)에서 4600보다 큰 자연수의 개수는

$$2\times 20+3\times 120=400$$

따라서 구하는 확률은

$$\frac{400}{840}=\frac{10}{21}$$

답 $\dfrac{10}{21}$

142

전략 같은 것이 있는 순열의 수를 이용하여 최단 거리로 가는 경우의 수를 구한다.

A 지점에서 C 지점까지 최단 거리로 가는 경우의 수는

$$\frac{11!}{6!\times 5!}=462$$

A 지점에서 B 지점을 지나 C 지점까지 최단 거리로 가는 경우의 수는

$$\frac{5!}{2!\times 3!}\times\frac{6!}{4!\times 2!}=150$$

따라서 구하는 확률은

$$\frac{150}{462}=\frac{25}{77}$$

답 $\dfrac{25}{77}$

143

전략 두 직선 l, m 중 한 직선에서 1개, 다른 한 직선에서 2개의 점을 택하면 삼각형이 만들어짐을 이용한다.

8개의 점 중에서 3개의 점을 택하는 경우의 수는

$$_8\mathrm{C}_3=56$$

(i) 직선 l에서 2개의 점을 택하고 직선 m에서 1개의 점을 택하는 경우의 수는

$$_3\mathrm{C}_2\times _5\mathrm{C}_1=15$$

(ii) 직선 l에서 1개의 점을 택하고 직선 m에서 2개의 점을 택하는 경우의 수는

$$_3C_1 \times _5C_2 = 30$$

(i), (ii)에서 삼각형이 만들어지는 경우의 수는

$$15 + 30 = 45$$

따라서 구하는 확률은 $\dfrac{45}{56}$　　　답 $\dfrac{45}{56}$

다른 풀이 8개의 점 중에서 3개의 점을 택하는 경우의 수는 $_8C_3 = 56$

(i) 직선 l에서 3개의 점을 택하는 경우의 수는

$$_3C_3 = 1$$

(ii) 직선 m에서 3개의 점을 택하는 경우의 수는

$$_5C_3 = 10$$

(i), (ii)에서 삼각형이 만들어지지 않는 경우의 수는

$$1 + 10 = 11$$

따라서 삼각형이 만들어지는 경우의 수는

$$56 - 11 = 45$$

144

전략 방정식 $x_1 + x_2 + \cdots + x_n = r$의 음이 아닌 정수인 해의 개수는 $_nH_r$임을 이용한다.

방정식 $x + y + z = 7$의 음이 아닌 정수인 해의 개수는

$$_3H_7 = _9C_7 = _9C_2 = 36$$

$x + y + z = 7$에 $x = 3$을 대입하면

$$y + z = 4$$

즉 x의 값이 3인 방정식 $x + y + z = 7$의 음이 아닌 정수인 해의 개수는 방정식 $y + z = 4$의 음이 아닌 정수인 해의 개수와 같으므로

$$_2H_4 = _5C_4 = _5C_1 = 5$$

따라서 구하는 확률은 $\dfrac{5}{36}$　　　답 $\dfrac{5}{36}$

145

전략 $P(S) = 1$, $P(\varnothing) = 0$임을 이용하여 참, 거짓을 판단한다.

ㄱ. 임의의 사건 A에 대하여

$$0 \le P(A) \le 1 \text{ (참)}$$

ㄴ. $P(S) = 1$, $P(\varnothing) = 0$이므로

$$P(S) - P(\varnothing) = 1 \text{ (참)}$$

ㄷ. $A \cup A^C = S$이므로

$$P(A \cup A^C) = P(S) = 1 \text{ (참)}$$

ㄹ. [반례] $P(A) = P(B) = \dfrac{3}{4}$이면

$$P(A) + P(B) = \dfrac{3}{2} > 1 \text{ (거짓)}$$

이상에서 옳은 것은 ㄱ, ㄴ, ㄷ이다.　　　답 ㄱ, ㄴ, ㄷ

참고 $0 \le P(A) \le 1$, $0 \le P(B) \le 1$이므로

$$0 \le P(A) + P(B) \le 2$$

146

전략 자연수 $N = p^a \times q^b$ (p, q는 서로 다른 소수)의 양의 약수의 개수는 $(a+1)(b+1)$임을 이용한다.

$108 = 2^2 \times 3^3$이므로 108의 양의 약수의 개수는

$$(2+1) \times (3+1) = 12$$

108의 양의 약수 중에서 60의 양의 약수는 108과 60의 양의 공약수와 같다.

이때 $60 = 2^2 \times 3 \times 5$이므로 108과 60의 최대공약수는

$$2^2 \times 3$$

따라서 108과 60의 양의 공약수의 개수는

$$(2+1) \times (1+1) = 6$$

이므로 구하는 확률은

$$\dfrac{6}{12} = \dfrac{1}{2}$$

답 $\dfrac{1}{2}$

147

전략 나이가 가장 적은 사람이 앞에서 두 번째에 서는 경우와 나이가 두 번째로 적은 사람이 앞에서 두 번째에 서는 경우로 나누어 생각한다.

네 사람을 일렬로 세우는 경우의 수는

$$4! = 24$$

앞에서 두 번째에 서 있는 사람이 자신과 이웃한 두 사람보다 나이가 적으려면 두 번째에는 나이가 가장 적은 사람 또는 나이가 두 번째로 적은 사람이 서야 한다.

(i) 나이가 가장 적은 사람이 두 번째에 서는 경우
　　나머지 3명을 남은 자리에 한 명씩 세우면 되므로 경우의 수는

$$3! = 6$$

(ii) 나이가 두 번째로 적은 사람이 두 번째에 서는 경우
　　나이가 가장 적은 사람을 네 번째에 세우고 나머지 2명을 남은 자리에 한 명씩 세우면 되므로 경우의 수는

$$2! = 2$$

(i), (ii)에서 조건을 만족시키는 경우의 수는

$$6+2=8$$

따라서 구하는 확률은

$$\frac{8}{24}=\frac{1}{3}$$

답 $\dfrac{1}{3}$

148

전략 주어진 조건을 만족시키기 위한 $f(1)$, $f(3)$, $f(4)$의 값의 조건을 생각해 본다.

집합 X에서 집합 Y로의 일대일함수 f의 개수는

$$_7\mathrm{P}_4=840$$

조건 ㈎, ㈏에서 $f(1)\times f(3)\times f(4)$는 2의 배수이어야 하므로 $f(1)$, $f(3)$, $f(4)$의 값 중 적어도 하나는 짝수이어야 한다.

즉 주어진 조건을 만족시키는 일대일함수 f의 개수는 6개의 숫자 1, 3, 4, 5, 6, 7 중에서 3개를 택하는 순열의 수에서 4개의 숫자 1, 3, 5, 7 중에서 3개를 택하는 순열의 수를 뺀 것과 같으므로

$$_6\mathrm{P}_3-{}_4\mathrm{P}_3=120-24=96$$

따라서 구하는 확률은

$$\frac{96}{840}=\frac{4}{35}$$

답 ④

다른 풀이 (i) 치역에 4가 포함되는 경우

일대일함수 f의 개수는 5개의 숫자 1, 3, 5, 6, 7 중에서 2개를 택한 후 4와 일렬로 나열하는 경우의 수와 같으므로

$$_5\mathrm{C}_2\times 3!=10\times 6=60$$

(ii) 치역에 6이 포함되는 경우

일대일함수 f의 개수는 5개의 숫자 1, 3, 4, 5, 7 중에서 2개를 택한 후 6과 일렬로 나열하는 경우의 수와 같으므로

$$_5\mathrm{C}_2\times 3!=10\times 6=60$$

(iii) 치역에 4와 6이 모두 포함되는 경우

일대일함수 f의 개수는 4개의 숫자 1, 3, 5, 7 중에서 1개를 택한 후 4, 6과 일렬로 나열하는 경우의 수와 같으므로

$$_4\mathrm{C}_1\times 3!=4\times 6=24$$

이상에서 주어진 조건을 만족시키는 일대일함수 f의 개수는

$$60+60-24=96$$

149

전략 각 자리의 숫자의 합이 3의 배수인 세 자리 자연수의 개수를 구한다.

만들 수 있는 세 자리 자연수의 개수는

$$_3\Pi_3=3^3=27$$

이때 3의 배수가 되려면 각 자리의 숫자의 합이 3의 배수가 되어야 한다.

(i) 각 자리의 숫자의 합이 3인 세 자리 자연수는

111의 1개

(ii) 각 자리의 숫자의 합이 6인 세 자리 자연수는

123, 132, 213, 231, 312, 321, 222의 7개

(iii) 각 자리의 숫자의 합이 9인 세 자리 자연수는

333의 1개

이상에서 3의 배수인 세 자리 자연수의 개수는

$$1+7+1=9$$

따라서 구하는 확률은

$$\frac{9}{27}=\frac{1}{3}$$

답 $\dfrac{1}{3}$

150

전략 중복조합을 이용하여 주어진 조건을 만족시키는 함수 f의 개수를 구한다.

집합 A에서 집합 B로의 함수 f의 개수는

$$_5\Pi_3=5^3=125$$

주어진 조건을 만족시키는 함수 f의 개수는 집합 B의 원소 5개 중에서 3개를 택하는 중복조합의 수와 같으므로

$$_5\mathrm{H}_3={}_7\mathrm{C}_3=35$$

따라서 구하는 확률은

$$\frac{35}{125}=\frac{7}{25}$$

답 $\dfrac{7}{25}$

151

전략 3번의 시행에서 어떤 동전이 뒤집어져야 하는지 생각해 본다.

3번의 시행에서 나오는 주사위의 눈의 수를 차례대로 a_1, a_2, a_3이라 하면 모든 순서쌍 (a_1, a_2, a_3)의 개수는

$$6\times 6\times 6=216$$

주어진 시행을 3번 반복한 후 5개의 동전이 모두 앞면이 보이도록 놓이려면 3번째 자리, 4번째 자리, 5번째 자리의 동전이 한 번씩 뒤집어지거나 1번째 자리, 2번째 자리의 동전이 한 번씩 뒤집어지고 모든 동전이 한 번씩 뒤집어져야 한다.

즉 3번의 시행에서 나오는 주사위의 눈의 수가

$$3,\ 4,\ 5\ \text{또는}\ 1,\ 2,\ 6$$

이어야 하므로 순서쌍 $(a_1,\ a_2,\ a_3)$의 개수는

$$3!+3!=12$$

따라서 5개의 동전이 모두 앞면이 보이도록 놓여 있을 확률은 $\dfrac{12}{216}=\dfrac{1}{18}$이므로

$$p=18,\ q=1$$
$$\therefore p+q=19$$

답 **19**

152

전략 $p>q$이려면 $a_1>a_4$ 또는 $a_1=a_4,\ a_2>a_5$이어야 함을 이용한다.

모든 순서쌍 $(a_1,\ a_2,\ a_3,\ a_4,\ a_5,\ a_6)$의 개수는 6개의 숫자 2, 2, 4, 4, 6, 6을 일렬로 나열하는 경우의 수와 같으므로

$$\frac{6!}{2!\times2!\times2!}=90$$

이때 $p>q$이려면 $a_1>a_4$ 또는 $a_1=a_4,\ a_2>a_5$이어야 한다.

(i) $a_1>a_4$인 경우

$a_1=4,\ a_4=2$일 때 순서쌍 $(a_1,\ a_2,\ a_3,\ a_4,\ a_5,\ a_6)$의 개수는 숫자 2, 4, 6, 6을 일렬로 나열하는 경우의 수와 같으므로

$$\frac{4!}{2!}=12$$

같은 방법으로 하면

$$a_1=6,\ a_4=2\ \text{또는}\ a_1=6,\ a_4=4$$

인 순서쌍 $(a_1,\ a_2,\ a_3,\ a_4,\ a_5,\ a_6)$의 개수도 각각 12이다.

(ii) $a_1=a_4,\ a_2>a_5$인 경우

$a_1=a_4=6,\ a_2=4,\ a_5=2$일 때 순서쌍 $(a_1,\ a_2,\ a_3,\ a_4,\ a_5,\ a_6)$의 개수는 숫자 2, 4를 일렬로 나열하는 경우의 수와 같으므로

$$2!=2$$

같은 방법으로 하면

$$a_1=a_4=4,\ a_2=6,\ a_4=2\ \text{또는}$$
$$a_1=a_4=2,\ a_2=6,\ a_4=4$$

인 순서쌍 $(a_1,\ a_2,\ a_3,\ a_4,\ a_5,\ a_6)$의 개수도 각각 2이다.

(i), (ii)에서 $p>q$인 순서쌍 $(a_1,\ a_2,\ a_3,\ a_4,\ a_5,\ a_6)$의 개수는

$$3\times12+3\times2=42$$

따라서 구하는 확률은

$$\frac{42}{90}=\frac{7}{15}$$

답 $\dfrac{7}{15}$

참고 $a_1=a_4,\ a_2=a_5$이면 $a_3=a_6$이므로 $p=q$이다.

153

전략 원의 지름의 양 끝 점과 원 위의 다른 한 점을 택하면 직각삼각형을 만들 수 있음을 이용한다.

8개의 점 중에서 3개의 점을 택하는 경우의 수는

$$_8\mathrm{C}_3=56$$

오른쪽 그림과 같이 한 개의 지름에 대하여 만들 수 있는 직각삼각형은 6개이고 8개의 점으로 만들 수 있는 지름은 4개이므로 직각삼각형의 개수는

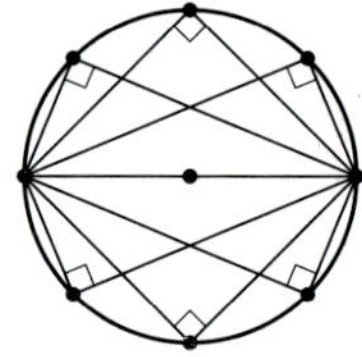

$$6\times4=24$$

따라서 구하는 확률은

$$\frac{24}{56}=\frac{3}{7}$$

답 $\dfrac{3}{7}$

03 확률의 덧셈정리
● 본책 74~81쪽

154

(1) $\mathrm{P}(A\cup B)=\mathrm{P}(A)+\mathrm{P}(B)-\mathrm{P}(A\cap B)$
$$=\frac{2}{3}+\frac{1}{4}-\frac{1}{12}=\frac{5}{6}$$

(2) $\mathrm{P}(A\cup B)=\mathrm{P}(A)+\mathrm{P}(B)-\mathrm{P}(A\cap B)$이므로
$$0.6=0.2+0.5-\mathrm{P}(A\cap B)$$
$$\therefore \mathrm{P}(A\cap B)=0.1$$

답 (1) $\dfrac{5}{6}$ (2) **0.1**

155

(1) $A=\{2, 4, 6\}$이므로 $\mathrm{P}(A)=\dfrac{3}{6}=\dfrac{1}{2}$

(2) $B=\{1, 2, 4\}$이므로 $\mathrm{P}(B)=\dfrac{3}{6}=\dfrac{1}{2}$

(3) $A\cap B=\{2, 4\}$이므로 $\mathrm{P}(A\cap B)=\dfrac{2}{6}=\dfrac{1}{3}$

(4) $\mathrm{P}(A\cup B)=\mathrm{P}(A)+\mathrm{P}(B)-\mathrm{P}(A\cap B)$

$\qquad =\dfrac{1}{2}+\dfrac{1}{2}-\dfrac{1}{3}=\dfrac{2}{3}$

답 (1) $\dfrac{1}{2}$ (2) $\dfrac{1}{2}$ (3) $\dfrac{1}{3}$ (4) $\dfrac{2}{3}$

156

(1) $\mathrm{P}(A^c)=1-\mathrm{P}(A)=1-\dfrac{3}{8}=\dfrac{5}{8}$

(2) $\mathrm{P}(A^c\cup B^c)=\mathrm{P}((A\cap B)^c)=1-\mathrm{P}(A\cap B)$

$\qquad =1-\dfrac{2}{5}=\dfrac{3}{5}$

답 (1) $\dfrac{5}{8}$ (2) $\dfrac{3}{5}$

157

(1) $\dfrac{5}{30}=\dfrac{1}{6}$

(2) 꺼낸 공에 적힌 수가 6의 배수가 아닌 사건을 A라 하면 A^c는 6의 배수인 사건이므로 구하는 확률은

$\qquad \mathrm{P}(A)=1-\mathrm{P}(A^c)=1-\dfrac{1}{6}=\dfrac{5}{6}$

답 (1) $\dfrac{1}{6}$ (2) $\dfrac{5}{6}$

158

$\mathrm{P}(B)=1-\mathrm{P}(B^c)=1-\dfrac{2}{3}=\dfrac{1}{3}$

$\mathrm{P}(A\cup B)=\mathrm{P}(A)+\mathrm{P}(B)-\mathrm{P}(A\cap B)$에서

$\qquad \dfrac{1}{2}=\dfrac{1}{4}+\dfrac{1}{3}-\mathrm{P}(A\cap B)$

$\qquad \therefore \mathrm{P}(A\cap B)=\dfrac{1}{12}$

답 $\dfrac{1}{12}$

159

$\mathrm{P}(A^c\cup B^c)=\mathrm{P}((A\cap B)^c)=1-\mathrm{P}(A\cap B)=\dfrac{5}{6}$

이므로 $\mathrm{P}(A\cap B)=\dfrac{1}{6}$

두 사건 $A\cap B$와 $A\cap B^c$는 서로 배반사건이고
$A=(A\cap B)\cup(A\cap B^c)$이므로

$\qquad \mathrm{P}(A)=\mathrm{P}(A\cap B)+\mathrm{P}(A\cap B^c)$

$\qquad\qquad =\dfrac{1}{6}+\dfrac{1}{2}=\dfrac{2}{3}$

$\qquad \therefore \mathrm{P}(A^c)=1-\mathrm{P}(A)=1-\dfrac{2}{3}=\dfrac{1}{3}$

답 $\dfrac{1}{3}$

160

버스를 이용하는 학생을 택하는 사건을 A, 지하철을 이용하는 학생을 택하는 사건을 B라 하면

$\qquad \mathrm{P}(A)=0.4,\ \mathrm{P}(B)=0.25,\ \mathrm{P}(A\cap B)=0.15$

따라서 구하는 확률은

$\qquad \mathrm{P}(A\cup B)=\mathrm{P}(A)+\mathrm{P}(B)-\mathrm{P}(A\cap B)$

$\qquad\qquad =0.4+0.25-0.15$

$\qquad\qquad =0.5$

답 0.5

161

A가 적힌 카드를 뽑는 사건을 A, G가 적힌 카드를 뽑는 사건을 B라 하면

$\qquad \mathrm{P}(A)=\dfrac{{}_6\mathrm{C}_2}{{}_7\mathrm{C}_3}=\dfrac{3}{7},\ \mathrm{P}(B)=\dfrac{{}_6\mathrm{C}_2}{{}_7\mathrm{C}_3}=\dfrac{3}{7},$

$\qquad \mathrm{P}(A\cap B)=\dfrac{{}_5\mathrm{C}_1}{{}_7\mathrm{C}_3}=\dfrac{1}{7}$

따라서 구하는 확률은

$\qquad \mathrm{P}(A\cup B)=\mathrm{P}(A)+\mathrm{P}(B)-\mathrm{P}(A\cap B)$

$\qquad\qquad =\dfrac{3}{7}+\dfrac{3}{7}-\dfrac{1}{7}=\dfrac{5}{7}$

답 $\dfrac{5}{7}$

162

$f(1)=1$인 사건을 A, $f(2)=4$인 사건을 B라 하면

$\qquad \mathrm{P}(A)=\dfrac{{}_4\Pi_2}{{}_4\Pi_3}=\dfrac{4^2}{4^3}=\dfrac{1}{4},$

$\qquad \mathrm{P}(B)=\dfrac{{}_4\Pi_2}{{}_4\Pi_3}=\dfrac{4^2}{4^3}=\dfrac{1}{4},$

$\qquad \mathrm{P}(A\cap B)=\dfrac{{}_4\Pi_1}{{}_4\Pi_3}=\dfrac{4}{4^3}=\dfrac{1}{16}$

따라서 구하는 확률은

$\qquad \mathrm{P}(A\cup B)=\mathrm{P}(A)+\mathrm{P}(B)-\mathrm{P}(A\cap B)$

$\qquad\qquad =\dfrac{1}{4}+\dfrac{1}{4}-\dfrac{1}{16}=\dfrac{7}{16}$

답 $\dfrac{7}{16}$

163

서로 다른 두 개의 주사위를 동시에 던질 때 나오는 모든 경우의 수는

$$6 \times 6 = 36$$

두 눈의 수의 합이 5인 사건을 A, 차가 5인 사건을 B라 할 때, 나오는 두 눈의 수를 순서쌍으로 나타내면

$$A = \{(1, 4),\ (2, 3),\ (3, 2),\ (4, 1)\},$$
$$B = \{(1, 6),\ (6, 1)\}$$
$$\therefore \mathrm{P}(A) = \frac{4}{36} = \frac{1}{9},\ \mathrm{P}(B) = \frac{2}{36} = \frac{1}{18}$$

이때 두 사건 A, B는 서로 배반사건이므로 구하는 확률은

$$\mathrm{P}(A \cup B) = \mathrm{P}(A) + \mathrm{P}(B)$$
$$= \frac{1}{9} + \frac{1}{18} = \frac{1}{6}$$

답 $\dfrac{1}{6}$

164

A가 맨 앞에 오는 사건을 A, A가 맨 뒤에 오는 사건을 B라 하면

$$\mathrm{P}(A) = \frac{5!}{6!} = \frac{1}{6},\ \mathrm{P}(B) = \frac{5!}{6!} = \frac{1}{6}$$

이때 두 사건 A, B는 서로 배반사건이므로 구하는 확률은

$$\mathrm{P}(A \cup B) = \mathrm{P}(A) + \mathrm{P}(B)$$
$$= \frac{1}{6} + \frac{1}{6} = \frac{1}{3}$$

답 $\dfrac{1}{3}$

165

딸기 맛 사탕이 포도 맛 사탕보다 많으려면 꺼낸 5개의 사탕 중에서 딸기 맛 사탕이 3개 또는 4개이어야 한다. 딸기 맛 사탕이 3개인 사건을 A, 4개인 사건을 B라 하면

$$\mathrm{P}(A) = \frac{{}_4\mathrm{C}_3 \times {}_5\mathrm{C}_2}{{}_9\mathrm{C}_5} = \frac{20}{63},$$
$$\mathrm{P}(B) = \frac{{}_4\mathrm{C}_4 \times {}_5\mathrm{C}_1}{{}_9\mathrm{C}_5} = \frac{5}{126}$$

이때 두 사건 A, B는 서로 배반사건이므로 구하는 확률은

$$\mathrm{P}(A \cup B) = \mathrm{P}(A) + \mathrm{P}(B)$$
$$= \frac{20}{63} + \frac{5}{126} = \frac{5}{14}$$

답 $\dfrac{5}{14}$

166

A와 B가 이웃하지 않게 서는 사건을 A라 하면 A^C는 A와 B가 이웃하게 서는 사건이므로

$$\mathrm{P}(A^C) = \frac{2! \times 4!}{5!} = \frac{2}{5}$$

따라서 구하는 확률은

$$\mathrm{P}(A) = 1 - \mathrm{P}(A^C) = 1 - \frac{2}{5} = \frac{3}{5}$$

답 $\dfrac{3}{5}$

다른 풀이 A와 B가 이웃하지 않으려면 A와 B를 제외한 3명이 먼저 일렬로 선 다음 그 사이사이와 양 끝의 4개의 자리 중 2개의 자리에 A, B가 서면 된다.

$$\therefore \mathrm{P}(A) = \frac{3! \times {}_4\mathrm{P}_2}{5!} = \frac{3}{5}$$

167

치역의 모든 원소의 곱이 짝수인 함수를 택하는 사건을 A라 하면 A^C는 치역의 모든 원소의 곱이 홀수인 함수를 택하는 사건이다.

이때 치역의 모든 원소의 곱이 홀수이려면 치역의 모든 원소가 홀수, 즉 3 또는 5이어야 하므로

$$\mathrm{P}(A^C) = \frac{{}_2\Pi_3}{{}_3\Pi_3} = \frac{2^3}{3^3} = \frac{8}{27}$$

따라서 구하는 확률은

$$\mathrm{P}(A) = 1 - \mathrm{P}(A^C) = 1 - \frac{8}{27} = \frac{19}{27}$$

답 $\dfrac{19}{27}$

168

10과 서로소이려면 2의 배수도 아니고 5의 배수도 아니어야 한다.

따라서 택한 수가 2의 배수인 사건을 A, 5의 배수인 사건을 B라 하면 택한 수가 10과 서로소인 사건은 $A^C \cap B^C = (A \cup B)^C$이다.

이때 $\mathrm{P}(A) = \dfrac{25}{50} = \dfrac{1}{2}$, $\mathrm{P}(B) = \dfrac{10}{50} = \dfrac{1}{5}$,

$$\mathrm{P}(A \cap B) = \frac{5}{50} = \frac{1}{10} \text{이므로}$$

택한 수가 10의 배수인 사건

$$\mathrm{P}(A \cup B)$$
$$= \mathrm{P}(A) + \mathrm{P}(B) - \mathrm{P}(A \cap B)$$
$$= \frac{1}{2} + \frac{1}{5} - \frac{1}{10} = \frac{3}{5}$$

따라서 구하는 확률은

$$P((A \cup B)^C) = 1 - P(A \cup B)$$
$$= 1 - \frac{3}{5} = \frac{2}{5}$$

답 $\dfrac{2}{5}$

169

적어도 한 명은 남자인 사건을 A라 하면 A^C는 3명 모두 여자인 사건이므로

$$P(A^C) = \frac{{}_6C_3}{{}_{10}C_3} = \frac{1}{6}$$

따라서 구하는 확률은

$$P(A) = 1 - P(A^C) = 1 - \frac{1}{6} = \frac{5}{6}$$

답 $\dfrac{5}{6}$

170

적어도 한쪽 끝에 여학생을 세우는 사건을 A라 하면 A^C는 양쪽 끝에 모두 남학생을 세우는 사건이므로

$$P(A^C) = \frac{{}_4P_2 \times 5!}{7!} = \frac{2}{7}$$

따라서 구하는 확률은

$$P(A) = 1 - P(A^C) = 1 - \frac{2}{7} = \frac{5}{7}$$

답 $\dfrac{5}{7}$

171

적어도 1개가 당첨 제비인 사건을 A라 하면 A^C는 2개 모두 당첨 제비가 아닌 사건이므로

$$P(A^C) = \frac{{}_{20-n}C_2}{{}_{20}C_2} = \frac{(20-n)(19-n)}{380}$$

$P(A) = 1 - P(A^C)$이므로

$$\frac{7}{19} = 1 - \frac{(20-n)(19-n)}{380}$$

$$n^2 - 39n + 140 = 0, \qquad (n-4)(n-35) = 0$$

$$\therefore n = 4 \ \text{또는} \ n = 35$$

이때 $0 < n < 20$이므로 $n = 4$

답 4

172

딸기 우유가 2개 이하인 사건을 A라 하면 A^C는 딸기 우유가 3개인 사건이므로

$$P(A^C) = \frac{{}_4C_3}{{}_{12}C_3} = \frac{1}{55}$$

따라서 구하는 확률은

$$P(A) = 1 - P(A^C) = 1 - \frac{1}{55} = \frac{54}{55}$$

답 $\dfrac{54}{55}$

173

빨간 공이 2개 이상인 사건을 A라 하면 A^C는 빨간 공이 0개 또는 1개인 사건이다.

(i) 파란 공 4개를 꺼낼 확률은

$$\frac{{}_4C_4}{{}_{10}C_4} = \frac{1}{210}$$

(ii) 빨간 공 1개와 파란 공 3개를 꺼낼 확률은

$$\frac{{}_6C_1 \times {}_4C_3}{{}_{10}C_4} = \frac{4}{35}$$

(i), (ii)에서 $P(A^C) = \dfrac{1}{210} + \dfrac{4}{35} = \dfrac{5}{42}$

따라서 구하는 확률은

$$P(A) = 1 - P(A^C) = 1 - \frac{5}{42} = \frac{37}{42}$$

답 $\dfrac{37}{42}$

174

네 자리 자연수가 4500 이하인 사건을 A라 하면 A^C는 4501 이상인 사건이다.

이때 4501 이상인 자연수는 45□□ 또는 5□□□ 꼴이다.

(i) 45□□ 꼴일 확률은 $\dfrac{{}_3P_2}{{}_5P_4} = \dfrac{1}{20}$

(ii) 5□□□ 꼴일 확률은 $\dfrac{{}_4P_3}{{}_5P_4} = \dfrac{1}{5}$

(i), (ii)에서 $P(A^C) = \dfrac{1}{20} + \dfrac{1}{5} = \dfrac{1}{4}$

따라서 구하는 확률은

$$P(A) = 1 - P(A^C) = 1 - \frac{1}{4} = \frac{3}{4}$$

답 $\dfrac{3}{4}$

연습 문제 ● 본책 82~83쪽

175

전략 확률의 덧셈정리를 이용한다.

두 사건 A, B가 서로 배반사건이므로

$$P(A \cup B) = P(A) + P(B)$$

$$\therefore P(B) = P(A \cup B) - P(A) = \frac{2}{3} - P(A)$$

이때 $\dfrac{1}{5} \leq P(A) \leq \dfrac{3}{5}$이므로

$$-\frac{3}{5} \leq -P(A) \leq -\frac{1}{5}$$

$$\frac{1}{15} \leq \frac{2}{3} - P(A) \leq \frac{7}{15}$$

$$\therefore \frac{1}{15} \leq P(B) \leq \frac{7}{15}$$

따라서 $P(B)$의 최솟값은 $\dfrac{1}{15}$이다.   답 $\dfrac{1}{15}$

176

 먼저 a의 값이 될 수 있는 수를 파악하고 확률의 덧셈정리를 이용한다.

한 개의 주사위를 두 번 던질 때 나오는 모든 경우의 수는 $\quad 6 \times 6 = 36$

두 눈의 수의 합은 2 이상 12 이하의 자연수이고 이 중에서 12와 서로소인 것은 5, 7, 11이다.

두 눈의 수의 합이 5인 사건을 A, 7인 사건을 B, 11인 사건을 C라 할 때, 나오는 두 눈의 수를 순서쌍으로 나타내면

$$A = \{(1, 4), (2, 3), (3, 2), (4, 1)\},$$
$$B = \{(1, 6), (2, 5), (3, 4), (4, 3), (5, 2),$$
$$(6, 1)\},$$
$$C = \{(5, 6), (6, 5)\}$$
$$\therefore P(A) = \frac{4}{36} = \frac{1}{9}, \ P(B) = \frac{6}{36} = \frac{1}{6},$$
$$P(C) = \frac{2}{36} = \frac{1}{18}$$

이때 세 사건 A, B, C는 서로 배반사건이므로 구하는 확률은

$$P(A \cup B \cup C) = P(A) + P(B) + P(C)$$
$$= \frac{1}{9} + \frac{1}{6} + \frac{1}{18}$$
$$= \frac{1}{3}$$

답 $\dfrac{1}{3}$

177

 부모님 사이에 적어도 한 명을 세우는 사건을 A라 하고 $P(A^c)$를 구한다.

부모님 사이에 적어도 한 명을 세우는 사건을 A라 하면 A^c는 부모님을 이웃하게 세우는 사건이므로

$$P(A^c) = \frac{5! \times 2!}{6!} = \frac{1}{3}$$

따라서 구하는 확률은

$$P(A) = 1 - P(A^c) = 1 - \frac{1}{3} = \frac{2}{3}$$

답 $\dfrac{2}{3}$

178

 남녀를 적어도 한 명씩 뽑는 사건을 A라 하고 $P(A^c)$를 구한다.

남녀를 적어도 한 명씩 뽑는 사건을 A라 하면 A^c는 4명 모두 남자를 뽑거나 4명 모두 여자를 뽑는 사건이다.

(i) 4명 모두 남자를 뽑을 확률은

$$\frac{{}_6C_4}{{}_{11}C_4} = \frac{1}{22}$$

(ii) 4명 모두 여자를 뽑을 확률은

$$\frac{{}_5C_4}{{}_{11}C_4} = \frac{1}{66}$$

(i), (ii)에서 $\quad P(A^c) = \dfrac{1}{22} + \dfrac{1}{66} = \dfrac{2}{33}$

따라서 구하는 확률은

$$P(A) = 1 - P(A^c)$$
$$= 1 - \frac{2}{33} = \frac{31}{33}$$

답 $\dfrac{31}{33}$

179

 두 집합 A, B 사이의 포함 관계를 파악하고 확률의 덧셈정리를 이용한다.

A와 B^c는 서로 배반사건이므로
$$A \cap B^c = \varnothing \quad \therefore A \subset B$$

따라서 $P(A) = P(A \cap B) = \dfrac{1}{5}$이므로

$$P(A) + P(B) = \frac{7}{10}$$에서

$$\frac{1}{5} + P(B) = \frac{7}{10} \quad \therefore P(B) = \frac{1}{2}$$

이때 $B = (A^c \cap B) \cup (A \cap B)$이고 두 사건 $A^c \cap B$와 $A \cap B$는 서로 배반사건이므로

$$P(B) = P(A^c \cap B) + P(A \cap B)$$
$$\frac{1}{2} = P(A^c \cap B) + \frac{1}{5}$$
$$\therefore P(A^c \cap B) = \frac{3}{10}$$

답 ③

(다른 풀이) $P(A^c \cup B)$
$$= P(A^c) + P(B) - P(A^c \cap B)$$
이고, $A \subset B$에서 $A^c \cup B = S$ (S는 표본공간)이므로
$$1 = \left(1 - \frac{1}{5}\right) + \frac{1}{2} - P(A^c \cap B)$$
$$\therefore P(A^c \cap B) = \frac{3}{10}$$

180

전략 A가 B보다 먼저 발표하는 사건을 A, A와 B 사이에 한 명의 학생이 발표하는 사건을 B라 하고 확률의 덧셈정리를 이용하여 $\mathrm{P}(A\cup B)$를 구한다.

A가 B보다 먼저 발표하는 사건을 A, A와 B 사이에 한 명의 학생이 발표하는 사건을 B라 하자.

A가 B보다 먼저 발표하는 경우의 수는 A와 B를 같은 사람으로 생각하여 7명의 발표 순서를 정하는 경우의 수와 같으므로

$$\mathrm{P}(A)=\dfrac{\dfrac{7!}{2!}}{7!}=\dfrac{1}{2}$$

A와 B 사이에 한 명의 학생이 발표하는 경우의 수는 A, B의 발표 순서를 정하고 A와 B 사이에 발표할 한 명을 택한 후 3명을 한 사람으로 생각하여 5명의 발표 순서를 정하는 경우의 수와 같으므로

$$\mathrm{P}(B)=\dfrac{2!\times{}_5\mathrm{C}_1\times5!}{7!}=\dfrac{5}{21}$$

A가 B보다 먼저 발표하고 A와 B 사이에 한 명의 학생이 발표하는 경우의 수는 A와 B 사이에 발표할 한 명을 택한 후 3명을 한 사람으로 생각하여 5명의 발표 순서를 정하는 경우의 수와 같으므로

$$\mathrm{P}(A\cap B)=\dfrac{{}_5\mathrm{C}_1\times5!}{7!}=\dfrac{5}{42}$$

따라서 구하는 확률은
$$\mathrm{P}(A\cup B)=\mathrm{P}(A)+\mathrm{P}(B)-\mathrm{P}(A\cap B)$$
$$=\dfrac{1}{2}+\dfrac{5}{21}-\dfrac{5}{42}=\dfrac{13}{21}$$
답 $\dfrac{13}{21}$

181

전략 문자 a가 한 개만 포함된 문자열이 선택되는 사건을 A, 문자 b가 한 개만 포함된 문자열이 선택되는 사건을 B라 하고 확률의 덧셈정리를 이용하여 $\mathrm{P}(A\cup B)$를 구한다.

문자 a가 한 개만 포함된 문자열이 선택되는 사건을 A, 문자 b가 한 개만 포함된 문자열이 선택되는 사건을 B라 하자.

문자 a가 한 개만 포함된 문자열의 개수는 네 자리 중 문자 a가 나열될 한 곳을 택한 후 나머지 세 자리에 b, c, d 중에서 중복을 허락하여 3개를 택해 나열하는 경우의 수와 같으므로

$$\mathrm{P}(A)=\dfrac{{}_4\mathrm{C}_1\times{}_3\Pi_3}{{}_4\Pi_4}=\dfrac{4\times3^3}{4^4}=\dfrac{27}{64}$$

같은 방법으로 하면
$$\mathrm{P}(B)=\dfrac{27}{64}$$

두 문자 a, b가 각각 한 개만 포함된 문자열의 개수는 네 자리 중 두 문자 a, b가 각각 나열될 두 곳을 택한 후 나머지 두 자리에 c, d 중에서 중복을 허락하여 2개를 택해 나열하는 경우의 수와 같으므로

$$\mathrm{P}(A\cap B)=\dfrac{{}_4\mathrm{P}_2\times{}_2\Pi_2}{{}_4\Pi_4}=\dfrac{12\times2^2}{4^4}=\dfrac{3}{16}$$

따라서 구하는 확률은
$$\mathrm{P}(A\cup B)=\mathrm{P}(A)+\mathrm{P}(B)-\mathrm{P}(A\cap B)$$
$$=\dfrac{27}{64}+\dfrac{27}{64}-\dfrac{3}{16}=\dfrac{21}{32}$$
답 ③

182

전략 a와 b가 모두 짝수이기 위한 조건을 파악하고 확률의 덧셈정리를 이용한다.

1부터 7까지의 자연수 중에서 짝수는 2, 4, 6의 3개이므로 a와 b가 모두 짝수이려면 택한 4개의 수 중에서 짝수가 1개 또는 2개이어야 한다.

택한 4개의 수 중에서 짝수가 1개인 사건을 A, 짝수가 2개인 사건을 B라 하면
$$\mathrm{P}(A)=\dfrac{{}_3\mathrm{C}_1\times{}_4\mathrm{C}_3}{{}_7\mathrm{C}_4}=\dfrac{12}{35},$$
$$\mathrm{P}(B)=\dfrac{{}_3\mathrm{C}_2\times{}_4\mathrm{C}_2}{{}_7\mathrm{C}_4}=\dfrac{18}{35}$$

이때 두 사건 A, B는 서로 배반사건이므로 구하는 확률은
$$\mathrm{P}(A\cup B)=\mathrm{P}(A)+\mathrm{P}(B)$$
$$=\dfrac{12}{35}+\dfrac{18}{35}=\dfrac{6}{7}$$
답 $\dfrac{6}{7}$

183

전략 모든 원소의 합이 4 이상인 부분집합을 택하는 사건을 A라 하고 $\mathrm{P}(A^c)$를 구한다.

모든 원소의 합이 4 이상인 부분집합을 택하는 사건을 A라 하면 A^c는 모든 원소의 합이 3 이하인 부분집합을 택하는 사건이다.

모든 원소의 합이 3 이하인 부분집합은
$$\varnothing,\ \{1\},\ \{2\},\ \{3\},\ \{1,\,2\}\text{의 5개}$$
$$\therefore\ \mathrm{P}(A^c)=\dfrac{5}{2^6}=\dfrac{5}{64}$$

따라서 구하는 확률은

$$P(A)=1-P(A^C)=1-\frac{5}{64}=\frac{59}{64}$$

답 $\dfrac{59}{64}$

184

전략 1부터 11까지의 자연수 중에서 5의 배수는 5와 10임을 이용한다.

1부터 11까지의 자연수 중에서 임의로 택한 서로 다른 3개의 수의 곱이 5의 배수이려면 3개의 수에 5 또는 10이 포함되어야 한다.

따라서 택한 3개의 수에 5가 포함되고 3개의 수의 합이 3의 배수인 사건을 A, 택한 3개의 수에 10이 포함되고 3개의 수의 합이 3의 배수인 사건을 B라 하면 구하는 확률은 $P(A \cup B)$이다.

한편 1부터 11까지의 자연수 중에서 3의 배수의 집합을 S_0, 3으로 나누었을 때의 나머지가 1인 수의 집합을 S_1, 3으로 나누었을 때의 나머지가 2인 수의 집합을 S_2라 하면

$$S_0=\{3,\ 6,\ 9\},\ S_1=\{1,\ 4,\ 7,\ 10\},$$
$$S_2=\{2,\ 5,\ 8,\ 11\}$$

이때 3개의 수의 합이 3의 배수이려면 3개의 수가 모두 한 집합의 원소이거나 모두 다른 집합의 원소이어야 한다.

따라서 5를 포함하여 택한 3개의 수의 합이 3의 배수이려면 5를 제외한 나머지 2개의 수가 모두 S_2의 원소이거나 각각 S_0, S_1의 원소이어야 하므로

$$P(A)=\frac{{}_3C_2+{}_3C_1\times{}_4C_1}{{}_{11}C_3}=\frac{1}{11}$$

10을 포함하여 택한 3개의 수의 합이 3의 배수이려면 10을 제외한 나머지 2개의 수가 모두 S_1의 원소이거나 각각 S_0, S_2의 원소이어야 하므로

$$P(B)=\frac{{}_3C_2+{}_3C_1\times{}_4C_1}{{}_{11}C_3}=\frac{1}{11}$$

5, 10을 포함하여 택한 3개의 수의 합이 3의 배수이려면 5, 10을 제외한 나머지 1개의 수가 S_0의 원소이어야 하므로

$$P(A \cap B)=\frac{{}_3C_1}{{}_{11}C_3}=\frac{1}{55}$$

따라서 구하는 확률은

$$P(A \cup B)=P(A)+P(B)-P(A \cap B)$$
$$=\frac{1}{11}+\frac{1}{11}-\frac{1}{55}=\frac{9}{55}$$

답 $\dfrac{9}{55}$

185

전략 택한 순서쌍 $(x,\ y,\ z)$가 $(x-y)(y-z)(z-x)\neq0$을 만족시키는 사건을 A라 하고 $P(A^C)$를 구한다.

방정식 $x+y+z=10$을 만족시키는 음이 아닌 정수 $x,\ y,\ z$의 모든 순서쌍 $(x,\ y,\ z)$의 개수는

$${}_3H_{10}={}_{12}C_{10}={}_{12}C_2=66$$

택한 순서쌍 $(x,\ y,\ z)$가

$(x-y)(y-z)(z-x)\neq0$을 만족시키는 사건을 A라 하면 A^C는 $(x-y)(y-z)(z-x)=0$을 만족시키는 사건이다.

이때 $(x-y)(y-z)(z-x)=0$이려면

$$x=y \text{ 또는 } y=z \text{ 또는 } z=x$$

이어야 한다.

$x=y$인 순서쌍 $(x,\ y,\ z)$는

$$(0,\ 0,\ 10),\ (1,\ 1,\ 8),\ (2,\ 2,\ 6),\ (3,\ 3,\ 4),$$
$$(4,\ 4,\ 2),\ (5,\ 5,\ 0)\text{의 6개}$$

같은 방법으로 하면 $y=z$인 순서쌍 $(x,\ y,\ z)$와 $z=x$인 순서쌍 $(x,\ y,\ z)$도 각각 6개이므로

$(x-y)(y-z)(z-x)=0$을 만족시키는 순서쌍 $(x,\ y,\ z)$의 개수는

$$3\times6=18$$

$$\therefore P(A^C)=\frac{18}{66}=\frac{3}{11}$$

따라서 구하는 확률은

$$P(A)=1-P(A^C)=1-\frac{3}{11}=\frac{8}{11}$$

답 $\dfrac{8}{11}$

참고 방정식 $x+y+z=10$을 만족시키고 $x=y=z$인 순서쌍 $(x,\ y,\ z)$는 존재하지 않는다.

2 조건부확률

Ⅱ. 확률

01 조건부확률

● 본책 86~93쪽

186

(1) $P(B|A) = \dfrac{P(A \cap B)}{P(A)} = \dfrac{\frac{1}{10}}{\frac{1}{2}} = \dfrac{1}{5}$

(2) $P(A|B) = \dfrac{P(A \cap B)}{P(B)} = \dfrac{\frac{1}{10}}{\frac{2}{5}} = \dfrac{1}{4}$

답 (1) $\dfrac{1}{5}$ (2) $\dfrac{1}{4}$

187

$A = \{2,\ 4,\ 6\}$, $B = \{2,\ 3,\ 5\}$

(1) $P(A) = \dfrac{3}{6} = \dfrac{1}{2}$

(2) $A \cap B = \{2\}$이므로

$$P(A \cap B) = \dfrac{1}{6}$$

(3) $P(B|A) = \dfrac{P(A \cap B)}{P(A)} = \dfrac{\frac{1}{6}}{\frac{1}{2}} = \dfrac{1}{3}$

답 (1) $\dfrac{1}{2}$ (2) $\dfrac{1}{6}$ (3) $\dfrac{1}{3}$

188

(1) $P(A \cap B) = P(A)P(B|A)$
$$= 0.2 \times 0.3 = 0.06$$

(2) $P(A|B) = \dfrac{P(A \cap B)}{P(B)} = \dfrac{0.06}{0.6} = 0.1$

답 (1) 0.06 (2) 0.1

189

(1) $P(A) = \dfrac{3}{10}$

(2) 첫 번째에 당첨 제비를 뽑으면 상자에는 2개의 당첨 제비를 포함하여 9개의 제비가 들어 있으므로

$$P(B|A) = \dfrac{2}{9}$$

(3) $P(A \cap B) = P(A)P(B|A) = \dfrac{3}{10} \times \dfrac{2}{9} = \dfrac{1}{15}$

답 (1) $\dfrac{3}{10}$ (2) $\dfrac{2}{9}$ (3) $\dfrac{1}{15}$

190

$P(A^c) = 1 - P(A) = 1 - \dfrac{3}{8} = \dfrac{5}{8}$

$P(A \cup B) = P(A) + P(B) - P(A \cap B)$
$$= \dfrac{3}{8} + \dfrac{1}{2} - \dfrac{1}{4} = \dfrac{5}{8}$$

이므로

$$P(A^c \cap B^c) = P((A \cup B)^c)$$
$$= 1 - P(A \cup B)$$
$$= 1 - \dfrac{5}{8} = \dfrac{3}{8}$$

$$\therefore P(B^c|A^c) = \dfrac{P(A^c \cap B^c)}{P(A^c)} = \dfrac{\frac{3}{8}}{\frac{5}{8}} = \dfrac{3}{5}$$

답 $\dfrac{3}{5}$

191

$A = (A \cap B) \cup (A \cap B^c)$이고 $A \cap B$와 $A \cap B^c$는 서로 배반사건이므로

$$P(A) = P(A \cap B) + P(A \cap B^c)$$
$$\therefore P(A \cap B) = P(A) - P(A \cap B^c)$$
$$= \dfrac{2}{3} - \dfrac{1}{4} = \dfrac{5}{12}$$

$$\therefore P(B|A) = \dfrac{P(A \cap B)}{P(A)} = \dfrac{\frac{5}{12}}{\frac{2}{3}} = \dfrac{5}{8}$$

답 $\dfrac{5}{8}$

192

$P(A|B) = \dfrac{P(A \cap B)}{P(B)} = \dfrac{1}{4}$에서

$$P(A \cap B) = \dfrac{1}{4}P(B)$$

$P(A^c \cap B^c) = P((A \cup B)^c) = 1 - P(A \cup B) = \dfrac{1}{6}$

이므로

$$P(A \cup B) = \dfrac{5}{6}$$

Ⅱ-2
조건부확률

이때 $P(A\cup B)=P(A)+P(B)-P(A\cap B)$이므로

$$\frac{5}{6}=\frac{1}{3}+P(B)-\frac{1}{4}P(B)$$

$$\frac{3}{4}P(B)=\frac{1}{2} \qquad \therefore P(B)=\frac{2}{3}$$

답 $\dfrac{2}{3}$

193

A형인 학생을 뽑는 사건을 A, 남학생을 뽑는 사건을 B라 하면

$$P(A)=0.3,\ P(A\cap B)=0.18$$

따라서 구하는 확률은

$$P(B\,|\,A)=\frac{P(A\cap B)}{P(A)}=\frac{0.18}{0.3}=0.6$$

답 0.6

194

A가 대표로 뽑히는 사건을 A, B가 대표로 뽑히는 사건을 B라 하면

$$P(A)=\frac{_5C_2}{_6C_3}=\frac{1}{2},\ P(A\cap B)=\frac{_4C_1}{_6C_3}=\frac{1}{5}$$

따라서 구하는 확률은

$$P(B\,|\,A)=\frac{P(A\cap B)}{P(A)}=\frac{\frac{1}{5}}{\frac{1}{2}}=\frac{2}{5}$$

답 $\dfrac{2}{5}$

195

조사에 참여한 전체 관객 수는

$$5+x+20+10=35+x$$

여자를 뽑는 사건을 A, A 공연을 선호하는 관객을 뽑는 사건을 B라 하면

$$P(A)=\frac{10+x}{35+x},\ P(A\cap B)=\frac{x}{35+x}$$

$$\therefore P(B\,|\,A)=\frac{P(A\cap B)}{P(A)}$$

$$=\frac{\frac{x}{35+x}}{\frac{10+x}{35+x}}=\frac{x}{10+x}$$

따라서 $\dfrac{x}{10+x}=\dfrac{1}{6}$이므로

$$6x=10+x \qquad \therefore x=2$$

답 2

196

상자 B를 택하는 사건을 A, 사과를 꺼내는 사건을 B라 하면

$$P(A)=\frac{1}{2},\ P(B\,|\,A)=\frac{2}{6}=\frac{1}{3}$$

따라서 구하는 확률은

$$P(A\cap B)=P(A)P(B\,|\,A)$$

$$=\frac{1}{2}\times\frac{1}{3}=\frac{1}{6}$$

답 $\dfrac{1}{6}$

197

A가 ○ 표시가 되어 있는 카드를 뒤집는 사건을 A, B가 × 표시가 되어 있는 카드를 뒤집는 사건을 B라 하면

$$P(A)=\frac{6}{9}=\frac{2}{3},\ P(B\,|\,A)=\frac{3}{8}$$

따라서 구하는 확률은

$$P(A\cap B)=P(A)P(B\,|\,A)$$

$$=\frac{2}{3}\times\frac{3}{8}=\frac{1}{4}$$

답 $\dfrac{1}{4}$

198

A가 흰 공을 꺼내는 사건을 A, B가 흰 공을 꺼내는 사건을 E라 하면 A가 검은 공을 꺼내는 사건은 A^C이다.

(ⅰ) $P(A)=\dfrac{5}{15}=\dfrac{1}{3},\ P(E\,|\,A)=\dfrac{4}{14}=\dfrac{2}{7}$이므로

A가 흰 공을 꺼내고 B도 흰 공을 꺼낼 확률은

$$P(A\cap E)=P(A)P(E\,|\,A)$$

$$=\frac{1}{3}\times\frac{2}{7}=\frac{2}{21}$$

(ⅱ) $P(A^C)=\dfrac{10}{15}=\dfrac{2}{3},\ P(E\,|\,A^C)=\dfrac{5}{14}$이므로 A가 검은 공을 꺼내고 B는 흰 공을 꺼낼 확률은

$$P(A^C\cap E)=P(A^C)P(E\,|\,A^C)$$

$$=\frac{2}{3}\times\frac{5}{14}=\frac{5}{21}$$

(ⅰ), (ⅱ)에서 구하는 확률은

$$P(E)=P(A\cap E)+P(A^C\cap E)$$

$$=\frac{2}{21}+\frac{5}{21}=\frac{1}{3}$$

답 $\dfrac{1}{3}$

199

A 반 학생을 뽑는 사건을 A, B 반 학생을 뽑는 사건을 B, 축구 대회에 참가한 학생을 뽑는 사건을 E라 하자.

(i) $P(A)=\dfrac{6}{6+5}=\dfrac{6}{11}$, $P(E|A)=\dfrac{10}{100}=\dfrac{1}{10}$ 이

므로 축구 대회에 참가한 A 반 학생을 뽑을 확률은

$$P(A\cap E)=P(A)P(E|A)$$
$$=\dfrac{6}{11}\times\dfrac{1}{10}=\dfrac{3}{55}$$

(ii) $P(B)=\dfrac{5}{6+5}=\dfrac{5}{11}$, $P(E|B)=\dfrac{20}{100}=\dfrac{1}{5}$ 이

므로 축구 대회에 참가한 B 반 학생을 뽑을 확률은

$$P(B\cap E)=P(B)P(E|B)$$
$$=\dfrac{5}{11}\times\dfrac{1}{5}=\dfrac{1}{11}$$

(i), (ii)에서 구하는 확률은

$$P(E)=P(A\cap E)+P(B\cap E)$$
$$=\dfrac{3}{55}+\dfrac{1}{11}=\dfrac{8}{55}$$

답 $\dfrac{8}{55}$

200

A 기계에서 생산된 제품을 택하는 사건을 A, B 기계에서 생산된 제품을 택하는 사건을 B, 불량품을 택하는 사건을 E 라 하자.

(i) A 기계에서 생산된 불량품을 택할 확률은

$$P(A\cap E)=P(A)P(E|A)$$
$$=\dfrac{40}{100}\times\dfrac{5}{100}=\dfrac{1}{50}$$

(ii) B 기계에서 생산된 불량품을 택할 확률은

$$P(B\cap E)=P(B)P(E|B)$$
$$=\dfrac{60}{100}\times\dfrac{3}{100}=\dfrac{9}{500}$$

(i), (ii)에서

$$P(E)=P(A\cap E)+P(B\cap E)$$
$$=\dfrac{1}{50}+\dfrac{9}{500}=\dfrac{19}{500}$$

따라서 구하는 확률은

$$P(B|E)=\dfrac{P(B\cap E)}{P(E)}=\dfrac{\dfrac{9}{500}}{\dfrac{19}{500}}=\dfrac{9}{19}$$

답 $\dfrac{9}{19}$

201

주머니 A를 택하는 사건을 A, 주머니 B를 택하는 사건을 B, 빨간 구슬을 꺼내는 사건을 E 라 하자.

(i) 주머니 A에서 빨간 구슬을 꺼낼 확률은

$$P(A\cap E)=P(A)P(E|A)$$
$$=\dfrac{4}{6}\times\dfrac{2}{5}=\dfrac{4}{15}$$

(ii) 주머니 B에서 빨간 구슬을 꺼낼 확률은

$$P(B\cap E)=P(B)P(E|B)$$
$$=\dfrac{2}{6}\times\dfrac{3}{6}=\dfrac{1}{6}$$

(i), (ii)에서

$$P(E)=P(A\cap E)+P(B\cap E)$$
$$=\dfrac{4}{15}+\dfrac{1}{6}=\dfrac{13}{30}$$

따라서 구하는 확률은

$$P(A|E)=\dfrac{P(A\cap E)}{P(E)}=\dfrac{\dfrac{4}{15}}{\dfrac{13}{30}}=\dfrac{8}{13}$$

답 $\dfrac{8}{13}$

연습 문제 ● 본책 94~96쪽

202

전략 $P(A|B^c)=\dfrac{P(A\cap B^c)}{P(B^c)}$ 임을 이용한다.

$$P(B^c)=1-P(B)=1-0.2=0.8$$
$$P(A\cup B)=P(A)+P(B)-P(A\cap B)$$이므로
$$0.4=0.3+0.2-P(A\cap B)$$
$$\therefore P(A\cap B)=0.1$$

이때 $P(A)=P(A\cap B)+P(A\cap B^c)$이므로
$$0.3=0.1+P(A\cap B^c)$$
$$\therefore P(A\cap B^c)=0.2$$
$$\therefore P(A|B^c)=\dfrac{P(A\cap B^c)}{P(B^c)}=\dfrac{0.2}{0.8}=0.25$$

답 0.25

203

전략 $P(B|A^c)=\dfrac{P(A^c\cap B)}{P(A^c)}$ 임을 이용한다.

$$P(A^c)=1-P(A)=1-\dfrac{1}{4}=\dfrac{3}{4}$$

두 사건 A, B가 서로 배반사건이므로
$$A \cap B = \varnothing \quad \therefore B \subset A^C$$
따라서 $A^C \cap B = B$이므로
$$P(B \mid A^C) = \frac{P(A^C \cap B)}{P(A^C)} = \frac{P(B)}{P(A^C)}$$
$$= \frac{\dfrac{1}{3}}{\dfrac{3}{4}} = \frac{4}{9}$$

답 $\dfrac{4}{9}$

204

전략 $P(B \mid A) = \dfrac{P(A \cap B)}{P(A)}$임을 이용하여 조건부확률을 구한다.

진로활동 B를 선택한 학생을 선택하는 사건을 A, 1학년 학생을 선택하는 사건을 B라 하면
$$P(A) = \frac{9}{20}, \ P(A \cap B) = \frac{5}{20} = \frac{1}{4}$$
따라서 구하는 확률은
$$P(B \mid A) = \frac{P(A \cap B)}{P(A)} = \frac{\dfrac{1}{4}}{\dfrac{9}{20}} = \frac{5}{9}$$

답 ②

205

전략 $a \times b$가 4의 배수인 경우에서 $a + b \leq 7$인 경우를 찾는다.

모든 순서쌍 (a, b)의 개수는
$$6 \times 6 = 36$$
$a \times b$가 4의 배수인 사건을 A, $a + b \leq 7$인 사건을 B라 하자.

$a \times b$가 4의 배수인 순서쌍 (a, b)는
$$(1, 4), (2, 2), (2, 4), (2, 6), (3, 4),$$
$$(4, 1), (4, 2), (4, 3), (4, 4), (4, 5),$$
$$(4, 6), (5, 4), (6, 2), (6, 4), (6, 6)$$
의 15개

이므로 $\quad P(A) = \dfrac{15}{36} = \dfrac{5}{12}$

$a \times b$가 4의 배수이면서 $a + b \leq 7$인 순서쌍 (a, b)는
$$(1, 4), (2, 2), (2, 4), (3, 4), (4, 1),$$
$$(4, 2), (4, 3)$$의 7개

이므로 $\quad P(A \cap B) = \dfrac{7}{36}$

따라서 구하는 확률은
$$P(B \mid A) = \frac{P(A \cap B)}{P(A)} = \frac{\dfrac{7}{36}}{\dfrac{5}{12}} = \frac{7}{15}$$

답 ②

206

전략 $P(A \cap B) = P(A)P(B \mid A)$임을 이용한다.

첫 번째에 3의 배수가 적힌 카드를 뒤집는 사건을 A, 두 번째에 3의 배수가 적힌 카드를 뒤집는 사건을 B라 하면
$$P(A) = \frac{4}{12} = \frac{1}{3}, \ P(B \mid A) = \frac{3}{11}$$
따라서 구하는 확률은
$$P(A \cap B) = P(A)P(B \mid A)$$
$$= \frac{1}{3} \times \frac{3}{11} = \frac{1}{11}$$

답 $\dfrac{1}{11}$

207

전략 기숙사를 신청한 신입생을 택하는 사건과 기숙사를 신청하지 않은 신입생을 택하는 사건으로 나누어 확률의 곱셈정리를 이용한다.

기숙사를 신청한 신입생을 택하는 사건을 A, 남자 신입생을 택하는 사건을 E라 하면 기숙사를 신청하지 않은 신입생을 택하는 사건은 A^C이다.

(i) $P(A) = \dfrac{40}{100} = \dfrac{2}{5}$, $P(E \mid A) = \dfrac{45}{100} = \dfrac{9}{20}$이므로 기숙사를 신청한 남자 신입생을 택할 확률은
$$P(A \cap E) = P(A)P(E \mid A)$$
$$= \frac{2}{5} \times \frac{9}{20} = \frac{9}{50}$$

(ii) $P(A^C) = \dfrac{60}{100} = \dfrac{3}{5}$, $P(E \mid A^C) = \dfrac{55}{100} = \dfrac{11}{20}$이므로 기숙사를 신청하지 않은 남자 신입생을 택할 확률은
$$P(A^C \cap E) = P(A^C)P(E \mid A^C)$$
$$= \frac{3}{5} \times \frac{11}{20} = \frac{33}{100}$$

(i), (ii)에서 구하는 확률은
$$P(E) = P(A \cap E) + P(A^C \cap E)$$
$$= \frac{9}{50} + \frac{33}{100} = \frac{51}{100}$$

답 $\dfrac{51}{100}$

208

전략 확률의 곱셈정리와 조건부확률을 이용한다.

유리가 ♥가 그려져 있는 카드를 꺼내는 사건을 A, 유리가 ◆가 그려져 있는 카드를 꺼내는 사건을 B, 수지가 ♥가 그려져 있는 카드를 꺼내는 사건을 E라 하자.

(i) 유리가 ♥가 그려져 있는 카드를 꺼내고 수지도 ♥가 그려져 있는 카드를 꺼낼 확률은

$$P(A \cap E) = P(A)P(E|A)$$
$$= \frac{4}{6} \times \frac{3}{5} = \frac{2}{5}$$

(ii) 유리가 ◆가 그려져 있는 카드를 꺼내고 수지는 ♥가 그려져 있는 카드를 꺼낼 확률은

$$P(B \cap E) = P(B)P(E|B)$$
$$= \frac{2}{6} \times \frac{4}{5} = \frac{4}{15}$$

(i), (ii)에서

$$P(E) = P(A \cap E) + P(B \cap E)$$
$$= \frac{2}{5} + \frac{4}{15} = \frac{2}{3}$$

따라서 구하는 확률은

$$P(A|E) = \frac{P(A \cap E)}{P(E)} = \frac{\frac{2}{5}}{\frac{2}{3}} = \frac{3}{5}$$

답 $\dfrac{3}{5}$

209

전략 주어진 조건을 표로 나타내고 조건부확률을 구한다.

주어진 조건을 표로 나타내면 다음과 같다.

(단위: 명)

	남학생	여학생	합계
중국어	12	9	21
일본어	6	7	13
합계	18	16	34

중국어 수업을 받는 학생을 뽑는 사건을 A, 여학생을 뽑는 사건을 B라 하면

$$P(A) = \frac{21}{34}, \quad P(A \cap B) = \frac{9}{34}$$

따라서 구하는 확률은

$$P(B|A) = \frac{P(A \cap B)}{P(A)} = \frac{\frac{9}{34}}{\frac{21}{34}} = \frac{3}{7}$$

답 $\dfrac{3}{7}$

210

전략 $B \subset A$이면 $P(A \cap B) = P(B)$임을 이용하여 조건부확률을 구한다.

당첨 제비를 뽑는 사건을 A, 2등 당첨 제비를 뽑는 사건을 B라 하면 1개의 당첨 제비를 뽑을 확률은

$$\frac{{}_4C_1 \times {}_6C_1}{{}_{10}C_2} = \frac{8}{15}$$

2개의 당첨 제비를 뽑을 확률은 $\dfrac{{}_4C_2}{{}_{10}C_2} = \dfrac{2}{15}$

$$\therefore P(A) = \frac{8}{15} + \frac{2}{15} = \frac{2}{3}$$

1개의 2등 당첨 제비를 뽑을 확률은

$$\frac{{}_3C_1 \times {}_7C_1}{{}_{10}C_2} = \frac{7}{15}$$

2개의 2등 당첨 제비를 뽑을 확률은 $\dfrac{{}_3C_2}{{}_{10}C_2} = \dfrac{1}{15}$

$$\therefore P(B) = \frac{7}{15} + \frac{1}{15} = \frac{8}{15}$$

이때 $B \subset A$에서 $A \cap B = B$이므로

$$P(A \cap B) = P(B) = \frac{8}{15}$$

$$\therefore P(B|A) = \frac{P(A \cap B)}{P(A)} = \frac{\frac{8}{15}}{\frac{2}{3}} = \frac{4}{5}$$

답 $\dfrac{4}{5}$

다른 풀이 A^c는 당첨 제비를 뽑지 않는 사건이므로

$$P(A^c) = \frac{{}_6C_2}{{}_{10}C_2} = \frac{1}{3}$$

$$\therefore P(A) = 1 - P(A^c) = 1 - \frac{1}{3} = \frac{2}{3}$$

B^c는 2등 당첨 제비를 뽑지 않는 사건이므로

$$P(B^c) = \frac{{}_7C_2}{{}_{10}C_2} = \frac{7}{15}$$

$$\therefore P(B) = 1 - P(B^c) = 1 - \frac{7}{15} = \frac{8}{15}$$

211

전략 $P(A \cap B) = P(A)P(B|A)$임을 이용하여 n에 대한 방정식을 세운다.

첫 번째에 빨간 구슬이 나오는 사건을 A, 두 번째에 파란 구슬이 나오는 사건을 B라 하면

$$P(A) = \frac{n}{n+4}, \quad P(B|A) = \frac{4}{n+3}$$

따라서 첫 번째에는 빨간 구슬이 나오고 두 번째에는 파란 구슬이 나올 확률은

$$\mathrm{P}(A\cap B)=\mathrm{P}(A)\mathrm{P}(B\,|\,A)=\frac{n}{n+4}\times\frac{4}{n+3}$$

$$=\frac{4n}{(n+4)(n+3)}$$

즉 $\dfrac{4n}{(n+4)(n+3)}=\dfrac{1}{5}$ 이므로

$$(n+4)(n+3)=20n, \qquad n^2-13n+12=0$$

$$(n-1)(n-12)=0 \qquad \therefore\ n=1\ \text{또는}\ n=12$$

따라서 모든 n의 값의 합은

$$1+12=13$$

답 13

212

전략 주머니 A에서 공을 꺼내는 경우와 주머니 B에서 공을 꺼내는 경우로 나누어 확률의 곱셈정리를 이용한다.

주머니 A를 택하는 사건을 A, 주머니 B를 택하는 사건을 B, 꺼낸 2개의 공이 서로 다른 색인 사건을 E라 하자.

(i) $\mathrm{P}(A)=\dfrac{1}{2}$, $\mathrm{P}(E\,|\,A)=\dfrac{{}_3\mathrm{C}_1\times{}_5\mathrm{C}_1}{{}_8\mathrm{C}_2}=\dfrac{15}{28}$ 이므로

주머니 A에서 서로 다른 색의 공을 꺼낼 확률은

$$\mathrm{P}(A\cap E)=\mathrm{P}(A)\mathrm{P}(E\,|\,A)$$

$$=\frac{1}{2}\times\frac{15}{28}=\frac{15}{56}$$

(ii) $\mathrm{P}(B)=\dfrac{1}{2}$, $\mathrm{P}(E\,|\,B)=\dfrac{{}_4\mathrm{C}_1\times{}_4\mathrm{C}_1}{{}_8\mathrm{C}_2}=\dfrac{4}{7}$ 이므로

주머니 B에서 서로 다른 색의 공을 꺼낼 확률은

$$\mathrm{P}(B\cap E)=\mathrm{P}(B)\mathrm{P}(E\,|\,B)$$

$$=\frac{1}{2}\times\frac{4}{7}=\frac{2}{7}$$

(i), (ii)에서 구하는 확률은

$$\mathrm{P}(E)=\mathrm{P}(A\cap E)+\mathrm{P}(B\cap E)$$

$$=\frac{15}{56}+\frac{2}{7}=\frac{31}{56}$$

답 $\dfrac{31}{56}$

213

전략 확률의 곱셈정리와 조건부확률을 이용한다.

양면이 모두 빨간색인 카드를 꺼내는 사건을 A, 양면이 모두 파란색인 카드를 꺼내는 사건을 B, 한 면은 빨간색이고 다른 면은 파란색인 카드를 꺼내는 사건을 C, 보이는 면이 빨간색인 사건을 E라 하자.

(i) 양면이 모두 빨간색인 카드를 꺼내고 보이는 면이 빨간색일 확률은

$$\mathrm{P}(A\cap E)=\mathrm{P}(A)\mathrm{P}(E\,|\,A)=\frac{1}{3}\times1=\frac{1}{3}$$

(ii) 양면이 모두 파란색인 카드를 꺼내고 보이는 면이 빨간색일 확률은

$$\mathrm{P}(B\cap E)=\mathrm{P}(B)\mathrm{P}(E\,|\,B)=\frac{1}{3}\times0=0$$

(iii) 한 면은 빨간색이고 다른 면은 파란색인 카드를 꺼내고 보이는 면이 빨간색일 확률은

$$\mathrm{P}(C\cap E)=\mathrm{P}(C)\mathrm{P}(E\,|\,C)=\frac{1}{3}\times\frac{1}{2}=\frac{1}{6}$$

이상에서

$$\mathrm{P}(E)=\mathrm{P}(A\cap E)+\mathrm{P}(B\cap E)+\mathrm{P}(C\cap E)$$

$$=\frac{1}{3}+0+\frac{1}{6}=\frac{1}{2}$$

따라서 구하는 확률은

$$\mathrm{P}(A\,|\,E)=\frac{\mathrm{P}(A\cap E)}{\mathrm{P}(E)}=\frac{\dfrac{1}{3}}{\dfrac{1}{2}}=\frac{2}{3}$$

답 $\dfrac{2}{3}$

214

전략 조건을 만족시키는 순서쌍 $(a,\,b,\,c)$를 구한다.

모든 순서쌍 $(a,\,b,\,c)$의 개수는 ${}_{10}\mathrm{C}_3=120$

$b-a\geq5$인 사건을 A, $c-a\geq8$인 사건을 B라 하자.

$b-a\geq5$인 순서쌍 $(a,\,b,\,c)$의 개수를 구하면 다음과 같다.

(i) $a=1$인 경우

$b-a\geq5$에서 $b\geq6$

$b=6$일 때, $c=7,\,8,\,9,\,10$

$b=7$일 때, $c=8,\,9,\,10$

$b=8$일 때, $c=9,\,10$

$b=9$일 때, $c=10$

따라서 순서쌍 $(a,\,b,\,c)$의 개수는

$$4+3+2+1=10$$

(ii) $a=2$인 경우

$b-a\geq5$에서 $b\geq7$

$b=7$일 때, $c=8,\,9,\,10$

$b=8$일 때, $c=9,\,10$

$b=9$일 때, $c=10$

42

따라서 순서쌍 (a, b, c)의 개수는
$$3+2+1=6$$

(iii) $a=3$인 경우

$b-a\geq5$에서　　$b\geq8$

$b=8$일 때,　　$c=9, 10$

$b=9$일 때,　　$c=10$

따라서 순서쌍 (a, b, c)의 개수는
$$2+1=3$$

(iv) $a=4$인 경우

$b-a\geq5$에서　　$b\geq9$

$b=9$일 때,　　$c=10$

따라서 순서쌍 (a, b, c)의 개수는 1이다.

이상에서 $b-a\geq5$인 순서쌍 (a, b, c)의 개수는
$$10+6+3+1=20$$
$$\therefore P(A)=\frac{20}{120}=\frac{1}{6}$$

한편 $b-a\geq5$이면서 $c-a\geq8$인 순서쌍 (a, b, c)의 개수를 구하면 다음과 같다.

(v) $a=1$인 경우

$b-a\geq5$, $c-a\geq8$에서　　$b\geq6$, $c\geq9$

(i)에서 $c\geq9$인 순서쌍 (a, b, c)의 개수는
$$2+2+2+1=7$$

(vi) $a=2$인 경우

$b-a\geq5$, $c-a\geq8$에서　　$b\geq7$, $c\geq10$

(ii)에서 $c\geq10$인 순서쌍 (a, b, c)의 개수는
$$1+1+1=3$$

(v), (vi)에서 $b-a\geq5$이면서 $c-a\geq8$인 순서쌍 (a, b, c)의 개수는
$$7+3=10$$
$$\therefore P(A\cap B)=\frac{10}{120}=\frac{1}{12}$$

따라서 구하는 확률은
$$P(B\,|\,A)=\frac{P(A\cap B)}{P(A)}=\frac{\dfrac{1}{12}}{\dfrac{1}{6}}=\frac{1}{2}$$

답 $\dfrac{1}{2}$

215

전략 [실행 1]에서 주머니 B에 넣는 흰 공과 검은 공의 개수에 따라 경우를 나누어 [실행 2]가 끝난 후 주머니 B에 흰 공이 남아 있지 않을 확률을 구한다.

[실행 2]가 끝난 후 주머니 B에 흰 공이 남아 있지 않으려면 [실행 1]이 끝난 후 주머니 B에 흰 공이 5개 이하로 들어 있어야 한다.

따라서 [실행 1]에서 동전의 앞면이 나오고 흰 공 2개 또는 흰 공 1개와 검은 공 1개를 주머니 B에 넣거나 동전의 뒷면이 나오고 흰 공 2개와 검은 공 1개를 주머니 B에 넣어야 한다.

[실행 2]가 끝난 후 주머니 B에 흰 공이 남아 있지 않은 사건을 A, [실행 1]에서 주머니 B에 넣은 공 중 흰 공이 2개인 사건을 B라 하자.

(i) [실행 1]에서 동전의 앞면이 나오고 흰 공 2개를 주머니 B에 넣는 경우

주머니 B에는 흰 공 5개와 검은 공 1개가 들어 있으므로 [실행 2]가 끝난 후 주머니 B에 흰 공이 남아 있지 않을 확률은
$$\frac{1}{2}\times\frac{_3C_2}{_4C_2}\times\frac{_5C_5}{_6C_5}=\frac{1}{2}\times\frac{3}{6}\times\frac{1}{6}=\frac{1}{24}$$

(ii) [실행 1]에서 동전의 앞면이 나오고 흰 공 1개와 검은 공 1개를 주머니 B에 넣는 경우

주머니 B에는 흰 공 4개와 검은 공 2개가 들어 있으므로 [실행 2]가 끝난 후 주머니 B에 흰 공이 남아 있지 않을 확률은
$$\frac{1}{2}\times\frac{_3C_1\times_1C_1}{_4C_2}\times\frac{_4C_4\times_2C_1}{_6C_5}$$
$$=\frac{1}{2}\times\frac{3}{6}\times\frac{2}{6}=\frac{1}{12}$$

(iii) [실행 1]에서 동전의 뒷면이 나오고 흰 공 2개와 검은 공 1개를 주머니 B에 넣는 경우

주머니 B에는 흰 공 5개와 검은 공 2개가 들어 있으므로 [실행 2]가 끝난 후 주머니 B에 흰 공이 남아 있지 않을 확률은
$$\frac{1}{2}\times\frac{_3C_2\times_1C_1}{_4C_3}\times\frac{_5C_5}{_7C_5}$$
$$=\frac{1}{2}\times\frac{3}{4}\times\frac{1}{21}=\frac{1}{56}$$

이상에서
$$P(A)=\frac{1}{24}+\frac{1}{12}+\frac{1}{56}=\frac{1}{7},$$
$$P(A\cap B)=\frac{1}{24}+\frac{1}{56}=\frac{5}{84}$$

$$\therefore \mathrm{P}(B\,|\,A)=\frac{\mathrm{P}(A\cap B)}{\mathrm{P}(A)}=\frac{\dfrac{5}{84}}{\dfrac{1}{7}}=\frac{5}{12}$$

따라서 $p=12$, $q=5$이므로
$$p+q=17$$

답 17

02   사건의 독립과 종속 ● 본책 97~103쪽

216

두 사건 A, B가 서로 독립이므로
$$\mathrm{P}(A\cap B)=\boxed{\text{(개)}\ \mathrm{P}(A)\mathrm{P}(B)}$$
$$\begin{aligned}
\therefore\ \mathrm{P}(A^c\cap B^c)
&=\mathrm{P}((A\cup B)^c)\\
&=1-\boxed{\text{(내)}\ \mathrm{P}(A\cup B)}\\
&=1-\{\mathrm{P}(A)+\mathrm{P}(B)-\mathrm{P}(A\cap B)\}\\
&=1-\mathrm{P}(A)-\mathrm{P}(B)+\mathrm{P}(A)\mathrm{P}(B)\\
&=1-\mathrm{P}(A)-\mathrm{P}(B)\{1-\mathrm{P}(A)\}\\
&=\{1-\mathrm{P}(A)\}\{1-\boxed{\text{(다)}\ \mathrm{P}(B)}\}\\
&=\mathrm{P}(A^c)\mathrm{P}(B^c)
\end{aligned}$$
따라서 두 사건 A^c와 B^c도 서로 독립이다.

답 (개) $\mathrm{P}(A)\mathrm{P}(B)$ (내) $\mathrm{P}(A\cup B)$ (다) $\mathrm{P}(B)$

217

(1) $\mathrm{P}(B\,|\,A)=\mathrm{P}(B)=\dfrac{1}{4}$

(2) $\mathrm{P}(A\,|\,B)=\mathrm{P}(A)=\dfrac{1}{3}$

답 (1) $\dfrac{1}{4}$ (2) $\dfrac{1}{3}$

218

(1) $\mathrm{P}(A)\mathrm{P}(B)=0.15\times0.4=0.06$이므로
$$\mathrm{P}(A\cap B)=\mathrm{P}(A)\mathrm{P}(B)$$
따라서 두 사건 A와 B는 서로 독립이다.

(2) $\mathrm{P}(A)\mathrm{P}(B)=0.7\times0.3=0.21$이므로
$$\mathrm{P}(A\cap B)\neq\mathrm{P}(A)\mathrm{P}(B)$$
따라서 두 사건 A와 B는 서로 종속이다.

답 (1) 독립   (2) 종속

219

두 사건 A와 B가 서로 독립이면 A와 B^c, A^c와 B, A^c와 B^c도 각각 서로 독립이다.

(1) $\mathrm{P}(B^c\,|\,A)=\mathrm{P}(B^c)=1-\dfrac{1}{6}=\dfrac{5}{6}$

(2) $\mathrm{P}(A^c\,|\,B^c)=\mathrm{P}(A^c)=1-\dfrac{3}{5}=\dfrac{2}{5}$

(3) $\mathrm{P}(A\cap B)=\mathrm{P}(A)\mathrm{P}(B)=\dfrac{3}{5}\times\dfrac{1}{6}=\dfrac{1}{10}$

(4) $\mathrm{P}(A\cap B^c)=\mathrm{P}(A)\mathrm{P}(B^c)=\dfrac{3}{5}\times\dfrac{5}{6}=\dfrac{1}{2}$

답 (1) $\dfrac{5}{6}$ (2) $\dfrac{2}{5}$ (3) $\dfrac{1}{10}$ (4) $\dfrac{1}{2}$

220

A가 10점 과녁을 맞히는 사건을 A, B가 10점 과녁을 맞히는 사건을 B라 하면
$$\mathrm{P}(A)=0.6,\ \mathrm{P}(B)=0.8$$
이고 A, B는 서로 독립이다.

따라서 구하는 확률은
$$\begin{aligned}
\mathrm{P}(A\cap B)&=\mathrm{P}(A)\mathrm{P}(B)\\
&=0.6\times0.8=0.48
\end{aligned}$$

답 0.48

221

동전을 세 번 던질 때 나오는 모든 경우의 수는
$$2\times2\times2=8$$
동전의 앞면을 H, 뒷면을 T라 하고 순서쌍으로 나타내면
$$\begin{aligned}
A=&\{(\mathrm{H,\ H,\ H}),\ (\mathrm{H,\ H,\ T}),\ (\mathrm{H,\ T,\ H}),\\
&(\mathrm{H,\ T,\ T})\},\\
B=&\{(\mathrm{H,\ H,\ H}),\ (\mathrm{H,\ H,\ T}),\ (\mathrm{T,\ H,\ H}),\\
&(\mathrm{T,\ H,\ T})\},\\
C=&\{(\mathrm{H,\ H,\ T}),\ (\mathrm{T,\ H,\ H})\}
\end{aligned}$$
$$\begin{aligned}
\therefore\ &A\cap B=\{(\mathrm{H,\ H,\ H}),\ (\mathrm{H,\ H,\ T})\},\\
&A\cap C=\{(\mathrm{H,\ H,\ T})\},\\
&B\cap C=\{(\mathrm{H,\ H,\ T}),\ (\mathrm{T,\ H,\ H})\}
\end{aligned}$$

ㄱ. $\mathrm{P}(A)=\dfrac{1}{2}$, $\mathrm{P}(B)=\dfrac{1}{2}$, $\mathrm{P}(A\cap B)=\dfrac{1}{4}$이므로
$$\mathrm{P}(A\cap B)=\mathrm{P}(A)\mathrm{P}(B)$$
따라서 두 사건 A와 B는 서로 독립이다.

ㄴ. $P(A)=\dfrac{1}{2}$, $P(C)=\dfrac{1}{4}$, $P(A\cap C)=\dfrac{1}{8}$이므로

$$P(A\cap C)=P(A)P(C)$$

따라서 두 사건 A와 C는 서로 독립이다.

ㄷ. $P(B)=\dfrac{1}{2}$, $P(C)=\dfrac{1}{4}$, $P(B\cap C)=\dfrac{1}{4}$이므로

$$P(B\cap C)\neq P(B)P(C)$$

따라서 두 사건 B와 C는 서로 종속이다.

이상에서 두 사건이 서로 독립인 것은 ㄱ, ㄴ이다.

답 ㄱ, ㄴ

222

$P(B^c)=3P(B)$에서

$$1-P(B)=3P(B) \qquad \therefore P(B)=\dfrac{1}{4}$$

두 사건 A, B가 서로 독립이므로

$$P(A\cap B)=P(A)P(B)$$

$$\dfrac{2}{15}=\dfrac{1}{4}P(A) \qquad \therefore P(A)=\dfrac{8}{15}$$

답 $\dfrac{8}{15}$

223

두 사건 A, B가 서로 독립이면 A^c, B^c도 서로 독립이므로

$$P(A^c\cap B^c)=P(A^c)P(B^c)$$

$$\dfrac{2}{5}=\left(1-\dfrac{3}{10}\right)\{1-P(B)\}$$

$$\dfrac{4}{7}=1-P(B) \qquad \therefore P(B)=\dfrac{3}{7}$$

답 $\dfrac{3}{7}$

다른 풀이 $P(A^c\cap B^c)=P((A\cup B)^c)$

$$=1-P(A\cup B)=\dfrac{2}{5}$$

이므로 $\quad P(A\cup B)=\dfrac{3}{5}$

두 사건 A, B가 서로 독립이므로

$$P(A\cap B)=P(A)P(B)=\dfrac{3}{10}P(B)$$

이때 $P(A\cup B)=P(A)+P(B)-P(A\cap B)$이므로

$$\dfrac{3}{5}=\dfrac{3}{10}+P(B)-\dfrac{3}{10}P(B)$$

$$\therefore P(B)=\dfrac{3}{7}$$

224

두 사건 A와 C는 서로 독립이므로

$$P(A\cap C)=P(A)P(C)$$

$$\dfrac{1}{4}=\dfrac{1}{2}P(A) \qquad \therefore P(A)=\dfrac{1}{2}$$

두 사건 A와 B는 서로 배반사건이므로

$$P(A\cup B)=P(A)+P(B)$$

$$\dfrac{2}{3}=\dfrac{1}{2}+P(B) \qquad \therefore P(B)=\dfrac{1}{6}$$

답 $\dfrac{1}{6}$

225

A, B가 완주하는 사건을 각각 A, B라 하면 A, B는 서로 독립이다.

(1) (i) A만 완주할 확률은

$$P(A\cap B^c)=P(A)P(B^c)$$

$$=\dfrac{1}{5}\times\left(1-\dfrac{1}{4}\right)=\dfrac{3}{20}$$

(ii) B만 완주할 확률은

$$P(A^c\cap B)=P(A^c)P(B)$$

$$=\left(1-\dfrac{1}{5}\right)\times\dfrac{1}{4}=\dfrac{1}{5}$$

(i), (ii)에서 구하는 확률은

$$\dfrac{3}{20}+\dfrac{1}{5}=\dfrac{7}{20}$$

(2) 두 참가자 중 적어도 한 명이 완주할 확률은

$$P(A\cup B)=P(A)+P(B)-P(A\cap B)$$

$$=P(A)+P(B)-P(A)P(B)$$

$$=\dfrac{1}{5}+\dfrac{1}{4}-\dfrac{1}{5}\times\dfrac{1}{4}=\dfrac{2}{5}$$

답 (1) $\dfrac{7}{20}$ (2) $\dfrac{2}{5}$

다른 풀이 (2) $P(A\cup B)=1-P(A^c\cap B^c)$

$$=1-P(A^c)P(B^c)$$

$$=1-\left(1-\dfrac{1}{5}\right)\left(1-\dfrac{1}{4}\right)=\dfrac{2}{5}$$

226

두 선수 A, B가 승부차기를 성공하는 사건을 각각 A, B라 하면 A, B는 서로 독립이다.

이때 두 선수 중 A만 성공할 확률은

$$P(A \cap B^c) = P(A)P(B^c) = \frac{2}{3}(1-p)$$

따라서 $\frac{2}{3}(1-p) = \frac{4}{15}$ 이므로

$$1-p = \frac{2}{5} \qquad \therefore p = \frac{3}{5}$$

답 $\dfrac{3}{5}$

연습 문제

● 본책 104~105쪽

227

전략 두 사건 E, F가 서로 독립일 필요충분조건은 $P(E \cap F) = P(E)P(F)$임을 이용한다.

$A = \{2, 4, 6, 8, 10\}$, $B = \{2, 3, 5, 7\}$,
$C = \{1, 2, 5, 10\}$이므로

$$A \cap B = \{2\}, \quad A \cap C = \{2, 10\},$$
$$B \cap C = \{2, 5\}$$

ㄱ. $A \cap B \neq \varnothing$이므로 A와 B는 서로 배반사건이 아니다. (거짓)

ㄴ. $P(A) = \dfrac{1}{2}$, $P(C) = \dfrac{2}{5}$, $P(A \cap C) = \dfrac{1}{5}$이므로

$$P(A \cap C) = P(A)P(C)$$

따라서 두 사건 A와 C는 서로 독립이다. (참)

ㄷ. $P(B) = \dfrac{2}{5}$, $P(C) = \dfrac{2}{5}$, $P(B \cap C) = \dfrac{1}{5}$이므로

$$P(B \cap C) \neq P(B)P(C)$$

따라서 두 사건 B와 C는 서로 종속이다. (참)

이상에서 옳은 것은 ㄴ, ㄷ이다.

답 ㄴ, ㄷ

228

전략 두 사건 A, B가 서로 독립임을 이용한다.

$P(A) = P(A|B)$이므로 두 사건 A, B는 서로 독립이다.

③ $P(A \cup B) = P(A) + P(B) - P(A \cap B)$
$\qquad\qquad = P(A) + P(B) - P(A)P(B)$

이때 $P(A)P(B) \neq 0$이므로

$$P(A \cup B) \neq P(A) + P(B)$$

⑤ $P(A^c)P(B^c)$
$\quad = \{1 - P(A)\}\{1 - P(B)\}$
$\quad = 1 - \{P(A) + P(B) - P(A)P(B)\}$
$\quad = 1 - \{P(A) + P(B) - P(A \cap B)\}$
$\quad = 1 - P(A \cup B)$

답 ③

229

전략 두 사건 A, B가 서로 독립임을 이용한다.

$P(A|B) = P(A) = \dfrac{1}{2}$이므로 두 사건 A, B는 서로 독립이다.

따라서 $P(A \cap B) = P(A)P(B)$이므로

$$\frac{1}{5} = \frac{1}{2}P(B) \qquad \therefore P(B) = \frac{2}{5}$$

$$\therefore P(A \cup B) = P(A) + P(B) - P(A \cap B)$$
$$= \frac{1}{2} + \frac{2}{5} - \frac{1}{5} = \frac{7}{10}$$

답 ③

230

전략 두 사건 A, B가 서로 독립이면 A와 B^c, A^c와 B도 각각 서로 독립임을 이용한다.

$A-B$와 $B-A$는 서로 배반사건이므로

$$P((A-B) \cup (B-A))$$
$$= P(A-B) + P(B-A)$$
$$= P(A \cap B^c) + P(A^c \cap B)$$

이때 두 사건 A, B가 서로 독립이면 A와 B^c, A^c와 B도 각각 서로 독립이므로

$$P((A-B) \cup (B-A))$$
$$= P(A \cap B^c) + P(A^c \cap B)$$
$$= P(A)P(B^c) + P(A^c)P(B)$$
$$= \frac{3}{4} \times \left(1 - \frac{5}{6}\right) + \left(1 - \frac{3}{4}\right) \times \frac{5}{6}$$
$$= \frac{1}{3}$$

답 $\dfrac{1}{3}$

다른 풀이 $P((A-B) \cup (B-A))$
$= P((A \cup B) - (A \cap B))$
$= P(A \cup B) - P(A \cap B) \quad \leftarrow (A \cap B) \subset (A \cup B)$
$= P(A) + P(B) - 2P(A \cap B)$
$= P(A) + P(B) - 2P(A)P(B)$
$= \dfrac{3}{4} + \dfrac{5}{6} - 2 \times \dfrac{3}{4} \times \dfrac{5}{6} = \dfrac{1}{3}$

231

전략 두 사건 A, B가 서로 독립이면 $\mathrm{P}(A \cap B) = \mathrm{P}(A)\mathrm{P}(B)$임을 이용한다.

A, B가 표적을 맞히는 사건을 각각 A, B라 하면

$$\mathrm{P}(A) = \frac{2}{3}, \quad \mathrm{P}(A \cup B) = \frac{3}{4}$$

두 사건 A, B는 서로 독립이므로

$$\mathrm{P}(A \cap B) = \mathrm{P}(A)\mathrm{P}(B) = \frac{2}{3}\mathrm{P}(B)$$

이때 $\mathrm{P}(A \cup B) = \mathrm{P}(A) + \mathrm{P}(B) - \mathrm{P}(A \cap B)$이므로

$$\frac{3}{4} = \frac{2}{3} + \mathrm{P}(B) - \frac{2}{3}\mathrm{P}(B)$$

$$\frac{1}{3}\mathrm{P}(B) = \frac{1}{12} \qquad \therefore \mathrm{P}(B) = \frac{1}{4}$$

따라서 구하는 확률은

$$\mathrm{P}(A \cap B) = \frac{2}{3} \times \frac{1}{4} = \frac{1}{6}$$

답 $\dfrac{1}{6}$

232

전략 두 사건 A, B가 서로 독립이면 $\mathrm{P}(A \cap B) = \mathrm{P}(A)\mathrm{P}(B)$이고, 서로 배반사건이면 $\mathrm{P}(A \cup B) = \mathrm{P}(A) + \mathrm{P}(B)$임을 이용한다.

ㄱ. A, B가 서로 배반사건이면 $\mathrm{P}(A \cap B) = 0$

이때 $\mathrm{P}(A) > 0$, $\mathrm{P}(B) > 0$이므로

$$\mathrm{P}(A)\mathrm{P}(B) > 0$$

따라서 $\mathrm{P}(A \cap B) \neq \mathrm{P}(A)\mathrm{P}(B)$이므로 A, B는 서로 종속이다. (거짓)

ㄴ. A, B가 서로 배반사건이면

$$\mathrm{P}(A) + \mathrm{P}(B) = \mathrm{P}(A \cup B) \leq 1 \text{ (참)}$$

ㄷ. A, B가 서로 독립이면

$$\mathrm{P}(A^c) + \mathrm{P}(A \,|\, B^c) = \mathrm{P}(A^c) + \mathrm{P}(A)$$
$$= 1 \text{ (참)}$$

이상에서 옳은 것은 ㄴ, ㄷ이다.

답 ㄴ, ㄷ

233

전략 관람객 투표 점수와 심사 위원 점수에 따라 경우를 나누어 두 점수의 합이 70점일 확률을 구한다.

지호가 받는 두 점수의 합이 70점이려면 관람객 투표 점수와 심사 위원 점수에서 각각 A, C 또는 B, B 또는 C, A를 받아야 한다.

(i) 관람객 투표 점수에서 A 등급, 심사 위원 점수에서 C 등급을 받을 확률은

$$\frac{1}{2} \times \frac{1}{6} = \frac{1}{12}$$

(ii) 관람객 투표 점수에서 B 등급, 심사 위원 점수에서 B 등급을 받을 확률은

$$\frac{1}{3} \times \frac{1}{3} = \frac{1}{9}$$

(iii) 관람객 투표 점수에서 C 등급, 심사 위원 점수에서 A 등급을 받을 확률은

$$\frac{1}{6} \times \frac{1}{2} = \frac{1}{12}$$

이상에서 구하는 확률은

$$\frac{1}{12} + \frac{1}{9} + \frac{1}{12} = \frac{5}{18}$$

답 $\dfrac{5}{18}$

234

전략 전류가 흐르기 위해서는 스위치 a, d가 모두 닫혀 있거나 스위치 b, c, d가 모두 닫혀 있어야 한다.

스위치 a가 닫혀 있는 사건을 A, 스위치 b, c가 모두 닫혀 있는 사건을 B, 스위치 d가 닫혀 있는 사건을 C라 하면 P에서 Q로 전류가 흐르는 사건은 $(A \cap C) \cup (B \cap C)$이다.

이때 세 사건 A, B, C는 서로 독립이고

$$\mathrm{P}(A) = \frac{1}{2}, \quad \mathrm{P}(B) = \frac{1}{2} \times \frac{1}{2} = \frac{1}{4}, \quad \mathrm{P}(C) = \frac{1}{2}$$

이므로 구하는 확률은

$$\mathrm{P}((A \cap C) \cup (B \cap C)) \quad {\scriptstyle (A \cap C) \cap (B \cap C) \atop = A \cap B \cap C}$$
$$= \mathrm{P}(A \cap C) + \mathrm{P}(B \cap C) - \mathrm{P}(A \cap B \cap C)$$
$$= \mathrm{P}(A)\mathrm{P}(C) + \mathrm{P}(B)\mathrm{P}(C) - \mathrm{P}(A)\mathrm{P}(B)\mathrm{P}(C)$$
$$= \frac{1}{2} \times \frac{1}{2} + \frac{1}{4} \times \frac{1}{2} - \frac{1}{2} \times \frac{1}{4} \times \frac{1}{2}$$
$$= \frac{5}{16}$$

답 $\dfrac{5}{16}$

235

전략 $\mathrm{P}(A^c \cap B^c)$를 $\mathrm{P}(A) + \mathrm{P}(B)$에 대한 식으로 나타낸 후 산술평균과 기하평균의 관계를 이용한다.

두 사건 A, B가 서로 독립이므로

$$\mathrm{P}(A)\mathrm{P}(B) = \mathrm{P}(A \cap B) = \frac{1}{16}$$

한편

$$P(A^c \cap B^c)$$
$$=P((A \cup B)^c)$$
$$=1-P(A \cup B)$$
$$=1-\{P(A)+P(B)-P(A \cap B)\}$$
$$=\frac{17}{16}-\{P(A)+P(B)\}$$

이므로 $P(A)+P(B)$가 최소일 때, $P(A^c \cap B^c)$는 최대이다.

이때 $P(A)>0$, $P(B)>0$이므로 산술평균과 기하평균의 관계에 의하여

$$P(A)+P(B) \geq 2\sqrt{P(A)P(B)}$$
$$=2 \times \sqrt{\frac{1}{16}}=\frac{1}{2}$$
$$\left(\text{단, 등호는 } P(A)=P(B)=\frac{1}{4} \text{일 때 성립}\right)$$

따라서 $P(A)+P(B)$의 최솟값은 $\frac{1}{2}$이므로 $P(A^c \cap B^c)$의 최댓값은

$$\frac{17}{16}-\frac{1}{2}=\frac{9}{16}$$

답 $\dfrac{9}{16}$

> **개념 노트**
>
> **산술평균과 기하평균의 관계**
>
> $a>0$, $b>0$일 때
>
> $$\frac{a+b}{2} \geq \sqrt{ab} \quad (\text{단, 등호는 } a=b \text{일 때 성립})$$

03 독립시행의 확률

● 본책 106~109쪽

236

(1) $\displaystyle {}_5C_3 \left(\frac{3}{4}\right)^3 \left(\frac{1}{4}\right)^2 = \frac{135}{512}$

(2) 적어도 한 번 이기는 사건의 여사건은 한 번도 이기지 못하는 사건이다.

이때 한 번도 이기지 못할 확률은

$$ {}_5C_0 \left(\frac{3}{4}\right)^0 \left(\frac{1}{4}\right)^5 = \frac{1}{1024}$$

이므로 구하는 확률은

$$1-\frac{1}{1024}=\frac{1023}{1024}$$

답 (1) $\dfrac{135}{512}$ (2) $\dfrac{1023}{1024}$

237

(ⅰ) A 팀이 첫 번째, 두 번째 경기를 모두 이길 확률은

$$\left(\frac{2}{3}\right)^2 = \frac{4}{9}$$

(ⅱ) A 팀이 첫 번째, 두 번째 경기 중에서 1번을 이기고 세 번째 경기에서 이길 확률은

$$ {}_2C_1 \left(\frac{2}{3}\right)^1 \left(\frac{1}{3}\right)^1 \times \frac{2}{3} = \frac{8}{27}$$

(ⅰ), (ⅱ)에서 구하는 확률은

$$\frac{4}{9}+\frac{8}{27}=\frac{20}{27}$$

답 $\dfrac{20}{27}$

238

한 개의 동전을 던질 때, 앞면이 나올 확률은 $\frac{1}{2}$이다.

(ⅰ) 상자에서 흰 공이 나오고 동전을 5번 던져서 앞면이 3번 나올 확률은

$$\frac{2}{5} \times {}_5C_3 \left(\frac{1}{2}\right)^3 \left(\frac{1}{2}\right)^2 = \frac{1}{8}$$

(ⅱ) 상자에서 검은 공이 나오고 동전을 3번 던져서 앞면이 3번 나올 확률은

$$\frac{3}{5} \times {}_3C_3 \left(\frac{1}{2}\right)^3 \left(\frac{1}{2}\right)^0 = \frac{3}{40}$$

(ⅰ), (ⅱ)에서 구하는 확률은

$$\frac{1}{8}+\frac{3}{40}=\frac{1}{5}$$

답 $\dfrac{1}{5}$

239

한 개의 주사위를 던질 때, 3의 배수의 눈이 나올 확률은 $\frac{1}{3}$이다.

(ⅰ) 주머니에서 짝수가 적힌 공(→ 2, 4, 6, 8, 10)이 나오고 주사위를 4번 던져서 3의 배수의 눈이 1번 나올 확률은

$$\frac{1}{2} \times {}_4C_1 \left(\frac{1}{3}\right)^1 \left(\frac{2}{3}\right)^3 = \frac{16}{81}$$

(ⅱ) 주머니에서 9의 약수가 적힌 공(→ 1, 3, 9)이 나오고 주사위를 3번 던져서 3의 배수의 눈이 1번 나올 확률은

$$\frac{3}{10} \times {}_3C_1 \left(\frac{1}{3}\right)^1 \left(\frac{2}{3}\right)^2 = \frac{2}{15}$$

(ⅰ), (ⅱ)에서 구하는 확률은

$$\frac{16}{81}+\frac{2}{15}=\frac{134}{405}$$

답 $\dfrac{134}{405}$

II -2

조건부확률

240

주사위를 던져서 <u>6의 약수의 눈</u>이 나올 확률은 $\dfrac{2}{3}$ 이다.
$\quad\quad\quad\quad\quad\quad\rightarrow 1, 2, 3, 6$

주사위를 4번 던져서 6의 약수의 눈이 나오는 횟수를 x라 하면 그 외의 눈이 나오는 횟수는 $4-x$이므로 점 P의 위치가 2이려면

$$x-(4-x)=2, \qquad 2x=6$$
$$\therefore x=3$$

따라서 주사위를 4번 던져서 6의 약수의 눈이 3번 나와야 하므로 구하는 확률은

$${}_4\mathrm{C}_3\left(\dfrac{2}{3}\right)^{3}\left(\dfrac{1}{3}\right)^{1}=\dfrac{32}{81}$$

답 $\dfrac{32}{81}$

241

동전을 3번 던져서 앞면이 나오는 횟수를 x라 하면 뒷면이 나오는 횟수는 $3-x$이다.

이때 점 P가 다시 꼭짓점 A로 돌아올 때까지 움직인 거리는 4이므로

$$x+2(3-x)=4 \qquad \therefore x=2$$

따라서 동전을 3번 던져서 앞면이 2번 나와야 하므로 구하는 확률은

$${}_3\mathrm{C}_2\left(\dfrac{1}{2}\right)^{2}\left(\dfrac{1}{2}\right)^{1}=\dfrac{3}{8}$$

답 $\dfrac{3}{8}$

참고 점 P가 움직일 수 있는 최대 거리는 $2\times3=6$이므로 점 P가 다시 꼭짓점 A로 돌아올 때까지 움직인 거리는 4이다.

연습 문제   • 본책 110~111쪽

242

전략 앞면과 뒷면이 나오는 횟수에 따라 경우를 나누어 확률을 구한다.

한 개의 동전을 5번 던져서 앞면이 나오는 횟수와 뒷면이 나오는 횟수의 차가 1이려면 앞면이 2번, 뒷면이 3번 나오거나 앞면이 3번, 뒷면이 2번 나와야 한다.

(i) 앞면이 2번, 뒷면이 3번 나올 확률은

$${}_5\mathrm{C}_2\left(\dfrac{1}{2}\right)^{2}\left(\dfrac{1}{2}\right)^{3}=\dfrac{5}{16}$$

(ii) 앞면이 3번, 뒷면이 2번 나올 확률은

$${}_5\mathrm{C}_3\left(\dfrac{1}{2}\right)^{3}\left(\dfrac{1}{2}\right)^{2}=\dfrac{5}{16}$$

(i), (ii)에서 구하는 확률은

$$\dfrac{5}{16}+\dfrac{5}{16}=\dfrac{5}{8}$$

답 $\dfrac{5}{8}$

243

전략 점 P에 도착하려면 오른쪽과 위쪽으로 각각 몇 칸씩 움직여야 하는지 알아 본다.

점 O에서 출발하여 점 P에 도착하려면 오른쪽으로 3칸, 위쪽으로 1칸 움직여야 한다.

이때 한 개의 주사위를 던져서 1 또는 6의 눈이 나올 확률은 $\dfrac{1}{3}$이므로 구하는 확률은

$${}_4\mathrm{C}_3\left(\dfrac{1}{3}\right)^{3}\left(\dfrac{2}{3}\right)^{1}=\dfrac{8}{81}$$

답 $\dfrac{8}{81}$

244

전략 주머니에서 꺼낸 2개의 공의 색이 서로 다른 경우와 서로 같은 경우로 나누어 확률을 구한다.

(i) 주머니에서 꺼낸 2개의 공의 색이 서로 다르고 동전을 3번 던져서 앞면이 2번 나올 확률은

$$\dfrac{{}_4\mathrm{C}_1\times{}_3\mathrm{C}_1}{{}_7\mathrm{C}_2}\times{}_3\mathrm{C}_2\left(\dfrac{1}{2}\right)^{2}\left(\dfrac{1}{2}\right)^{1}=\dfrac{3}{14}$$

(ii) 주머니에서 꺼낸 2개의 공의 색이 서로 같고 동전을 2번 던져서 앞면이 2번 나올 확률은

$$\dfrac{{}_4\mathrm{C}_2+{}_3\mathrm{C}_2}{{}_7\mathrm{C}_2}\times{}_2\mathrm{C}_2\left(\dfrac{1}{2}\right)^{2}\left(\dfrac{1}{2}\right)^{0}=\dfrac{3}{28}$$

(i), (ii)에서 구하는 확률은

$$\dfrac{3}{14}+\dfrac{3}{28}=\dfrac{9}{28}$$

답 $\dfrac{9}{28}$

245

전략 한 명의 참가자가 본선에 진출할 확률을 구한 후 독립시행의 확률을 이용한다.

1차 예선을 통과하는 것과 2차 예선을 통과하는 것은 서로 독립이므로 한 명의 참가자가 본선에 진출할 확률은

$$\dfrac{2}{3}\times\dfrac{1}{2}=\dfrac{1}{3}$$

따라서 5명의 참가자 중에서 2명만 본선에 진출할 확률은

$$_5\mathrm{C}_2\left(\frac{1}{3}\right)^2\left(\frac{2}{3}\right)^3=\frac{80}{243}$$

답 $\dfrac{80}{243}$

246

전략 다은이가 다섯 번째 게임에서 우승하려면 네 번째 게임까지는 2번 이겨야 함을 이용한다.

다섯 번째 게임에서 다은이가 우승하려면 네 번째 게임까지 2번 이기고 다섯 번째 게임에서 이겨야 한다.

따라서 구하는 확률은

$$_4\mathrm{C}_2\left(\frac{2}{3}\right)^2\left(\frac{1}{3}\right)^2\times\frac{2}{3}=\frac{16}{81}$$

답 $\dfrac{16}{81}$

247

전략 앞면이 나온 동전의 개수에 따라 경우를 나누어 확률을 구한다.

(i) 앞면이 나온 동전이 2개이고 주사위의 눈의 수가 1 이하일 확률은

$$_6\mathrm{C}_2\left(\frac{1}{2}\right)^2\left(\frac{1}{2}\right)^4\times\frac{1}{6}=\frac{5}{128}$$

(ii) 앞면이 나온 동전이 3개이고 주사위의 눈의 수가 2 이하일 확률은

$$_6\mathrm{C}_3\left(\frac{1}{2}\right)^3\left(\frac{1}{2}\right)^3\times\frac{2}{6}=\frac{5}{48}$$

(iii) 앞면이 나온 동전이 4개이고 주사위의 눈의 수가 3 이하일 확률은

$$_6\mathrm{C}_4\left(\frac{1}{2}\right)^4\left(\frac{1}{2}\right)^2\times\frac{3}{6}=\frac{15}{128}$$

(iv) 앞면이 나온 동전이 5개이고 주사위의 눈의 수가 4 이하일 확률은

$$_6\mathrm{C}_5\left(\frac{1}{2}\right)^5\left(\frac{1}{2}\right)^1\times\frac{4}{6}=\frac{1}{16}$$

(v) 앞면이 나온 동전이 6개이고 주사위의 눈의 수가 5 이하일 확률은

$$_6\mathrm{C}_6\left(\frac{1}{2}\right)^6\left(\frac{1}{2}\right)^0\times\frac{5}{6}=\frac{5}{384}$$

이상에서 구하는 확률은

$$\frac{5}{128}+\frac{5}{48}+\frac{15}{128}+\frac{1}{16}+\frac{5}{384}=\frac{43}{128}$$

답 $\dfrac{43}{128}$

248

전략 점 P가 처음 출발 위치로 돌아오려면 홀수의 눈이 몇 번 나와야 하는지 구한다.

주사위를 6번 던져서 홀수의 눈이 나오는 횟수를 x라 하면 짝수의 눈이 나오는 횟수는 $6-x$이다.

이때 점 P가 처음 출발 위치로 돌아올 때까지 움직인 거리는 8 또는 16이므로

$$3x+(6-x)=8 \text{ 또는 } 3x+(6-x)=16$$
$$\therefore\ x=1 \text{ 또는 } x=5$$

따라서 주사위를 6번 던져서 홀수의 눈이 1번 또는 5번 나와야 하므로 구하는 확률은

$$_6\mathrm{C}_1\left(\frac{1}{2}\right)^1\left(\frac{1}{2}\right)^5+{}_6\mathrm{C}_5\left(\frac{1}{2}\right)^5\left(\frac{1}{2}\right)^1$$
$$=\frac{3}{32}+\frac{3}{32}=\frac{3}{16}$$

답 $\dfrac{3}{16}$

249

전략 주어진 시행을 5번 반복한 후 문자 B가 보이도록 카드가 놓여 있으려면 카드를 뒤집은 횟수가 홀수이어야 함을 이용한다.

동전을 두 번 던져 앞면이 나온 횟수가 2일 확률은

$$_2\mathrm{C}_2\left(\frac{1}{2}\right)^2\left(\frac{1}{2}\right)^0=\frac{1}{4}$$

이때 주어진 시행을 5번 반복한 후 문자 B가 보이도록 카드가 놓여 있으려면 카드를 뒤집는 횟수가 홀수이어야 하므로 카드를 1번 또는 3번 또는 5번 뒤집어야 한다.

(i) 카드를 1번 뒤집는 경우

5번의 시행 중 앞면이 나온 횟수가 2인 경우가 1번 이어야 하므로 이 경우의 확률은

$$_5\mathrm{C}_1\left(\frac{1}{4}\right)^1\left(\frac{3}{4}\right)^4=\frac{405}{1024}$$

(ii) 카드를 3번 뒤집는 경우

5번의 시행 중 앞면이 나온 횟수가 2인 경우가 3번 이어야 하므로 이 경우의 확률은

$$_5\mathrm{C}_3\left(\frac{1}{4}\right)^3\left(\frac{3}{4}\right)^2=\frac{45}{512}$$

(iii) 카드를 5번 뒤집는 경우

5번의 시행 중 앞면이 나온 횟수가 2인 경우가 5번 이어야 하므로 이 경우의 확률은

$$_5\mathrm{C}_5\left(\frac{1}{4}\right)^5\left(\frac{3}{4}\right)^0=\frac{1}{1024}$$

이상에서 $\quad p=\dfrac{405}{1024}+\dfrac{45}{512}+\dfrac{1}{1024}=\dfrac{31}{64}$

$\therefore 128\times p=128\times\dfrac{31}{64}=62$ 답 **62**

250

전략 서로 다른 2개의 주사위를 동시에 던져서 나온 두 눈의 수가 서로 같은 경우와 서로 다른 경우로 나누어 생각한다.

동전의 앞면이 나온 횟수와 뒷면이 나온 횟수가 같은 사건을 A, 주사위의 두 눈의 수가 같은 사건, 즉 동전을 2번 던지는 사건을 B라 하면 주사위의 두 눈의 수가 다른 사건, 즉 동전을 4번 던지는 사건은 B^c이다.

$$\therefore \mathrm{P}(B)=\dfrac{1}{6},\ \mathrm{P}(B^c)=1-\mathrm{P}(B)=\dfrac{5}{6}$$

(ⅰ) 주사위를 던져서 나온 두 눈의 수가 서로 같고 동전을 2번 던져서 앞면이 1번, 뒷면이 1번 나올 확률은

$$\mathrm{P}(A\cap B)=\mathrm{P}(B)\mathrm{P}(A|B)$$
$$=\dfrac{1}{6}\times{}_2\mathrm{C}_1\left(\dfrac{1}{2}\right)^1\left(\dfrac{1}{2}\right)^1=\dfrac{1}{12}$$

(ⅱ) 주사위를 던져서 나온 두 눈의 수가 서로 다르고 동전을 4번 던져서 앞면이 2번, 뒷면이 2번 나올 확률은

$$\mathrm{P}(A\cap B^c)=\mathrm{P}(B^c)\mathrm{P}(A|B^c)$$
$$=\dfrac{5}{6}\times{}_4\mathrm{C}_2\left(\dfrac{1}{2}\right)^2\left(\dfrac{1}{2}\right)^2=\dfrac{5}{16}$$

(ⅰ), (ⅱ)에서

$$\mathrm{P}(A)=\mathrm{P}(A\cap B)+\mathrm{P}(A\cap B^c)$$
$$=\dfrac{1}{12}+\dfrac{5}{16}=\dfrac{19}{48}$$

따라서 구하는 확률은

$$\mathrm{P}(B|A)=\dfrac{\mathrm{P}(A\cap B)}{\mathrm{P}(A)}=\dfrac{\dfrac{1}{12}}{\dfrac{19}{48}}=\dfrac{4}{19}$$

답 $\dfrac{4}{19}$

---

1 확률분포

Ⅲ. 통계

01 확률변수와 확률분포

251

답 (1) 이산확률변수
(2) **연속확률변수**
(3) **이산확률변수**
(4) **연속확률변수**

252

(1) **0, 1, 2**

(2) 확률변수 X가 0, 1, 2일 때의 확률은 각각

$$\mathrm{P}(X=0)=\dfrac{1}{2}\times\dfrac{1}{2}=\dfrac{1}{4},$$
$$\mathrm{P}(X=1)=\dfrac{1}{2}\times\dfrac{1}{2}+\dfrac{1}{2}\times\dfrac{1}{2}=\dfrac{1}{2},$$
$$\mathrm{P}(X=2)=\dfrac{1}{2}\times\dfrac{1}{2}=\dfrac{1}{4}$$

따라서 X의 확률분포를 표로 나타내면 다음과 같다.

X	0	1	2	합계
$\mathrm{P}(X=x)$	$\dfrac{1}{4}$	$\dfrac{1}{2}$	$\dfrac{1}{4}$	1

답 풀이 참조

253

(1) 확률의 총합은 1이므로

$$\dfrac{1}{5}+a+\dfrac{3}{10}+\dfrac{1}{10}=1 \qquad \therefore a=\dfrac{2}{5}$$

(2) $\mathrm{P}(X=2\text{ 또는 }X=4)=\mathrm{P}(X=2)+\mathrm{P}(X=4)$
$$=\dfrac{2}{5}+\dfrac{1}{10}=\dfrac{1}{2}$$

(3) $\mathrm{P}(X\leq3)=\mathrm{P}(X=1)+\mathrm{P}(X=2)+\mathrm{P}(X=3)$
$$=\dfrac{1}{5}+\dfrac{2}{5}+\dfrac{3}{10}=\dfrac{9}{10}$$

답 (1) $\dfrac{2}{5}$ (2) $\dfrac{1}{2}$ (3) $\dfrac{9}{10}$

다른 풀이 (3) $\mathrm{P}(X\leq3)=1-\mathrm{P}(X>3)$
$$=1-\mathrm{P}(X=4)$$
$$=1-\dfrac{1}{10}=\dfrac{9}{10}$$

254

확률의 총합은 1이므로

$$a^2 + \frac{1}{3} + \frac{a}{3} = 1, \qquad 3a^2 + a - 2 = 0$$

$$(3a-2)(a+1) = 0$$

$$\therefore a = \frac{2}{3} \ \text{또는} \ a = -1$$

이때 $0 \le \mathrm{P}(X=x) \le 1$이므로

$$a = \frac{2}{3}$$

답 $\dfrac{2}{3}$

255

확률변수 X의 확률분포를 표로 나타내면 다음과 같다.

X	1	2	$\cdots$	7	합계
$\mathrm{P}(X=x)$	$\dfrac{k}{1 \times 2}$	$\dfrac{k}{2 \times 3}$	$\cdots$	$\dfrac{k}{7 \times 8}$	1

확률의 총합은 1이므로

$$\frac{k}{1 \times 2} + \frac{k}{2 \times 3} + \cdots + \frac{k}{7 \times 8} = 1$$

$$k\left\{\left(1 - \frac{1}{2}\right) + \left(\frac{1}{2} - \frac{1}{3}\right) + \cdots + \left(\frac{1}{7} - \frac{1}{8}\right)\right\} = 1$$

$$k\left(1 - \frac{1}{8}\right) = 1, \qquad \frac{7}{8}k = 1$$

$$\therefore k = \frac{8}{7}$$

답 $\dfrac{8}{7}$

개념 노트

부분분수로의 변형

$$\frac{1}{AB} = \frac{1}{B-A}\left(\frac{1}{A} - \frac{1}{B}\right) \ (\text{단, } A \ne B)$$

256

$\mathrm{P}(-1 \le X \le 0) = \dfrac{3}{4}$에서

$$\mathrm{P}(X=-1) + \mathrm{P}(X=0) = a + \frac{1}{4} = \frac{3}{4}$$

$$\therefore a = \frac{1}{2}$$

확률의 총합은 1이므로

$$\frac{1}{2} + \frac{1}{4} + b = 1 \qquad \therefore b = \frac{1}{4}$$

$$\therefore a - b = \frac{1}{4}$$

답 $\dfrac{1}{4}$

257

확률변수 X의 확률분포를 표로 나타내면 다음과 같다.

X	0	1	2	3	4	합계
$\mathrm{P}(X=x)$	k	$k - \dfrac{1}{3}$	$\dfrac{k}{3}$	$\dfrac{k}{2}$	$\dfrac{2}{3}k$	1

확률의 총합은 1이므로

$$k + \left(k - \frac{1}{3}\right) + \frac{k}{3} + \frac{k}{2} + \frac{2}{3}k = 1$$

$$\frac{7}{2}k - \frac{1}{3} = 1 \qquad \therefore k = \frac{8}{21}$$

$$\therefore \mathrm{P}(X \le 2)$$

$$= \mathrm{P}(X=0) + \mathrm{P}(X=1) + \mathrm{P}(X=2)$$

$$= \frac{8}{21} + \frac{1}{21} + \frac{8}{63} = \frac{5}{9}$$

답 $\dfrac{5}{9}$

258

(1) 확률변수 X가 가질 수 있는 값은 0, 1, 2이다.

이때 남학생 4명과 여학생 3명 중에서 2명을 뽑는 경우의 수는 $_7\mathrm{C}_2$이고, 뽑힌 학생 중에서 여학생이 x명인 경우의 수는 $_3\mathrm{C}_x \times _4\mathrm{C}_{2-x}$이므로 X의 확률질량함수는

$$\mathrm{P}(X=x) = \frac{_3\mathrm{C}_x \times _4\mathrm{C}_{2-x}}{_7\mathrm{C}_2} \ (x=0, 1, 2)$$

$$\therefore \mathrm{P}(X=0) = \frac{_3\mathrm{C}_0 \times _4\mathrm{C}_2}{_7\mathrm{C}_2} = \frac{2}{7}$$

$$\mathrm{P}(X=1) = \frac{_3\mathrm{C}_1 \times _4\mathrm{C}_1}{_7\mathrm{C}_2} = \frac{4}{7}$$

$$\mathrm{P}(X=2) = \frac{_3\mathrm{C}_2 \times _4\mathrm{C}_0}{_7\mathrm{C}_2} = \frac{1}{7}$$

따라서 X의 확률분포를 표로 나타내면 다음과 같다.

X	0	1	2	합계
$\mathrm{P}(X=x)$	$\dfrac{2}{7}$	$\dfrac{4}{7}$	$\dfrac{1}{7}$	1

(2) 여학생이 1명 이하로 뽑힐 확률은

$$\mathrm{P}(X \le 1) = \mathrm{P}(X=0) + \mathrm{P}(X=1)$$

$$= \frac{2}{7} + \frac{4}{7} = \frac{6}{7}$$

답 풀이 참조

다른 풀이 (2) $\mathrm{P}(X \le 1) = 1 - \mathrm{P}(X=2)$

$$= 1 - \frac{1}{7} = \frac{6}{7}$$

259

5장의 카드 중에서 2장을 뽑는 경우의 수는

$$_5C_2=10$$

두 수의 차가 1인 경우는

$(5, 4), (4, 3), (3, 2), (2, 1)$의 4가지

$$\therefore P(X=1)=\frac{4}{10}=\frac{2}{5}$$

두 수의 차가 3인 경우는

$(5, 2), (4, 1)$의 2가지

$$\therefore P(X=3)=\frac{2}{10}=\frac{1}{5}$$

$$\therefore P(X=1 \ 또는 \ X=3)$$
$$=P(X=1)+P(X=3)$$
$$=\frac{2}{5}+\frac{1}{5}=\frac{3}{5}$$

답 $\dfrac{3}{5}$

참고 확률변수 X의 확률분포를 표로 나타내면 다음과 같다.

X	1	2	3	4	합계
$P(X=x)$	$\dfrac{2}{5}$	$\dfrac{3}{10}$	$\dfrac{1}{5}$	$\dfrac{1}{10}$	1

두 수의 합이 3인 경우는

$(1, 2), (2, 1)$의 2가지

$$\therefore P(X=3)=\frac{2}{16}=\frac{1}{8}$$

두 수의 합이 4인 경우는

$(1, 3), (2, 2), (3, 1)$의 3가지

$$\therefore P(X=4)=\frac{3}{16}$$

두 수의 합이 5인 경우는

$(1, 4), (2, 3), (3, 2), (4, 1)$의 4가지

$$\therefore P(X=5)=\frac{4}{16}=\frac{1}{4}$$

$$\therefore P(3\leq X\leq 5)$$
$$=P(X=3)+P(X=4)+P(X=5)$$
$$=\frac{1}{8}+\frac{3}{16}+\frac{1}{4}=\frac{9}{16}$$

답 $\dfrac{9}{16}$

참고 확률변수 X의 확률분포를 표로 나타내면 다음과 같다.

X	2	3	4	5	6	7	8	합계
$P(X=x)$	$\dfrac{1}{16}$	$\dfrac{1}{8}$	$\dfrac{3}{16}$	$\dfrac{1}{4}$	$\dfrac{3}{16}$	$\dfrac{1}{8}$	$\dfrac{1}{16}$	1

연습 문제　　　　　　　● 본책 120쪽

260

전략 확률의 총합이 1임을 이용하여 k의 값을 구한다.

확률의 총합은 1이므로

$$3k^2+k+(k^2+2k)=1$$
$$4k^2+3k-1=0, \qquad (4k-1)(k+1)=0$$
$$\therefore k=\frac{1}{4} \ 또는 \ k=-1$$

이때 $0\leq P(X=x)\leq 1$이므로

$$k=\frac{1}{4}$$

답 $\dfrac{1}{4}$

261

전략 $P(X=3), P(X=4), P(X=5)$를 구한다.

정사면체를 두 번 던질 때, 나오는 모든 경우의 수는

$$4\times 4=16$$

262

전략 먼저 확률의 총합이 1임을 이용하여 k의 값을 구한다.

$$P(X=x)=\frac{k}{\sqrt{x+1}+\sqrt{x}}$$
$$=\frac{k(\sqrt{x+1}-\sqrt{x})}{(\sqrt{x+1}+\sqrt{x})(\sqrt{x+1}-\sqrt{x})}$$
$$=k(\sqrt{x+1}-\sqrt{x})$$

확률의 총합은 1이므로

$$P(X=1)+P(X=2)+\cdots+P(X=8)$$
$$=k\{(\sqrt{2}-1)+(\sqrt{3}-\sqrt{2})+\cdots+(\sqrt{9}-\sqrt{8})\}$$
$$=1$$
$$2k=1 \qquad \therefore k=\frac{1}{2}$$

$$\therefore P(X\geq 4)$$
$$=P(X=4)+P(X=5)+\cdots+P(X=8)$$
$$=\frac{1}{2}\{(\sqrt{5}-\sqrt{4})+(\sqrt{6}-\sqrt{5})+\cdots$$
$$+(\sqrt{9}-\sqrt{8})\}$$
$$=\frac{1}{2}$$

답 $\dfrac{1}{2}$

263

전략 p_2, p_3, p_4를 각각 p_1에 대한 식으로 나타내고, 확률질량함수의 성질을 이용한다.

$p_2-p_1=p_3-p_2=p_4-p_3=\dfrac{1}{8}$이므로

$$p_2=p_1+\dfrac{1}{8}$$

$$p_3=p_2+\dfrac{1}{8}=p_1+\dfrac{1}{4}$$

$$p_4=p_3+\dfrac{1}{8}=p_1+\dfrac{3}{8}$$

확률의 총합은 1이므로 $p_1+p_2+p_3+p_4=1$에서

$$p_1+\left(p_1+\dfrac{1}{8}\right)+\left(p_1+\dfrac{1}{4}\right)+\left(p_1+\dfrac{3}{8}\right)=1$$

$$4p_1+\dfrac{3}{4}=1 \qquad \therefore p_1=\dfrac{1}{16}$$

한편 $X^2-6X+8<0$에서

$$(X-2)(X-4)<0 \qquad \therefore 2<X<4$$

$$\therefore P(X^2-6X+8<0)$$

$$=P(2<X<4)=P(X=3)$$

$$=p_3=p_1+\dfrac{1}{4}=\dfrac{5}{16}$$

답 $\dfrac{5}{16}$

264

전략 숫자 1, 2, 3이 적혀 있는 공의 개수를 각각 a, b, c로 놓고 주어진 조건을 이용하여 a, b, c에 대한 식을 세운다.

숫자 1, 2, 3이 적혀 있는 공의 개수를 각각 a, b, c라 하면

$$a+b+c=7 \qquad \cdots\cdots ㉠$$

$X=4$이려면 2가 적혀 있는 공 2개를 꺼내야 하므로

$$P(X=4)=\dfrac{{}_b C_2}{{}_7 C_2}=\dfrac{b(b-1)}{42}$$

즉 $\dfrac{b(b-1)}{42}=\dfrac{1}{21}$이므로 $b^2-b-2=0$

$$(b-2)(b+1)=0 \qquad \therefore b=2 \ (\because b>0)$$

$b=2$를 ㉠에 대입하면 $a+c=5 \qquad \cdots\cdots ㉡$

$X=2$이려면 1과 2가 적혀 있는 공을 각각 1개씩, $X=6$이려면 2와 3이 적혀 있는 공을 각각 1개씩 꺼내야 하므로

$$P(X=2)=\dfrac{{}_a C_1\times {}_2 C_1}{{}_7 C_2}=\dfrac{2a}{21}$$

$$P(X=6)=\dfrac{{}_2 C_1\times {}_c C_1}{{}_7 C_2}=\dfrac{2c}{21}$$

이때 $2P(X=2)=3P(X=6)$에서

$$2\times\dfrac{2a}{21}=3\times\dfrac{2c}{21}$$

$$\therefore 2a-3c=0 \qquad \cdots\cdots ㉢$$

㉡, ㉢을 연립하여 풀면 $a=3$, $c=2$

$$\therefore P(X\le3)$$

$$=P(X=1)+P(X=2)+P(X=3)$$

$$=\dfrac{{}_3 C_2}{{}_7 C_2}+\dfrac{{}_3 C_1\times {}_2 C_1}{{}_7 C_2}+\dfrac{{}_3 C_1\times {}_2 C_1}{{}_7 C_2}$$

$$=\dfrac{1}{7}+\dfrac{2}{7}+\dfrac{2}{7}=\dfrac{5}{7}$$

답 ④

---

02 이산확률변수의 기댓값과 표준편차 ● 본책 121~130쪽

265

(1) $E(X)=0\times\dfrac{1}{3}+3\times\dfrac{1}{6}+6\times\dfrac{1}{3}+9\times\dfrac{1}{6}=4$

(2) $E(X^2)=0^2\times\dfrac{1}{3}+3^2\times\dfrac{1}{6}+6^2\times\dfrac{1}{3}+9^2\times\dfrac{1}{6}$

$$=27$$

이므로

$$V(X)=E(X^2)-\{E(X)\}^2$$

$$=27-4^2=11$$

(3) $\sigma(X)=\sqrt{V(X)}=\sqrt{11}$

답 (1) **4** (2) **11** (3) $\sqrt{11}$

다른 풀이 (2) $V(X)$

$$=(0-4)^2\times\dfrac{1}{3}+(3-4)^2\times\dfrac{1}{6}+(6-4)^2\times\dfrac{1}{3}$$

$$+(9-4)^2\times\dfrac{1}{6}$$

$$=11$$

266

(1) 한 개의 동전을 던질 때 앞면이 나올 확률은 $\dfrac{1}{2}$이므로

$$P(X=0)=\dfrac{1}{2}\times\dfrac{1}{2}=\dfrac{1}{4}$$

$$P(X=1)=\dfrac{1}{2}\times\dfrac{1}{2}+\dfrac{1}{2}\times\dfrac{1}{2}=\dfrac{1}{2}$$

$$P(X=2)=\dfrac{1}{2}\times\dfrac{1}{2}=\dfrac{1}{4}$$

따라서 X의 확률분포를 표로 나타내면 다음과 같다.

X	0	1	2	합계
$P(X=x)$	$\dfrac{1}{4}$	$\dfrac{1}{2}$	$\dfrac{1}{4}$	1

(2) $E(X)=0\times\dfrac{1}{4}+1\times\dfrac{1}{2}+2\times\dfrac{1}{4}=\mathbf{1}$

$E(X^2)=0^2\times\dfrac{1}{4}+1^2\times\dfrac{1}{2}+2^2\times\dfrac{1}{4}=\dfrac{3}{2}$ 이므로

$$V(X)=E(X^2)-\{E(X)\}^2$$
$$=\dfrac{3}{2}-1^2=\dfrac{1}{2}$$
$$\sigma(X)=\sqrt{V(X)}=\dfrac{\sqrt{2}}{2}$$

🔳 풀이 참조

267

$V(X)=4$에서 $\sigma(X)=2$

(1) $E(Y)=E(2X-1)=2E(X)-1$
$\qquad=2\times3-1=\mathbf{5}$

$V(Y)=V(2X-1)=2^2V(X)$
$\qquad=4\times4=\mathbf{16}$

$\sigma(Y)=\sigma(2X-1)=|2|\sigma(X)$
$\qquad=2\times2=\mathbf{4}$

(2) $E(Y)=E(-3X+2)=-3E(X)+2$
$\qquad=-3\times3+2=\mathbf{-7}$

$V(Y)=V(-3X+2)=(-3)^2V(X)$
$\qquad=9\times4=\mathbf{36}$

$\sigma(Y)=\sigma(-3X+2)=|-3|\sigma(X)$
$\qquad=3\times2=\mathbf{6}$

🔳 풀이 참조

268

(1) $E(X)=-1\times\dfrac{5}{8}+0\times\dfrac{1}{4}+1\times\dfrac{1}{8}=-\dfrac{1}{2}$

$E(X^2)=(-1)^2\times\dfrac{5}{8}+0^2\times\dfrac{1}{4}+1^2\times\dfrac{1}{8}=\dfrac{3}{4}$

이므로

$$V(X)=E(X^2)-\{E(X)\}^2$$
$$=\dfrac{3}{4}-\left(-\dfrac{1}{2}\right)^2=\dfrac{1}{2}$$
$$\sigma(X)=\sqrt{V(X)}=\dfrac{\sqrt{2}}{2}$$

(2) $E(Y)=E(4X-3)=4E(X)-3$
$\qquad=4\times\left(-\dfrac{1}{2}\right)-3=-5$

$V(Y)=V(4X-3)=4^2V(X)$
$\qquad=16\times\dfrac{1}{2}=8$

$\sigma(Y)=\sigma(4X-3)=|4|\sigma(X)$
$\qquad=4\times\dfrac{\sqrt{2}}{2}=2\sqrt{2}$

🔳 (1) 평균: $-\dfrac{1}{2}$, 분산: $\dfrac{1}{2}$, 표준편차: $\dfrac{\sqrt{2}}{2}$

(2) 평균: -5, 분산: 8, 표준편차: $2\sqrt{2}$

269

확률의 총합은 1이므로

$$P(X=-1)+P(X=1)+P(X=3)+P(X=5)$$
$$=\dfrac{7}{a}+\dfrac{5}{a}+\dfrac{3}{a}+\dfrac{1}{a}=1$$
$$\dfrac{16}{a}=1 \qquad \therefore a=16$$

따라서 X의 확률분포를 표로 나타내면 다음과 같다.

X	-1	1	3	5	합계
$P(X=x)$	$\dfrac{7}{16}$	$\dfrac{5}{16}$	$\dfrac{3}{16}$	$\dfrac{1}{16}$	1

$E(X)=-1\times\dfrac{7}{16}+1\times\dfrac{5}{16}+3\times\dfrac{3}{16}+5\times\dfrac{1}{16}$
$\qquad=\dfrac{3}{4}$

$E(X^2)$
$=(-1)^2\times\dfrac{7}{16}+1^2\times\dfrac{5}{16}+3^2\times\dfrac{3}{16}+5^2\times\dfrac{1}{16}$
$=4$

이므로

$$V(X)=E(X^2)-\{E(X)\}^2$$
$$=4-\left(\dfrac{3}{4}\right)^2=\dfrac{55}{16}$$

🔳 $\dfrac{55}{16}$

270

확률의 총합은 1이므로

$$\dfrac{1}{4}+\dfrac{1}{4}+p=1 \qquad \therefore p=\dfrac{1}{2}$$

$E(X) = \frac{1}{2}$이므로

$$-k \times \frac{1}{4} + 0 \times \frac{1}{4} + k \times \frac{1}{2} = \frac{1}{2} \qquad \therefore k = 2$$

$E(X^2) = (-2)^2 \times \frac{1}{4} + 0^2 \times \frac{1}{4} + 2^2 \times \frac{1}{2} = 3$이므로

$$V(X) = E(X^2) - \{E(X)\}^2$$
$$= 3 - \left(\frac{1}{2}\right)^2 = \frac{11}{4}$$
$$\therefore \sigma(X) = \sqrt{V(X)} = \sqrt{\frac{11}{4}} = \frac{\sqrt{11}}{2}$$

답 $\dfrac{\sqrt{11}}{2}$

271

확률변수 X가 가질 수 있는 값은 0, 1, 2, 3이고, 그 확률은 각각

$$P(X=0) = \frac{1}{8}, \ P(X=1) = \frac{3}{8},$$
$$P(X=2) = \frac{3}{8}, \ P(X=3) = \frac{1}{8}$$

이므로 X의 확률분포를 표로 나타내면 다음과 같다.

X	0	1	2	3	합계
$P(X=x)$	$\frac{1}{8}$	$\frac{3}{8}$	$\frac{3}{8}$	$\frac{1}{8}$	1

$$\therefore E(X) = 0 \times \frac{1}{8} + 1 \times \frac{3}{8} + 2 \times \frac{3}{8} + 3 \times \frac{1}{8}$$
$$= \frac{3}{2}$$

$E(X^2) = 0^2 \times \frac{1}{8} + 1^2 \times \frac{3}{8} + 2^2 \times \frac{3}{8} + 3^2 \times \frac{1}{8} = 3$

이므로

$$V(X) = E(X^2) - \{E(X)\}^2$$
$$= 3 - \left(\frac{3}{2}\right)^2 = \frac{3}{4}$$
$$\therefore \sigma(X) = \sqrt{V(X)} = \sqrt{\frac{3}{4}} = \frac{\sqrt{3}}{2}$$

답 평균: $\dfrac{3}{2}$, 표준편차: $\dfrac{\sqrt{3}}{2}$

272

확률변수 X가 가질 수 있는 값은 0, 1, 2이고, 그 확률은 각각

$$P(X=0) = \frac{{}_7C_2}{{}_{10}C_2} = \frac{7}{15},$$

$$P(X=1) = \frac{{}_7C_1 \times {}_3C_1}{{}_{10}C_2} = \frac{7}{15},$$

$$P(X=2) = \frac{{}_3C_2}{{}_{10}C_2} = \frac{1}{15}$$

이므로 X의 확률분포를 표로 나타내면 다음과 같다.

X	0	1	2	합계
$P(X=x)$	$\frac{7}{15}$	$\frac{7}{15}$	$\frac{1}{15}$	1

$$\therefore E(X) = 0 \times \frac{7}{15} + 1 \times \frac{7}{15} + 2 \times \frac{1}{15} = \frac{3}{5}$$

$E(X^2) = 0^2 \times \frac{7}{15} + 1^2 \times \frac{7}{15} + 2^2 \times \frac{1}{15} = \frac{11}{15}$

이므로

$$V(X) = E(X^2) - \{E(X)\}^2$$
$$= \frac{11}{15} - \left(\frac{3}{5}\right)^2 = \frac{28}{75}$$
$$\therefore \sigma(X) = \sqrt{V(X)} = \sqrt{\frac{28}{75}} = \frac{2\sqrt{21}}{15}$$

답 평균: $\dfrac{3}{5}$, 표준편차: $\dfrac{2\sqrt{21}}{15}$

273

확률변수 X가 가질 수 있는 값은 1, 2, 3이고, 그 확률은 각각

$$P(X=1) = \frac{{}_3C_1 \times {}_2C_2}{{}_5C_3} = \frac{3}{10},$$

$$P(X=2) = \frac{{}_3C_2 \times {}_2C_1}{{}_5C_3} = \frac{3}{5},$$

$$P(X=3) = \frac{{}_3C_3}{{}_5C_3} = \frac{1}{10}$$

이므로 X의 확률분포를 표로 나타내면 다음과 같다.

X	1	2	3	합계
$P(X=x)$	$\frac{3}{10}$	$\frac{3}{5}$	$\frac{1}{10}$	1

$E(X) = 1 \times \frac{3}{10} + 2 \times \frac{3}{5} + 3 \times \frac{1}{10} = \frac{9}{5}$,

$E(X^2) = 1^2 \times \frac{3}{10} + 2^2 \times \frac{3}{5} + 3^2 \times \frac{1}{10} = \frac{18}{5}$

이므로

$$V(X) = E(X^2) - \{E(X)\}^2$$
$$= \frac{18}{5} - \left(\frac{9}{5}\right)^2 = \frac{9}{25}$$
$$\therefore \sigma(X) = \sqrt{V(X)} = \sqrt{\frac{9}{25}} = \frac{3}{5}$$

답 $\dfrac{3}{5}$

274

한 번의 게임에서 받을 수 있는 상금을 X원이라 하면 확률변수 X가 가질 수 있는 값은 $500, 750, 1000$이고, 그 확률은 각각

$$P(X=500)=\frac{{}_3C_2}{{}_5C_2}=\frac{3}{10},$$

$$P(X=750)=\frac{{}_3C_1\times{}_2C_1}{{}_5C_2}=\frac{3}{5},$$

$$P(X=1000)=\frac{{}_2C_2}{{}_5C_2}=\frac{1}{10}$$

이므로 X의 확률분포를 표로 나타내면 다음과 같다.

X	500	750	1000	합계
$P(X=x)$	$\frac{3}{10}$	$\frac{3}{5}$	$\frac{1}{10}$	1

$$\therefore E(X)=500\times\frac{3}{10}+750\times\frac{3}{5}+1000\times\frac{1}{10}$$

$$=700$$

따라서 구하는 기댓값은 700원이다. **탑 700원**

275

한 번의 게임에서 받을 수 있는 상금을 X원이라 하면

눈의 수가 1일 때, $X=1\times200=200$

눈의 수가 2일 때, $X=2\times100=200$

눈의 수가 3일 때, $X=3\times200=600$

눈의 수가 4일 때, $X=4\times100=400$

눈의 수가 5일 때, $X=5\times200=1000$

눈의 수가 6일 때, $X=6\times100=600$

따라서 X의 확률분포를 표로 나타내면 다음과 같다.

X	200	400	600	1000	합계
$P(X=x)$	$\frac{1}{3}$	$\frac{1}{6}$	$\frac{1}{3}$	$\frac{1}{6}$	1

$$\therefore E(X)=200\times\frac{1}{3}+400\times\frac{1}{6}+600\times\frac{1}{3}$$

$$+1000\times\frac{1}{6}$$

$$=500$$

즉 구하는 기댓값은 500원이다. **탑 500원**

276

$E(-2X+3)=1$에서

$$-2E(X)+3=1 \qquad \therefore E(X)=1$$

$\sigma(X)=2$에서 $V(X)=2^2=4$

이때 $V(X)=E(X^2)-\{E(X)\}^2$이므로

$$E(X^2)=V(X)+\{E(X)\}^2$$

$$=4+1^2=5$$ **탑 5**

277

$E(X)=5$이므로 $E(Y)=E(aX+b)=42$에서

$$aE(X)+b=42$$

$$\therefore 5a+b=42 \qquad\qquad \cdots\cdots \text{㉠}$$

$$V(X)=E(X^2)-\{E(X)\}^2$$

$$=125-5^2=100$$

이므로 $V(Y)=V(aX+b)=16$에서

$$a^2V(X)=16$$

$$100a^2=16, \qquad a^2=\frac{4}{25}$$

$$\therefore a=\frac{2}{5} \ (\because a>0)$$

$a=\frac{2}{5}$를 ㉠에 대입하면

$$5\times\frac{2}{5}+b=42 \qquad \therefore b=40$$ **탑 40**

278

$E(X)=4320, \ \sigma(X)=100$이므로

$$E(Y)=E\left(\frac{5}{4}X+300\right)=\frac{5}{4}E(X)+300$$

$$=\frac{5}{4}\times4320+300=5700$$

$$\sigma(Y)=\sigma\left(\frac{5}{4}X+300\right)=\left|\frac{5}{4}\right|\sigma(X)$$

$$=\frac{5}{4}\times100=125$$

탑 평균: 5700, 표준편차: 125

279

확률변수 X의 확률분포를 표로 나타내면 다음과 같다.

X	1	2	3	4	합계
$P(X=x)$	k	$4k$	$9k$	$16k$	1

확률의 총합은 1이므로

$$k+4k+9k+16k=1$$

$$30k=1 \qquad \therefore k=\frac{1}{30}$$

$$\therefore \mathrm{E}(X)$$
$$=1\times\frac{1}{30}+2\times\frac{4}{30}+3\times\frac{9}{30}+4\times\frac{16}{30}$$
$$=\frac{10}{3}$$
$$\therefore \mathrm{E}(-9X-2)=-9\mathrm{E}(X)-2$$
$$=-9\times\frac{10}{3}-2=-32$$

답 -32

280

확률의 총합은 1이므로
$$a+\frac{a}{2}+a^2=1$$
$$2a^2+3a-2=0, \qquad (2a-1)(a+2)=0$$
$$\therefore a=\frac{1}{2} \ \text{또는} \ a=-2$$

이때 $0\leq\mathrm{P}(X=x)\leq1$이므로
$$a=\frac{1}{2}$$
$$\therefore \mathrm{E}(X)=-1\times\frac{1}{2}+0\times\frac{1}{4}+1\times\frac{1}{4}$$
$$=-\frac{1}{4}$$
$$\mathrm{E}(X^2)=(-1)^2\times\frac{1}{2}+0^2\times\frac{1}{4}+1^2\times\frac{1}{4}=\frac{3}{4}$$

이므로
$$\mathrm{V}(X)=\mathrm{E}(X^2)-\{\mathrm{E}(X)\}^2$$
$$=\frac{3}{4}-\left(-\frac{1}{4}\right)^2=\frac{11}{16}$$
$$\sigma(X)=\sqrt{\mathrm{V}(X)}=\sqrt{\frac{11}{16}}=\frac{\sqrt{11}}{4}$$

따라서 확률변수 $Y=2X+1$에 대하여
$$\mathrm{E}(Y)=\mathrm{E}(2X+1)=2\mathrm{E}(X)+1$$
$$=2\times\left(-\frac{1}{4}\right)+1=\frac{1}{2}$$
$$\mathrm{V}(Y)=\mathrm{V}(2X+1)=2^2\mathrm{V}(X)$$
$$=4\times\frac{11}{16}=\frac{11}{4}$$
$$\sigma(Y)=\sigma(2X+1)=|2|\sigma(X)$$
$$=2\times\frac{\sqrt{11}}{4}=\frac{\sqrt{11}}{2}$$

답 평균: $\dfrac{1}{2}$, 분산: $\dfrac{11}{4}$, 표준편차: $\dfrac{\sqrt{11}}{2}$

281

확률변수 X가 가질 수 있는 값은 0, 1, 2, 3이고, 그 확률은 각각
$$\mathrm{P}(X=0)=\frac{{}_4\mathrm{C}_3\times{}_3\mathrm{C}_0}{{}_7\mathrm{C}_3}=\frac{4}{35},$$
$$\mathrm{P}(X=1)=\frac{{}_4\mathrm{C}_2\times{}_3\mathrm{C}_1}{{}_7\mathrm{C}_3}=\frac{18}{35},$$
$$\mathrm{P}(X=2)=\frac{{}_4\mathrm{C}_1\times{}_3\mathrm{C}_2}{{}_7\mathrm{C}_3}=\frac{12}{35},$$
$$\mathrm{P}(X=3)=\frac{{}_4\mathrm{C}_0\times{}_3\mathrm{C}_3}{{}_7\mathrm{C}_3}=\frac{1}{35}$$

이므로 X의 확률분포를 표로 나타내면 다음과 같다.

X	0	1	2	3	합계
$\mathrm{P}(X=x)$	$\dfrac{4}{35}$	$\dfrac{18}{35}$	$\dfrac{12}{35}$	$\dfrac{1}{35}$	1

$$\therefore \mathrm{E}(X)=0\times\frac{4}{35}+1\times\frac{18}{35}+2\times\frac{12}{35}$$
$$+3\times\frac{1}{35}$$
$$=\frac{9}{7}$$
$$\therefore \mathrm{E}(7X-2)=7\mathrm{E}(X)-2$$
$$=7\times\frac{9}{7}-2$$
$$=7$$

답 7

282

1, 2, 3, 4, 5, 6의 양의 약수의 개수는 각각
$$1, 2, 2, 3, 2, 4$$
이므로 X의 확률분포를 표로 나타내면 다음과 같다.

X	1	2	3	4	합계
$\mathrm{P}(X=x)$	$\dfrac{1}{6}$	$\dfrac{1}{2}$	$\dfrac{1}{6}$	$\dfrac{1}{6}$	1

$$\mathrm{E}(X)=1\times\frac{1}{6}+2\times\frac{1}{2}+3\times\frac{1}{6}+4\times\frac{1}{6}=\frac{7}{3},$$
$$\mathrm{E}(X^2)=1^2\times\frac{1}{6}+2^2\times\frac{1}{2}+3^2\times\frac{1}{6}+4^2\times\frac{1}{6}=\frac{19}{3}$$
이므로
$$\mathrm{V}(X)=\mathrm{E}(X^2)-\{\mathrm{E}(X)\}^2$$
$$=\frac{19}{3}-\left(\frac{7}{3}\right)^2=\frac{8}{9}$$
$$\therefore \sigma(X)=\sqrt{\mathrm{V}(X)}=\sqrt{\frac{8}{9}}=\frac{2\sqrt{2}}{3}$$

III-1

$$\therefore \sigma(-6X+5)=|-6|\sigma(X)$$
$$=6\times\frac{2\sqrt{2}}{3}=4\sqrt{2}$$

답 $4\sqrt{2}$

 연습 문제

● 본책 131~132쪽

283

전략 확률의 총합이 1이고 $\mathrm{E}(X)=3$임을 이용하여 a, b에 대한 식을 세운다.

확률의 총합은 1이므로
$$\frac{1}{10}+\frac{1}{5}+\frac{2}{5}+a+b=1$$
$$\therefore a+b=\frac{3}{10} \qquad \cdots\cdots \text{㉠}$$

$\mathrm{E}(X)=3$이므로
$$1\times\frac{1}{10}+2\times\frac{1}{5}+3\times\frac{2}{5}+4\times a+5\times b=3$$
$$\therefore 4a+5b=\frac{13}{10} \qquad \cdots\cdots \text{㉡}$$

㉠, ㉡을 연립하여 풀면 $\quad a=\frac{1}{5},\ b=\frac{1}{10}$

$$\mathrm{E}(X^2)=1^2\times\frac{1}{10}+2^2\times\frac{1}{5}+3^2\times\frac{2}{5}+4^2\times\frac{1}{5}$$
$$+5^2\times\frac{1}{10}$$
$$=\frac{51}{5}$$

이므로
$$\mathrm{V}(X)=\mathrm{E}(X^2)-\{\mathrm{E}(X)\}^2=\frac{51}{5}-3^2=\frac{6}{5}$$
$$\therefore \sigma(X)=\sqrt{\mathrm{V}(X)}=\sqrt{\frac{6}{5}}=\frac{\sqrt{30}}{5}$$

답 $\dfrac{\sqrt{30}}{5}$

284

전략 확률변수 X의 확률분포를 구한다.

확률변수 X가 가질 수 있는 값은 0, 1, 2이고, 그 확률은 각각
$$\mathrm{P}(X=0)=\frac{{}_3\mathrm{C}_2}{{}_5\mathrm{C}_2}=\frac{3}{10},$$

$$\mathrm{P}(X=1)=\frac{{}_3\mathrm{C}_1\times{}_2\mathrm{C}_1}{{}_5\mathrm{C}_2}=\frac{3}{5},$$
$$\mathrm{P}(X=2)=\frac{{}_2\mathrm{C}_2}{{}_5\mathrm{C}_2}=\frac{1}{10}$$

이므로 X의 확률분포를 표로 나타내면 다음과 같다.

X	0	1	2	합계
$\mathrm{P}(X=x)$	$\dfrac{3}{10}$	$\dfrac{3}{5}$	$\dfrac{1}{10}$	1

$$\mathrm{E}(X)=0\times\frac{3}{10}+1\times\frac{3}{5}+2\times\frac{1}{10}=\frac{4}{5},$$
$$\mathrm{E}(X^2)=0^2\times\frac{3}{10}+1^2\times\frac{3}{5}+2^2\times\frac{1}{10}=1\text{이므로}$$
$$\mathrm{V}(X)=\mathrm{E}(X^2)-\{\mathrm{E}(X)\}^2$$
$$=1-\left(\frac{4}{5}\right)^2=\frac{9}{25}$$

답 $\dfrac{9}{25}$

285

전략 $\mathrm{E}(aX+b)=a\mathrm{E}(X)+b$임을 이용한다.

$\mathrm{V}(X)=\mathrm{E}(X^2)-\{\mathrm{E}(X)\}^2$에서
$$\mathrm{E}(X^2)=\mathrm{V}(X)+\{\mathrm{E}(X)\}^2$$
$$=7+2^2=11$$
$$\therefore \mathrm{E}((X-3)^2)$$
$$=\mathrm{E}(X^2-6X+9)$$
$$=\mathrm{E}(X^2)-6\mathrm{E}(X)+9$$
$$=11-6\times2+9=8$$

답 8

◉ 해설 Focus

일반적으로 두 확률변수 X, Y에 대하여
$$\mathrm{E}(X+Y)=\mathrm{E}(X)+\mathrm{E}(Y)$$
가 성립한다.

286

전략 $\mathrm{E}(aX+b)=a\mathrm{E}(X)+b$, $\sigma(aX+b)=|a|\sigma(X)$임을 이용한다.

$\mathrm{E}(X)=m$, $\sigma(X)=\sigma$이므로
$$\mathrm{E}(T)=\mathrm{E}\left(10\times\frac{X-m}{\sigma}+50\right)$$
$$=\mathrm{E}\left(\frac{10}{\sigma}X-\frac{10m}{\sigma}+50\right)$$
$$=\frac{10}{\sigma}\mathrm{E}(X)-\frac{10m}{\sigma}+50$$
$$=\frac{10m}{\sigma}-\frac{10m}{\sigma}+50=50$$

$$\sigma(T)=\sigma\left(10\times\frac{X-m}{\sigma}+50\right)$$
$$=\left|\frac{10}{\sigma}\right|\sigma(X)$$
$$=\frac{10}{\sigma}\times\sigma=10$$

답 평균: 50, 표준편차: 10

287

 $E(X)=-1$임을 이용하여 a의 값을 구한다.

$E(X)=-1$에서

$$-3\times\frac{1}{2}+0\times\frac{1}{4}+a\times\frac{1}{4}=-1$$
$$\frac{1}{4}a=\frac{1}{2}\qquad\therefore a=2$$

$$E(X^2)=(-3)^2\times\frac{1}{2}+0^2\times\frac{1}{4}+2^2\times\frac{1}{4}=\frac{11}{2}$$

이므로

$$V(X)=E(X^2)-\{E(X)\}^2$$
$$=\frac{11}{2}-(-1)^2=\frac{9}{2}$$
$$\therefore V(aX)=V(2X)=2^2V(X)$$
$$=4\times\frac{9}{2}=18$$

답 ③

288

 확률변수 X의 확률분포를 구한다.

확률변수 X가 가질 수 있는 값은 3, 4, 5, 6이고, 그 확률은 각각

$$P(X=3)=\frac{_1C_1\times_2C_1}{_6C_2}=\frac{2}{15},$$
$$P(X=4)=\frac{_1C_1\times_3C_1+_2C_2}{_6C_2}=\frac{4}{15},$$
$$P(X=5)=\frac{_2C_1\times_3C_1}{_6C_2}=\frac{2}{5},$$
$$P(X=6)=\frac{_3C_2}{_6C_2}=\frac{1}{5}$$

이므로 X의 확률분포를 표로 나타내면 다음과 같다.

X	3	4	5	6	합계
$P(X=x)$	$\frac{2}{15}$	$\frac{4}{15}$	$\frac{2}{5}$	$\frac{1}{5}$	1

$$E(X)=3\times\frac{2}{15}+4\times\frac{4}{15}+5\times\frac{2}{5}+6\times\frac{1}{5}=\frac{14}{3},$$

$$E(X^2)=3^2\times\frac{2}{15}+4^2\times\frac{4}{15}+5^2\times\frac{2}{5}+6^2\times\frac{1}{5}$$
$$=\frac{68}{3}$$

이므로

$$V(X)=E(X^2)-\{E(X)\}^2$$
$$=\frac{68}{3}-\left(\frac{14}{3}\right)^2$$
$$=\frac{8}{9}$$
$$\therefore \sigma(X)=\sqrt{V(X)}=\sqrt{\frac{8}{9}}=\frac{2\sqrt{2}}{3}$$
$$\therefore \sigma(-9X+5)=|-9|\sigma(X)$$
$$=9\times\frac{2\sqrt{2}}{3}=6\sqrt{2}$$

답 $6\sqrt{2}$

289

 확률의 총합이 1임을 이용하여 b를 a에 대한 식으로 나타낸다.

확률의 총합은 1이므로

$$b+\frac{1}{4}+a=1\qquad\therefore b=\frac{3}{4}-a$$

$$E(X)=1\times b+2\times\frac{1}{4}+3\times a$$
$$=\left(\frac{3}{4}-a\right)+\frac{1}{2}+3a$$
$$=2a+\frac{5}{4}$$

$$E(X^2)=1^2\times b+2^2\times\frac{1}{4}+3^2\times a$$
$$=\left(\frac{3}{4}-a\right)+1+9a$$
$$=8a+\frac{7}{4}$$

이므로

$$V(X)=E(X^2)-\{E(X)\}^2$$
$$=8a+\frac{7}{4}-\left(2a+\frac{5}{4}\right)^2$$
$$=-4a^2+3a+\frac{3}{16}$$
$$=-4\left(a-\frac{3}{8}\right)^2+\frac{3}{4}$$

이때 $0\le a\le\frac{3}{4}$이므로 $V(X)$는 $a=\frac{3}{8}$일 때 최대이다.

답 $\frac{3}{8}$

290

전략 확률변수 X의 확률분포를 표로 나타낸다.

$\mathrm{P}(X=k)=\mathrm{P}(X=k+2)$에 $k=0$, 1, 2를 각각 대입하면

$$\mathrm{P}(X=0)=\mathrm{P}(X=2),\ \mathrm{P}(X=1)=\mathrm{P}(X=3),$$
$$\mathrm{P}(X=2)=\mathrm{P}(X=4)$$

따라서 $\mathrm{P}(X=0)=a$, $\mathrm{P}(X=1)=b$라 하고 X의 확률분포를 표로 나타내면 다음과 같다.

X	0	1	2	3	4	합계
$\mathrm{P}(X=x)$	a	b	a	b	a	1

확률의 총합은 1이므로

$$3a+2b=1 \qquad \cdots\cdots\ ㉠$$

$\mathrm{E}(X^2)=\dfrac{35}{6}$이므로

$$0^2\times a+1^2\times b+2^2\times a+3^2\times b+4^2\times a=\frac{35}{6}$$

$$\therefore 2a+b=\frac{7}{12} \qquad \cdots\cdots\ ㉡$$

㉠, ㉡을 연립하여 풀면 $\quad a=\dfrac{1}{6}$, $b=\dfrac{1}{4}$

$$\therefore \mathrm{P}(X=0)=\frac{1}{6}$$

답 ④

291

전략 상품권의 총액을 X원이라 하고 확률변수 X의 확률분포를 구한다.

한 상자를 골라 상품권 2장을 꺼낼 때 나오는 상품권의 총액을 X원이라 하면 확률변수 X가 가질 수 있는 값은 10000, 15000, 20000이고, 그 확률은 각각

$$\mathrm{P}(X=10000)=\frac{1}{2}\times\frac{{}_2\mathrm{C}_2}{{}_5\mathrm{C}_2}=\frac{1}{20}$$

$$\mathrm{P}(X=15000)$$
$$=\frac{1}{2}\times\frac{{}_3\mathrm{C}_1\times{}_2\mathrm{C}_1}{{}_5\mathrm{C}_2}+\frac{1}{2}\times\frac{{}_4\mathrm{C}_1\times{}_1\mathrm{C}_1}{{}_5\mathrm{C}_2}=\frac{1}{2}$$

$$\mathrm{P}(X=20000)=\frac{1}{2}\times\frac{{}_3\mathrm{C}_2}{{}_5\mathrm{C}_2}+\frac{1}{2}\times\frac{{}_4\mathrm{C}_2}{{}_5\mathrm{C}_2}$$
$$=\frac{9}{20}$$

따라서 X의 확률분포를 표로 나타내면 다음과 같다.

X	10000	15000	20000	합계
$\mathrm{P}(X=x)$	$\dfrac{1}{20}$	$\dfrac{1}{2}$	$\dfrac{9}{20}$	1

$$\therefore \mathrm{E}(X)$$
$$=10000\times\frac{1}{20}+15000\times\frac{1}{2}+20000\times\frac{9}{20}$$
$$=17000$$

즉 구하는 기댓값은 17000원이다.

답 17000원

292

전략 주어진 표를 이용하여 $\mathrm{E}(X)$, $\mathrm{V}(X)$를 구한다.

$$\mathrm{E}(X)=0\times\frac{1}{8}+2\times\frac{3}{8}+4\times\frac{3}{8}+6\times\frac{1}{8}=3,$$

$$\mathrm{E}(X^2)=0^2\times\frac{1}{8}+2^2\times\frac{3}{8}+4^2\times\frac{3}{8}+6^2\times\frac{1}{8}=12$$

이므로

$$\mathrm{V}(X)=\mathrm{E}(X^2)-\{\mathrm{E}(X)\}^2$$
$$=12-3^2=3$$

$\mathrm{E}(Y)=\mathrm{E}(aX+b)=6$에서

$$a\mathrm{E}(X)+b=6$$
$$\therefore 3a+b=6 \qquad \cdots\cdots\ ㉠$$

$\mathrm{V}(Y)=\mathrm{V}(aX+b)=3$에서

$$a^2\mathrm{V}(X)=3, \qquad 3a^2=3$$
$$\therefore a=-1\ (\because a<0)$$

$a=-1$을 ㉠에 대입하면

$$-3+b=6 \qquad \therefore b=9$$
$$\therefore a+b=8$$

답 8

293

전략 확률변수 X의 확률분포를 구한다.

확률변수 X가 가질 수 있는 값은 1, 2, 3이다.

(ⅰ) $X=1$일 때

맨 앞에 여학생 3명 중 1명을 세우고 그 뒤에 나머지 4명을 세우면 되므로

$$\mathrm{P}(X=1)=\frac{{}_3\mathrm{P}_1\times4!}{5!}=\frac{3}{5}$$

(ⅱ) $X=2$일 때

맨 앞에 남학생 2명 중 1명을, 두 번째 자리에 여학생 3명 중 1명을 세우고 그 뒤에 나머지 3명을 세우면 되므로

$$\mathrm{P}(X=2)=\frac{{}_2\mathrm{P}_1\times{}_3\mathrm{P}_1\times3!}{5!}=\frac{3}{10}$$

(iii) $X=3$일 때

남학생 2명을 세우고 그 뒤에 여학생 3명을 세우면 되므로

$$\mathrm{P}(X=3)=\frac{2!\times3!}{5!}=\frac{1}{10}$$

이상에서 X의 확률분포를 표로 나타내면 다음과 같다.

X	1	2	3	합계
$\mathrm{P}(X=x)$	$\dfrac{3}{5}$	$\dfrac{3}{10}$	$\dfrac{1}{10}$	1

$$\mathrm{E}(X)=1\times\frac{3}{5}+2\times\frac{3}{10}+3\times\frac{1}{10}=\frac{3}{2},$$

$$\mathrm{E}(X^2)=1^2\times\frac{3}{5}+2^2\times\frac{3}{10}+3^2\times\frac{1}{10}=\frac{27}{10}$$이므로

$$\mathrm{V}(X)=\mathrm{E}(X^2)-\{\mathrm{E}(X)\}^2$$
$$=\frac{27}{10}-\left(\frac{3}{2}\right)^2=\frac{9}{20}$$

$$\therefore \mathrm{V}(10X)=10^2\,\mathrm{V}(X)=100\times\frac{9}{20}=45$$

답 **45**

03 이항분포

● 본책 133~139쪽

294

(1) 한 개의 주사위를 던질 때 짝수의 눈이 나올 확률은 $\dfrac{1}{2}$이고 각 주사위의 결과는 서로 독립이므로 확률변수 X는 이항분포 $\mathrm{B}\left(10,\dfrac{1}{2}\right)$을 따른다.

(2) 제비를 차례로 2개 뽑을 때, 첫 번째에 당첨 제비를 뽑는 사건과 두 번째에 당첨 제비를 뽑는 사건은 서로 독립이 아니므로 이항분포를 따르지 않는다.

(3) 자유투를 한 번 던질 때 성공할 확률은 0.85이고 각 자유투의 결과는 서로 독립이므로 확률변수 X는 이항분포 $\mathrm{B}(50,\,0.85)$를 따른다.

(4) 화장품을 재구매할 확률은 0.4이고 각 구매자가 재구매하는 것은 서로 독립이므로 확률변수 X는 이항분포 $\mathrm{B}(100,\,0.4)$를 따른다.

답 (1) $\mathrm{B}\left(10,\,\dfrac{1}{2}\right)$ (2) **이항분포를 따르지 않는다.**

(3) $\mathrm{B}(50,\,0.85)$ (4) $\mathrm{B}(100,\,0.4)$

295

(1) $\mathrm{P}(X=x)={}_3\mathrm{C}_x\left(\dfrac{2}{3}\right)^x\left(\dfrac{1}{3}\right)^{3-x}$ $(x=0,\,1,\,2,\,3)$

(2) $\mathrm{P}(X=2)={}_3\mathrm{C}_2\left(\dfrac{2}{3}\right)^2\left(\dfrac{1}{3}\right)^1=\dfrac{4}{9}$

답 풀이 참조

296

(1) $\mathrm{E}(X)=36\times\dfrac{1}{3}=12$

$\mathrm{V}(X)=36\times\dfrac{1}{3}\times\dfrac{2}{3}=8$

$\sigma(X)=\sqrt{\mathrm{V}(X)}=\sqrt{8}=2\sqrt{2}$

(2) $\mathrm{E}(X)=100\times\dfrac{2}{5}=40$

$\mathrm{V}(X)=100\times\dfrac{2}{5}\times\dfrac{3}{5}=24$

$\sigma(X)=\sqrt{\mathrm{V}(X)}=\sqrt{24}=2\sqrt{6}$

답 풀이 참조

297

(1) $\mathrm{B}\left(4,\,\dfrac{3}{4}\right)$

(2) $\mathrm{P}(X=x)={}_4\mathrm{C}_x\left(\dfrac{3}{4}\right)^x\left(\dfrac{1}{4}\right)^{4-x}$

$(x=0,\,1,\,2,\,3,\,4)$

(3) 구하는 확률은
$$\mathrm{P}(X\geq1)=1-\mathrm{P}(X=0)$$
$$=1-{}_4\mathrm{C}_0\left(\dfrac{1}{4}\right)^4$$
$$=1-\frac{1}{256}=\frac{255}{256}$$

답 풀이 참조

298

확률변수 X의 확률질량함수는
$$\mathrm{P}(X=x)={}_{25}\mathrm{C}_x\left(\frac{4}{5}\right)^x\left(\frac{1}{5}\right)^{25-x}$$
$$(x=0,\,1,\,2,\,\cdots,\,25)$$

이므로 $\mathrm{P}(X=2)=a\mathrm{P}(X=1)$에서

$${}_{25}\mathrm{C}_2\left(\frac{4}{5}\right)^2\left(\frac{1}{5}\right)^{23}=a\times{}_{25}\mathrm{C}_1\left(\frac{4}{5}\right)^1\left(\frac{1}{5}\right)^{24}$$

$240=5a$ $\therefore a=48$ 답 **48**

299

(1) $\mathrm{B}\left(50, \dfrac{1}{5}\right)$

(2) $\mathrm{E}(X)=50\times\dfrac{1}{5}=\mathbf{10}$

$\mathrm{V}(X)=50\times\dfrac{1}{5}\times\dfrac{4}{5}=8$

$\sigma(X)=\sqrt{\mathrm{V}(X)}=\sqrt{8}=\mathbf{2\sqrt{2}}$

답 풀이 참조

300

$\mathrm{E}(X)=5$에서　$20p=5$　$\therefore p=\dfrac{1}{4}$

즉 확률변수 X는 이항분포 $\mathrm{B}\left(20, \dfrac{1}{4}\right)$을 따르므로

$\mathrm{V}(X)=20\times\dfrac{1}{4}\times\dfrac{3}{4}=\dfrac{15}{4}$

이때 $\mathrm{V}(X)=\mathrm{E}(X^2)-\{\mathrm{E}(X)\}^2$이므로

$\mathrm{E}(X^2)=\mathrm{V}(X)+\{\mathrm{E}(X)\}^2$

$=\dfrac{15}{4}+5^2=\dfrac{115}{4}$

답 $\dfrac{115}{4}$

301

$\mathrm{E}(X)=\dfrac{4}{5}$이므로　$np=\dfrac{4}{5}$　…… ㉠

또 $\mathrm{E}(X^2)=\dfrac{32}{25}$이므로

$\mathrm{V}(X)=\mathrm{E}(X^2)-\{\mathrm{E}(X)\}^2$

$=\dfrac{32}{25}-\left(\dfrac{4}{5}\right)^2=\dfrac{16}{25}$

$\therefore np(1-p)=\dfrac{16}{25}$　…… ㉡

㉠을 ㉡에 대입하면

$\dfrac{4}{5}(1-p)=\dfrac{16}{25}$　$\therefore p=\dfrac{1}{5}$

$p=\dfrac{1}{5}$을 ㉠에 대입하면

$\dfrac{1}{5}n=\dfrac{4}{5}$　$\therefore n=4$

따라서 확률변수 X는 이항분포 $\mathrm{B}\left(4, \dfrac{1}{5}\right)$을 따르므로

$\mathrm{P}(X=3)={}_4\mathrm{C}_3\left(\dfrac{1}{5}\right)^3\left(\dfrac{4}{5}\right)^1=\dfrac{16}{625}$

답 $\dfrac{16}{625}$

302

하나의 씨앗이 발아할 확률은 $\dfrac{1}{5}$이므로 확률변수 X는

이항분포 $\mathrm{B}\left(200, \dfrac{1}{5}\right)$을 따른다.

$\therefore \mathrm{E}(X)=200\times\dfrac{1}{5}=40$

답 40

303

3개의 동전을 동시에 던져서 앞면이 2개, 뒷면이 1개

나올 확률은

${}_3\mathrm{C}_2\left(\dfrac{1}{2}\right)^2\left(\dfrac{1}{2}\right)^1=\dfrac{3}{8}$

이므로 확률변수 X는 이항분포 $\mathrm{B}\left(160, \dfrac{3}{8}\right)$을 따른다.

$\therefore \sigma(X)=\sqrt{160\times\dfrac{3}{8}\times\dfrac{5}{8}}=\dfrac{5\sqrt{6}}{2}$

답 $\dfrac{5\sqrt{6}}{2}$

304

가위바위보를 한 번 하여 지아가 이길 확률은 $\dfrac{1}{3}$이므

로 확률변수 X는 이항분포 $\mathrm{B}\left(10, \dfrac{1}{3}\right)$을 따른다.

$\therefore \mathrm{E}(X)=10\times\dfrac{1}{3}=\dfrac{10}{3}$,

$\mathrm{V}(X)=10\times\dfrac{1}{3}\times\dfrac{2}{3}=\dfrac{20}{9}$

이때 $\mathrm{V}(X)=\mathrm{E}(X^2)-\{\mathrm{E}(X)\}^2$이므로

$\mathrm{E}(X^2)=\mathrm{V}(X)+\{\mathrm{E}(X)\}^2$

$=\dfrac{20}{9}+\left(\dfrac{10}{3}\right)^2=\dfrac{40}{3}$

답 $\dfrac{40}{3}$

305

약을 복용한 환자가 완치될 확률은 $\dfrac{4}{5}$이므로 확률변수

X는 이항분포 $\mathrm{B}\left(200, \dfrac{4}{5}\right)$를 따른다.

$\therefore \mathrm{E}(X)=200\times\dfrac{4}{5}=160$

$\mathrm{V}(X)=200\times\dfrac{4}{5}\times\dfrac{1}{5}=32$

$\sigma(X)=\sqrt{\mathrm{V}(X)}=\sqrt{32}=4\sqrt{2}$

따라서 확률변수 $Y=2X-1$에 대하여
$$\begin{aligned}
\mathrm{E}(Y)&=\mathrm{E}(2X-1)=2\mathrm{E}(X)-1\\
&=2\times160-1=319\\
\sigma(Y)&=\sigma(2X-1)=|2|\sigma(X)\\
&=2\times4\sqrt{2}=8\sqrt{2}
\end{aligned}$$

답 평균: **319**, 표준편차: $8\sqrt{2}$

306

4개의 동전을 동시에 던져서 앞면이 1개, 뒷면이 3개 나올 확률은
$$_4\mathrm{C}_1\left(\frac{1}{2}\right)^1\left(\frac{1}{2}\right)^3=\frac{1}{4}$$

이므로 확률변수 X는 이항분포 $\mathrm{B}\left(n,\ \frac{1}{4}\right)$을 따른다.
$$\therefore\ \mathrm{E}(X)=n\times\frac{1}{4}=\frac{1}{4}n$$
$$\mathrm{V}(X)=n\times\frac{1}{4}\times\frac{3}{4}=\frac{3}{16}n$$

이때 $\mathrm{V}(X)=\mathrm{E}(X^2)-\{\mathrm{E}(X)\}^2$이므로
$$\frac{3}{16}n=70-\left(\frac{1}{4}n\right)^2$$
$$n^2+3n-1120=0,\qquad(n+35)(n-32)=0$$
$$\therefore\ n=32\ (\because\ n>0)$$

따라서 $\mathrm{V}(X)=\dfrac{3}{16}\times32=6$이므로
$$\mathrm{V}(3X-2)=3^2\mathrm{V}(X)=9\times6=54$$

답 **54**

● 본책 140~141쪽

연습 문제

307

전략 합격한 제품의 개수를 X로 놓고 확률변수 X의 확률분포를 구한다.

합격한 제품의 개수를 X라 하면 확률변수 X는 이항분포 $\mathrm{B}\left(5,\ \frac{9}{10}\right)$를 따르므로 X의 확률질량함수는
$$\mathrm{P}(X=x)=_5\mathrm{C}_x\left(\frac{9}{10}\right)^x\left(\frac{1}{10}\right)^{5-x}$$
$$(x=0,\ 1,\ 2,\ \cdots,\ 5)$$

따라서 구하는 확률은
$$\begin{aligned}
\mathrm{P}(X\leq1)&=\mathrm{P}(X=0)+\mathrm{P}(X=1)\\
&=_5\mathrm{C}_0\left(\frac{1}{10}\right)^5+_5\mathrm{C}_1\left(\frac{9}{10}\right)^1\left(\frac{1}{10}\right)^4\\
&=\frac{23}{50000}
\end{aligned}$$

답 $\dfrac{23}{50000}$

308

전략 확률변수 X가 따르는 이항분포를 구한다.

확률변수 X는 이항분포 $\mathrm{B}\left(160,\ \frac{3}{4}\right)$을 따르므로
$$\mathrm{E}(X)=160\times\frac{3}{4}=120$$
$$\mathrm{V}(X)=160\times\frac{3}{4}\times\frac{1}{4}=30$$

답 평균: **120**, 분산: **30**

309

전략 확률변수 X가 이항분포 $\mathrm{B}(n,\ p)$를 따를 때, $\mathrm{E}(X)=np$, $\mathrm{V}(X)=np(1-p)$임을 이용한다.

$\mathrm{E}(X)=15$, $\mathrm{V}(X)=\left(\dfrac{3\sqrt{5}}{2}\right)^2=\dfrac{45}{4}$이므로
$$np=15 \qquad\qquad\cdots\cdots\ \unicode{x27E1}$$
$$np(1-p)=\frac{45}{4} \qquad\cdots\cdots\ \unicode{x27E2}$$

㉠을 ㉡에 대입하면
$$15(1-p)=\frac{45}{4}\qquad\therefore\ p=\frac{1}{4}$$

$p=\dfrac{1}{4}$을 ㉠에 대입하면
$$\frac{1}{4}n=15\qquad\therefore\ n=60$$
$$\therefore\ 4(n+p)=4\times\left(60+\frac{1}{4}\right)=241$$

답 **241**

310

전략 확률변수 X가 따르는 이항분포를 구한다.

1회의 시행에서 같은 색의 공이 나올 확률은
$$\frac{_3\mathrm{C}_2+_4\mathrm{C}_2}{_7\mathrm{C}_2}=\frac{3}{7}$$

이므로 확률변수 X는 이항분포 $\mathrm{B}\left(49,\ \frac{3}{7}\right)$을 따른다.
$$\therefore\ \sigma(X)=\sqrt{49\times\frac{3}{7}\times\frac{4}{7}}=2\sqrt{3}$$

답 $2\sqrt{3}$

311

전략 X의 확률분포를 이용하여 $\mathrm{E}(X)$, $\mathrm{E}(X^2)$을 구한다.

확률변수 X는 이항분포 $\mathrm{B}\!\left(3,\dfrac{1}{2}\right)$을 따르므로

$$\mathrm{E}(X)=3\times\dfrac{1}{2}=\dfrac{3}{2}$$

$$\mathrm{V}(X)=3\times\dfrac{1}{2}\times\dfrac{1}{2}=\dfrac{3}{4}$$

이때 $\mathrm{V}(X)=\mathrm{E}(X^2)-\{\mathrm{E}(X)\}^2$이므로

$$\mathrm{E}(X^2)=\mathrm{V}(X)+\{\mathrm{E}(X)\}^2$$
$$=\dfrac{3}{4}+\left(\dfrac{3}{2}\right)^2=3$$

$$\therefore\ f(a)=\mathrm{E}((X-a)^2)=\mathrm{E}(X^2-2aX+a^2)$$
$$=\mathrm{E}(X^2)-2a\mathrm{E}(X)+a^2$$
$$=3-2a\times\dfrac{3}{2}+a^2$$
$$=\left(a-\dfrac{3}{2}\right)^2+\dfrac{3}{4}$$

따라서 $f(a)$는 $a=\dfrac{3}{2}$일 때 최솟값 $\dfrac{3}{4}$을 갖는다.

답 $\dfrac{3}{4}$

다른 풀이 X의 확률분포를 표로 나타내면 다음과 같다.

X	0	1	2	3	합계
$\mathrm{P}(X=x)$	$\dfrac{1}{8}$	$\dfrac{3}{8}$	$\dfrac{3}{8}$	$\dfrac{1}{8}$	1

이때 $Y=(X-a)^2$이라 하고 확률변수 Y의 확률분포를 표로 나타내면 다음과 같다.

Y	a^2	$(a-1)^2$	$(a-2)^2$	$(a-3)^2$	합계
$\mathrm{P}(Y=y)$	$\dfrac{1}{8}$	$\dfrac{3}{8}$	$\dfrac{3}{8}$	$\dfrac{1}{8}$	1

$$\therefore\ \mathrm{E}((X-a)^2)$$
$$=\mathrm{E}(Y)$$
$$=a^2\times\dfrac{1}{8}+(a-1)^2\times\dfrac{3}{8}$$
$$+(a-2)^2\times\dfrac{3}{8}+(a-3)^2\times\dfrac{1}{8}$$
$$=a^2-3a+3=\left(a-\dfrac{3}{2}\right)^2+\dfrac{3}{4}$$

312

전략 이항분포 $\mathrm{B}(n,\,p)$를 따르는 확률변수 X의 확률질량함수는 $\mathrm{P}(X=x)={}_n\mathrm{C}_x p^x(1-p)^{n-x}$ $(x=0,\,1,\,2,\,\cdots,\,n)$임을 이용한다.

확률변수 X는 이항분포 $\mathrm{B}(3,\,p)$를 따르므로 X의 확률질량함수는

$$\mathrm{P}(X=x)={}_3\mathrm{C}_x p^x(1-p)^{3-x}\ (x=0,\,1,\,2,\,3)$$
$$\therefore\ \mathrm{P}(X=3)={}_3\mathrm{C}_3 p^3=p^3$$

확률변수 Y는 이항분포 $\mathrm{B}(4,\,2p)$를 따르므로 Y의 확률질량함수는

$$\mathrm{P}(Y=y)={}_4\mathrm{C}_y (2p)^y(1-2p)^{4-y}$$
$$(y=0,\,1,\,2,\,3,\,4)$$

$$\therefore\ \mathrm{P}(Y\ge3)=\mathrm{P}(Y=3)+\mathrm{P}(Y=4)$$
$$={}_4\mathrm{C}_3(2p)^3(1-2p)+{}_4\mathrm{C}_4(2p)^4$$
$$=32p^3(1-2p)+16p^4$$
$$=16p^3(2-3p)$$

$10\mathrm{P}(X=3)=\mathrm{P}(Y\ge3)$에서

$$10p^3=16p^3(2-3p)$$

$p>0$이므로 $\quad5=16-24p$

$$\therefore\ p=\dfrac{11}{24}$$

답 $\dfrac{11}{24}$

313

전략 확률변수 X가 이항분포 $\mathrm{B}(n,\,p)$를 따를 때, $\sigma(X)=\sqrt{np(1-p)}$임을 이용한다.

$$\sigma(X)=\sqrt{10p(1-p)}=\sqrt{-10(p^2-p)}$$
$$=\sqrt{-10\left(p-\dfrac{1}{2}\right)^2+\dfrac{5}{2}}$$

이때 $0\le p\le1$이므로 표준편차 $\sigma(X)$는 $p=\dfrac{1}{2}$일 때 최대이다.

따라서 이때의 X의 평균은

$$\mathrm{E}(X)=10\times\dfrac{1}{2}=5$$

답 5

314

전략 X의 평균과 분산을 x와 n에 대한 식으로 나타낸다.

1회의 시행에서 검은 구슬이 나올 확률은 $\dfrac{x}{x+3}$이므로 확률변수 X는 이항분포 $\mathrm{B}\!\left(n,\,\dfrac{x}{x+3}\right)$를 따른다.

이때 $\mathrm{E}(X)=4$, $\mathrm{V}(X)=\dfrac{12}{5}$이므로

$$n\times\dfrac{x}{x+3}=4 \qquad\qquad \cdots\cdots\ \unicode{x24D8}$$

$$n\times\dfrac{x}{x+3}\times\dfrac{3}{x+3}=\dfrac{12}{5} \qquad \cdots\cdots\ \unicode{x24DB}$$

㉠을 ㉡에 대입하면
$$\frac{12}{x+3}=\frac{12}{5} \qquad \therefore x=2$$
$x=2$를 ㉠에 대입하면
$$\frac{2}{5}n=4 \qquad \therefore n=10$$
$$\therefore x+n=12 \qquad\qquad \text{답}\ 12$$

315

전략 빨간 공이 나오는 횟수를 X, 총상금을 Y원으로 놓고 X, Y 사이의 관계식을 구한다.

빨간 공이 나오는 횟수를 X라 하면 확률변수 X는 이항분포 $B\left(5, \dfrac{2}{5}\right)$를 따르므로
$$E(X)=5\times\frac{2}{5}=2$$

이때 파란 공이 나오는 횟수는 $5-X$이므로 총상금을 확률변수 Y원이라 하면
$$Y=100X+200(5-X)$$
$$=-100X+1000$$
$$\therefore E(Y)=E(-100X+1000)$$
$$=-100E(X)+1000$$
$$=-100\times2+1000$$
$$=800$$
따라서 구하는 기댓값은 800원이다.   **답** **800원**

316

전략 예약을 취소하는 고객의 수를 X로 놓고 확률변수 X의 확률분포를 구한다.

예약을 취소하는 고객의 수를 X라 하면 확률변수 X는 이항분포 $B(50,\ 0.1)$을 따르므로 X의 확률질량함수는
$$P(X=x)={}_{50}C_x\times0.1^x\times0.9^{50-x}$$
$$(x=0,\ 1,\ 2,\ \cdots,\ 50)$$
따라서 객실이 부족할 확률은
$$P(X\le1)$$
$$=P(X=0)+P(X=1)$$
$$={}_{50}C_0\times0.9^{50}+{}_{50}C_1\times0.1\times0.9^{49}$$
$$=0.0052+50\times0.1\times0.0057$$
$$=0.0337 \qquad \text{답}\ \mathbf{0.0337}$$

317

전략 주사위를 15번 던져서 2 이하의 눈이 나오는 횟수를 Y로 놓고 확률변수 Y의 확률분포를 구한다.

주사위를 15번 던져서 2 이하의 눈이 나오는 횟수를 Y라 하면 확률변수 Y는 이항분포 $B\left(15, \dfrac{1}{3}\right)$을 따르므로
$$E(Y)=15\times\frac{1}{3}=5$$

이때 3 이상의 눈이 나오는 횟수는 $15-Y$이므로 주어진 시행을 15번 반복하여 이동된 점 P의 좌표는
$$(3Y,\ 15-Y)$$
확률변수 X는 점 P와 직선 $3x+4y=0$ 사이의 거리이므로
$$X=\frac{|3\times3Y+4(15-Y)|}{\sqrt{3^2+4^2}}=Y+12$$
$$\therefore E(X)=E(Y+12)=E(Y)+12$$
$$=5+12=17 \qquad \text{답}\ ③$$

04 **연속확률변수의 확률분포**   ● 본책 142~147쪽

318

ㄱ. 함수 $y=f(x)$의 그래프가 오른쪽 그림과 같으므로 $y=f(x)$의 그래프와 x축 및 두 직선 $x=-1$, $x=1$로 둘러싸인 도형의 넓이는
$$2\times\frac{1}{2}=1$$
따라서 $f(x)$는 확률밀도함수가 될 수 있다.

ㄴ. $-1\le x<0$에서 $f(x)<0$이므로 $f(x)$는 확률밀도함수가 될 수 없다.

ㄷ. 함수 $y=f(x)$의 그래프가 오른쪽 그림과 같으므로 $y=f(x)$의 그래프와 x축 및 직선 $x=1$로 둘러싸인 도형의 넓이는
$$\frac{1}{2}\times2\times2=2$$
따라서 $f(x)$는 확률밀도함수가 될 수 없다.

ㄹ. 함수 $y=f(x)$의 그래프가
오른쪽 그림과 같으므로
$y=f(x)$의 그래프와 x축 및
두 직선 $x=-1$, $x=1$로 둘
러싸인 도형의 넓이는

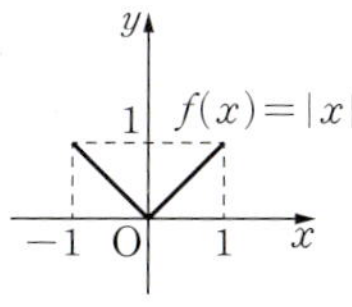

$$\frac{1}{2}\times1\times1+\frac{1}{2}\times1\times1=1$$

따라서 $f(x)$는 확률밀도함수가 될 수 있다.
이상에서 확률밀도함수가 될 수 있는 것은 ㄱ, ㄹ이다.

답 ㄱ, ㄹ

319

(1) 함수 $y=f(x)$의 그래프는 오
른쪽 그림과 같고, $y=f(x)$
의 그래프와 x축 및 두 직선
$x=-2$, $x=2$로 둘러싸인
도형의 넓이가 1이므로

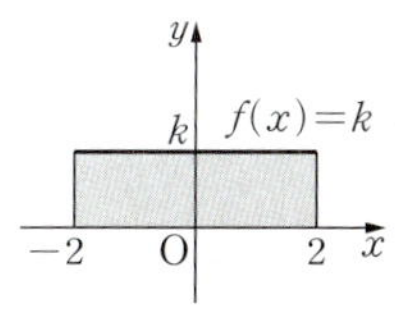

$$4\times k=1 \qquad \therefore k=\frac{1}{4}$$

(2) 함수 $y=f(x)$의 그래프는 오
른쪽 그림과 같고, $y=f(x)$
의 그래프와 x축 및 직선
$x=1$로 둘러싸인 도형의 넓
이가 1이므로

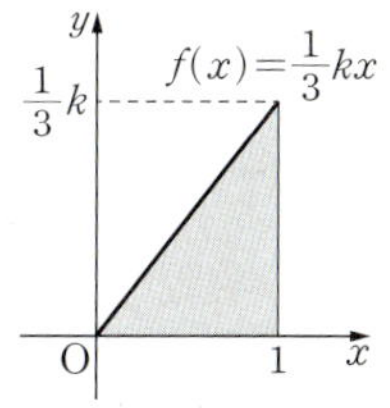

$$\frac{1}{2}\times1\times\frac{1}{3}k=1$$

$$\therefore k=6$$

답 (1) $\frac{1}{4}$ (2) 6

320

(1) $P(2\leq X\leq4)$는 함
수 $y=f(x)$의 그
래프와 x축 및 두
직선 $x=2$, $x=4$
로 둘러싸인 도형의
넓이와 같으므로

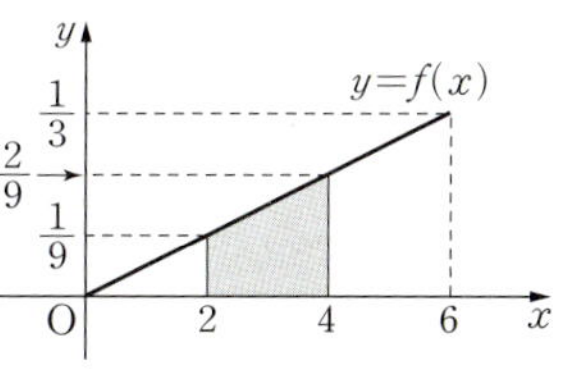

$$P(2\leq X\leq4)=\frac{1}{2}\times\left(\frac{1}{9}+\frac{2}{9}\right)\times2=\frac{1}{3}$$

(2) $P(X\geq3)$은 함수
$y=f(x)$의 그래프
와 x축 및 두 직선
$x=3$, $x=6$으로 둘
러싸인 도형의 넓이
와 같으므로

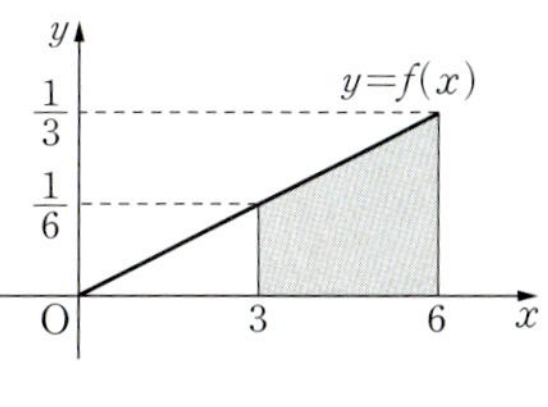

$$P(X\geq3)=\frac{1}{2}\times\left(\frac{1}{6}+\frac{1}{3}\right)\times3=\frac{3}{4}$$

답 (1) $\frac{1}{3}$ (2) $\frac{3}{4}$

다른 풀이 (2) $P(X\geq3)=1-P(0\leq X<3)$
$$=1-\frac{1}{2}\times3\times\frac{1}{6}=\frac{3}{4}$$

321

함수 $y=f(x)$의 그래프와 x축 및 두 직선 $x=0$,
$x=5$로 둘러싸인 도형의 넓이가 1이므로

$$\frac{1}{2}\times2\times k+\frac{1}{2}\times3\times k=1$$

$$\frac{5}{2}k=1 \qquad \therefore k=\frac{2}{5}$$

답 $\frac{2}{5}$

322

함수 $y=f(x)$의 그래프는 오
른쪽 그림과 같고, $y=f(x)$
의 그래프와 x축 및 직선
$x=3$으로 둘러싸인 도형의
넓이가 1이므로

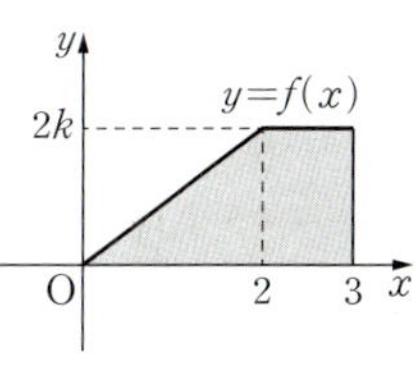

$$\frac{1}{2}\times(1+3)\times2k=1 \qquad \therefore k=\frac{1}{4}$$

답 $\frac{1}{4}$

323

함수 $y=f(x)$의 그래프는 오
른쪽 그림과 같고

$P\left(\frac{1}{2}\leq X\leq\frac{3}{2}\right)$은 $y=f(x)$

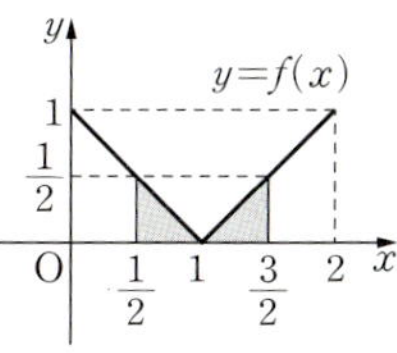

의 그래프와 x축 및 두 직선

$x=\frac{1}{2}$, $x=\frac{3}{2}$으로 둘러싸인 도형의 넓이와 같으므로

$$P\left(\frac{1}{2}\leq X\leq\frac{3}{2}\right)=\frac{1}{2}\times\frac{1}{2}\times\frac{1}{2}+\frac{1}{2}\times\frac{1}{2}\times\frac{1}{2}$$

$$=\frac{1}{4}$$

답 $\frac{1}{4}$

324

함수 $y=f(x)$의 그래프는 오른쪽 그림과 같고
$P(0\leq X\leq a)$는 $y=f(x)$의
그래프와 x축 및 두 직선
$x=0$, $x=a$로 둘러싸인 도형

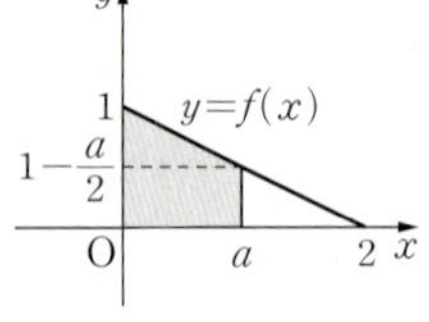

의 넓이와 같으므로 $P(0\leq X\leq a)=\dfrac{3}{4}$에서

$$\frac{1}{2}\times\left\{1+\left(1-\frac{a}{2}\right)\right\}\times a=\frac{3}{4}$$

$$a^2-4a+3=0, \quad (a-1)(a-3)=0$$

$$\therefore a=1 \text{ 또는 } a=3$$

이때 $0\leq a\leq 2$이므로

$$a=1$$

답 **1**

● 본책 148쪽

325

전략 확률밀도함수의 성질을 이용하여 k의 값을 구한다.

함수 $y=f(x)$의 그래프와 x축 및 두 직선 $x=0$, $x=4$로 둘러싸인 도형의 넓이가 1이므로

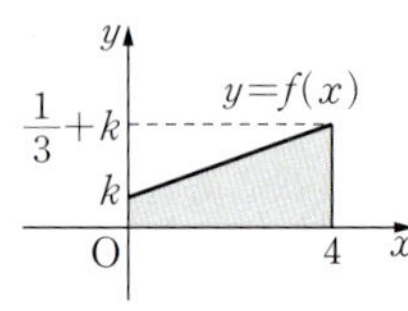

$$\frac{1}{2}\times\left\{k+\left(\frac{1}{3}+k\right)\right\}\times 4=1, \quad 4k+\frac{2}{3}=1$$

$$\therefore k=\frac{1}{12}$$

답 $\dfrac{1}{12}$

326

전략 확률밀도함수의 성질을 이용하여 k의 값을 구한다.

함수 $y=f(x)$의 그래프와 x축 및 두 직선 $x=0$, $x=2k$로 둘러싸인 도형의 넓이가 1이므로

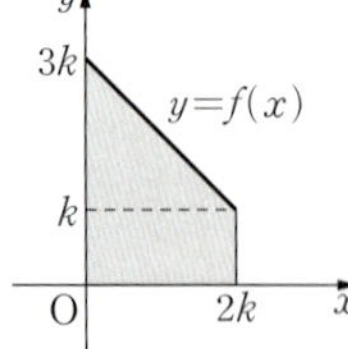

$$\frac{1}{2}\times(3k+k)\times 2k=1$$

$$4k^2=1, \quad k^2=\frac{1}{4}$$

$$\therefore k=\frac{1}{2} \ (\because k>0)$$

따라서 $f(x)=\dfrac{3}{2}-x$이므로

$$P(0\leq X\leq k)$$
$$=P\left(0\leq X\leq \frac{1}{2}\right)$$
$$=\frac{1}{2}\times\left(\frac{3}{2}+1\right)\times\frac{1}{2}$$
$$=\frac{5}{8}$$

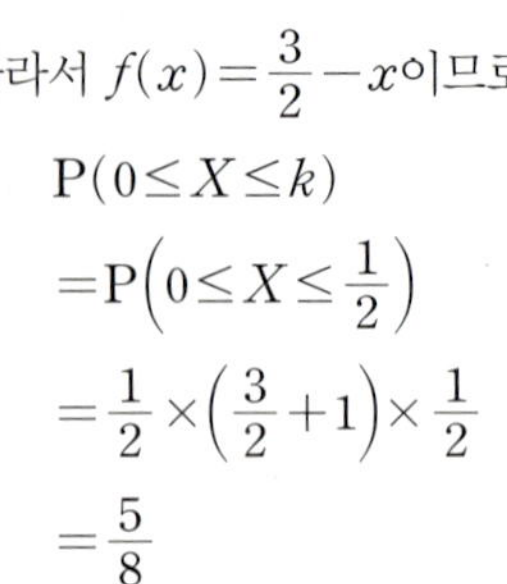

답 $\dfrac{5}{8}$

327

전략 확률밀도함수의 성질을 이용하여 k의 값을 구한다.

함수 $y=f(x)$의 그래프와 x축으로 둘러싸인 도형의 넓이가 1이므로

$$\frac{1}{2}\times(1+4)\times k=1 \quad \therefore k=\frac{2}{5}$$

따라서 $2\leq x\leq 4$에서

$$f(x)=-\frac{1}{5}x+\frac{4}{5}$$

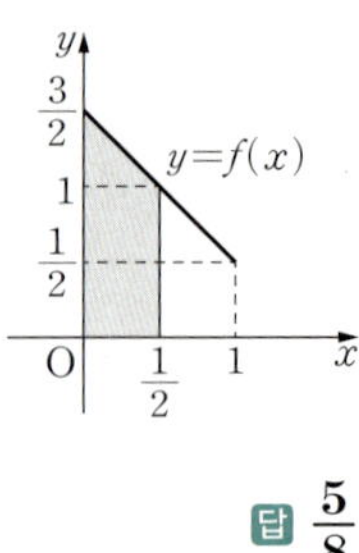

이므로 $f(3)=\dfrac{1}{5}$

$$\therefore P(1\leq X\leq 3)$$
$$=1\times\frac{2}{5}+\frac{1}{2}\times\left(\frac{2}{5}+\frac{1}{5}\right)\times 1$$
$$=\frac{7}{10}$$

답 $\dfrac{7}{10}$

328

전략 주어진 조건과 확률밀도함수의 성질을 이용하여 a, b, c에 대한 식을 세운다.

확률밀도함수의 그래프와 x축으로 둘러싸인 도형의 넓이가 1이므로

$$\frac{1}{2}ac=1 \quad \therefore ac=2 \qquad \cdots\cdots ㉠$$

$$P(X\leq b)+P(X\geq b)=1,$$

$$P(X\leq b)-P(X\geq b)=\frac{1}{4} \text{이므로}$$

$$P(X\leq b)=\frac{5}{8}, \ P(X\geq b)=\frac{3}{8}$$

$P(X\leq b)$는 확률밀도함수의 그래프와 x축 및 직선 $x=b$로 둘러싸인 도형의 넓이와 같으므로

$P(X\leq b)=\dfrac{5}{8}$에서

$$\frac{1}{2}\times b\times c=\frac{5}{8} \quad \therefore bc=\frac{5}{4} \qquad \cdots\cdots ㉡$$

한편 $\mathrm{P}(X\leq\sqrt{5})=\dfrac{1}{2}$에서

$$b>\sqrt{5}$$

이때 두 점 $(0,\,0)$, $(b,\,c)$를 지나는 직선의 방정식은

$y=\dfrac{c}{b}x$이므로

$$\mathrm{P}(X\leq\sqrt{5})=\dfrac{1}{2}\times\sqrt{5}\times\left(\dfrac{c}{b}\times\sqrt{5}\right)=\dfrac{1}{2}$$

$$\therefore\ b=5c$$

이것을 ⓛ에 대입하면

$$5c^2=\dfrac{5}{4},\qquad c^2=\dfrac{1}{4}$$

$$\therefore\ c=\dfrac{1}{2}\ (\because\ c>0)$$

따라서 ㉠, ⓛ에서

$$a=4,\ b=\dfrac{5}{2}$$

$$\therefore\ a+b+c=7$$

답 ④

329

전략 확률밀도함수의 그래프가 y축에 대하여 대칭일 때, 양수 a에 대하여 $\mathrm{P}(-a\leq X\leq0)=\mathrm{P}(0\leq X\leq a)$임을 이용한다.

조건 ㈎에 의하여 함수 $y=f(x)$의 그래프는 y축에 대하여 대칭이고, $\mathrm{P}(-2\leq X\leq2)=1$이므로

$$\mathrm{P}(-2\leq X\leq0)=\mathrm{P}(0\leq X\leq2)=\dfrac{1}{2}$$

이때 조건 ㈏에서 $\mathrm{P}\left(\dfrac{3}{2}\leq X\leq2\right)=5\mathrm{P}\left(0\leq X\leq\dfrac{3}{2}\right)$

이므로

$$\mathrm{P}(0\leq X\leq2)$$

$$=\mathrm{P}\left(0\leq X\leq\dfrac{3}{2}\right)+\mathrm{P}\left(\dfrac{3}{2}\leq X\leq2\right)$$

$$=\mathrm{P}\left(0\leq X\leq\dfrac{3}{2}\right)+5\mathrm{P}\left(0\leq X\leq\dfrac{3}{2}\right)$$

$$=6\mathrm{P}\left(0\leq X\leq\dfrac{3}{2}\right)=\dfrac{1}{2}$$

$$\therefore\ \mathrm{P}\left(0\leq X\leq\dfrac{3}{2}\right)=\dfrac{1}{12}$$

$$\therefore\ \mathrm{P}\left(|X|\leq\dfrac{3}{2}\right)=\mathrm{P}\left(-\dfrac{3}{2}\leq X\leq\dfrac{3}{2}\right)$$

$$=2\mathrm{P}\left(0\leq X\leq\dfrac{3}{2}\right)$$

$$=2\times\dfrac{1}{12}=\dfrac{1}{6}$$

답 $\dfrac{1}{6}$

05 정규분포

330

답 (1) $\mathrm{N}(5,\,3^2)$　(2) $\mathrm{N}(12,\,4^2)$

331

답 (1) 낮아진다　(2) 변한다

332

(1) $\mathrm{P}(1\leq Z\leq2)=\mathrm{P}(0\leq Z\leq2)-\mathrm{P}(0\leq Z\leq1)$

$$=0.4772-0.3413=0.1359$$

(2) $\mathrm{P}(Z\geq2)=\mathrm{P}(Z\geq0)-\mathrm{P}(0\leq Z\leq2)$

$$=0.5-0.4772=0.0228$$

(3) $\mathrm{P}(Z\leq0.5)=\mathrm{P}(Z\leq0)+\mathrm{P}(0\leq Z\leq0.5)$

$$=0.5+0.1915=0.6915$$

(4) $\mathrm{P}(-1\leq Z\leq1.5)$

$$=\mathrm{P}(-1\leq Z\leq0)+\mathrm{P}(0\leq Z\leq1.5)$$

$$=\mathrm{P}(0\leq Z\leq1)+\mathrm{P}(0\leq Z\leq1.5)$$

$$=0.3413+0.4332=0.7745$$

답 (1) 0.1359　(2) 0.0228
(3) 0.6915　(4) 0.7745

333

답 (1) $Z=\dfrac{X-8}{2}$　(2) $Z=\dfrac{X-20}{5}$

334

정규분포곡선은 직선 $x=20$에 대하여 대칭이므로

$\mathrm{P}(X\leq a)=\mathrm{P}(X\geq29)$에서

$$\dfrac{a+29}{2}=20,\qquad a+29=40$$

$$\therefore\ a=11$$

답 11

335

$y=f(x)$의 그래프는 직선 $x=m$에 대하여 대칭인 종 모양의 곡선이다.

ㄱ. $\mathrm{P}(X\geq m)=\mathrm{P}(X\leq m)=0.5$ (참)

ㄷ. m의 값이 일정할 때, σ의 값이 작아지면 $y=f(x)$의 그래프의 높이는 높아진다. (거짓)

이상에서 옳은 것은 ㄱ, ㄴ, ㄹ이다.

답 ㄱ, ㄴ, ㄹ

336

정규분포곡선은 오른쪽 그림과
같이 직선 $x=32$에 대하여 대칭
이므로 $P(k-3\leq X\leq k+1)$이
최대가 되려면

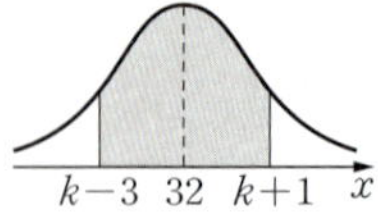

$$\frac{(k-3)+(k+1)}{2}=32$$

$$k-1=32 \qquad \therefore k=33$$

답 **33**

해설 Focus

$P(k-3\leq X\leq k+1)$에서
$$k+1-(k-3)=4$$
로 일정하고 X의 확률밀도함수는 $x=32$에서 최댓값을
가지므로 위의 그림과 같이 $\dfrac{(k-3)+(k+1)}{2}=32$일
때, $P(k-3\leq X\leq k+1)$은 최대이다.

337

$Z=\dfrac{X-60}{4}$으로 놓으면 확률변수 Z는 표준정규분
포 $N(0,\ 1)$을 따른다.

(1) $P(48\leq X\leq 64)$

$$=P\left(\frac{48-60}{4}\leq Z\leq \frac{64-60}{4}\right)$$

$$=P(-3\leq Z\leq 1)$$

$$=P(-3\leq Z\leq 0)+P(0\leq Z\leq 1)$$

$$=P(0\leq Z\leq 3)+P(0\leq Z\leq 1)$$

$$=0.4987+0.3413=0.84$$

(2) $|X-64|\leq 4$에서

$$-4\leq X-64\leq 4 \qquad \therefore 60\leq X\leq 68$$

$$\therefore P(|X-64|\leq 4)$$

$$=P(60\leq X\leq 68)$$

$$=P\left(\frac{60-60}{4}\leq Z\leq \frac{68-60}{4}\right)$$

$$=P(0\leq Z\leq 2)=0.4772$$

답 (1) **0.84** (2) **0.4772**

338

$Z=\dfrac{X-32}{5}$로 놓으면 확률변수 Z는 표준정규분포
$N(0,\ 1)$을 따른다.

$P(28\leq X\leq 36)=0.5762$에서

$$P\left(\frac{28-32}{5}\leq Z\leq \frac{36-32}{5}\right)=0.5762$$

$$P(-0.8\leq Z\leq 0.8)=0.5762$$

$$P(-0.8\leq Z\leq 0)+P(0\leq Z\leq 0.8)=0.5762$$

$$2P(0\leq Z\leq 0.8)=0.5762$$

$$\therefore P(0\leq Z\leq 0.8)=0.2881$$

$$\therefore P(X\geq 28)=P\left(Z\geq \frac{28-32}{5}\right)$$

$$=P(Z\geq -0.8)$$

$$=P(Z\leq 0.8)$$

$$=P(Z\leq 0)+P(0\leq Z\leq 0.8)$$

$$=0.5+0.2881=0.7881$$

답 **0.7881**

다른 풀이 $\dfrac{28+36}{2}=32$이므로

$$P(28\leq X\leq 32)=P(32\leq X\leq 36)=0.2881$$

$$\therefore P(X\geq 28)=P(28\leq X\leq 32)+P(X\geq 32)$$

$$=0.2881+0.5$$

$$=0.7881$$

339

$Z=\dfrac{X-16}{2}$으로 놓으면 확률변수 Z는 표준정규분
포 $N(0,\ 1)$을 따른다.

$P(k\leq X\leq 22)=0.9759$에서

$$P\left(\frac{k-16}{2}\leq Z\leq \frac{22-16}{2}\right)=0.9759$$

$$P\left(\frac{k-16}{2}\leq Z\leq 3\right)=0.9759$$

$$P\left(\frac{k-16}{2}\leq Z\leq 0\right)+P(0\leq Z\leq 3)=0.9759$$

$$P\left(0\leq Z\leq \frac{16-k}{2}\right)+0.4987=0.9759$$

$$\therefore P\left(0\leq Z\leq \frac{16-k}{2}\right)=0.4772$$

이때 $P(0\leq Z\leq 2)=0.4772$이므로

$$\frac{16-k}{2}=2 \qquad \therefore k=12$$

답 **12**

참고 $P\left(\dfrac{k-16}{2}\leq Z\leq 3\right)=0.9759>P(0\leq Z\leq 3)$에서

$$\frac{k-16}{2}<0$$

340

$Z=\dfrac{X-m}{10}$으로 놓으면 확률변수 Z는 표준정규분포 $N(0,\ 1)$을 따른다.

$P(X\le 45)=0.1587$에서

$$P\Big(Z\le \dfrac{45-m}{10}\Big)=0.1587$$

$$P(Z\le 0)-P\Big(\dfrac{45-m}{10}\le Z\le 0\Big)=0.1587$$

$$0.5-P\Big(0\le Z\le \dfrac{m-45}{10}\Big)=0.1587$$

$$\therefore P\Big(0\le Z\le \dfrac{m-45}{10}\Big)=0.3413$$

이때 $P(0\le Z\le 1)=0.3413$이므로

$$\dfrac{m-45}{10}=1 \qquad \therefore m=55$$

답 **55**

341

학생들의 몸무게를 X kg이라 하면 확률변수 X는 정규분포 $N(53,\ 6^2)$을 따르므로 $Z=\dfrac{X-53}{6}$으로 놓으면 확률변수 Z는 표준정규분포 $N(0,\ 1)$을 따른다.

$$\therefore P(50\le X\le 65)$$

$$=P\Big(\dfrac{50-53}{6}\le Z\le \dfrac{65-53}{6}\Big)$$

$$=P(-0.5\le Z\le 2)$$

$$=P(-0.5\le Z\le 0)+P(0\le Z\le 2)$$

$$=P(0\le Z\le 0.5)+P(0\le Z\le 2)$$

$$=0.1915+0.4772=0.6687$$

따라서 몸무게가 50 kg 이상 65 kg 이하인 학생은 전체의 66.87 %이다.

답 **66.87 %**

342

연필의 길이를 X mm라 하면 확률변수 X는 정규분포 $N(154,\ 4^2)$을 따르므로 $Z=\dfrac{X-154}{4}$로 놓으면 확률변수 Z는 표준정규분포 $N(0,\ 1)$을 따른다.

$$\therefore P(X\le 148)=P\Big(Z\le \dfrac{148-154}{4}\Big)$$

$$=P(Z\le -1.5)=P(Z\ge 1.5)$$

$$=P(Z\ge 0)-P(0\le Z\le 1.5)$$

$$=0.5-0.43$$

$$=0.07$$

따라서 길이가 148 mm 이하인 연필은

$$400\times 0.07=28(자루)$$

답 **28자루**

343

유진이가 등교하는 데 걸리는 시간을 X분이라 하면 확률변수 X는 정규분포 $N(40,\ 5^2)$을 따르므로 $Z=\dfrac{X-40}{5}$으로 놓으면 확률변수 Z는 표준정규분포 $N(0,\ 1)$을 따른다.

학교에 8시 40분이 지난 후에 도착하면, 즉 $X>48$이면 지각이므로 구하는 확률은

$$P(X>48)=P\Big(Z>\dfrac{48-40}{5}\Big)=P(Z>1.6)$$

$$=P(Z\ge 0)-P(0\le Z\le 1.6)$$

$$=0.5-0.4452=0.0548$$

답 **0.0548**

344

수험생의 성적을 X점이라 하면 확률변수 X는 정규분포 $N(75,\ 9^2)$을 따르므로 $Z=\dfrac{X-75}{9}$로 놓으면 확률변수 Z는 표준정규분포 $N(0,\ 1)$을 따른다.

상위 10 %에 속하는 수험생의 최저 점수를 k점이라 하면 $P(X\ge k)=0.1$에서

$$P\Big(Z\ge \dfrac{k-75}{9}\Big)=0.1$$

$$P(Z\ge 0)-P\Big(0\le Z\le \dfrac{k-75}{9}\Big)=0.1$$

$$0.5-P\Big(0\le Z\le \dfrac{k-75}{9}\Big)=0.1$$

$$\therefore P\Big(0\le Z\le \dfrac{k-75}{9}\Big)=0.4$$

이때 $P(0\le Z\le 1.28)=0.4$이므로

$$\dfrac{k-75}{9}=1.28 \qquad \therefore k=86.52$$

따라서 상위 10 %에 속하는 수험생의 최저 점수는 86.52점이다.

답 **86.52점**

345

학생의 키를 X cm라 하면 확률변수 X는 정규분포 $N(165,\ 10^2)$을 따르므로 $Z=\dfrac{X-165}{10}$로 놓으면 확률변수 Z는 표준정규분포 $N(0,\ 1)$을 따른다.

키가 작은 쪽에서 100번째인 학생의 키를 k cm라 하면
$$P(X \le k) = \frac{100}{500} = 0.2$$에서
$$P\left(Z \le \frac{k-165}{10}\right) = 0.2$$
$$P\left(Z \ge \frac{165-k}{10}\right) = 0.2$$
$$P(Z \ge 0) - P\left(0 \le Z \le \frac{165-k}{10}\right) = 0.2$$
$$0.5 - P\left(0 \le Z \le \frac{165-k}{10}\right) = 0.2$$
$$\therefore P\left(0 \le Z \le \frac{165-k}{10}\right) = 0.3$$
이때 $P(0 \le Z \le 0.84) = 0.3$이므로
$$\frac{165-k}{10} = 0.84 \qquad \therefore k = 156.6$$
따라서 키가 작은 쪽에서 100번째인 학생의 키는
156.6 cm이다.　　　　　　　　　　**답 156.6 cm**

연습 문제　　　　　　　　　　● 본책 158~160쪽

346

전략 정규분포곡선의 성질을 이용하여 m_1, m_2와 σ_1, σ_2의 대소를 비교한다.

두 곡선 $y = f(x)$, $y = g(x)$는 각각 직선 $x = m_1$, $x = m_2$에 대하여 대칭이므로
$$m_1 < m_2$$
또 곡선 $y = g(x)$가 곡선 $y = f(x)$보다 가운데 부분의 높이가 낮고 양옆으로 퍼진 모양이므로
$$\sigma_1 < \sigma_2$$　　　　　　　　　　**답 ④**

347

전략 이차방정식이 서로 다른 두 실근을 갖도록 하는 판별식의 조건을 이용하여 Z의 값의 범위를 구한다.

이차방정식 $x^2 + Zx + 1 = 0$이 서로 다른 두 실근을 가지려면 판별식을 D라 할 때
$$D = Z^2 - 4 > 0$$
$$\therefore Z < -2 \text{ 또는 } Z > 2$$

따라서 구하는 확률은
$$P(Z < -2 \text{ 또는 } Z > 2)$$
$$= P(Z < -2) + P(Z > 2)$$
$$= 2P(Z > 2)$$
$$= 2\{P(Z \ge 0) - P(0 \le Z \le 2)\}$$
$$= 2 \times (0.5 - 0.4772) = 2 \times 0.0228$$
$$= 0.0456$$　　　　　　**답 0.0456**

348

전략 확률변수 Y가 따르는 정규분포를 구한다.

$E(X) = 42$, $\sigma(X) = 3$이므로
$$E(Y) = E(2X+4) = 2E(X) + 4 = 88,$$
$$\sigma(Y) = \sigma(2X+4) = |2|\sigma(X) = 6$$
이때 X가 정규분포 $N(42, 3^2)$을 따르므로 Y는 정규분포 $N(88, 6^2)$을 따른다.

따라서 $Z = \dfrac{Y-88}{6}$로 놓으면 확률변수 Z는 표준정규분포 $N(0, 1)$을 따르므로
$$P(Y \ge 100) = P\left(Z \ge \frac{100-88}{6}\right)$$
$$= P(Z \ge 2)$$
$$= P(Z \ge 0) - P(0 \le Z \le 2)$$
$$= 0.5 - 0.4772 = 0.0228$$
　　　　　　　　　　답 0.0228

다른 풀이 $Y = 2X+4$이므로 $Y \ge 100$에서
$$2X + 4 \ge 100 \qquad \therefore X \ge 48$$
$Z = \dfrac{X-42}{3}$로 놓으면 확률변수 Z는 표준정규분포 $N(0, 1)$을 따르므로
$$P(Y \ge 100) = P(X \ge 48)$$
$$= P\left(Z \ge \frac{48-42}{3}\right) = P(Z \ge 2)$$
$$= P(Z \ge 0) - P(0 \le Z \le 2)$$
$$= 0.5 - 0.4772 = 0.0228$$

349

전략 수험생의 시험 점수를 X점으로 놓고 확률변수 X를 표준화한다.

수험생의 시험 점수를 X점이라 하면 확률변수 X는 정규분포 $N(68, 10^2)$을 따르므로 $Z = \dfrac{X-68}{10}$로 놓으면 확률변수 Z는 표준정규분포 $N(0, 1)$을 따른다.

따라서 구하는 확률은
$$P(55 \leq X \leq 78)$$
$$= P\left(\frac{55-68}{10} \leq Z \leq \frac{78-68}{10}\right)$$
$$= P(-1.3 \leq Z \leq 1)$$
$$= P(-1.3 \leq Z \leq 0) + P(0 \leq Z \leq 1)$$
$$= P(0 \leq Z \leq 1.3) + P(0 \leq Z \leq 1)$$
$$= 0.4032 + 0.3413 = 0.7445$$

답 ②

350

전략 내용물의 용량을 X mL로 놓고 확률변수 X를 표준화한다.

내용물의 용량을 X mL라 하면 확률변수 X는 정규분포 $N(180, 4^2)$을 따르므로 $Z = \dfrac{X-180}{4}$으로 놓으면 확률변수 Z는 표준정규분포 $N(0, 1)$을 따른다.
$$\therefore P(186 \leq X \leq 188)$$
$$= P\left(\frac{186-180}{4} \leq Z \leq \frac{188-180}{4}\right)$$
$$= P(1.5 \leq Z \leq 2)$$
$$= P(0 \leq Z \leq 2) - P(0 \leq Z \leq 1.5)$$
$$= 0.4772 - 0.4332 = 0.044$$

따라서 내용물의 용량이 186 mL 이상 188 mL 이하인 음료수는
$$500 \times 0.044 = 22(캔)$$

답 22캔

351

전략 수험생의 시험 성적을 X점, 합격자의 최저 점수를 k점으로 놓고 $P(X \geq k) = \dfrac{800}{4000}$임을 이용한다.

수험생의 시험 성적을 X점이라 하면 확률변수 X는 정규분포 $N(248, 50^2)$을 따르므로 $Z = \dfrac{X-248}{50}$로 놓으면 확률변수 Z는 표준정규분포 $N(0, 1)$을 따른다.
합격자의 최저 점수를 k점이라 하면
$$P(X \geq k) = \frac{800}{4000} = 0.2 에서$$
$$P\left(Z \geq \frac{k-248}{50}\right) = 0.2$$
$$P(Z \geq 0) - P\left(0 \leq Z \leq \frac{k-248}{50}\right) = 0.2$$
$$0.5 - P\left(0 \leq Z \leq \frac{k-248}{50}\right) = 0.2$$

$$\therefore P\left(0 \leq Z \leq \frac{k-248}{50}\right) = 0.3$$

이때 $P(0 \leq Z \leq 0.84) = 0.3$이므로
$$\frac{k-248}{50} = 0.84 \qquad \therefore k = 290$$

따라서 합격자의 최저 점수는 290점이다.

답 290점

352

전략 세 곡선의 대칭축의 위치와 높이를 비교하여 참, 거짓을 판별한다.

ㄱ. x의 값이 클수록 A의 곡선이 B의 곡선보다 위쪽에 위치하므로 성적이 우수한 학생들은 A 고등학교에 더 많다. (참)

ㄴ. A, B 두 고등학교 학생들의 성적의 평균은 같다.
(거짓)

ㄷ. B의 곡선이 C의 곡선보다 가운데 부분의 높이가 더 높으므로 B 고등학교 학생들의 성적의 표준편차가 C 고등학교 학생들의 성적의 표준편차보다 더 작다.
따라서 B 고등학교 학생들의 성적이 더 고르다.
(참)

이상에서 옳은 것은 ㄱ, ㄷ이다.

답 ㄱ, ㄷ

353

전략 확률변수 X를 표준화한다.

정규분포곡선은 오른쪽 그림과 같으므로
$$P(1 \leq X \leq 2)$$
$$< P(2 \leq X \leq 3) < P(4 \leq X \leq 5),$$
$$P(X \geq 7) < P(X \leq 2)$$

$Z = \dfrac{X-4}{2}$로 놓으면 확률변수 Z는 표준정규분포 $N(0, 1)$을 따른다.

① $P(1 \leq X \leq 2) = P\left(\dfrac{1-4}{2} \leq Z \leq \dfrac{2-4}{2}\right)$
$$= P(-1.5 \leq Z \leq -1)$$
$$= P(1 \leq Z \leq 1.5)$$
$$= P(0 \leq Z \leq 1.5) - P(0 \leq Z \leq 1)$$
$$= 0.4332 - 0.3413 = 0.0919$$

⑤ $P(X \geq 7) = P\left(Z \geq \dfrac{7-4}{2}\right) = P(Z \geq 1.5)$

$\qquad = P(Z \geq 0) - P(0 \leq Z \leq 1.5)$

$\qquad = 0.5 - 0.4332 = 0.0668$

따라서 $P(1 \leq X \leq 2) > P(X \geq 7)$이므로 확률이 가장 작은 것은 ⑤ $P(X \geq 7)$이다. **답 ⑤**

354

전략 두 확률변수 X, Y를 각각 표준화한다.

확률변수 X는 정규분포 $N(5, 3^2)$을 따르므로 $Z_X = \dfrac{X-5}{3}$로 놓으면 확률변수 Z_X는 표준정규분포 $N(0, 1)$을 따른다.

$$\therefore P(X \geq k) = P\left(Z_X \geq \dfrac{k-5}{3}\right)$$

또 확률변수 Y는 정규분포 $N(16, 4^2)$을 따르므로 $Z_Y = \dfrac{Y-16}{4}$으로 놓으면 확률변수 Z_Y는 표준정규분포 $N(0, 1)$을 따른다.

$$\therefore P(Y \leq -k) = P\left(Z_Y \leq \dfrac{-k-16}{4}\right)$$

$P(X \geq k) = P(Y \leq -k)$에서

$$P\left(Z_X \geq \dfrac{k-5}{3}\right) = P\left(Z_Y \leq \dfrac{-k-16}{4}\right)$$

즉 $\dfrac{k-5}{3} + \dfrac{-k-16}{4} = 0$이므로

$$4k - 20 - 3k - 48 = 0$$

$$\therefore k = 68 \qquad \text{답 } 68$$

355

전략 주어진 부등식을 이용하여 m의 값을 구한다.

(i) $f(8) > f(14)$에서

$$|m-8| < |m-14|$$

ⓐ $m \leq 8$일 때, $\quad 8-m < 14-m$

이 부등식은 항상 성립한다.

ⓑ $8 < m \leq 14$일 때, $\quad m-8 < 14-m$

$\qquad \therefore 8 < m < 11 \ (\because 8 < m \leq 14)$

ⓒ $m > 14$일 때, $\quad m-8 < m-14$

이 부등식은 성립하지 않는다.

이상에서 $\quad m < 11$

(ii) $f(2) < f(16)$에서

$$|m-2| > |m-16|$$

(i)과 같은 방법으로 하면 $\quad m > 9$

(i), (ii)에서 $\quad 9 < m < 11$

$\qquad \therefore m = 10 \ (\because m$은 자연수$)$

따라서 확률변수 X가 정규분포 $N(10, 4^2)$을 따르므로 $Z = \dfrac{X-10}{4}$으로 놓으면 확률변수 Z는 표준정규분포 $N(0, 1)$을 따른다.

$$\therefore P(X \leq 6) = P\left(Z \leq \dfrac{6-10}{4}\right)$$

$$\qquad = P(Z \leq -1) = P(Z \geq 1)$$

$$\qquad = P(Z \geq 0) - P(0 \leq Z \leq 1)$$

$$\qquad = 0.5 - 0.3413 = 0.1587$$

답 ⑤

356

전략 세 과목의 성적을 확률변수로 놓고 각각 표준화한다.

A의 반 학생들의 국어, 영어, 수학 성적을 각각 X_1점, X_2점, X_3점이라 하면 확률변수 X_1, X_2, X_3은 각각 정규분포 $N(50, 13^2)$, $N(64, 17^2)$, $N(62, 14^2)$을 따르므로

$$Z_1 = \dfrac{X_1 - 50}{13}, \ Z_2 = \dfrac{X_2 - 64}{17}, \ Z_3 = \dfrac{X_3 - 62}{14}$$

로 놓으면 확률변수 Z_1, Z_2, Z_3은 모두 표준정규분포 $N(0, 1)$을 따른다.

다른 학생들이 A보다 국어, 영어, 수학 성적이 높을 확률은 각각

$$P(X_1 > 65) = P\left(Z_1 > \dfrac{65-50}{13}\right)$$

$$\qquad = P\left(Z_1 > \dfrac{15}{13}\right)$$

$$P(X_2 > 82) = P\left(Z_2 > \dfrac{82-64}{17}\right)$$

$$\qquad = P\left(Z_2 > \dfrac{18}{17}\right)$$

$$P(X_3 > 75) = P\left(Z_3 > \dfrac{75-62}{14}\right)$$

$$\qquad = P\left(Z_3 > \dfrac{13}{14}\right)$$

이때 $P\left(Z_1 > \dfrac{15}{13}\right) < P\left(Z_2 > \dfrac{18}{17}\right) < P\left(Z_3 > \dfrac{13}{14}\right)$이므로

$$P(X_1 > 65) < P(X_2 > 82) < P(X_3 > 75)$$

따라서 A의 성적이 상대적으로 좋은 과목부터 순서대
로 나열하면 국어, 영어, 수학이므로 상대적으로 성적
이 가장 좋은 과목은 국어이다.　　**답** 국어

참고 A보다 성적이 높을 확률이 낮은 과목일수록 A의 성적
이 상대적으로 좋다고 할 수 있다.

357

전략 주어진 조건을 이용하여 m_1의 값을 구하고 Y를 X에 대한
식으로 나타낸다.

$P(X \leq x) = P(X \geq 40 - x)$에서

$$m_1 = \frac{x + (40 - x)}{2} = 20$$

$P(Y \leq x) = P(X \leq x + 10)$에서

$$P(Y \leq x) = P(X - 10 \leq x)$$

이 식이 모든 실수 x에 대하여 성립하므로

$$Y = X - 10$$

따라서 $P(15 \leq X \leq 20) + P(15 \leq Y \leq 20) = 0.4772$
에서

$$P(15 \leq X \leq 20) + P(15 \leq X - 10 \leq 20) = 0.4772$$
$$\therefore P(15 \leq X \leq 20) + P(25 \leq X \leq 30) = 0.4772$$
$$\cdots\cdots \ \unicode{x24D0}$$

한편 확률변수 X가 정규분포 $N(20, \sigma_1^2)$을 따르므로
$Z = \dfrac{X - 20}{\sigma_1}$으로 놓으면 확률변수 Z는 표준정규분포
$N(0, 1)$을 따른다.

따라서 ㉠에서

$$P(15 \leq X \leq 20) + P(25 \leq X \leq 30)$$
$$= P\left(\frac{15 - 20}{\sigma_1} \leq Z \leq \frac{20 - 20}{\sigma_1}\right)$$
$$\quad + P\left(\frac{25 - 20}{\sigma_1} \leq Z \leq \frac{30 - 20}{\sigma_1}\right)$$
$$= P\left(-\frac{5}{\sigma_1} \leq Z \leq 0\right) + P\left(\frac{5}{\sigma_1} \leq Z \leq \frac{10}{\sigma_1}\right)$$
$$= P\left(0 \leq Z \leq \frac{5}{\sigma_1}\right) + P\left(\frac{5}{\sigma_1} \leq Z \leq \frac{10}{\sigma_1}\right)$$
$$= P\left(0 \leq Z \leq \frac{10}{\sigma_1}\right) = 0.4772$$

이때 $P(0 \leq Z \leq 2) = 0.4772$이므로

$$\frac{10}{\sigma_1} = 2 \qquad \therefore \sigma_1 = 5$$

따라서 $\sigma_2 = \sigma(X - 10) = \sigma(X) = \sigma_1 = 5$이므로

$$m_1 + \sigma_2 = 25$$　　　**답** 25

06 이항분포와 정규분포의 관계

358

확률변수 X는 이항분포 $B\left(48, \dfrac{3}{4}\right)$을 따르므로

$$E(X) = 48 \times \frac{3}{4} = 36$$
$$V(X) = 48 \times \frac{3}{4} \times \frac{1}{4} = 9$$

이때 48은 충분히 큰 수이므로 확률변수 X는 근사적
으로 정규분포 $N(36, 3^2)$을 따른다.

따라서 $Z = \dfrac{X - 36}{3}$으로 놓으면 확률변수 Z는 표준
정규분포 $N(0, 1)$을 따른다.

$$\therefore P(33 \leq X \leq 39)$$
$$= P\left(\frac{33 - 36}{3} \leq Z \leq \frac{39 - 36}{3}\right)$$
$$= P(-1 \leq Z \leq 1)$$
$$= P(-1 \leq Z \leq 0) + P(0 \leq Z \leq 1)$$
$$= 2P(0 \leq Z \leq 1)$$
$$= 2 \times 0.3413 = 0.6826$$　　**답** 0.6826

359

확률변수 X는 이항분포 $B\left(450, \dfrac{2}{3}\right)$를 따르므로

$$E(X) = 450 \times \frac{2}{3} = 300$$
$$V(X) = 450 \times \frac{2}{3} \times \frac{1}{3} = 100$$

이때 450은 충분히 큰 수이므로 확률변수 X는 근사적
으로 정규분포 $N(300, 10^2)$을 따른다.

따라서 $Z = \dfrac{X - 300}{10}$으로 놓으면 확률변수 Z는 표준
정규분포 $N(0, 1)$을 따른다.

$$\therefore P(X \geq 280) = P\left(Z \geq \frac{280 - 300}{10}\right)$$
$$= P(Z \geq -2) = P(Z \leq 2)$$
$$= P(Z \leq 0) + P(0 \leq Z \leq 2)$$
$$= 0.5 + 0.4772$$
$$= 0.9772$$　　**답** 0.9772

360

제품 1개가 불량품일 확률은 $\dfrac{1}{10}$이므로 100개의 제품

중 불량품의 개수를 X라 하면 확률변수 X는 이항분포 $\mathrm{B}\left(100,\ \dfrac{1}{10}\right)$을 따른다.

$$\therefore \mathrm{E}(X)=100\times\dfrac{1}{10}=10$$

$$\mathrm{V}(X)=100\times\dfrac{1}{10}\times\dfrac{9}{10}=9$$

이때 100은 충분히 큰 수이므로 확률변수 X는 근사적으로 정규분포 $\mathrm{N}(10,\ 3^2)$을 따른다.

따라서 $Z=\dfrac{X-10}{3}$으로 놓으면 확률변수 Z는 표준정규분포 $\mathrm{N}(0,\ 1)$을 따르므로 구하는 확률은

$$\mathrm{P}(7\le X\le 16)$$
$$=\mathrm{P}\left(\dfrac{7-10}{3}\le Z\le\dfrac{16-10}{3}\right)$$
$$=\mathrm{P}(-1\le Z\le 2)$$
$$=\mathrm{P}(-1\le Z\le 0)+\mathrm{P}(0\le Z\le 2)$$
$$=\mathrm{P}(0\le Z\le 1)+\mathrm{P}(0\le Z\le 2)$$
$$=0.3413+0.4772$$
$$=0.8185$$

답 **0.8185**

361

동전 2개를 동시에 던져서 2개 모두 앞면이 나올 확률은 $\dfrac{1}{4}$이므로 432번의 시행 중 2개 모두 앞면이 나오는 횟수를 X라 하면 확률변수 X는 이항분포 $\mathrm{B}\left(432,\ \dfrac{1}{4}\right)$을 따른다.

$$\therefore \mathrm{E}(X)=432\times\dfrac{1}{4}=108$$

$$\mathrm{V}(X)=432\times\dfrac{1}{4}\times\dfrac{3}{4}=81$$

이때 432는 충분히 큰 수이므로 확률변수 X는 근사적으로 정규분포 $\mathrm{N}(108,\ 9^2)$을 따른다.

따라서 $Z=\dfrac{X-108}{9}$로 놓으면 확률변수 Z는 표준정규분포 $\mathrm{N}(0,\ 1)$을 따르므로 구하는 확률은

$$\mathrm{P}(X\le 90)=\mathrm{P}\left(Z\le\dfrac{90-108}{9}\right)$$
$$=\mathrm{P}(Z\le -2)=\mathrm{P}(Z\ge 2)$$
$$=\mathrm{P}(Z\ge 0)-\mathrm{P}(0\le Z\le 2)$$
$$=0.5-0.4772=0.0228$$

답 **0.0228**

362

가위바위보를 한 번 하여 이길 확률은 $\dfrac{1}{3}$이므로 가위바위보를 72번 하여 이기는 횟수를 X라 하면 확률변수 X는 이항분포 $\mathrm{B}\left(72,\ \dfrac{1}{3}\right)$을 따른다.

$$\therefore \mathrm{E}(X)=72\times\dfrac{1}{3}=24$$

$$\mathrm{V}(X)=72\times\dfrac{1}{3}\times\dfrac{2}{3}=16$$

이때 72는 충분히 큰 수이므로 확률변수 X는 근사적으로 정규분포 $\mathrm{N}(24,\ 4^2)$을 따른다.

따라서 $Z=\dfrac{X-24}{4}$로 놓으면 확률변수 Z는 표준정규분포 $\mathrm{N}(0,\ 1)$을 따르므로 $\mathrm{P}(X\ge k)=0.16$에서

$$\mathrm{P}\left(Z\ge\dfrac{k-24}{4}\right)=0.16$$
$$\mathrm{P}(Z\ge 0)-\mathrm{P}\left(0\le Z\le\dfrac{k-24}{4}\right)=0.16$$
$$0.5-\mathrm{P}\left(0\le Z\le\dfrac{k-24}{4}\right)=0.16$$
$$\therefore \mathrm{P}\left(0\le Z\le\dfrac{k-24}{4}\right)=0.34$$

이때 $\mathrm{P}(0\le Z\le 1)=0.34$이므로

$$\dfrac{k-24}{4}=1 \qquad \therefore k=28$$

답 **28**

연습 문제 ● 본책 164쪽

363

전략 확률변수 X가 근사적으로 정규분포를 따름을 이용한다.

확률변수 X가 이항분포 $\mathrm{B}(100,\ p)$를 따르므로

$$\mathrm{E}(X)=100p \qquad \cdots\cdots ㉠$$

이때 100은 충분히 큰 수이므로 확률변수 X는 근사적으로 정규분포를 따른다.

따라서 $\mathrm{P}(X\ge 25)=0.5$에서

$$\mathrm{E}(X)=25 \qquad \cdots\cdots ㉡$$

㉠, ㉡에서 $100p=25$ $\therefore p=\dfrac{1}{4}$

즉 $\mathrm{V}(X)=100\times\dfrac{1}{4}\times\dfrac{3}{4}=\dfrac{75}{4}$이므로

$$\mathrm{V}(2X)=2^2\,\mathrm{V}(X)=4\times\dfrac{75}{4}=75$$

답 **75**

364

전략 B 영화를 관람하는 관객의 수를 X로 놓고 확률변수 X가 근사적으로 정규분포를 따름을 이용한다.

한 명의 관객이 B 영화를 관람할 확률은 $\dfrac{40}{100}=\dfrac{2}{5}$이므로 150명의 관객 중 B 영화를 관람하는 관객의 수를 X라 하면 확률변수 X는 이항분포 $\mathrm{B}\!\left(150,\ \dfrac{2}{5}\right)$를 따른다.

$$\therefore \mathrm{E}(X)=150\times\dfrac{2}{5}=60$$

$$\mathrm{V}(X)=150\times\dfrac{2}{5}\times\dfrac{3}{5}=36$$

이때 150은 충분히 큰 수이므로 확률변수 X는 근사적으로 정규분포 $\mathrm{N}(60,\ 6^2)$을 따른다.

따라서 $Z=\dfrac{X-60}{6}$으로 놓으면 확률변수 Z는 표준정규분포 $\mathrm{N}(0,\ 1)$을 따르므로 구하는 확률은

$$\begin{aligned}
\mathrm{P}(X\geq54)&=\mathrm{P}\!\left(Z\geq\dfrac{54-60}{6}\right)\\
&=\mathrm{P}(Z\geq-1)=\mathrm{P}(Z\leq1)\\
&=\mathrm{P}(Z\leq0)+\mathrm{P}(0\leq Z\leq1)\\
&=0.5+0.3413=0.8413
\end{aligned}$$

답 **0.8413**

365

전략 X의 확률질량함수가 $\mathrm{P}(X=x)={}_n\mathrm{C}_x\,p^x(1-p)^{n-x}$이면 확률변수 X는 이항분포 $\mathrm{B}(n,\ p)$를 따른다.

주어진 식은 한 번의 시행에서 일어날 확률이 $\dfrac{1}{5}$인 사건이 100번의 독립시행에서 22번 이상 일어날 확률이다.

한 번의 시행에서 어떤 사건이 일어날 확률이 $\dfrac{1}{5}$일 때, 100번의 독립시행에서 이 사건이 일어나는 횟수를 X라 하면 확률변수 X는 이항분포 $\mathrm{B}\!\left(100,\ \dfrac{1}{5}\right)$을 따르므로

$$\mathrm{E}(X)=100\times\dfrac{1}{5}=20$$

$$\mathrm{V}(X)=100\times\dfrac{1}{5}\times\dfrac{4}{5}=16$$

이때 100은 충분히 큰 수이므로 확률변수 X는 근사적으로 정규분포 $\mathrm{N}(20,\ 4^2)$을 따른다.

따라서 $Z=\dfrac{X-20}{4}$으로 놓으면 확률변수 Z는 표준정규분포 $\mathrm{N}(0,\ 1)$을 따르므로

$$\begin{aligned}
(\text{주어진 식})&=\mathrm{P}(X=22)+\mathrm{P}(X=23)+\cdots\\
&\quad+\mathrm{P}(X=100)\\
&=\mathrm{P}(X\geq22)\\
&=\mathrm{P}\!\left(Z\geq\dfrac{22-20}{4}\right)\\
&=\mathrm{P}(Z\geq0.5)\\
&=\mathrm{P}(Z\geq0)-\mathrm{P}(0\leq Z\leq0.5)\\
&=0.5-0.1915=0.3085
\end{aligned}$$

답 **0.3085**

366

전략 1 또는 2의 눈이 나오는 횟수를 X로 놓고 확률변수 X가 근사적으로 정규분포를 따름을 이용한다.

한 개의 주사위를 던져서 1 또는 2의 눈이 나올 확률은 $\dfrac{2}{6}=\dfrac{1}{3}$이므로 한 개의 주사위를 450번 던질 때, 1 또는 2의 눈이 나오는 횟수를 X라 하면 확률변수 X는 이항분포 $\mathrm{B}\!\left(450,\ \dfrac{1}{3}\right)$을 따른다.

$$\therefore \mathrm{E}(X)=450\times\dfrac{1}{3}=150$$

$$\mathrm{V}(X)=450\times\dfrac{1}{3}\times\dfrac{2}{3}=100$$

이때 450은 충분히 큰 수이므로 확률변수 X는 근사적으로 정규분포 $\mathrm{N}(150,\ 10^2)$을 따른다.

따라서 $Z=\dfrac{X-150}{10}$으로 놓으면 확률변수 Z는 표준정규분포 $\mathrm{N}(0,\ 1)$을 따르므로 $\mathrm{P}(130\leq X\leq c)=0.8185$에서

$$\mathrm{P}\!\left(\dfrac{130-150}{10}\leq Z\leq\dfrac{c-150}{10}\right)=0.8185$$

$$\mathrm{P}\!\left(-2\leq Z\leq\dfrac{c-150}{10}\right)=0.8185$$

$$\mathrm{P}(-2\leq Z\leq0)+\mathrm{P}\!\left(0\leq Z\leq\dfrac{c-150}{10}\right)=0.8185$$

$$\mathrm{P}(0\leq Z\leq2)+\mathrm{P}\!\left(0\leq Z\leq\dfrac{c-150}{10}\right)=0.8185$$

$$0.4772+\mathrm{P}\!\left(0\leq Z\leq\dfrac{c-150}{10}\right)=0.8185$$

$$\therefore \mathrm{P}\!\left(0\leq Z\leq\dfrac{c-150}{10}\right)=0.3413$$

이때 $P(0 \leq Z \leq 1) = 0.3413$이므로

$$\frac{c-150}{10} = 1 \qquad \therefore c = 160$$

답 **160**

367

전략 10점을 얻는 횟수를 확률변수 X로 놓고 점수가 832점 이상이기 위한 X의 값의 범위를 구한다.

1600번의 시행 중 10점을 얻는 횟수를 확률변수 X라 하면 2점을 잃는 횟수는 $1600-X$이므로 이 게임을 1600번 시행한 후의 점수는

$$10X - 2(1600-X) = 12X - 3200$$

따라서 $12X - 3200 \geq 832$에서

$$X \geq 336$$

한편 확률변수 X는 이항분포 $\mathrm{B}\left(1600, \dfrac{1}{5}\right)$을 따르므로

$$\mathrm{E}(X) = 1600 \times \frac{1}{5} = 320$$

$$\mathrm{V}(X) = 1600 \times \frac{1}{5} \times \frac{4}{5} = 256$$

이때 1600은 충분히 큰 수이므로 확률변수 X는 근사적으로 정규분포 $\mathrm{N}(320, 16^2)$을 따른다.

따라서 $Z = \dfrac{X-320}{16}$으로 놓으면 확률변수 Z는 표준 정규분포 $\mathrm{N}(0, 1)$을 따르므로 구하는 확률은

$$\begin{aligned}
P(X \geq 336) &= P\left(Z \geq \frac{336-320}{16}\right) \\
&= P(Z \geq 1) \\
&= P(Z \geq 0) - P(0 \leq Z \leq 1) \\
&= 0.5 - 0.3413 = 0.1587
\end{aligned}$$

답 **0.1587**

2 통계적 추정

01 모집단과 표본
● 본책 166~167쪽

368

답 ㄱ

369

10장의 카드 중에서 2장을 뽑는 중복순열의 수와 같으므로

$$_{10}\Pi_2 = 10^2 = 100$$

답 **100**

02 모평균과 표본평균
● 본책 168~173쪽

370

(1) 표본이 $(1, 1)$일 때, $\quad \overline{X} = 1$

표본이 $(1, 3)$, $(3, 1)$일 때, $\quad \overline{X} = 2$

표본이 $(1, 5)$, $(3, 3)$, $(5, 1)$일 때, $\quad \overline{X} = 3$

표본이 $(3, 5)$, $(5, 3)$일 때, $\quad \overline{X} = 4$

표본이 $(5, 5)$일 때, $\quad \overline{X} = 5$

따라서 $\overline{X}$의 확률분포를 표로 나타내면 다음과 같다.

$\overline{X}$	1	2	3	4	5	합계
$P(\overline{X}=\overline{x})$	$\dfrac{1}{9}$	$\dfrac{2}{9}$	$\dfrac{1}{3}$	$\dfrac{2}{9}$	$\dfrac{1}{9}$	1

(2) $\mathrm{E}(\overline{X})$

$$= 1 \times \frac{1}{9} + 2 \times \frac{2}{9} + 3 \times \frac{1}{3} + 4 \times \frac{2}{9} + 5 \times \frac{1}{9}$$

$$= 3$$

$$\mathrm{V}(\overline{X}) = 1^2 \times \frac{1}{9} + 2^2 \times \frac{2}{9} + 3^2 \times \frac{1}{3} + 4^2 \times \frac{2}{9}$$

$$+ 5^2 \times \frac{1}{9} - 3^2$$

$$= \frac{4}{3}$$

$$\sigma(\overline{X}) = \sqrt{\frac{4}{3}} = \frac{2\sqrt{3}}{3}$$

답 풀이 참조

371

(1) $\mathrm{E}(\overline{X})=30$

(2) $\mathrm{V}(\overline{X})=\dfrac{16}{100}=\dfrac{4}{25}$

(3) $\sigma(\overline{X})=\dfrac{4}{\sqrt{100}}=\dfrac{2}{5}$

답 (1) **30** (2) $\dfrac{4}{25}$ (3) $\dfrac{2}{5}$

372

(1) 모평균이 200, 모표준편차가 10, 표본의 크기가 100이므로

$$\mathrm{E}(\overline{X})=200$$
$$\sigma(\overline{X})=\dfrac{10}{\sqrt{100}}=1$$

(2) 표본평균 $\overline{X}$는 정규분포 $\mathrm{N}(200,\,1^2)$을 따르므로 $Z=\overline{X}-200$으로 놓으면 확률변수 Z는 표준정규분포 $\mathrm{N}(0,\,1)$을 따른다.

$$\begin{aligned}\therefore \mathrm{P}(\overline{X}\geq 202)&=\mathrm{P}(Z\geq 202-200)\\&=\mathrm{P}(Z\geq 2)\\&=\mathrm{P}(Z\geq 0)-\mathrm{P}(0\leq Z\leq 2)\\&=0.5-0.4772=0.0228\end{aligned}$$

답 (1) **평균: 200, 표준편차: 1** (2) **0.0228**

373

모평균이 40이므로

$$a=\mathrm{E}(\overline{X})=40$$

모분산이 4, 표본의 크기가 n이므로

$$\mathrm{V}(\overline{X})=\dfrac{4}{n}$$

즉 $\dfrac{4}{n}=\dfrac{1}{15}$에서 $n=60$

$$\therefore a+n=100$$

답 **100**

374

확률변수 X에 대하여

$$\mathrm{E}(X)=0\times\dfrac{1}{3}+2\times\dfrac{1}{2}+4\times\dfrac{1}{6}=\dfrac{5}{3}$$
$$\begin{aligned}\mathrm{V}(X)&=0^2\times\dfrac{1}{3}+2^2\times\dfrac{1}{2}+4^2\times\dfrac{1}{6}-\left(\dfrac{5}{3}\right)^2\\&=\dfrac{17}{9}\end{aligned}$$

$$\sigma(X)=\sqrt{\dfrac{17}{9}}=\dfrac{\sqrt{17}}{3}$$

이때 표본의 크기가 9이므로

$$\mathrm{E}(\overline{X})=\dfrac{5}{3}$$
$$\sigma(\overline{X})=\dfrac{\frac{\sqrt{17}}{3}}{\sqrt{9}}=\dfrac{\sqrt{17}}{9}$$

답 $\mathrm{E}(\overline{X})=\dfrac{5}{3},\ \sigma(\overline{X})=\dfrac{\sqrt{17}}{9}$

375

상자에서 임의로 1개의 공을 꺼낼 때, 공에 적힌 숫자를 X라 하면 확률변수 X의 확률분포는 다음 표와 같다.

X	1	2	4	합계
$\mathrm{P}(X=x)$	$\dfrac{1}{3}$	$\dfrac{1}{2}$	$\dfrac{1}{6}$	1

$$\mathrm{E}(X)=1\times\dfrac{1}{3}+2\times\dfrac{1}{2}+4\times\dfrac{1}{6}=2$$

이므로

$$\begin{aligned}\mathrm{V}(X)&=1^2\times\dfrac{1}{3}+2^2\times\dfrac{1}{2}+4^2\times\dfrac{1}{6}-2^2\\&=1\end{aligned}$$

이때 표본의 크기가 4이므로

$$\mathrm{V}(\overline{X})=\dfrac{1}{4}$$
$$\therefore \mathrm{V}(2\overline{X}+3)=2^2\mathrm{V}(\overline{X})=4\times\dfrac{1}{4}=1$$

답 **1**

376

표본평균 $\overline{X}$는 정규분포 $\mathrm{N}\!\left(70,\,\dfrac{20^2}{100}\right)$, 즉 $\mathrm{N}(70,\,2^2)$을 따르므로 $Z=\dfrac{\overline{X}-70}{2}$으로 놓으면 확률변수 Z는 표준정규분포 $\mathrm{N}(0,\,1)$을 따른다.

$$\begin{aligned}\therefore \mathrm{P}(\overline{X}\geq 73)&=\mathrm{P}\!\left(Z\geq\dfrac{73-70}{2}\right)\\&=\mathrm{P}(Z\geq 1.5)\\&=\mathrm{P}(Z\geq 0)-\mathrm{P}(0\leq Z\leq 1.5)\\&=0.5-0.4332\\&=0.0668\end{aligned}$$

답 **0.0668**

377

모집단이 정규분포 $N(200, 10^2)$을 따르므로 임의추출한 25명의 성적의 평균을 $\overline{X}$점이라 하면 표본평균 $\overline{X}$는 정규분포 $N\left(200, \dfrac{10^2}{25}\right)$, 즉 $N(200, 2^2)$을 따른다.

따라서 $Z=\dfrac{\overline{X}-200}{2}$으로 놓으면 확률변수 Z는 표준정규분포 $N(0, 1)$을 따르므로 구하는 확률은

$$P(198 \leq \overline{X} \leq 204)$$
$$=P\left(\frac{198-200}{2} \leq Z \leq \frac{204-200}{2}\right)$$
$$=P(-1 \leq Z \leq 2)$$
$$=P(-1 \leq Z \leq 0)+P(0 \leq Z \leq 2)$$
$$=P(0 \leq Z \leq 1)+P(0 \leq Z \leq 2)$$
$$=0.3413+0.4772$$
$$=0.8185$$

답 0.8185

378

표본평균 $\overline{X}$는 정규분포 $N\left(50, \dfrac{10^2}{n}\right)$을 따르므로

$$Z=\frac{\overline{X}-50}{\dfrac{10}{\sqrt{n}}}$$

으로 놓으면 확률변수 Z는 표준정규분포 $N(0, 1)$을 따른다.

따라서 $P(\overline{X} \geq 52)=0.1587$에서

$$P\left(Z \geq \frac{52-50}{\dfrac{10}{\sqrt{n}}}\right)=0.1587$$

$$P\left(Z \geq \frac{\sqrt{n}}{5}\right)=0.1587$$

$$P(Z \geq 0)-P\left(0 \leq Z \leq \frac{\sqrt{n}}{5}\right)=0.1587$$

$$\therefore P\left(0 \leq Z \leq \frac{\sqrt{n}}{5}\right)=0.3413$$

이때 $P(0 \leq Z \leq 1)=0.3413$이므로

$$\frac{\sqrt{n}}{5}=1, \qquad \sqrt{n}=5$$

$$\therefore n=25$$

답 25

379

모집단이 정규분포 $N(1000, 50^2)$을 따르고 표본의 크기가 100이므로 표본평균 $\overline{X}$는 정규분포 $N\left(1000, \dfrac{50^2}{100}\right)$, 즉 $N(1000, 5^2)$을 따른다.

따라서 $Z=\dfrac{\overline{X}-1000}{5}$으로 놓으면 확률변수 Z는 표준정규분포 $N(0, 1)$을 따르므로 $P(\overline{X} \geq k)=0.0228$에서

$$P\left(Z \geq \frac{k-1000}{5}\right)=0.0228$$

$$P(Z \geq 0)-P\left(0 \leq Z \leq \frac{k-1000}{5}\right)=0.0228$$

$$\therefore P\left(0 \leq Z \leq \frac{k-1000}{5}\right)=0.4772$$

이때 $P(0 \leq Z \leq 2)=0.4772$이므로

$$\frac{k-1000}{5}=2, \qquad k-1000=10$$

$$\therefore k=1010$$

답 1010

380

모비율이 0.25, 표본의 크기가 1200이므로

$$E(\hat{p})=0.25=\frac{1}{4}$$

$$V(\hat{p})=\frac{0.25 \times 0.75}{1200}=\frac{1}{6400}$$

$$\therefore \frac{E(\hat{p})}{V(\hat{p})}=\frac{\dfrac{1}{4}}{\dfrac{1}{6400}}=1600$$

답 1600

381

고등학생 100명 중에서 아르바이트를 하는 학생의 비율을 $\hat{p}$이라 하면 모비율은 0.2, 표본의 크기는 100이므로

$$E(\hat{p})=0.2$$

$$V(\hat{p})=\frac{0.2 \times 0.8}{100}=0.04^2$$

이때 100은 충분히 큰 수이므로 표본비율 $\hat{p}$은 근사적으로 정규분포 $N(0.2,\ 0.04^2)$을 따른다.

따라서 $Z=\dfrac{\hat{p}-0.2}{0.04}$로 놓으면 확률변수 Z는 근사적으로 표준정규분포 $N(0,\ 1)$을 따르므로 구하는 확률은

$$P(\hat{p}\le 0.25)$$
$$=P\left(Z\le \frac{0.25-0.2}{0.04}\right)$$
$$=P(Z\le 1.25)$$
$$=P(Z\le 0)+P(0\le Z\le 1.25)$$
$$=0.5+0.3944$$
$$=0.8944$$

답 **0.8944**

● 본책 **177~179**쪽

연습 문제

382

전략 모평균과 모분산을 이용하여 $\overline{X}$의 평균과 분산을 구한다.

주머니에서 임의로 1장의 카드를 꺼낼 때, 카드에 적힌 숫자를 X라 하면 확률변수 X의 확률분포는 다음 표와 같다.

X	1	3	5	7	9	합계
$P(X=x)$	$\frac{1}{5}$	$\frac{1}{5}$	$\frac{1}{5}$	$\frac{1}{5}$	$\frac{1}{5}$	1

$$\therefore E(X)$$
$$=1\times\frac{1}{5}+3\times\frac{1}{5}+5\times\frac{1}{5}+7\times\frac{1}{5}+9\times\frac{1}{5}$$
$$=5$$
$$V(X)$$
$$=1^2\times\frac{1}{5}+3^2\times\frac{1}{5}+5^2\times\frac{1}{5}+7^2\times\frac{1}{5}$$
$$\qquad+9^2\times\frac{1}{5}-5^2$$
$$=8$$

이때 표본의 크기가 2이므로
$$E(\overline{X})=5,\ V(\overline{X})=\frac{8}{2}=4$$

$$\therefore E(\overline{X}^2)+V(4\overline{X}+2)$$
$$=V(\overline{X})+\{E(\overline{X})\}^2+4^2 V(\overline{X})$$
$$=4+5^2+16\times 4=93$$

답 **93**

383

전략 모분산을 구하여 $\overline{X}$의 분산을 n에 대한 식으로 나타낸다.

상자에서 임의로 1개의 공을 꺼낼 때, 공에 적힌 숫자를 X라 하면 확률변수 X의 확률분포는 다음 표와 같다.

X	1	2	3	합계
$P(X=x)$	$\frac{1}{6}$	$\frac{1}{3}$	$\frac{1}{2}$	1

$$E(X)=1\times\frac{1}{6}+2\times\frac{1}{3}+3\times\frac{1}{2}=\frac{7}{3}\ \text{이므로}$$

$$V(X)=1^2\times\frac{1}{6}+2^2\times\frac{1}{3}+3^2\times\frac{1}{2}-\left(\frac{7}{3}\right)^2$$
$$=\frac{5}{9}$$

이때 표본의 크기가 n이므로

$$V(\overline{X})=\frac{\frac{5}{9}}{n}=\frac{5}{9n}$$

즉 $\dfrac{5}{9n}=\dfrac{5}{36}$ 이므로 $n=4$

답 **4**

384

전략 $\overline{X}$를 표준화하여 확률을 구한다.

표본평균 $\overline{X}$는 정규분포 $N\left(170,\ \dfrac{12^2}{16}\right)$, 즉

$N(170,\ 3^2)$을 따르므로 $Z=\dfrac{\overline{X}-170}{3}$으로 놓으면 확률변수 Z는 표준정규분포 $N(0,\ 1)$을 따른다.

$$\therefore P(164\le \overline{X}\le 173)$$
$$=P\left(\frac{164-170}{3}\le Z\le \frac{173-170}{3}\right)$$
$$=P(-2\le Z\le 1)$$
$$=P(-2\le Z\le 0)+P(0\le Z\le 1)$$
$$=P(0\le Z\le 2)+P(0\le Z\le 1)$$
$$=0.4772+0.3413$$
$$=0.8185$$

답 **0.8185**

385

전략 $\overline{X}$를 표준화하고 표준정규분포표를 이용하여 m의 값을 구한다.

모집단이 정규분포 $N(m, 5^2)$을 따르므로 임의추출한 36명의 일주일 근무 시간의 평균을 $\overline{X}$시간이라 하면 표본평균 $\overline{X}$는 정규분포 $N\left(m, \dfrac{5^2}{36}\right)$, 즉 $N\left(m, \left(\dfrac{5}{6}\right)^2\right)$을 따른다.

따라서 $Z=\dfrac{\overline{X}-m}{\frac{5}{6}}$으로 놓으면 확률변수 Z는 표준정규분포 $N(0,\ 1)$을 따르므로

$P(\overline{X}\geq 38)=0.9332$에서

$$P\left(Z\geq \frac{38-m}{\frac{5}{6}}\right)=0.9332$$

$$P\left(\frac{38-m}{\frac{5}{6}}\leq Z\leq 0\right)+P(Z\geq 0)=0.9332$$

$$P\left(\frac{38-m}{\frac{5}{6}}\leq Z\leq 0\right)=0.4332$$

$$\therefore\ P\left(0\leq Z\leq \frac{m-38}{\frac{5}{6}}\right)=0.4332$$

이때 $P(0\leq Z\leq 1.5)=0.4332$이므로

$$\frac{m-38}{\frac{5}{6}}=1.5,\qquad m-38=1.25$$

$$\therefore\ m=39.25$$

답 ③

386

전략 표본비율이 근사적으로 따르는 정규분포를 구한다.

표본비율 $\hat{p}$의 평균과 분산은

$$E(\hat{p})=0.4,\ V(\hat{p})=\frac{0.4\times 0.6}{600}=0.02^2$$

이때 600은 충분히 큰 수이므로 표본비율 $\hat{p}$은 근사적으로 정규분포 $N(0.4,\ 0.02^2)$을 따른다.

따라서 $Z=\dfrac{\hat{p}-0.4}{0.02}$로 놓으면 확률변수 Z는 근사적으로 표준정규분포 $N(0,\ 1)$을 따르므로 구하는 확률은

$$\begin{aligned}
P(\hat{p}\leq 0.38)&=P\left(Z\leq \frac{0.38-0.4}{0.02}\right)\\
&=P(Z\leq -1)=P(Z\geq 1)\\
&=P(Z\geq 0)-P(0\leq Z\leq 1)\\
&=0.5-0.3413\\
&=0.1587
\end{aligned}$$

답 0.1587

387

전략 표본비율이 근사적으로 따르는 정규분포를 구하여 표본비율을 표준화한다.

100명 중에서 복지 정책을 지지하는 주민의 비율을 $\hat{p}$이라 하면

$$E(\hat{p})=0.8,\ V(\hat{p})=\frac{0.8\times 0.2}{100}=0.04^2$$

이때 100은 충분히 큰 수이므로 표본비율 $\hat{p}$은 근사적으로 정규분포 $N(0.8,\ 0.04^2)$을 따른다.

따라서 $Z=\dfrac{\hat{p}-0.8}{0.04}$로 놓으면 확률변수 Z는 근사적으로 표준정규분포 $N(0,\ 1)$을 따르므로 구하는 확률은

$$\begin{aligned}
&P\left(\frac{72}{100}\leq \hat{p}\leq \frac{84}{100}\right)\\
&=P(0.72\leq \hat{p}\leq 0.84)\\
&=P\left(\frac{0.72-0.8}{0.04}\leq Z\leq \frac{0.84-0.8}{0.04}\right)\\
&=P(-2\leq Z\leq 1)\\
&=P(-2\leq Z\leq 0)+P(0\leq Z\leq 1)\\
&=P(0\leq Z\leq 2)+P(0\leq Z\leq 1)\\
&=0.4772+0.3413\\
&=0.8185
\end{aligned}$$

답 0.8185

388

전략 $\overline{X}=0$, $\overline{X}=2$인 경우를 생각한다.

확률의 총합이 1이므로

$$a+2a+a=1\qquad \therefore\ a=\frac{1}{4}$$

$\overline{X}=0$인 경우를 순서쌍으로 나타내면

$$(-2,\ 0,\ 2),\ (0,\ 0,\ 0)$$

$$\begin{aligned}
\therefore\ &P(\overline{X}=0)\\
&=3!\times\left(\frac{1}{4}\times\frac{1}{2}\times\frac{1}{4}\right)+1\times\left(\frac{1}{2}\times\frac{1}{2}\times\frac{1}{2}\right)\\
&=\frac{3}{16}+\frac{1}{8}=\frac{5}{16}
\end{aligned}$$

또 $\overline{X}=2$인 경우를 순서쌍으로 나타내면

$$(2,\ 2,\ 2)$$

$$\therefore\ P(\overline{X}=2)=1\times\left(\frac{1}{4}\times\frac{1}{4}\times\frac{1}{4}\right)=\frac{1}{64}$$

$$\therefore\ P(\overline{X}=0)+P(\overline{X}=2)=\frac{21}{64}$$

답 $\dfrac{21}{64}$

389

전략 표본평균이 따르는 정규분포를 구하여 표본평균을 표준화한다.

모집단이 정규분포 $N(60, 10^2)$을 따르므로 임의로 택한 딸기 25개의 무게의 평균을 $\overline{X}$ g이라 하면 표본평균 $\overline{X}$는 정규분포 $N\left(60, \dfrac{10^2}{25}\right)$, 즉 $N(60, 2^2)$을 따른다.

따라서 $Z=\dfrac{\overline{X}-60}{2}$으로 놓으면 확률변수 Z는 표준정규분포 $N(0, 1)$을 따르므로 1개의 상자가 무게 미달로 판정될 확률은

$$P(25\overline{X}\leq1400)=P(\overline{X}\leq56)$$
$$=P\left(Z\leq\dfrac{56-60}{2}\right)$$
$$=P(Z\leq-2)=P(Z\geq2)$$
$$=P(Z\geq0)-P(0\leq Z\leq2)$$
$$=0.5-0.4772$$
$$=0.0228$$

이때 상자의 개수가 $\dfrac{1000000}{25}=40000$이므로 무게 미달로 판정되는 상자의 개수를 확률변수 Y라 하면 Y는 이항분포 $B(40000, 0.0228)$을 따른다.

따라서 구하는 상자의 평균 개수는

$$E(Y)=40000\times0.0228=912$$

답 **912**

390

전략 확률변수 X에 대한 확률을 이용하여 모평균과 모표준편차를 구한다.

$P(X\geq3.4)=\dfrac{1}{2}$에서

$$E(X)=3.4$$

확률변수 X의 표준편차를 σ라 하면 확률변수 X는 정규분포 $N(3.4, \sigma^2)$을 따르므로 $Z_X=\dfrac{X-3.4}{\sigma}$로 놓으면 Z_X는 표준정규분포 $N(0, 1)$을 따른다.

따라서 $P(X\leq3.9)+P(Z\leq-1)=1$에서

$$P\left(Z_X\leq\dfrac{3.9-3.4}{\sigma}\right)+P(Z\leq-1)=1$$
$$\therefore P\left(Z_X\leq\dfrac{0.5}{\sigma}\right)+P(Z\geq1)=1$$

즉 $\dfrac{0.5}{\sigma}=1$이므로 $\sigma=0.5$

따라서 표본평균 $\overline{X}$는 정규분포 $N\left(3.4, \dfrac{0.5^2}{25}\right)$, 즉 $N(3.4, 0.1^2)$을 따르므로 $\overline{Z}=\dfrac{\overline{X}-3.4}{0.1}$로 놓으면 확률변수 $\overline{Z}$는 표준정규분포 $N(0, 1)$을 따른다.

$$\therefore P(\overline{X}\geq3.55)$$
$$=P\left(\overline{Z}\geq\dfrac{3.55-3.4}{0.1}\right)$$
$$=P(\overline{Z}\geq1.5)$$
$$=P(\overline{Z}\geq0)-P(0\leq\overline{Z}\leq1.5)$$
$$=0.5-0.4332$$
$$=0.0668$$

답 ③

391

전략 $\overline{X}$가 따르는 정규분포를 구하여 $\overline{X}$를 표준화한다.

모집단이 정규분포 $N(1400, 100^2)$을 따르고 표본의 크기가 n이므로 표본평균 $\overline{X}$는 정규분포 $N\left(1400, \dfrac{100^2}{n}\right)$을 따른다.

따라서 $Z=\dfrac{\overline{X}-1400}{\dfrac{100}{\sqrt{n}}}$으로 놓으면 확률변수 Z는 표준정규분포 $N(0, 1)$을 따르므로

$P\left(\overline{X}\geq1350+\dfrac{165}{\sqrt{n}}\right)\geq0.9$에서

$$P\left(Z\geq\dfrac{1350+\dfrac{165}{\sqrt{n}}-1400}{\dfrac{100}{\sqrt{n}}}\right)\geq0.9$$

$$P\left(Z\geq1.65-\dfrac{\sqrt{n}}{2}\right)\geq0.9$$

$$P\left(Z\leq\dfrac{\sqrt{n}}{2}-1.65\right)\geq0.9$$

$$P(Z\leq0)+P\left(0\leq Z\leq\dfrac{\sqrt{n}}{2}-1.65\right)\geq0.9$$

$$\therefore P\left(0\leq Z\leq\dfrac{\sqrt{n}}{2}-1.65\right)\geq0.4$$

그런데 $P(0\leq Z\leq1.28)=0.4$이므로

$$\dfrac{\sqrt{n}}{2}-1.65\geq1.28, \quad \sqrt{n}\geq5.86$$

$$\therefore n\geq34.3396$$

따라서 n의 최솟값은 35이다.

답 35

392

 표본비율이 근사적으로 따르는 정규분포를 구하여 표본비율을 표준화한다.

스마트폰 중독 판정을 받은 학생의 비율을 $\hat{p}$이라 하면 중독 판정을 받지 않은 학생의 비율은 $1-\hat{p}$이므로 구하는 확률은

$$P\left(1-\hat{p}\leq\frac{210}{300}\right)=P(\hat{p}\geq0.3)$$

한편 모비율이 0.25이고, 표본의 크기가 300이므로

$$E(\hat{p})=0.25$$
$$V(\hat{p})=\frac{0.25\times0.75}{300}=0.025^2$$

이때 300은 충분히 큰 수이므로 표본비율 $\hat{p}$은 근사적으로 정규분포 $N(0.25,\ 0.025^2)$을 따른다.

따라서 $Z=\dfrac{\hat{p}-0.25}{0.025}$로 놓으면 확률변수 Z는 근사적으로 표준정규분포 $N(0,\ 1)$을 따르므로 구하는 확률은

$$P(\hat{p}\geq0.3)$$
$$=P\left(Z\geq\frac{0.3-0.25}{0.025}\right)=P(Z\geq2)$$
$$=P(Z\geq0)-P(0\leq Z\leq2)$$
$$=0.5-0.4772=0.0228$$

답 0.0228

393

 $\overline{X}$에 대한 확률을 이용하여 X의 표준편차와 n에 대한 식을 세운다.

확률변수 X의 표준편차를 σ라 하면 X는 정규분포 $N(220,\ \sigma^2)$을 따르므로 표본평균 $\overline{X}$는 정규분포 $N\left(220,\ \dfrac{\sigma^2}{n}\right)$을 따른다.

따라서 $Z=\dfrac{\overline{X}-220}{\dfrac{\sigma}{\sqrt{n}}}$으로 놓으면 확률변수 Z는 표준정규분포 $N(0,\ 1)$을 따르므로

$P(\overline{X}\leq215)=0.1587$에서

$$P\left(Z\leq\frac{215-220}{\dfrac{\sigma}{\sqrt{n}}}\right)=0.1587$$
$$P\left(Z\geq\frac{5}{\dfrac{\sigma}{\sqrt{n}}}\right)=0.1587$$

$$P(Z\geq0)-P\left(0\leq Z\leq\frac{5}{\dfrac{\sigma}{\sqrt{n}}}\right)=0.1587$$
$$\therefore P\left(0\leq Z\leq\frac{5}{\dfrac{\sigma}{\sqrt{n}}}\right)=0.3413$$

이때 $P(0\leq Z\leq1)=0.3413$이므로

$$\frac{5}{\dfrac{\sigma}{\sqrt{n}}}=1\qquad\therefore\frac{\sigma}{\sqrt{n}}=5$$

한편 확률변수 Y는 정규분포 $N(240,\ (1.5\sigma)^2)$을 따르므로 표본평균 $\overline{Y}$는 정규분포 $N\left(240,\ \dfrac{(1.5\sigma)^2}{9n}\right)$, 즉 $N\left(240,\ \dfrac{\sigma^2}{4n}\right)$을 따른다.

따라서 $\overline{Z}=\dfrac{\overline{Y}-240}{\dfrac{\sigma}{2\sqrt{n}}}=\dfrac{\overline{Y}-240}{\dfrac{5}{2}}$으로 놓으면 확률변수 $\overline{Z}$는 표준정규분포 $N(0,\ 1)$을 따르므로

$$P(\overline{Y}\geq235)=P\left(\overline{Z}\geq\frac{235-240}{\dfrac{5}{2}}\right)$$
$$=P(\overline{Z}\geq-2)=P(\overline{Z}\leq2)$$
$$=P(\overline{Z}\leq0)+P(0\leq\overline{Z}\leq2)$$
$$=0.5+0.4772=0.9772$$

답 ⑤

394

표본평균이 167, 표본의 크기가 64이고, 64는 충분히 큰 수이므로 모표준편차 대신 표본표준편차 12를 이용한다.

따라서 모평균 m에 대한 신뢰도 95 %의 신뢰구간은

$$167-1.96\times\frac{12}{\sqrt{64}}\leq m\leq167+1.96\times\frac{12}{\sqrt{64}}$$
$$\therefore164.06\leq m\leq169.94$$

답 $164.06\leq m\leq169.94$

395

표본평균이 150, 모표준편차가 5이므로 모평균 m에 대한 신뢰도 99 %의 신뢰구간은

$$150-2.58\times\frac{5}{\sqrt{n}}\leq m\leq 150+2.58\times\frac{5}{\sqrt{n}}$$

이것이 $148.71\leq m\leq 151.29$와 같으므로

$$2.58\times\frac{5}{\sqrt{n}}=1.29$$

$$\sqrt{n}=10 \qquad \therefore\ n=100$$

답 **100**

396

모집단이 정규분포를 따르고 100은 충분히 큰 수이므로 모표준편차 대신 표본표준편차 15를 이용한다.
따라서 모평균 m에 대한 신뢰도 99 %의 신뢰구간의 길이는

$$2\times 2.58\times\frac{15}{\sqrt{100}}=7.74$$

답 **7.74**

397

모표준편차가 5이므로 표본의 크기를 n이라 하면 모평균 m에 대한 신뢰도 99 %의 신뢰구간의 길이는

$$2\times 2.58\times\frac{5}{\sqrt{n}}=\frac{25.8}{\sqrt{n}}$$

즉 $\dfrac{25.8}{\sqrt{n}}=0.3$이므로 $\sqrt{n}=86$

$$\therefore\ n=7396$$

따라서 구하는 표본의 크기는 7396이다.

답 **7396**

398

표본의 크기를 n이라 하면 신뢰도 95 %로 추정한 모평균 m에 대한 신뢰구간은

$$\overline{x}-2\times\frac{30}{\sqrt{n}}\leq m\leq\overline{x}+2\times\frac{30}{\sqrt{n}}$$

$$-2\times\frac{30}{\sqrt{n}}\leq m-\overline{x}\leq 2\times\frac{30}{\sqrt{n}}$$

$$\therefore\ |m-\overline{x}|\leq 2\times\frac{30}{\sqrt{n}}$$

이때 모평균과 표본평균의 차가 2 g 이하이어야 하므로

$$2\times\frac{30}{\sqrt{n}}\leq 2, \qquad \sqrt{n}\geq 30$$

$$\therefore\ n\geq 900$$

따라서 적어도 900개의 제품을 추출하여 조사해야 한다.

답 **900개**

399

표본의 크기를 n이라 하면 신뢰도 99 %로 추정한 모평균 m에 대한 신뢰구간은

$$\overline{x}-2.58\times\frac{75}{\sqrt{n}}\leq m\leq\overline{x}+2.58\times\frac{75}{\sqrt{n}}$$

$$-2.58\times\frac{75}{\sqrt{n}}\leq m-\overline{x}\leq 2.58\times\frac{75}{\sqrt{n}}$$

$$\therefore\ |m-\overline{x}|\leq 2.58\times\frac{75}{\sqrt{n}}$$

이때 모평균과 표본평균의 차가 12.9 m 이하이어야 하므로

$$2.58\times\frac{75}{\sqrt{n}}\leq 12.9, \qquad \sqrt{n}\geq 15$$

$$\therefore\ n\geq 225$$

따라서 표본의 크기의 최솟값은 225이다.

답 **225**

05 모비율의 추정

400

표본비율을 $\hat{p}$이라 하면

$$\hat{p}=\frac{144}{400}=0.36,\ \hat{q}=1-0.36=0.64$$

이때 400은 충분히 큰 수이므로 모비율 p에 대한 신뢰도 99 %의 신뢰구간은

$$0.36-2.58\sqrt{\frac{0.36\times 0.64}{400}}\leq p$$

$$\leq 0.36+2.58\sqrt{\frac{0.36\times 0.64}{400}}$$

$$\therefore\ 0.29808\leq p\leq 0.42192$$

답 **$0.29808\leq p\leq 0.42192$**

401

표본비율을 $\hat{p}$이라 하면

$$\hat{p}=\frac{1250}{2500}=0.5,\ \hat{q}=1-0.5=0.5$$

이때 2500은 충분히 큰 수이므로 모비율 p에 대한 신뢰도 95 %의 신뢰구간은

$$0.5-1.96\sqrt{\frac{0.5\times0.5}{2500}}\leq p$$
$$\leq0.5+1.96\sqrt{\frac{0.5\times0.5}{2500}}$$
$$\therefore\ 0.4804\leq p\leq0.5196$$

답 $0.4804\leq p\leq0.5196$

402

표본비율을 $\hat{p}$이라 하면
$$\hat{p}=0.8,\ \hat{q}=1-0.8=0.2$$
이므로 모비율 p에 대한 신뢰도 99 %의 신뢰구간은

$$0.8-2.58\sqrt{\frac{0.8\times0.2}{n}}\leq p$$
$$\leq0.8+2.58\sqrt{\frac{0.8\times0.2}{n}}$$
$$\therefore\ 0.8-\frac{1.032}{\sqrt{n}}\leq p\leq0.8+\frac{1.032}{\sqrt{n}}$$

이것이 $0.671\leq p\leq0.929$와 같으므로
$$\frac{1.032}{\sqrt{n}}=0.129,\qquad\sqrt{n}=8$$
$$\therefore\ n=64$$

답 64

403

표본비율을 $\hat{p}$이라 하면
$$\hat{p}=0.7,\ \hat{q}=1-0.7=0.3$$
이때 신뢰도 99 %로 추정한 신뢰구간의 길이가 0.2 이하이므로

$$2\times3\sqrt{\frac{0.7\times0.3}{n}}\leq0.2,\qquad\sqrt{n}\geq3\sqrt{21}$$
$$\therefore\ n\geq189$$

따라서 n의 최솟값은 189이다.

답 189

● 본책 188~189쪽

404

전략 표본평균과 표본표준편차를 이용하여 모평균에 대한 신뢰구간을 구한다.

표본평균이 300, 표본의 크기가 400이고, 400은 충분히 큰 수이므로 모표준편차 대신 표본표준편차 50을 이용한다.

따라서 모평균 m에 대한 신뢰도 95 %의 신뢰구간은

$$300-1.96\times\frac{50}{\sqrt{400}}\leq m\leq300+1.96\times\frac{50}{\sqrt{400}}$$
$$\therefore\ 295.1\leq m\leq304.9$$

즉 신뢰구간에 속하는 자연수는 296, 297, $\cdots$, 304의 9개이다.

답 9

405

전략 신뢰구간을 구하여 $\overline{x}$와 a에 대한 식을 세운다.

모표준편차가 5, 표본의 크기가 49이므로 모평균 m에 대한 신뢰도 95 %의 신뢰구간은

$$\overline{x}-1.96\times\frac{5}{\sqrt{49}}\leq m\leq\overline{x}+1.96\times\frac{5}{\sqrt{49}}$$
$$\therefore\ \overline{x}-1.4\leq m\leq\overline{x}+1.4$$

이것이 $a\leq m\leq\frac{6}{5}a$와 같으므로

$$\overline{x}-1.4=a,\ \overline{x}+1.4=\frac{6}{5}a$$
$$\therefore\ \overline{x}=15.4$$

답 ②

다른 풀이 신뢰도 95 %로 추정한 신뢰구간의 길이는

$$\frac{6}{5}a-a=\frac{1}{5}a$$

즉 $\frac{1}{5}a=2\times1.96\times\frac{5}{\sqrt{49}}$이므로

$$a=14$$

따라서 신뢰구간이 $14\leq m\leq16.8$이므로

$$\overline{x}=\frac{14+16.8}{2}=15.4$$

> **개념 노트**
>
> 표본평균의 값이 $\overline{x}$이고 모평균 m에 대한 신뢰구간이 $a\leq m\leq b$이면
> $$\overline{x}=\frac{a+b}{2}$$

406

전략 신뢰구간을 이용하여 $|m-\overline{x}|$에 대한 부등식을 세운다.

표본의 크기를 n이라 하면 신뢰도 99 %로 추정한 모평균 m에 대한 신뢰구간은